中芬合著 造纸及其装备科学技术丛书(中文版)第十七卷

"十三五"国家重点出版物出版规划项目

森林产品化学

Forest Products Chemistry

[芬兰]Per Stenius 著

[中国]冯文英 石 瑜 苏振华 张升友 译

中国轻工业出版社

图书在版编目(CIP)数据

森林产品化学/(芬)司佩尔(Per Stenius)著;冯文英等译. —北京:中国轻工业出版社,2019.6

(中芬合著:造纸及其装备科学技术丛书:中文版;17)

“十三五”国家重点出版物出版规划项目

ISBN 978-7-5184-1499-4

Ⅰ.①森… Ⅱ.①司… ②冯… Ⅲ.①木材化学 Ⅳ.①TQ351.01

中国版本图书馆 CIP 数据核字(2017)第 167934 号

责任编辑:林 媛
策划编辑:林 媛 责任终审:滕炎福 封面设计:锋尚设计
版式设计:锋尚设计 责任校对:晋 洁 责任监印:张 可

出版发行:中国轻工业出版社(北京东长安街 6 号,邮编:100740)

印 刷:三河市万龙印装有限公司

经 销:各地新华书店

版 次:2019 年 6 月第 1 版第 2 次印刷

开 本:787×1092 1/16 印张:14.75

字 数:378 千字

书 号:ISBN 978-7-5184-1499-4 定价:90.00 元

邮购电话:010-65241695

发行电话:010-85119835 传真:85113293

网 址:http://www.chlip.com.cn

Email:club@chlip.com.cn

如发现图书残缺请与我社邮购联系调换

190578K4C102ZBW

中芬合著：造纸及其装备科学技术丛书（中文版）编辑委员会

序

芬兰造纸科学技术水平处于世界前列,近期修订出版了《造纸科学技术丛书》。该丛书共20卷,涵盖了产业经济、造纸资源、制浆造纸工艺、环境控制、生物质精炼等科学技术领域,引起了我们业内学者、企业家和科技工作者的关注。

姜丰伟、曹振雷、胡楠三人与芬兰学者马格努斯·丹森合著的该丛书第一卷"制浆造纸经济学"中文版将于2012年出版。该书在翻译原著的基础上加入中方的研究内容;遵循产学研相结合的原则,结合国情从造纸行业的实际问题出发,通过调查研究,以战略眼光去寻求解决问题的路径。

这种合著方式的实践使参与者和知情者得到启示,产生了把这一工作扩展到整个丛书的想法,并得到了造纸协会和学会的支持,也得到了芬兰造纸工程师协会的响应。经研究决定,从芬方购买丛书余下十九卷的版权,全部译成中文,并加入中方撰写的书稿,既可以按第一卷"同一本书"的合著方式出版,也可以部分卷书为芬方原著的翻译版,当然更可以中方独立撰写若干卷书,但从总体上来说,中文版的丛书是中芬合著。

该丛书为"中芬合著:造纸及其装备科学技术丛书(中文版)",增加"及其装备"四字是因为芬方原著仅从制浆造纸工艺技术角度介绍了一些装备,而对装备的研究开发、制造和使用的系统理论、结构和方法等方面则写得很少,想借此机会"检阅"我们造纸及其装备行业的学习、消化吸收和自主创新能力,同时体现对国家"十二五"高端装备制造业这一战略性新兴产业的重视。因此,上述独立撰写的若干卷书主要是装备。初步估计,该"丛书"约30卷,随着合著工作的进展可能稍许调整和完善。

中芬合著"丛书"中文版的工作量大,也有较大的难度,但对造纸及其装备行业的意义是显而易见的:首先,能为业内众多企业家、科技工作者、教师和学生提供学习和借鉴的平台,体现知识对行业可持续发展的贡献;其次,对我们业内学者的学术成果是一次展示和评价,在学习国外先进科学技术的基础上,不断提升自主创新能力,推动行业的科技进步;第三,对我国造纸及其装备行业教科书的更新也有一定的促进作用。

显然,组织实施这一"丛书"的撰写、编辑和出版工作,是一个较大的系统工程,将在该产业的发展史上留下浓重的一笔,对轻工其他行业也有一定的借鉴作用。希望造纸及其装备行业的企业家和科技工作者积极参与,以严谨的学风精心组织、翻译、撰写和编辑,以我们的艰辛努力服务于行业的可持续发展,做出应有的贡献。

中国轻工业联合会会长

2011 年 12 月

中芬合著:造纸及其装备科学技术丛书(中文版)的出版
得到了下列公司的支持,特在此一并表示感谢!

芬欧汇川集团

维美德集团

JH 江河纸业
Jianghe Paper

河南江河纸业有限责任公司

河南大指造纸装备集成工程有限公司

前　　言

在 Johan Gullichsen and Hannu Paulapuro(芬兰)等人的辛勤付出和芬兰造纸工程师协会支持下,造纸科学技术丛书之《森林产品化学》得以问世。本书从木材的微观结构、化学组分及其特性出发,阐述了木材的脱木素化学原理,介绍了涉及纤维素及其衍生物、木素、半纤维素等组分,蒸煮、漂白及废水中有机物,造纸过程水中 DCS 等的分离及分析方法,从高分子化学、表面化学和胶体化学等几方面论述了木材制浆造纸过程中各体系的相互作用行为,最后阐释了白度逆转(返黄)的检测方法、影响因素,并从发色体形成机理及其动力学特征等方面对抑制返黄提出了相关对策和建议。本书论述系统、分析全面、解读深入,既适用于造纸学科的读者,也适用于化学分析学科的读者。本书是一本理论性较强的专业书籍,可供从事制浆造纸和木材化学品研发应用的高校师生、科研院所和相关企业的工程技术人员参考,也可作为高校相关专业的科研与教学参考用书。

为方便中国读者进一步学习,将原作者的劳动成果引进国内,中国轻工业出版社组织翻译并出版该书中文版,石瑜、苏振华、张升友和冯文英(按翻译内容前后排序)参与了本书的翻译工作。

翻译得以顺利进行,离不开原作者编撰此书时所付出的不懈努力,也离不开出版社编辑林媛对此书的校准,在她的细心核对之下,翻译过程中出现的一些错误之处得以减少。通过翻译此书,译者也受益匪浅。当译者在梳理书中的主旨内容时,也从中找到日后研究工作的灵感。我们的初衷是,希望此书能给中国读者带来帮助。怀着无比荣幸的心情完成此书的翻译工作,特别感谢原作者牺牲宝贵的时间编写原稿,为中国读者提供了难得的学习机会。

本书译者对原书中出现的一些错误或不妥之处在译文中加了译者注。由于本书内容丰富,涉及材料的微观结构表征、脱木素和漂白化学及机理、光谱及色谱学原理及应用、大分子表面及胶体化学、返黄机理等众多高分子化学、分析化学、光学等诸多学科的知识,为本书的翻译增加了不少难度。译者限于知识结构,尽管谨慎落笔,仍难免有疏漏和不当之处,望广大读者不吝赐教。

译者

2017.4

目　录

CONTENTS

第1章 木材结构和化学组成

1.1 简介

树木是一种多年生的种子植物，通常分为两大类，按照商业上的叫法分别称为软木（裸子植物）和硬木（被子植物或双子叶植物）。软木也叫针叶木（松柏类），这是因为它们的种子是在松果中产生且是裸露的，而硬木树种都是在花里面产生的带有包裹的种子。然而，这些常用的名称不能专门用来评价树种的硬度，这是因为软木和硬木各自平均密度范围有相当大的部分是重叠的；一些软木非常的坚硬，而一些硬木却相对较软。另外一种分类方法是根据软木保留针状或鳞片状的叶子，与之相反的是许多硬木每年叶子都会脱落。因此，大部分商品针叶木和阔叶木被称为“常青”树（它们的新叶子会保留好几年）和“落叶”树（如在每个秋天树木生长季结束时，那些宽大的或像刀片一样的叶子会脱落）。

树木主要包括树干、树梢、树枝、树根、树皮和树叶。在这些树木结构中，尽管它们全部能作为可再生自然资源转化为优良的原料，但通常只有经过剥皮的树干才可用于制浆。一般而言，从木材的结构、物理形态、化学成分的角度来看，木材是一种非均一（各向异性）的可降解材料，如真菌、微生物和加热等方式都可使其降解。木材中存在多种不同种类的细胞，这些细胞又各自起着非常重要的作用，如机械支撑、水分输送（生长的树木大约含有一半的水）、新陈代谢。通过木材解剖学发现，不同种类的针叶木和阔叶木都各具特点，如木质细胞的类型、含量和排列等各不相同。

木材细胞是以碳水化合物（主要是多糖，如纤维素和半纤维素）和木素等聚合物基本结构组成的化学异构体，这些大分子物质在木材细胞壁内并非均匀分布，其相对含量在树木的不同结构中也是不同的。“非结构组分”（抽出物、一些水溶性的有机物和无机物）只占较小的一部分，主要由一些大部分沉积在细胞壁外的低分子化合物构成。此外，微量含氮化合物，如蛋白质和生物碱则存在于木材细胞壁中。

针叶木和阔叶木都广泛分布在地球的热带地区到北极地区。已知的针叶木种类（大约1000种）和数量比阔叶木（30000～35000种）数量都少。然而，由于人们对热带森林的开发程度更大，目前只有少部分树种被商业化利用。在北美，约有1200种树木，其中100种被商业应用，而在欧洲，它们分别为100种和20种。

显而易见，木材具备独特的结构和化学特性，使它能够适应多种用途。因此，可以设想，让一个特殊的树种在多个方面能够物尽其用，掌握相关其结构和化学组成的基本知识就显得非常重要。

本章简要回顾木材的结构和化学组成(主要是适销的树干材),同时重点强调了这种原料在制浆和造纸工业中的应用。更多关于该主题的详细数据可从大量文献中获得,如教科书和手册中都有关于木材结构[1-15]及其化学组成[16-40]的资料。

1.2 木材和纤维的基本结构

1.2.1 宏观结构

不借助任何光学设备仅用肉眼观察木材,发现不但针叶木和阔叶木存在差别,同一树种不同品种之间也存在差异,而且同一个样本里也有不同的地方,所有这些差异是木材组织发育和生长的结果。在针叶木中,细胞通常是纤维状的,因此被称为“纤维”(管胞)。另一方面,阔叶木的宏观特征表现在不同细胞的分布和细胞种类的多样性上,如纤维、导管(纹孔)和薄壁细胞。在其完全成熟的状态下,针叶木和阔叶木中绝大多数细胞是空心的死细胞,因此木材组织本质上只由细胞壁和纹孔组成,纹孔存在于细胞的内部(细胞腔)(图 1-1)中。在接下来的“1.2.2 节细胞类型”中将会更详细地介绍木材细胞。

1.2.1.1 横切面外貌

树干的横切面或者横断面反映了木材(木质部)和树皮的宏观结构(图 1-2)。除了上述特征外,一些软木也含有垂直的和水平的树脂道。由于木材是一种各向异性的材料,只有从不同方向观察才能看出木材细胞结构的不同之处。鉴于此,在许多情况下,除了横切面外,为了更有说服力,也会同时研究径切面和弦切面(图 1-3)。

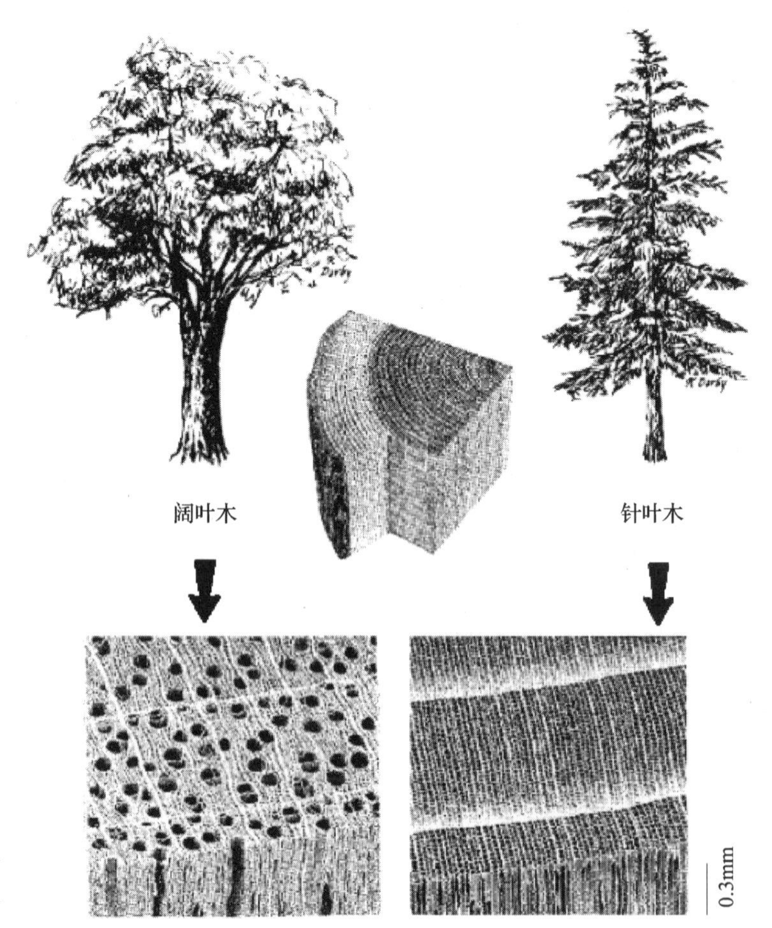

图 1-1 木材组织主要由细长的死细胞构成,大部分沿着树干纵向分布[8]

树皮包括两层:内皮层(韧皮部)和外皮层(栓皮或者落皮层)。内皮是一层很窄的活细胞的层,而外皮曾经是内皮的一部分,由死细胞组成。外皮的作用是保护树木免受机械损坏和微生物的侵蚀。每个树种的外皮解剖学结构都是类似的。

熟材靠外的颜色较浅的部分被称为“边材”,它给树木提供结构支撑,还起到食品储存室的作用,把水从根部输送到叶子。尽管边材中大部分细胞是死细胞,但其中也确实存在一些活细胞(只有薄壁细胞)。因此,边材是有生理活性的。木质部的内层通常含有颜色较深的、生理活性不高的“心材”,有明显的气味,且含水量比边材低,密度比边材高。心材内的死细胞不再承担任何输送水或养分的任务,主要起支撑作用。心材较深的颜色是由于树脂类有机化合物的分泌、酚类物质的氧化以及细胞壁和细胞腔中色素的沉积所致。同时,在某些树种里,这些化合物对腐败菌是有毒的,因此实质上提高了心材的防腐能力。然而,在化学法制浆时,与边材相比,心材里的这些沉积物和闭塞纹孔使药液浸透变得更加困难。心材在达到一定树龄后才开始形成,这取决于树木的品种(有代表性的南方松是 15 ~ 20 年),随着树木的生长,其在树干中所占比例越来越大。某些树种几乎全部由心材组成,只有很窄的一圈边材,而其他树种却只有很少量的心材。一些硬木,如白栎树,在心材的形成过程中也会在导管中形成所谓的“侵填体”,这显著降低了木材的药液浸透性。因此,白栎树也是制作红酒桶的好材料。

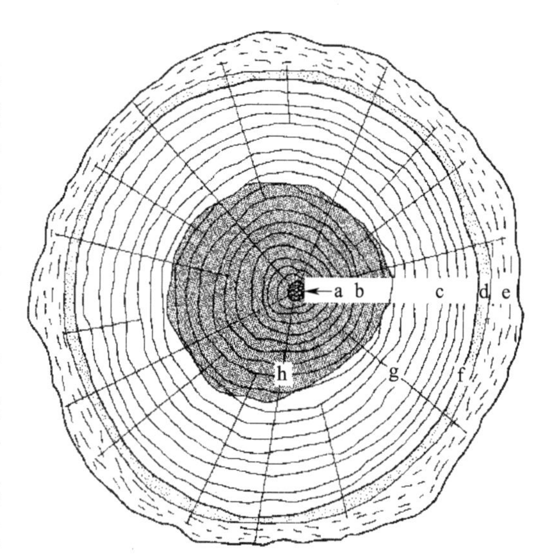

图 1－2　一段成熟的松树树干的横切面图形

a—树心　b—心材　c—边材　d—内皮或者韧皮部
e—外皮或者栓皮　f—形成层　g—次生射线
h—初生射线和生长轮或者年轮[5]

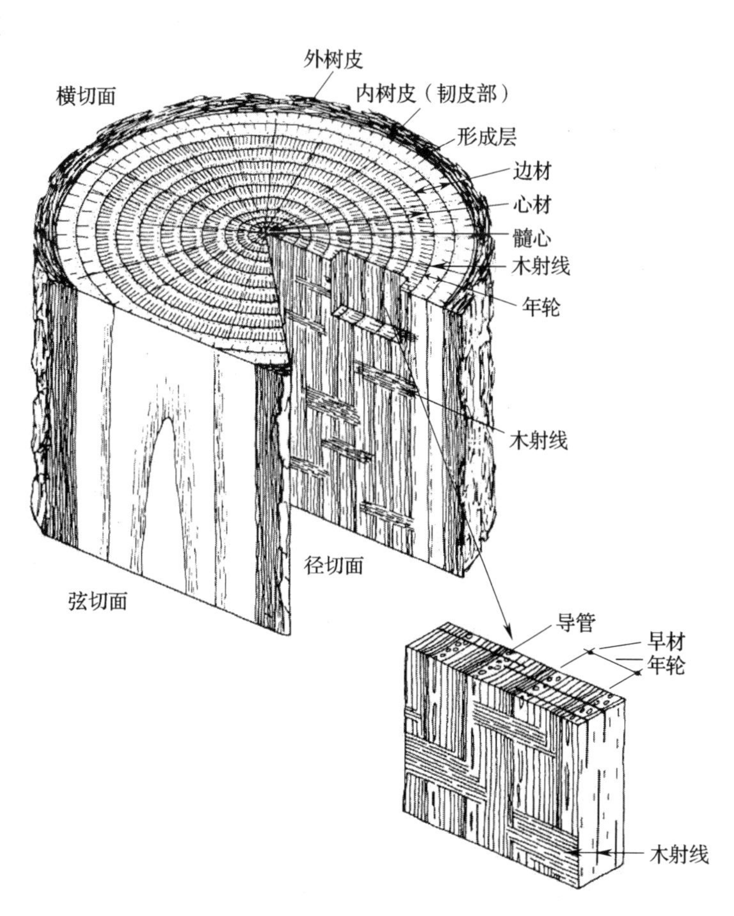

图 1－3　树干的横切面、径切面和弦切面[11]

“形成层”是一层由活细胞组成的薄层组织,它位于树皮和木质部之间,是树木生长的地方。它每年都会产生一层新的木质部,这个新增加的部分被称为“生长轮”或者年轮(年增加量)。因此,整个树干、树枝和树根组成了同心的年轮。从树干底部年轮的总数来计算树龄也是可能的。树木生长的速率与季节有关。年轮上颜色浅的部分,称为春材(早材),是每年生长季节的早期生长出来的,而颜色较深的部分,称为秋材(晚材),是生长季节的晚期生长出来的。由于早材和晚材细胞结构的变化导致其颜色存在差异,通常情况下很容易分辨年轮。在温带,木材只在一年的某一段时间内生长,一般从春天开始持续到夏末,这意味着形成层在一年内几个比较冷的月份是休眠的。然而,随着生长周期的持续,有规律的年轮(特别是在热带树种中)缺失。此时,雨季的交替能有助于年轮的形成,尽管它们很难辨认。

用肉眼也许很难观察到木质部内所有的细胞,但用高倍显微镜就很容易分辨单个的细胞。在生长初期,树木需要有效的水分输送,因此,早材细胞的细胞壁较薄、胞腔很大、细胞角隅很宽,这都为水的输送提供了有效的途径。与早材细胞相比,晚材细胞的细胞壁较厚、细胞腔较小、细胞角隅也较窄。这些厚壁细胞为树干提供了很好的机械强度,小胞腔意味着对水和营养物质的输送能力比早材细胞弱。这些解剖学上的差异体现在晚材密度较早材高,从而造成早材和晚材纤维在造纸特性上存在差异。

早材和晚材之间的分界线因树种不同会有变化,如落叶松中早材和晚材的分界线可能很突出,而在桦木、山杨木、山毛榉和桤木中几乎不存在这种边界。在针叶材中,主要细胞是管胞(参见下一节“1.2.2.1 针叶材细胞”),晚材一般很容易与早材区分,尽管在一些针叶木树种里晚材区域很窄。年轮的宽度差别很大,与树木种类和生长条件有关。例如,在斯堪的纳维亚半岛的苏格兰松(樟子松),其年轮宽度差为0.1~10mm。由于类似的原因,晚材占比也许差异更大。对针叶木而言,在该地区的晚材占比一般为15%~40%,这一数值北方比南方高。然而,对阔叶木而言,早材和晚材的分界区域或多或少更加明显一些,这主要是由于存在负责输送液体的特殊导管和孔隙。一些阔叶木,如橡树、榉树和榆树,大的导管集中在早材中,而小的导管存在于晚材中。这些木材被称为“环孔材”阔叶材。另一方面,对于“散孔材”阔叶材,如桦树、杨树、山毛榉、枫树、桉树和白杨树,在木材的整个年轮内,导管的大小和分布比较均匀。由于这种均匀的结构,环孔材阔叶材的年轮一般很难分辨。一些阔叶材,如桤木,年轮上的孔隙直径逐渐减小,或者在早材中有均匀孔径的导管存在,这些木材通常被称为“半散孔”或“半环孔”阔叶材。

木质部含有水平方向的射线(参见下一节1.2.2 细胞类型),从外皮部延伸到髓心(初生木射线)或者延伸到某个年轮(次生木射线),大多数情况下不用放大镜就可看见。它们表现为颜色很浅、宽度变化的线,其数量与树种密切相关。位于中心的髓是树干或树枝的中心明显可见的暗色条纹,它标志着第一年生长过程中形成的软组织。

1.2.1.2 木材的生长

不同树木的营养来自于活跃的树冠(起作用的树叶和芽)部分的光合作用,这些营养能满足树木对能量和生长的需求。光合作用包括一系列复杂的反应,在叶绿素和光的存在下,将二氧化碳和水合成产生树木生长所需的碳水化合物(同化作用,D-葡萄糖是主要的化合物)。然而,木材不是由光合作用直接产生的。相反,树木的生长是利用光合作用的产物通过生长点和维管束形成层的细胞分裂来完成的。分裂以后,每个细胞经过一系列的分化阶段,包括扩大、细胞壁变厚、木质化和死亡。树木的生长是一个连续的过程,尽管随着时间的推移这个过程逐渐变慢。木质部的作用主要是向上输送水分和溶解的矿物质,同时,将从树叶光合作用的产物和激素通过韧皮部向下输送。木质部和韧皮部都有控制储存的能力。实际的储存大都发生在薄壁细胞内(参见下一节1.2.2 细胞类型)。

树木中木材的形成是树木生长的一个组成部分,不仅包括树干、树枝和树根的变粗,而且还包括这些树木主要部分的伸长。所以这些可见的或者宏观的生长是被称为“分生组织”的特殊细胞区域的活动所导致的。它们包含一些在整个生命周期都不变化和保留的细胞,能够分裂和产生新的细胞(子细胞)。经过每次细胞分裂后,一个细胞(初始的)保持分生,而其他的细胞最后分化成成熟的细胞。

生长中的树木存在两大分生组织类型:顶端或末端分生组织和侧生分生组织。顶端分生组织(生长点)位于所有树干和树枝顶端的末端萌芽里面,或者在所有树根的根尖部分,在这里的分生组织细胞受到另外一种叫作“根冠”的细胞的保护。这种纵向的生长(初始生长)发生在季节初期。侧生分生组织(维管束形成层)负责初始和随后的木材组织的生长。木射线的生长是从形成层开始,由活的充满了细胞质的单层薄壁细胞(初始的)组成的。形成层区域包括几排全部有分裂能力的细胞。在细胞分裂方面,初始细胞产生新的初始细胞和木质部母体细胞,这反过来产生了两个子细胞;每个后者能进一步分裂。更多的细胞向着木质部里面生长而不是朝着韧皮部方向生长。因此,树木一般包含更多的木材部分而不是树皮,其结果即增加了树干、树枝和树根的尺寸,这被称为“次级生长”。

1.2.2 细胞类型

在针叶木和阔叶木木质部里面不同的部位,典型的细胞类型是拥有很多相似结构和化学特征的垂直细胞和水平细胞(表 1-1)。在针叶木和阔叶木之间总体结构方面一个显著的区别是,在阔叶木中,导管是沿着树干的方向存在的。然而,在微观结构上,能看到稍许不同。例如,对针叶木而言,细胞种类较阔叶木少,这就使得针叶木的结构较为简单。一般来讲,根据其细胞形状和主要功能,细胞可以被分为许多种类。根据细胞形状和功能的不同,主

表 1-1 针叶木和阔叶木木质部主要细胞的特点

细胞类型	方向[a]	主要功能[b]	占木质部比例[c]/%(体积百分比)	长度[d]/mm	宽度[d]/μm
针叶木					
管胞(纤维)	V	S,C	90	1.4~6.0	20~50
射线细胞[e]	H	C	<5		
射线薄壁细胞	H	ST	<10	0.01~0.16	2~50
上皮薄壁细胞	V,H	E	<1		
阔叶木					
纤维[f]	V	S	55	0.4~1.6	10~40
导管分子	V	C	30	0.2~0.6	10~300
纵向薄壁细胞	V	ST	<5	<0.1	<30
射线薄壁细胞	H	ST	15		

注:a. 细胞在树木主坐标轴方向;V 代表纵向,H 代表横向;b. S 支撑,C 运输,ST 储存,E 分泌树脂;c. 平均值,依树种而定;d. 一般范围,依树种而定;e. 某些树种缺少;f. 包括所有纤维状细胞和管胞。

要有① 执行液体输送功能,② 提供给树木的必要的机械支撑作用,③ 担当储存养料供应的仓库。这些承担液体输送和机械支撑作用的细胞都是死细胞,其内部的空腔充满了水或者空气。针叶木的管胞(纤维)具备这两项功能。而在阔叶木起传输作用的是导管,起支撑作用的有不同种类的纤维细胞,而储存养料的则是薄壁细胞。

在木材活性部位,水溶液的传输和分布以及细胞内物质的交换是通过纹孔来完成,它们通常存在于邻近的纤维或者木材细胞之间。其类型与其邻近的细胞种类有关。可借助显微镜观察纹孔来鉴别和量化未知浆料纤维或者木片的种类。鉴于每个品种的针叶木早材管胞和阔叶木导管都很独特,可以把纹孔的形状和方向作为主要的鉴别要素。此外,了解木材的多孔结构对于掌握譬如木材的浸透和死亡等相关现象也非常重要。

不同种类的细胞直接导致木材物理特性存在差异,包括它们的细胞壁结构、细胞取向以及各种细胞的相对含量。正是由于这些差异,本节将分别描述针叶木和阔叶木的解剖学。

1.2.2.1 针叶木细胞

根据其不同形状,木材细胞可以分为两大类:纺锤组织细胞和薄壁组织细胞。前者是瘦长的有扁平或锥形的密闭边缘(闭锁的末端),而后者是矩形的(砖状的)且相对较短的细胞。

针叶木里面90% ~95%的是管胞(主要是纵向管胞,见表1-1和图1-4),呈纤维状,因此这些纺锤组织细胞被称为“纤维”。从径向观察,纤维在末端呈圆形,但从切线方向,纤维末端呈尖状。完整管胞的算术平均长度与制浆性能关系密切,在不同的树种之间以及树木的不同部位变化明显。然而,大部分针叶木的纤维长度在2~6mm之间变化。纤维粗度(单位长度纤维的质量)在10mg/100m到30mg/100m之间变化明显。除了纵向管胞之外,在某些种类的射线细胞中也含有射线管胞(图1-5),其与薄壁细胞在形状上相似,但只是成熟的死细胞。

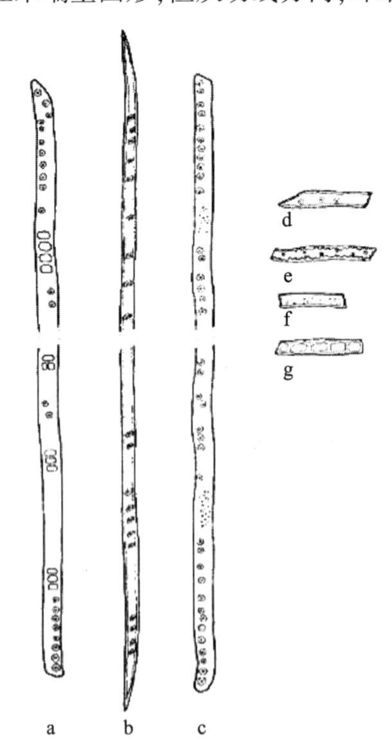

图1-4 针叶木中主要的细胞类型[5]

a—早材 b—晚材松树管胞
c—早材云杉管胞 d—云杉射线管胞
e—松树射线管胞 f—云杉射线薄壁细胞
g—松树射线薄壁细胞

薄壁细胞按水平或垂直方向排列。光合作用产物的储存和输送发生在薄壁细胞里,这种细胞在针叶木内主要以径向排列,被称为“射线薄壁细胞”(水平薄壁细胞)。只有少部分针叶木,如雪松、红木(北美红杉)以及美国水松(落羽杉)含有相当数量的纵向薄壁细胞。大部分松柏科植物,如花旗松(黄杉属)、冷杉属和落叶松属中该类细胞极少。射线宽度通常与细胞有关,通常,几个薄壁细胞叠在一起,而射线管胞则在射线层边缘的上面和下面。图1-5阐明了细胞在针叶木木质部的一般排列情况。

上皮薄壁组织细胞一般只存在于某些拥有垂直和水平树脂道(树脂导管),即在树木中形成均匀的网络通道的针叶木组织里面。水平管道常常位于成束排列的射线(纺锤状射线)内。一般情况下,树脂道是管状的,胞间腔沿着上皮薄壁细胞排列,向树脂道里面分泌油性树脂。没有树脂道的针叶木有冷杉(冷杉属)、紫衫(红豆杉属)、杜松(刺柏属)以及雪松(雪松属)。与此相反,树脂道是松树(松属)、云杉(云杉属)、落叶松(落叶松属)和花旗松(黄杉属)最主要的特征。松木较云杉含有更多更大的树脂道。松木的树脂道集中分布在心材和树根内,而云杉则是均匀分布于整个树木。松木树脂道的尺寸是 0.08mm(垂直方向)和 0.03mm(水平方向),其中松木木质部横切面上树脂道的总数(平均长度大约 50cm)一般少于 5 个/mm^2。

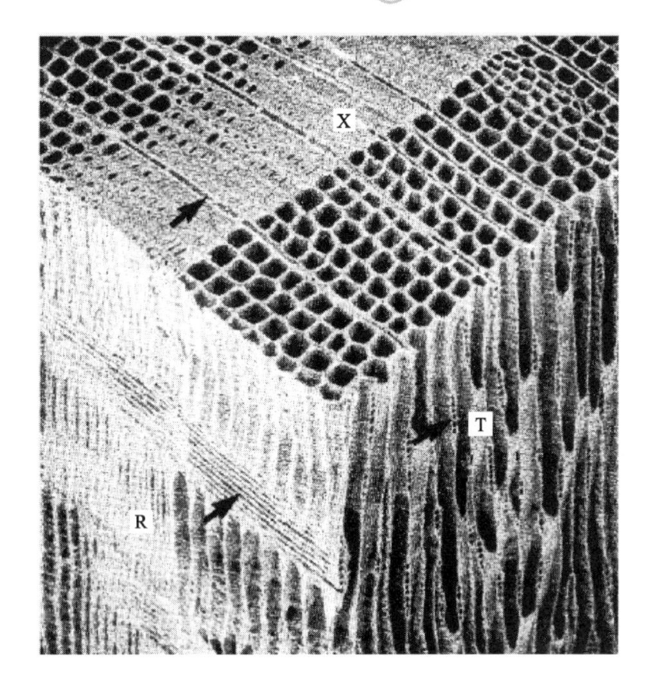

图 1-5 针叶木木质部的三相视图(X 指横切面,R 指径切面,T 指弦切面)显示单独的薄壁腔大的早材细胞[11]

注:箭头指的是木射线。

1.2.2.2 阔叶木细胞

阔叶木木材的宏观特征反映在不同类型细胞的分布和数量上,例如纤维细胞、导管分子(形成导管或者纹孔)、纵向薄壁组织细胞和射线薄壁组织细胞(表 1-1 和图 1-6)。与针叶木的主要细胞是管胞截然相反,阔叶木有种类繁多的细胞类型。此外,阔叶木细胞的纤维相对较短且窄,其射线宽度也变化较大(也就是含有更多的薄壁细胞)。然而,尽管有这些区别,针叶木和阔叶木细胞的大多数结构特征则是非常类似的。

构成了基本组织的阔叶木纤维的尺寸比针叶木管胞的尺寸要小。真正的阔叶木纤维存在于所有的品种里面,要么是“管胞”,要么是“韧皮纤维”。然而,这两个分类之间没有明显的区别,它们经常统一到同一木材甚至在同一个年轮里。除了真正的纤维外,还有

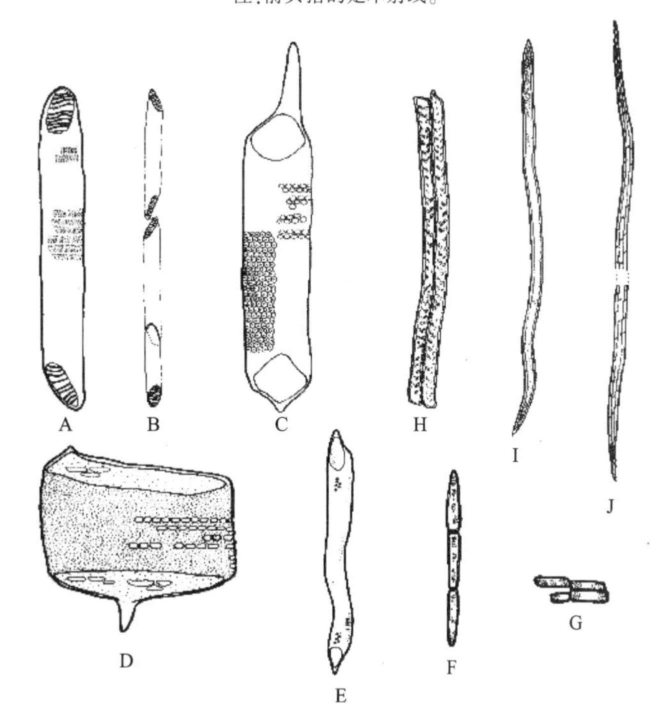

图 1-6 阔叶木主要细胞类型[5]

A—桦木早材导管 B—桦木导管 C—杨木早材导管 D—橡木早材导管 E—橡木晚材导管 F—橡木纵向薄壁细胞 G—桦木射线薄壁细胞 H—橡木管胞 I—桦木管胞 J—桦木韧皮纤维

另外两种类型的管胞,包括“维管束管胞”和“环管束管胞”,这两种管胞只在少数木材里存在,且比例非常低。

导管分子(导管部分)在完全成熟后是死亡的、中空的,末端有排孔的能促进从根部向上输送水分和营养。一个单独的导管可以达到几米长甚至可以包含一系列垂直的导管分子沿着纹理首尾相连。有些阔叶木其导管分子的末端是完全开放的,而另外一些阔叶木其末端包含一系列平行的梁(梯状的)或者一些其他的纹路(网状的等)。末端上这些特定类型的纹孔对于鉴别木材种类非常有价值,这些纹孔比针叶木管胞的水分传输能力更强。

一般来说,阔叶木的薄壁细胞数量较针叶木多,这意味着存在较宽的射线细胞(1~50 细胞元)和较大体积的射线细胞以及相对较高比例的纵向原丝。这两种类型的细胞被称为射线薄壁组织细胞和纵向(轴向)薄壁组织细胞。通常,射线宽度仅在轴向上变化,且没有射线管胞。尽管大部分阔叶木含有很少的纵向薄壁细胞,某些情况下,尤其是热带阔叶木,这些细胞的百分含量更高。热带和亚热带地区的阔叶木也许会含有水平和垂直的树脂道(如重娑罗双)。此外,从横切面看到的纵向薄壁细胞的排列方式对于鉴别阔叶木十分有用。图 1-7 阐释了散孔材阔叶木木质部常规细胞的排列方式。

真正的纤维组成了阔叶木浆种的主要部分。由于阔叶木和针叶木纤维的不同特性,与针叶木浆相比,阔叶木浆通常用于生产某些不同性质的产品如印刷纸。鉴于阔叶木的薄壁细胞数量高于针叶木,使得阔叶木浆中的细小组分含量更高,在某些阔叶木树种中,这种情况更为明显。因此,根据浆料的最终用途,对薄壁细胞含量较高的纸浆进行特殊的筛选处理是很有必要的。有时,考虑到薄壁细胞中的抽出物含量较高,为了避免在造纸过程中产生树脂障碍,有必要事先去除这些细胞。

1.2.2.3 纹孔

树所需水分和营养物的输送是通过“纹孔”来实现的,纹孔镶嵌在相邻细胞的细胞壁上,它们形成于细胞生长过程中。其数量、形状和尺寸完全依赖于其所在的细胞类型,因此其典型特征可作为鉴别木材或纤维的种类。

在邻近的细胞壁上两个互补性的纹孔(具缘纹孔或者单纹孔)形成一个纹孔对。依纹孔对的类型(一般简称为纹孔)分为具缘纹孔对(由两个具缘纹孔形成)、半具缘纹孔对(由一个具缘纹孔和一个单纹孔形成)和单纹孔对(由两个单纹孔形成)(图 1-8)。

最常见的类型是针叶木管胞的纤维间具缘纹孔,这种具缘纹孔的真实特征性与木材的种

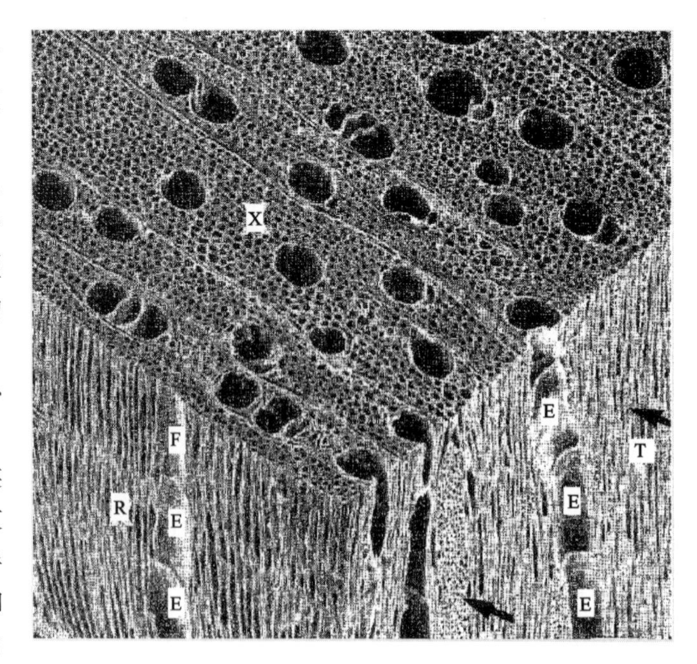

图 1-7 散孔材阔叶木木质部的三视图(X 指的是横切面,R 指的是径切面,T 指的是弦切面)显示了单独的导管单元(E)形成的大导管[14]

注:箭头指的是弦切面上存在的单细胞宽射线和多细胞宽射线。

类有关。管胞和射线管胞之间（以及独立的射线管胞之间）的纹孔也是具缘的，但是要比纤维间的具缘纹孔小很多。尽管阔叶木里面内导管系统对液体的输送运输是通过连接穿孔板（也就是导管分子可以打开或阶梯状的、在末端“像梯子一样”）来实现的，导管分子也会有具缘纹孔。它们的数量随木材种类和导管间以及导管与纤维之间的横向接触程度而变化。在一个年轮内，针叶木早材纤维间纹孔较大且量多；，每个管胞上大约有 200 个纹孔，它们大多数位于一到四行的两个径切面上。而在晚材中纹孔数量较少（每个管胞上有 10～50 个纹孔），且尺寸较小，一般呈缝隙状出现在厚壁纤维细胞上。阔叶木纤维上的纹孔类型在形态上随纤维类型的变化而变化，从薄壁细胞上清晰可见具缘纹孔到厚壁纤维细胞上缝隙状的孔隙。

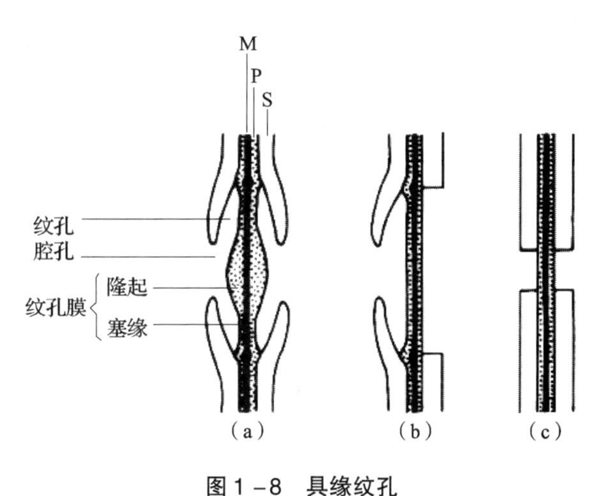

图 1－8 具缘纹孔

(a) 具缘纹孔对 (b) 半具缘纹孔对 (c) 单纹孔对[12]

M—胞间层 P—初生壁 S—次生壁

第二种类型的纹孔是没有边界的单纹孔，只出现在薄壁细胞之间。与此不同的是，当维管束（管胞、导管和纤维）邻近射线细胞或者纵向薄壁细胞时，相关的连接是由半具缘纹孔形成的。这些纹孔由一半在薄壁细胞一侧的单纹孔和一半在维管束一侧的具缘纹孔组成。

针叶木管胞具缘纹孔的特征是由一个小的同心孔朝着纹孔膜增大形成一个空腔（纹孔腔）（图 1－8）。具缘纹孔的缝隙和纹孔膜形状的变化在一定程度上取决于木材品种、细胞种类、早材和晚材等。纹孔膜的中心部位称为“圆环面”，形状像一个圆盘（例如在松树属和云杉属的早材里）或者像一个凸透镜（如在松树属和云杉属的晚材里）。纹孔膜的圆环面包围的部分被称为“塞缘”，由径向的微纤丝束组成，渗透到液体里面。然而，在有单纹孔或者半具缘纹孔时，纹孔膜的中心部位没有圆环面。此外，半具缘纹孔的纹孔膜非常厚且在高倍电子显微镜下仍看不到任何缺口。

管胞或者导管分子上接触到射线细胞的区域被称为“交叉场区”。有边界的纹孔也会存在于针叶木纤维的交叉场区。这种纹孔在阔叶木纤维里相对稀少，但是在针叶木尤其是早材里其数量多且显而易见。这些纹孔被称为“射线交叉场区”纹孔，包括窗格状纹孔、松木型纹孔、云杉型纹孔、杉木型纹孔和柏木型纹孔。这些纹孔的形态和排列方式对于木材品种的显微鉴定具有诊断价值。借助显微镜相对容易鉴别不同的树种，一旦木材被制成纸浆，保留在纤维上的木材特征就基本上消失了，因此很难依此判定木材种类。但由木材制得的纸浆，交叉场区的纹孔特征通常可作为鉴别树种的唯一线索。只可惜，当交叉场区用于诊断材种时，它们有时候又是不利的，因为交叉场区纹孔在化学和机械降解时会沿纤维产生弱区，那些具有大交叉场区纹孔的树种，如大多数松树最易受到这些影响。

在针叶木心材形成过程中，具缘纹孔是可以呼吸的（参见前一节 1.2.1.1 横切面外貌），这意味着纹孔膜有效移到纹孔腔的一侧，使圆环面沿水的移动方向对纹孔进行不可逆的密封。这一现象在干燥的木材中很常见，即能减少在不同的工艺过程，如制浆和防腐处理中液体在木材中的流动。有时,纹孔呼吸作用可以在一定程度上实现逆转,如一旦将木材长时间浸泡在水里,就能提高其渗透性。

1.2.3 细胞壁分层

当细胞经过扩大和分化分裂后,一个非常薄且可塑的初生壁包住了每个细胞的细胞质。接下来,细胞壁变厚,开始形成次生壁。细胞壁增厚的量在很大程度上取决于(早材或者晚材)每年的生长时间以及/或者细胞的功能。到细胞发育的最后一个阶段(木质化)开始时,次生壁的形成仍将持续。早期和相对快速的组织木质化发生在细胞间、胞间层和初生壁上。与此相反,次生壁木质化是一个更为渐变的过程。这意味着,尽管细胞发育被清晰地划分为几个阶段,但也会发生相当多的重叠。对于木材细胞中起支撑和运输作用的主要部分,所有的细胞发育过程仅发生在几个星期内,这于是导致木质化后细胞死亡,继而形成纸浆纤维。另一方面,对于存储细胞,木质化后的死亡无限期延迟。借助常规的高倍光学显微镜能分辨细胞壁各层,通过电子显微镜则可清晰观察到层间的结构差异。

成熟细胞壁内的最小的纤维素链被称为“原细纤维”,平均直径在3.5nm。这些原细纤维又结合在一起形成在电子显微镜下可见的微细纤维(直径为5~30nm)。微细纤维的直径与纤维素的来源及其在细胞壁的位置有关。纤维素微细纤维在不同的纤维细胞壁上方向各异,且含有结晶区。此外,微细纤维的取向(也就是通过纤维轴的角位移测量得到的一个特定的微细纤维角度)对木材纤维的物理性质有一定影响。微细纤维结合在一起组成更大的细纤维和胞间层。

基于现有的实验数据,尽管发现纤维细胞壁的架构与常用于制浆造纸行业的树种存在一定的相关性,但要囊括所有针叶木纤维和阔叶木纤维是不可能的。如上所述,细胞壁主要由相对薄的初生壁(P)和相对厚的次生壁(S)两层组成(表1-2)。根据微细纤维取向,次生壁还被分为三个次级层:次生壁的外层(S_1 或 S1),次生壁的中层(S_2 或 S2)以及次生壁的内层(S_3 或者 S3)。S_3 层有时候也被称为“三生壁”(T)。由于各层结构单元的不同取向及化学组成的差异,这些层彼此差别较大(参见1.3节“木材化学组成和分布”)。微细纤维以不同的方向向右(Z螺旋)或向左(S螺旋)缠绕在细胞轴上。在某些特定情况下,如针叶木管胞和一些阔叶木细胞,S_3 层的内部覆盖着一层被称为“瘤层”(W)的薄膜。中空纤维的中央腔被称为“胞腔”(L)。胞间层(ML)位于相邻细胞间的初生壁上,起到连接细胞的作用。由于很难区分胞间层和位于两侧的P层,一般用“复合胞间层”(CML)来命名相邻两个

表1-2 典型木材纤维中细胞壁各层平均厚度及微细纤维取向

细胞层[a]	厚度/μm	微细纤维(胞间层)层的数量	微细纤维的平均角度/(°)
P	0.05~0.1	—[b]	—[b]
S_1	0.1~0.3	3~6	50~70
S_2	1~8[c]	30~150[c]	5~30[d]
S_3	<0.1	<6	60~90
ML[e]	0.2~1.0	—	—

注:a. P是指初生壁,S_1 是指次生壁外层,S_2 是指次生壁中层(正文),S_3 是指次生壁内层,ML是指胞间层;

b. 纤维素微细纤维形成一个“不规则网络结构”(见文内);

c. 早材(1~4μm)和晚材(3~8μm)差别很大;

d. 微细纤维角度在5°~10°(晚材)和20°~30°(早材)间变化;

e. 胞间层把细胞连接在一起,主要含有非纤维状物质。

细胞的 P 层及共有的ML 层。

图 1－9 阐明了典型的细胞壁各层示意图和透射电镜照片，显示了每层的相对尺寸及其微细纤维缠绕角。P 层微细纤维缠绕得很松散，或多或少是沿着外表面（P_0）上的细胞轴方向。在内表面（P_1）上，微细纤维取向几乎与细胞轴垂直。S_1 层的微细纤维是左（主要的）右螺旋交叉排列的。在所有类型的细胞里，尤其是在针叶木的晚材管胞和阔叶木的韧皮纤维里，细胞壁的总厚度主要由 S_2 层决定。一般来说，S_2 层随着细胞壁厚度的增加而增加，但 S_1 和 S_3 层则保持相对稳定。因此，S_2 层对木材纤维的物理性质起主要作用，该层的微细纤维与细胞轴呈高度平行的 Z 向螺旋排列。而过渡胞间层（S_{12}和 S_{23}）发生在 S_2 层的内外表面上，这些胞间层上微细纤维的取向在 S_1 和 S_2 层以及 S_2 和 S_3 层之间逐渐变化，S_{23}层的微细纤维缠绕角要比 S_{12}层变得突然。S_3 层的微细纤维略微倾斜但并不是严格平行排列的。

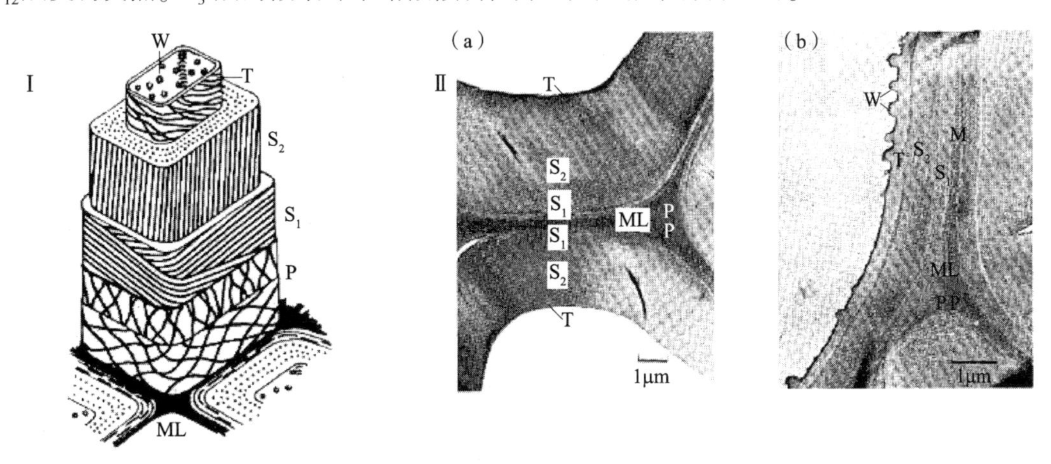

图 1－9　不同层微细纤维的取向和相对尺寸[2]

(a)挪威云杉(*Picea abies*)和(b)山毛榉(*Fagus sylvatica*)中细胞各层的超薄切面示意图(Ⅰ)和透射电镜照片(Ⅱ)。
ML—胞间层　P—初生壁　S_1—次生壁外层　S_2—次生壁中层　T(或 S_3)—次生壁内层　W—瘤层

1.2.4　应力木

细胞的形状，尤其是管胞和木射线细胞，不仅受季节变化影响，也受机械力的影响。当树干或树枝经由一种外力有规律地被拉扯出其正常平衡位置时，如风会促进树干或树枝上或下沿径向加速增长。对于那些受影响的树木，若想使其树干或树枝恢复到原来位置，于是就产生了这种生长结构，它们被统称为“应力木”。在某种程度上，每棵树都有这种特殊的组织，尽管不同树之间其数量和严重程度不同。

针叶木中的应力木（应压木）一般集中在倾斜树木和树枝的下侧，而阔叶木的典型特征是形成一种位于倾斜的树干和树枝上侧的特殊组织（应拉木）。阔叶木中的应力木与针叶木中的不同，应拉木一般以发散模式分布在一个较窄区域。应压木和应拉木在结构、化学及物理特性上与常规材不同，所有这些属性都会对纸浆加工过程和质量产生影响。在针叶木中，与应压木对应的木材组织被称为“对应木”，其物理性质也在一定程度上不同于常规材，如前者具有较高的结晶度和更长的结晶区。

1.2.4.1　应压木和应拉木

由于相对高的芳香族化合物含量（木素和相关物质），应压木在颜色上呈红褐色（参见下一节 1.3.1 总组成），因此它比普通木材颜色深。应压木也具有高密度、高硬度和低持水特性，木材组织中早材/晚材的过渡很平缓。应压木的管胞纤维短且圆,细胞壁较厚(即使是早材),细胞间存在着细胞间隙(即胞间层总数少于普通木材中的数量)。相对于普通木材,应压木还有一些较为重要的特性,如较厚的 S_1 层以及缺失的 S_3 层。此外,S_2 层还含有与其微细纤维同向的从胞腔延伸到该层内部的螺旋腔。S_2 层的微细纤维缠绕角远大于普通木材的,一般在30°~50°。如果普通木材的管胞里有 W 层,同样,应压木的管胞也是如此。

应拉木较普通木材含有较少和较小的导管,尽管如此,与应压木相比,应拉木与普通木材差别无几。纤维中有一个被称为胶质层(G 层)的特殊壁层,该层几乎全部由高结晶度纤维素(参见下一节"1.3.1 总组成")组成,且能从纤维残壁上被轻易剥离开来。该层的微细纤维和纵向纤维是平行排列的。基于已有树种信息,G 层可能取代 S_3 层或者 S_2+S_3 层而存在。

1.2.4.2 其他特殊组织

节子是残余树枝嵌入树干的部分(或者更确切地说是树枝的主要部分),也可作为一种特殊的组织。与普通木材相比,节子较为坚硬致密,树脂含量更高,更难于制浆。鉴于此,节子在化学法脱木素过程中一般很难成浆,这于是降低了细浆的得率。此外,树干节子上下方的区域富含应力木。同样与高比例的幼龄材和应压木相比,由树枝制得的浆料得率较低,质量也差。

幼龄材(有时也称心材)包括大部分的树枝,在老树的早期或者幼龄期(大约 10 年)形成于髓心附近。就同一棵成熟材而言,心材与靠近树干外面的木材(有时被称为边材)有很多不同。当与同一棵树木的普通边材相比时,心材呈典型多变的特性,如较宽的年轮、较高的早材/晚材比、较短的细胞、较低的基本密度(与品种有关)、较低的强度、较高的含水量以及较强的纵向伸缩性。在超微结构方面,幼龄材纤维,尤其是在针叶木中,有较普通成熟木材纤维更大的微细纤维缠绕角。尽管针叶木和阔叶木都含有心材,但阔叶木木质部心材不容易被清晰辨别,且其纤维/导管的体积比也可能在心材和成熟材之间变化。

1.3 化学组成和分布

1.3.1 总组成

所有品种木材的主要化学组成就是所谓的"结构性物质",即纤维素、半纤维素和木素。其他的聚合物成分有果胶、淀粉和蛋白质,因其含量较低且数量不同,除了这些大分子成分外,在针叶木和阔叶木中还能发现少量的各类"非结构性"的和以低分子量化合物为主的抽出物、一些水溶性的有机物和无机物等。树干的全化学组分(也就是木材化学分析内容)与树木的其他几个宏观部位有稍许不同。此外,同一个树干的化学组分也会有所不同,尤其是普通木和应力木在径向上的差别。因此,接下来的讨论仅限于用于制浆的普通树干材上,而且,下一节"1.3.2 木材成分的分布"将会扼要介绍木材主要化学成分的形态学分布。

树木在生长期间,其水分含量随季节甚至会与每天的天气变化有关。木材总的平均含水量为 40% ~50%。绝干木材的 2/3 是由多糖组成,也就是由纤维素和各种各样的半纤维素组成,这已是不争的事实。然而,仔细研究发现,在关于化学组成方面,针叶木和阔叶木通常彼此各不相同。两类材种纤维素含量基本相同(占木材干物质重的 40% ~45%),但针叶木通常还有较少的半纤维素和较多的木素;只有一些少量热带阔叶木的木素含量较普通针叶木的高。针叶木和阔叶木中半纤维素的含量分别占木材干物质重的25% ~30% 和

30% ~35% 。另一方面,针叶木的木素含量为 25% ~30% ,而温带阔叶木的木素含量为 20% ~25% 。温带材的其他物质(主要是抽出物)一般占木材绝干重的 5% ,而热带树种则通常高于这一数值。

因此,如温带材,构成细胞壁的大分子物质占到了木材总质量的 95% 。与此相反,热带材的这一数值可能降到平均 90% 。针叶木和阔叶木中半纤维素和木素的结构大不相同,而纤维素的结构在所有木材中极为相同。此外,在这两种木材中发现的抽出物类化合物在结构和数量上也有明显不同。图 1 -10 举例说明了典型商用针叶木和阔叶木的总化学组分。该图概括了苏格兰松(*Pinus sylvestris*)和银桦(*Betula pendula*)的基本区别。应该指出的是,有些树种的化学组成可能与这些例子出入很大。

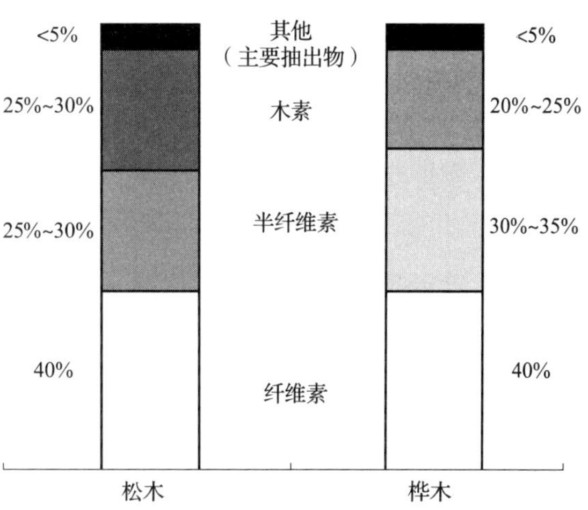

图 1 -10 苏格兰松(*Pinus sylvestris*)和银桦(*Betula pendula*)的平均化学组成(图片给出的是对木材干物质的百分含量)

尽管木材是制浆最重要的原料,但从技术角度来说,其他的木质纤维原料(一般统称为“非木材原料”),包括农业剩余物、禾草类和其他种类的植物,鉴于其在化学组成、化学结构、物理和机械性质等方面的特殊性,无论如何也是可以被利用的。表 1 -3 示出了用于制浆的木材和非木材原料之间化学成分的比较。在制浆过程中,非木材纤维原料的一个最大问题就是无机物含量高(主要是二氧化硅),二氧化硅和其他微溶性物质的存在加剧了化学药品回收系统中蒸发设备的结垢。

表 1 -3 用于制浆的木材和非木材原料主要化学成分的比较

单位:%(占干物质重的百分比)

成分	木材	非木材
碳水化合物	65 ~80	50 ~80
纤维素	40 ~45	30 ~45
半纤维素	25 ~35	20 ~35
木素	20 ~30	10 ~25
抽出物	2 ~5	5 ~15
蛋白质	<0.5	5 ~10
无机物	0.1 ~1	0.5 ~10
二氧化硅	<0.1	0.5 ~7

应力木的化学组成与普通木材不同。图 1 -11显示了苏格兰松(*Pinus sylvestris*)的普通木材和应力材的化学组分。与普通材相比,应压木最重要的特点是其较高的木素含量和较低的纤维素含量。而应压木与普通木材相比,木素高度缩合,纤维素结晶度也较低,这也正是应压木非常典型的特征。此外,应压木含有较少的葡萄糖 -甘露聚糖(只有普通木材的一半),而木聚糖的含量与普通木材相当。另一方面,尽管半乳聚糖和乳糖[一种β -(1,3) -葡聚糖]在普通材中含量甚微,但在应压木中的含量分别占到其绝干量的 10% 和 30% ,这也成为应压木的典型特征。半乳聚糖包括在 C_6 位置,用单β -D -半乳糖醛酸或者β -(1,4)半乳聚糖侧链部分取代β -(1,4)苷键 D -吡喃半乳糖(木材碳水化合物的普遍结构和命名,参见下一节 1.3.3.1 碳水化合物)。应压木中的抽出物含量可能略高,但主要与品种有关。应拉木(参见前一节 1.2.4 应力木)一般较应压木含有较少的木素和较多的纤维素。

相对于普通材,应压木的化学组成最重要的特点是,木素和木聚糖含量较低,但纤维素和聚半乳糖含量较高。应拉木中较高的纤维素含量主要是由于细胞壁上所谓的凝胶或者 G 层存在所致(参见前一节 1.2.4.1 应压木和应拉木)。该层一般相对较厚,主要含有高结晶度的纤维素、没有被木质化且只有少量的半纤维素存在。图 1－12 显示了银桦(*Betula pendula*)的普通材和应拉木的化学组成。其他聚糖的比例主要包含聚半乳糖和少量其他碳水化合物组分。在这种情况下,聚半乳糖一个β－(1,4)－苷键吡喃半乳糖单元骨架,其中一些在 C_6 位置上被不同类型的侧链取代。大多数的侧链包含带有糖醛酸末端单元的β－(1,6)－吡喃半乳糖,其他类型的侧链则包含 L－阿拉伯呋喃糖单元、D－阿拉伯呋喃糖单元以及 L－鼠李糖呋喃糖单元。

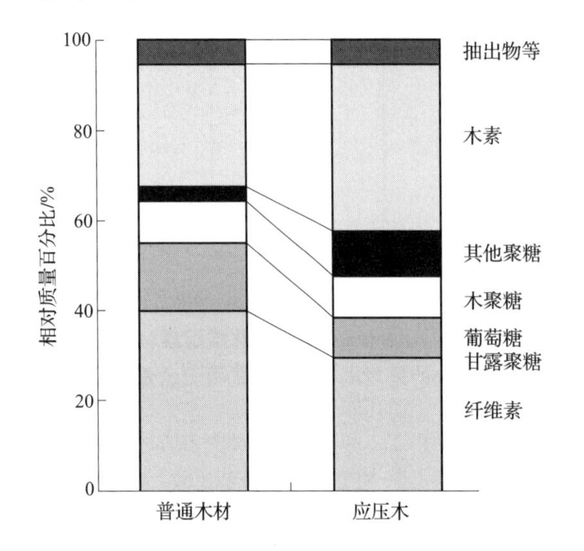

图 1－11 苏格兰松(*Pinus sylvestris*)的普通木材和应压木的化学组成(图片给出的是占木材干物质重的百分比)

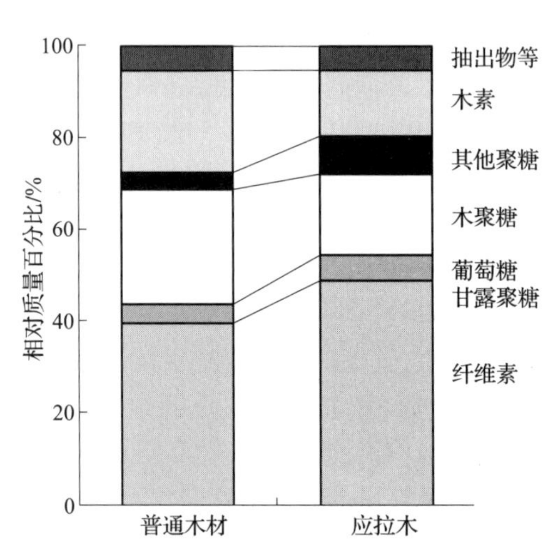

图 1－12 银桦(*Betula pendula*)的普通木材和应拉木的化学组成(图片给出的是占木材干物质重的百分比)

1.3.2 木材成分的分布

木材的 3 种结构性成分——纤维素、半纤维素和木素在木材细胞内并不是均匀分布的,其相对质量比差异很大,这可能是由于木材的形态区域和树龄不同所致。这意味着,应拉木和普通材之间以及不同类型的细胞之间差别很大(参见前一节 1.3.1 总组成)。而且,同样有迹象表明,针叶木和阔叶木中射线薄壁细胞的木聚糖含量要远远高于其在管胞和纤维中的含量。

有关细胞壁内主要成分分布的详细数据对于深刻理解和阐释细胞壁的排列是非常重要的,如木材作为一种天然复合材料的物理和化学特性。可是,尽管对木材已经开展了广泛的研究,现有关于木材细胞壁中化学组成分布的知识还相对较少,这对全面理解细胞壁结构和化学组成分布仍显不足。在不久的将来,一些分析技术的发展将最有可能就此获得更有价值的信息。与现有技术相比,期望这些新技术能更详细地揭示出细胞壁内纤维素、半纤维素和木素等相关关系的模型。

由于细胞壁每层尺寸非常小,因此想对细胞壁进行完整的分离是非常困难的。因此,目前只能对纤维细胞壁进行切片以实现对碳水化合物的有限分析。大多数情况可采用几种间接的方法来定量或半定量测定细胞壁的组成。考虑到细胞壁各层化学组成数据依纤维种类变化很大,接下来只能讨论其中几项主要特征。

表1-4显示了针叶木管胞细胞壁大体的化学组成。在给定细胞壁平均厚度的前提下,这些数值是通过假设一个特定的化学成分分布来获取的(表1-5)。结果显而易见,如,尽管复合胞间层(ML+P)中的木素含量很高,可是由于这一层很薄,因此只有一小部分木素分布其中。在针叶木中,胞间层中木素含量占到了70%,而连接纤维和导管的细胞角隅胞间层(MLcc)中的木素含量更高(高出10%~30%)。在阔叶木中,胞间层木素浓度则是低于针叶木的。此外,射线薄壁细胞和导管中木素含量(30%~35%)要高于纤维细胞中的木素含量(20%~25%)。表1-4和表1-5也说明"复合次生壁"($S_1+S_2+S_3$)中多糖含量最高,事实上,几乎所有的多糖都分布其中。

表1-4　针叶木管胞细胞壁中主要成分的分布比例（对每层总干物质量的百分比）

组分	形态区域[a]	
	(ML+P)	($S_1+S_2+S_3$)
木素	65	25
多糖	35	75
纤维素	12	45
葡萄糖-甘露聚糖	3	20
木聚糖	5	10
其他物质[b]	15	<1

注:a.(ML+P)指的是复合胞间层,($S_1+S_2+S_3$)指的是"复合次生壁";ML指的是胞间层;P指的是初生壁;S_1、S_2、S_3分别是次生壁的外层、中层和内层。b.含有果胶质。

表1-5　针叶木管胞细胞壁中主要成分的分布比例（每种组分占总组分的百分比）

组分	形态区域[a]	
	(ML+P)	($S_1+S_2+S_3$)
木素	21	79
多糖	5	95
纤维素	3	97
葡萄糖-甘露聚糖	2	98
糖	5	95
木聚糖	75	25
其他物质[b]		

注:a.(ML+P)指的是复合胞间层,($S_1+S_2+S_3$)指的是复合次生壁;ML指的是胞间层;P指的是初生壁;S_1、S_2、S_3分别是次生壁的外层、中层和内层。b.有果胶质。

目前有关细胞壁各层中主要多糖物质的分布尚存在一些争议。在早期生长阶段,胞间层主要由果胶质组成,但最终被彻底木质化。因此,在针叶木和阔叶木细胞里,包括聚半乳糖醛酸、聚半乳糖和聚阿拉伯糖在内的果胶类多糖可能富集在复合胞间层(ML+P)内。针叶木细胞壁上多糖分布的总体趋势表明,聚半乳糖葡萄糖甘乳糖比例沿细胞壁外层向管腔逐渐增加,而阿拉伯-葡萄醛酸木聚糖在整个细胞壁内则均匀分布。报道显示,尽管纤维素在整个次生壁上的分布相对均匀,但其在次生壁中所占比例最高。在这方面,针叶木和阔叶木没明显差别。阔叶木中葡萄糖醛酸木聚糖在次生壁中占比似乎要高于复合胞间层。

在阔叶木中,木素中的愈创木基和紫丁香基结构在不同形态区占比不同。纤维次生壁(S_2)内的木素主要是紫丁香基型,而导管次生壁(S_2)大部分则是愈创木基型,纤维胞间层中的木素主要是愈创木基-紫丁香基型。针叶木细胞壁中的木素是愈创木基型。但也有些迹象表明,胞间层木素主要由富含对羟苯基单元的愈创木基单元组成。

抽出物在木材结构中占据重要的形态地位,其数量和组成随木材的种类变化而变化。例如,树脂酸存在于针叶木的树脂道内,而脂肪和蜡质则位于针叶木和阔叶木的射线薄壁细胞内。心材中也有许多高分子量和低分子量的苯酚类物质及其他芳香族化合物（边材中一般不存在），因此，许多树木的心材颜色较深且耐腐蚀。尽管心材中的抽出物含量通常都远远高于边材，现有研究表明，边材中确有一些组分在径向和横向上呈现不同的分布。

木材中的无机成分含量相当低（参见下一节"1.3.3.5 无机成分"），其在针叶、树叶、枝桠和根茎中的含量要远远高于树干。树木通过树根系统从森林土壤中吸收无机盐类，然后通过液流将无机盐类输送到树干和树顶。因此，树木生长部位的无机元素浓度最高，且总的矿物质含量和每种元素的浓度在不同种类甚至同一树种之间差异较大。因此，与细胞壁结构性成分不同，无机物浓度受树木生长环境的变化影响很大。应该指出的是，由于木材中金属元素含量很低，对这些微量元素的分析也很繁琐，因此很难获得不同样品之间的准确对比数据。但有迹象表明，幼材的无机物浓度似乎高于成熟材，阔叶木较针叶材含有更多的无机盐。

尽管对有关细胞壁中元素形态分布的数据知之甚少，但早材中无机成分的总含量高于晚材是毋庸置疑的。这也证明了沉积在圆环面和半具缘纹孔膜区域的微量元素占比相当高。这些发现为具备大管腔和多纹孔的早材管胞起水分输送作用、而含有较少纹孔的厚壁晚材管胞主要起机械支撑作用的观点提供了佐证。无机盐类和其他抽出物，如脂肪、蜡、淀粉、多酚类和脂肪酸等在薄壁细胞中通常含量也较高，晶体沉淀物主要是草酸钙，而非晶体无机物通常是二氧化硅。

1.3.3 木材的化学成分

1.3.3.1 碳水化合物

纤维素是世界上最丰富、最重要的生物聚合物。据估计，全球每年有 10^{11} 吨的这种大分子物质被合成和销毁。尽管纤维素的利用技术很悠久，但对其化学和结构的认知还相对较弱。目前人们对纤维素的化学结构的认识已经十分清晰，但对其超分子状态和聚合物特性依然没有完全掌握。

纤维素是由 β－D－吡喃式葡萄糖基部分（在 $4C_1$ 构象）通过（1,4）－糖苷键连接而成的多分散链状均聚糖（图 1－13）。在 $4C_1$ 构象中，由于吡喃糖环取代基之间的相互作用最小，β－D－吡喃葡萄糖链的所有取代基（C_1—OR，C_2—OH，C_3—OH，C_4—OR 和

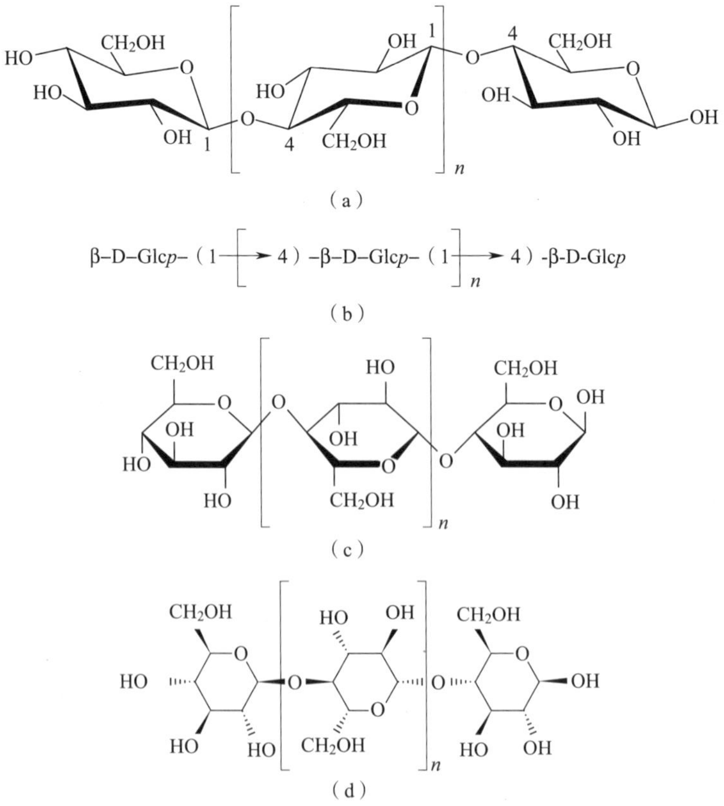

（a）

β-D-Glc*p*-（1→4）-[β-D-Glc*p*-（1→4）]$_n$-β-D-Glc*p*

（b）

（c）

（d）

图 1－13 纤维素的结构

（a）立体化学的 （b）简略的 （c）Haworth 透视式的 （d）Mill 公式

C_5—CH_2OH)在赤道面上定向排列的侧链单元非常稳定。C_1 位置上的半缩醛结构有还原性，而纤维素的另一末端 C_4—OH 单元是仲醇羟基，它不具有还原性。因此，纤维素大分子结构上同时带有还原性末端基和非还原性末端基。

天然木材纤维素的聚合度(DP)是10000，要低于棉纤维(大约是15000)。这些聚合度数值相当于分子质量是1600000道尔顿和2400000道尔顿，分子长度是5.2μm和7.7μm。在工艺过程中，例如，经过化学法制浆后纤维素的聚合度可以降到500到2000。纤维素的多分散性(M_w/M_n)也相当低(小于2)，这表明重均相对分子质量(M_w)和数均相对分子质量(M_n)相差不大。

由于分子内和分子间氢键的作用，纤维素分子束聚集形成微细纤维(参见前一节"1.2.3 细胞壁分层")，这形成了高度有序(结晶)或无序(无定型)区。这些微细纤维穿过若干结晶区(长度大约是60nm)后进一步聚集，形成了有高结晶度(60% ~75%)的纤维壁纤维素。这也意味着纤维素是相对惰性的，在化学处理过程中只溶于少数几种溶剂。最常见的纤维素溶剂是铜乙二胺(CED)和氢氧化铬乙二胺(Cadoxen)，但对另外两种非常强的溶剂N-甲基吗啉-N-氧化物和氯化锂/二甲基甲酰胺，目前还知之甚少。

除了纤维素，另外一种主要的碳水化合物基聚合物是半纤维素，半纤维素是杂多糖，也没有跟纤维素那样有很明确的定义。其构成单元有己糖(D-葡萄糖、D-甘露糖和D-半乳糖)，戊糖(D-木糖、L-阿拉伯糖和D-阿拉伯糖)，或者脱氧己糖(L-鼠李糖或者6-脱氧-L-甘露糖以及少量的L-海藻糖或者6-脱氧-L-半乳糖)。也存在少量确定的糖醛酸(4-*O*-甲基-葡萄糖醛酸、D-半乳糖醛酸和D-葡萄糖醛酸)。这些单元主要以α或β形式连接的六元吡喃糖结构存在(图1-14)。针叶木和阔叶木不仅在半纤维素总量上不同(参见前一节1.3.1总组成)，而且每一种半纤维素组分(主要是葡萄糖甘露聚糖和木聚糖)的含量和这些成分的详细组成也不尽相同。与阔叶木相比，针叶木中半纤维素非常典型的特征是含有较多的甘露糖和半乳糖单元、较少的

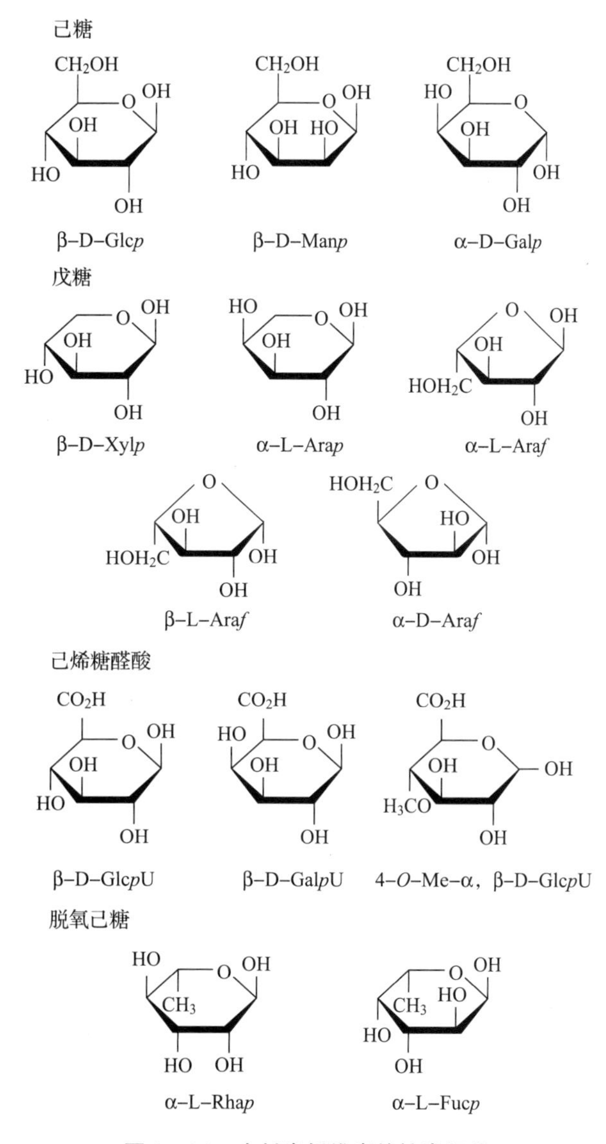

图1-14 木材半纤维素的糖类组分

注：在该节要注意的是，符号U指的是糖醛酸(例如，GlcU)，取代以前使用的符号A(例如GlcA)。

木糖单元和乙酰化羟基结构。

半纤维素的化学和热稳定性通常较纤维素差，这大概是源于半纤维素的非结晶结构和较低的聚合度（100～200）。此外，半纤维素在碱液中的溶解性也与纤维素不同。这一特性主要用于不含木素样品的各种多糖的分离。应该指出的是，一些半纤维素，如来自阔叶木，尤其是来自落叶松中的木聚糖和阿拉伯半乳聚糖碎片部分甚至完全是水溶性的。鉴于这些特殊情况，有时很难把水溶性半纤维素与糖类（主要是单糖和二糖）甚至是抽出物衍生物区别开来。

在针叶木中，主要的半纤维素组分是聚半乳糖葡萄糖甘露糖（葡萄糖－甘露聚糖）和阿拉伯葡萄糖醛酸木糖（木聚糖）。前者（占木材干物质重的15%～20%）主要由β－D－吡喃式葡萄糖基（β－D－Glc P）和β－D－吡喃式甘露糖基（β－D－Man p）通过（1，4）苷键连接成线状主链（图1－15）。框架部分是在 C_2—OH 和 C_3—OH 位置上部分乙酰化，后被（1，6）连接的α－1，6－D－吡喃半乳糖（α－D－Gal*p*）单元所取代。聚半乳糖葡萄糖甘露糖可以按半乳糖的含量分为两部分，一是在半乳糖少的部分（占总葡萄糖－甘露聚糖的2/3），半乳糖：葡萄糖：甘露糖比是(0.1～0.2)：1：(3～4)，二是在半乳糖多的部分（占总葡萄糖－甘露聚糖的1/3），其相应的比例是1：1：3。在这两种情况下，乙酰基的含量是总葡萄糖－甘露聚糖的6%，也就是平均每3～4个已糖有一个乙酰基。另一种主要组分，阿拉伯葡萄糖醛酸木聚糖（木聚糖）（占木材干物质重的5%～10%）由吡喃式4－1，2－*O*－甲基－α－D－葡萄糖醛酸（4－*O*－Me－α－D－Glc *p*U）和α－1，3－L－呋喃式阿拉伯糖（α－L－Ara*f*）为支链并通过β－1，4－D－吡喃式木糖基（β－D－Xyl*p*）而成的线状结构所构成（图1－15）。典型的阿拉伯糖、葡萄糖醛酸与木糖的比例是1：2：8。链上每个分子有一到两个侧链。与阔叶木木聚糖不同的是，其不存在乙酰基。

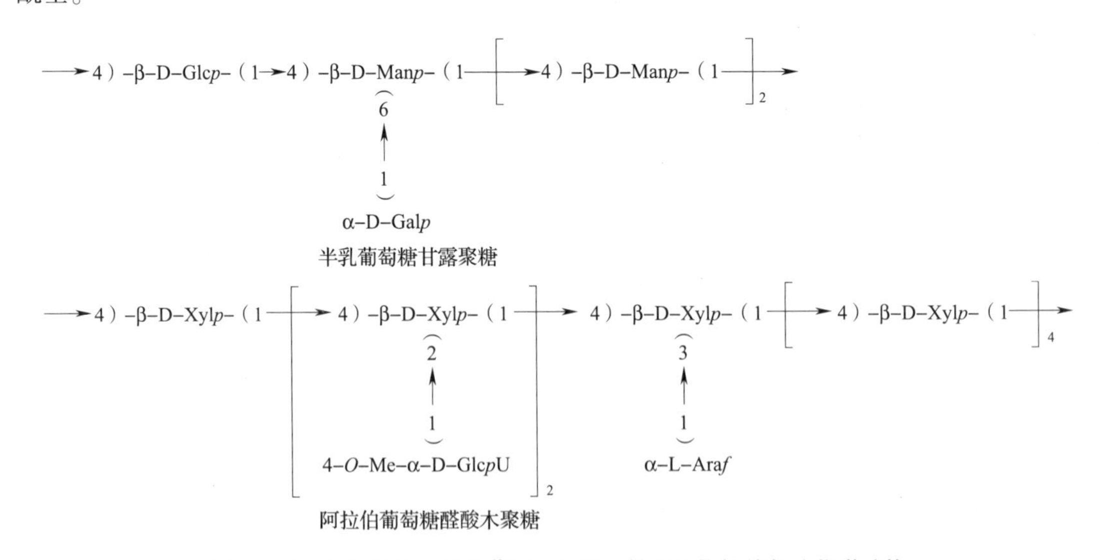

图1－15　来自针叶木的葡萄糖－甘露聚糖和木聚糖的部分化学结构

在阔叶木中，主要的半纤维素组分是聚葡萄糖甘露糖和葡萄糖醛酸木聚糖（木聚糖）。除了聚葡萄糖甘露糖（小于木材干物质重的5%）没有被取代、没被乙酰化，及葡萄糖与甘露糖的比例较高[1：(1～2)]之外，聚葡萄糖甘露糖（小于木材干质量的5%）与针叶木聚半乳糖葡萄糖甘露糖有相同的线状结构（图1－16）。葡萄糖醛酸木聚糖（占木材干物质重的20%～30%）因其与针叶木中阿拉伯葡萄糖醛酸木聚糖具有相同的结构特征及组成，但其含有较更少的糖醛酸取代基（每个木聚糖分子仅有2～3个取代基），使得糖醛酸单元在木聚糖链中并非均匀分布。框架部分在 C_2—OH 和 C_3—OH 位置被部分乙酰化，在整个木聚糖中乙酰基的含量为 8% ~17%，即每 10 个木糖单元平均有 3.5 ~ 7 个乙酰基。除此之外，木聚糖还含有少量的L－鼠李糖(α－L－Rhap)和半乳糖醛酸(α－D－GalpU)。木聚糖的还原性末端包括以下序列：以(1→3)苷键连接的 β－D－木糖基和 α－鼠李糖基、以(1→2)苷键连接的 α－L－鼠李糖基和 α－D－半乳糖醛酸基以及以(1→4)苷键连接的 α－D－半乳糖醛酸基和 β－D－木糖基。

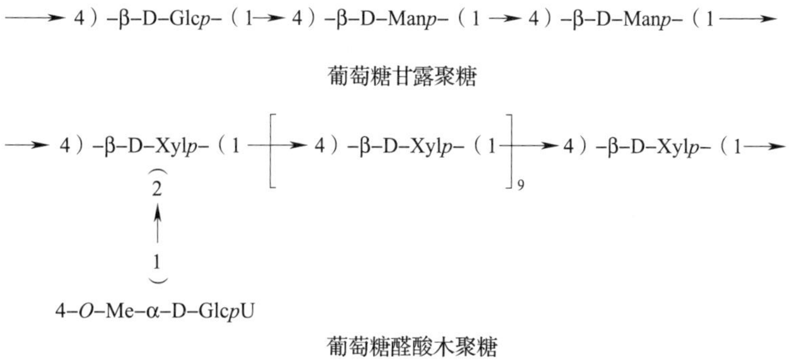

→4)–β–D–Glc*p*–(1→4)–β–D–Man*p*–(1→4)–β–D–Man*p*–(1→

葡萄糖甘露聚糖

→4)–β–D–Xyl*p*–(1[→4)–β–D–Xyl*p*–(1]$_9$→4)–β–D–Xyl*p*–(1→

2 ← 1 4–*O*–Me–α–D–Glc*p*U

葡萄糖醛酸木聚糖

图 1－16　阔叶木中葡萄糖－甘露聚糖和木聚糖的部分化学结构

在落叶松心材中存在大量(10% ~20%)的聚阿拉伯糖半乳糖，而在其他针叶木中其含量一般低于 1%。聚阿拉伯糖半乳糖的主链是(1→3)β 连接的 D－吡喃式半乳糖基，大部分都以侧链或支链连接在其 C_6 位置上(图 1－17)。侧链包括不同长度和不同阿拉伯糖取代度的以

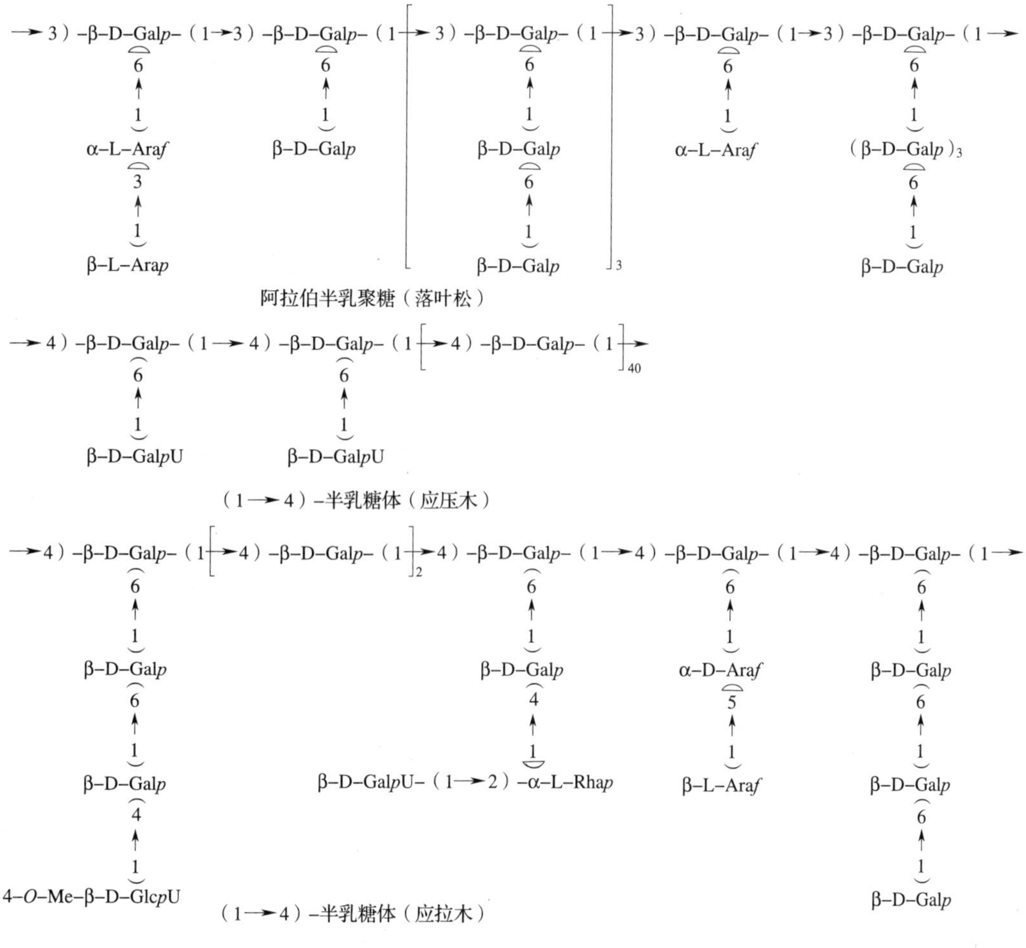

→3)–β–D–Gal*p*–(1→3)–β–D–Gal*p*–(1[→3)–β–D–Gal*p*–(1]$_3$→3)–β–D–Gal*p*–(1→3)–β–D–Gal*p*–(1→

6 ← 1 α–L–Ara*f* 3 ← 1 β–L–Ara*p*

6 ← 1 β–D–Gal*p*

6 ← 1 β–D–Gal*p* 6 ← 1 β–D–Gal*p*

6 ← 1 α–L–Ara*f*

6 ← 1 (β–D–Gal*p*)$_3$ 6 ← 1 β–D–Gal*p*

阿拉伯半乳聚糖（落叶松）

→4)–β–D–Gal*p*–(1→4)–β–D–Gal*p*–(1[→4)–β–D–Gal*p*–(1]$_{40}$→

6 ← 1 β–D–Gal*p*U

6 ← 1 β–D–Gal*p*U

(1→4)–半乳糖体（应压木）

→4)–β–D–Gal*p*–(1[→4)–β–D–Gal*p*–(1]$_2$→4)–β–D–Gal*p*–(1→4)–β–D–Gal*p*–(1→4)–β–D–Gal*p*–(1→

6 ← 1 β–D–Gal*p* 6 ← 1 β–D–Gal*p* 4 ← 1 4–*O*–Me–β–D–Glc*p*U

6 ← 1 β–D–Gal*p* 4 ← 1 β–D–Gal*p*U–(1→2)–α–L–Rha*p*

6 ← 1 α–D–Ara*f* 5 ← 1 β–L–Ara*f*

6 ← 1 β–D–Gal*p* 6 ← 1 β–D–Gal*p* 6 ← 1 β–D–Gal*p*

(1→4)–半乳糖体（应拉木）

图 1－17　不同聚半乳糖的部分化学结构

(1→6)β 连接的吡喃式半乳糖基(α－L－Ara*f* 和 β－L－Ara*p*)。与其他针叶木不同的是,整个落叶松中的阿拉伯糖与半乳糖的比例是1:(5～6),而且落叶松的聚阿拉伯糖半乳糖位于细胞外,只需用水就能从心材中定量抽取出来。此外,应力木中存在不同的聚半乳糖(图1－17)(参见前一节1.3.1总组成),如其主要的半纤维素是酸性聚半乳糖由(1→4)β 连接的吡喃式半乳糖(β－D－Gal*p*)单元组成,在其 C_6 位置上被单个 α－D－半乳糖醛酸(α－D－Gal*p*U)单元(也会存在少量的 α－D－Gla*p*U)所取代。其他各类多糖物质(没有被归类成半纤维素的)在木材中数量很少,如淀粉(由70%～80%的支链淀粉和20%～30%的直链淀粉组成)、胼胝质、葡聚糖、木葡聚糖、藻褐素木葡聚糖和聚鼠李糖阿拉伯糖半乳糖。果胶质是一个由聚半乳糖醛酸、聚半乳糖和聚阿拉伯糖组成的异质体。

1.3.3.2 木素

木素是一种化学结构与木材中其他大分子组分完全不同的无定形聚合物。与木材中碳水化合物不同,木素的化学结构是不规则的,即不同的结构单元(苯基丙烷单元)没有任何程序化的连接。一般而言,木素被分为三类:针叶木木素、阔叶木木素和草类木素。除了这些从木材中分离出来的天然木素外,还有磨木木素(MWL),二氧六环木素或酶解木素以及来自某些化学制浆副产物的工业木素。克拉森木素(或者硫酸木素)、碱木素和木素磺酸盐分别来自硫酸法制浆、烧碱－蒽醌法制浆和亚硫酸盐法制浆。此外,从有机溶剂法(主要是乙醇)制浆得到的有机溶剂木素以及从木材酸水解过程得到的酸水解木素也是人所共知的,只是产量有限,所有这些木素就其特性的确差异很大。因此,接下来将会重点介绍针叶木和阔叶木中木素的化学结构。

用放射性碳(^{14}C)标记木素获取大量的研究结论已获得广泛共识,木素被定义为通过对三个苯基丙烷单元(对羟基肉桂醇)加酶脱氢聚合得到的多酚类物质(图1－18)。这一生物合成过程包括各种大分子的氧化偶联反应,这些含有共振稳定的酚氧自由基的大分子是由 α,β 不饱和的 C_6C_3 前体随机交联形成的。尽管所有木素的唯一构成单元是对－羟基肉桂醇类前体物,但在天然木素中也的确存在少量的其他类型结构单元,它们是由普通前体通过自由基氧化耦合直接产生的。

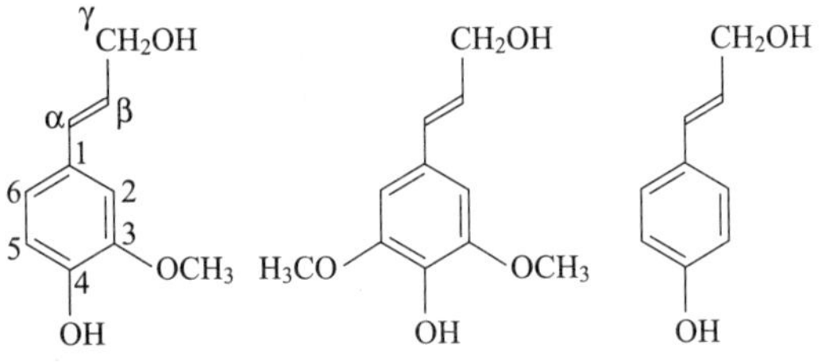

反式脂肪醇　　反式芥子醇　　反式-*p*-香豆醇

图1－18　木素的结构单元($C_6—C_3$ 前体)

木素中前体的比例随植物来源而变化。普通针叶木木素通常被称为“愈创木基型木素”,因其结构单元90%以上来自反式－松柏醇,其余是反式－对－香豆醇。相反,被称为“愈创木基－紫丁香基型木素”的阔叶木木素主要是由不同比例的反式－松柏醇和反式－介子醇组成(约50%的反式－松柏醇和约50%的介子醇)。尽管草类木素含有大量从反式－对－香豆醇和一些芳香酸残留物中得到的结构单元(约40%的反式－松柏醇、约40%的反式－介子醇以及约20%的其他前体),它依然被归为“愈创木基－紫丁香型基木素”。

木素结构通过(C—O—C)和C—C键连接,这些连接,前者占主要部分(比另一种多2/3),其中针叶木木素和阔叶木木素中主要是 β－O－4 结构。在过去的十年中,由于采用了先进的光谱分析方法,获得了大量不同类型的连接键数据,系统掌握这些连接键的特性对木素在降解反应,如脱木素机理研究中具有重要的理论意义。图1－19总结了主要连接键类型和比例。此外,众所周知还有各类连接键和子结构,很显然这些基团的比例因木素形态变化而有所不同。

木素中官能团的含量随木材种类及细胞壁而变化，表1－6只能给出不同官能团的大概比例。作为其前体，木素聚合物侧链上含有典型的甲氧基、酚羟基和一些末端醛基，其中游离酚羟基含量相对较少，这是因为它们大多与邻近的苯基丙烷单元相连。除这些官能团外，在生物合成过程中也会引入一些脂肪族羟基。在有些木素中，大部分的醇羟基与对－羟基苯甲酸（白杨木素）或对－香豆酸（草类木素）发生酯化反应。针叶木木素和阔叶木木素中 C∶H∶O 的质量比分别是 64∶6∶30 和 59∶6∶35。

基于生物合成研究和对不同连接键类型及官能团的详细分析结果，提出了几种针叶木木素和阔叶木木素的假设结构式。早期提出结构式表明木素和碳水化合物存在连接键（参见下一节“1.3.3.3 木素—半纤维素连接键”）。尽管这些结构式与分离制备木素的分析结果契合很好，从木材中分离出没有降解的原本木素很显然是不可能的。因此，完整木材中木素的真实分子质量是未知的。然而用不同方法测得的针叶木磨木木素其数均相对分子质量为 15000 ～ 20000Da（道尔顿）（聚合度为 75 ～ 100），而阔叶木木素则略低。与针叶木纤维素及其衍生物的多分散性（M_w/M_n）相比，磨木木素的则相对较高（2.3～3.5）。

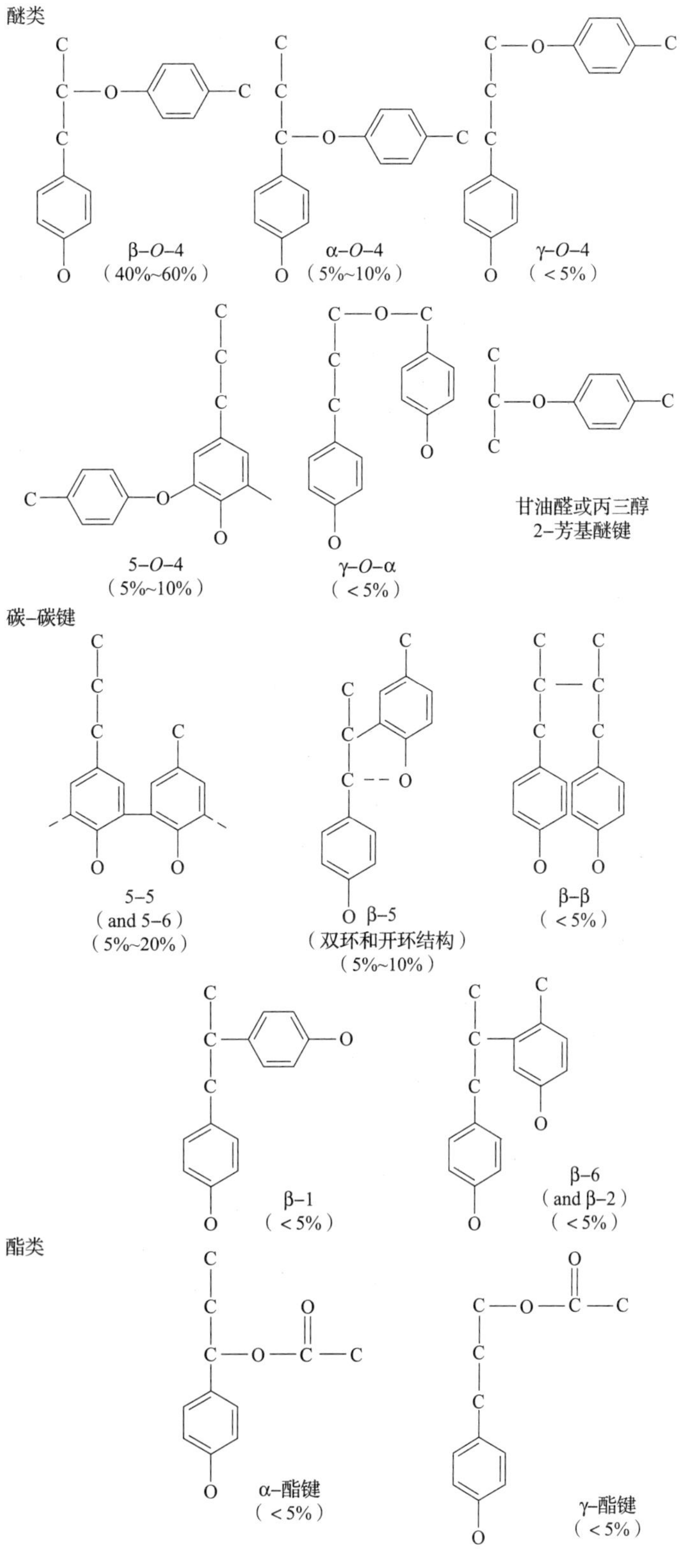

醚类

β-O-4（40%～60%）　α-O-4（5%～10%）　γ-O-4（＜5%）

5-O-4（5%～10%）　γ-O-α（＜5%）　甘油醛或丙三醇2-芳基醚键

碳-碳键

5-5（and 5-6）（5%～20%）　β-5（双环和开环结构）（5%～10%）　β-β（＜5%）

β-1（＜5%）　β-6（and β-2）（＜5%）

酯类

α-酯键（＜5%）　γ-酯键（＜5%）

图 1－19　天然针叶木木素和阔叶木木素中单元连接键的主要结构和比例（图中给出的是总连接键的百分比）

借助电子显微镜对木素进行观察显示，它除变形结构外大多是不同尺寸（10～100nm）的球形颗粒。就其聚合物特性，木素可被看作是一种连接细胞和给予细胞壁机械支撑双重作用的热塑性高分子材料。尽管天然木素为不溶的三维网络结构，但分离出的木素在许多有机溶剂，如二氧六环、丙酮、甲氧基乙醇（乙二醇单甲醚）、四氢呋喃（THF）、二甲基甲酰胺（DMF）以及二甲亚砜（DMSO）中具有非常好的溶解性。

表1－6 天然木素的官能团（每100个 C_6C_3 单元）

官能团	针叶木木素	阔叶木木素
酚羟基	20～30	10～20
脂肪族羟基[a]	115～120	110～115
甲氧基	90～95	140～160
羰基	20	15

注：a 初级和次级羟基的总和

1.3.3.3 木素－半纤维素连接键

木材中的木素和碳水化合物的联系紧密，说明它们之间存在着化学连接，这一问题争论已久且一直是有待研究的课题。长期以来，木素和碳水化合物间发生物理和化学相互作用（也就是氢键、范德华力和化学键）也是毋庸置疑的。可通过各种降解实验，如温和的碱处理、酸解或酶解后进行的特殊分离和纯化，可获得有关化学键类型的大量数据，但是精确验证化学键的类型和数量则很难。此外，通过电子显微镜观察和实验结果，说明化学键数量大多与木素量有关而与碳水化合物关系甚少。如果考虑把木素从多糖中尽可能有选择性的分离出来时，木材细胞壁中木素和碳水化合物间的连接数据是十分有意义的。

有关木素和碳水化合物间不同化学键的性质非常复杂，人们知之甚少。但目前普遍接受的是木素至少与一部分半纤维素存在化学连接，虽然有迹象表明木素和纤维素之间也有连接。木素和半纤维素间的共价键结合方式通常有木素－多糖复合体（LPC）或木素－碳水化合物复合体（LCC），其实木素－半纤维素复合体（LHC）则应用更广。据报道，木素和几乎所有的半纤维素间都存在化学连接，这些化学键的化学稳定性及其耐酸、碱性不仅与键的类型有关，也与连接键上木素和糖单元的化学结构有关。

木素－半纤维素连接键的可能类型有二苄醚键、苄酯键和苯基糖苷键（图1－20）。半纤维素侧链上的 L－阿拉伯糖、D－半乳糖和4－*O*－甲基－葡萄糖醛酸单元以及聚木糖中的D－木糖、聚葡萄糖甘露糖中的 D－甘露糖末端基最有可能与木素形成化学连接，这主要是源于空间位阻效应及在制备的不同天然木素中富含侧链单糖残余物的事实。这些单糖对 LHC 形成的贡献说明木素－木聚糖复合体和木素－葡萄糖甘露聚糖复合体非常丰富。

苯基丙烷单元的 α－碳（如苄基碳原子）是木素和半纤维素间最可能的连接点。

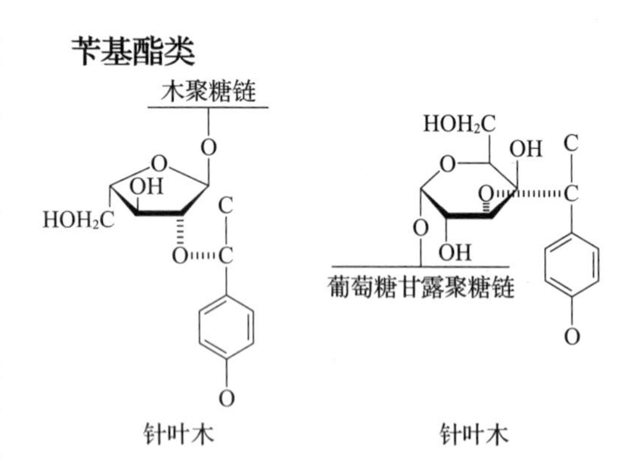

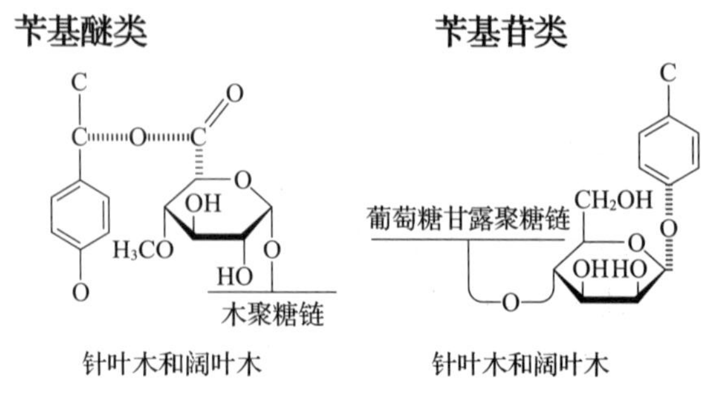

图1－20 木素—半纤维素连接键类型

木聚糖和 4－O－葡萄糖醛酸的酯键连接很容易被碱断开，而比酯键更普遍且对酸碱更稳定的是连接 C_α 和 L－阿拉伯糖单元上的 C_3（或 C_2）或 C_α 和 D－半乳糖单元之间的醚键。也有迹象表明，胞间层木素和细胞初生壁通过果胶多糖（聚半乳糖和聚阿拉伯糖）以醚键连接在一起。此时，D－半乳糖单元的 C_6 和 L－阿拉伯糖单元的 C_5 可能参与架桥，半纤维素链的还原性末端基与木素酚羟基（或者苄基的醇基）发生反应生成糖苷键，这些连接键很容易被酸断开。

1.3.3.4　抽出物

抽出物是大量的、以低分子量为主的各类物质（也就是几千种化合物）构成的。广义上讲这些抽出物要么溶于中性有机溶剂，如乙醚、甲基叔丁醚、石油醚、二氯甲烷、丙酮、乙醇、甲醇、正己烷甲苯和四氢呋喃（THF），要么溶于水。因此，这些物质可能是既亲油又亲水的非结构性木材组分。通过非极性有机溶剂抽提木材样品得到不溶于水的亲油性抽出物通常被称为“树脂”（除了酚类物质）。这类抽出物赋予木材颜色、气味和味道，一些可能为木材细胞生物功能提供能源（脂肪和蜡），大多数树脂则保护木材免受微生物的侵蚀和昆虫攻击。

抽出物组成因树种而异，对于特定树种，其总量取决于树木的生长条件。如苏格兰松（*Pinus sylvestris*）、挪威云杉（*Picea abies*）和银桦（*Betula pendula*）的抽出物含量分别为 2.5%～4.5%、1.0%～2.0% 和 1.0%～3.5%。

表 1－7 列出了本节涉及的木材抽出物的组分分类，也有一些被称为“胶质”或者“工业用胶”的水溶性木材多糖。可根据形状，如线型、支链型（也就是在线型骨架上有短链）或者支链—支链型，将它们分成不同组。典型的热带树种能在损伤处分泌出黏性液体，也就是树胶。这些胶质主要是支链—支链结构，典型的例子就是阿拉伯树胶、刺梧桐树胶、黄芪胶和印度树胶。它们通常是某种溶剂或润胀剂在较低固含量条件下形成的高黏度分散体或胶体物，具有无色、无毒、无味和易受微生物攻击等特点。

表 1－7　木材中有机抽出物的分类

脂肪族和脂环化合物	酚类化合物	其他化合物
萜及萜烯类物质 （包括树脂酸和类固醇）	简单的酚类 对称二苯代乙烯 木酚素	糖类 环多醇 环庚三烯酚酮
脂肪酸酯 （脂肪和蜡）	异黄酮 缩合单宁	氨基酸 生物碱
脂肪酸和醇类	黄酮类	香豆素
烷烃	水解单宁	醌类

当考虑到不同技术工艺时，抽出物就显得非常重要，它们含有制造有机化学品很有价值的原料，有些抽出物在制浆和造纸过程中起重要作用。例如，南方松因含有相当高的抽出物使其在碱法制浆中产生大量的粗松节油和原塔罗油副产品。然而，木片的抽出物含量在储存过程中会降低，甚至第一个月会减半，因此如果在亚硫酸盐法制浆前将云杉木片存放一段时间就能减轻树脂障碍。此外，由于许多树脂被密封在薄壁细胞内，纤维的机械分级处理可去除薄壁细胞，这对减少云杉硫酸盐浆抽出物含量也是一个较好的方法。在硫酸盐法制浆中，可使用新鲜

木片来制浆,但如果延长储存时间,会降低松节油和塔罗油的得率(参见“第2章木材脱木素基础化学”)。

树木一旦被砍伐,其树脂含量就开始迅速降低,相应地其化学成分也发生改变。如果暴露在空气中,将影响抽出物中的碳-碳双键,继而引发能产生自由基的链反应,反过来也是很强的氧化剂。过渡金属离子和光照加速了这种自氧化。此外,抽出物能被特定的酶所氧化,有些酶在酯化水解中起催化剂作用,所有这些化学和生化反应速度在很大程度上受木材储存条件的影响,且木片储存要远远快于圆木储存方式。甘油三酸酯水解产生游离脂肪酸和丙三醇的过程在木材潮湿储存条件下较干燥条件更为迅速。在夏天,将木材储存在水里尤为重要,这是因为除抽出物外,木材多糖也会在长时间的储存中发生一定的生物降解,这会导致纸浆得率降低、质量下降。

下面将扼要介绍不同成分的抽出物,旨在对各种抽出物成分的典型结构及特点有大体的了解,因此每类只会包括一些典型的化合物。

已分离和鉴定出的4000多种萜烯及其衍生物是组成植物王国中广泛存在的一大类化合物,其基本结构单元是异戊二烯(即2-甲基-1,3-丁二烯,分子式C_5H_8),可以根据异戊二烯单元连接到萜烯的数量把它们分成子类(表1-8)。在这些子类中,单萜和二萜是重要的工业原料,其次是倍半萜和三萜烯。在木材组织中也会存在一些含量非常少的化合物,如一些半-(C_5H_8),二-($C_{25}H_{40}$)和四萜烯($C_{40}H_{64}$)及其衍生物。此外,一些多萜烯,如顺式-1,4-聚异戊二烯(也就是橡胶、三叶胶,如巴西橡胶的分泌物)也有非常大的商用价值。

表1-8 木材组织中主要萜烯结构分类

名称	($C_{10}H_{16}$)单元的数量	分子式
单萜	1	$C_{10}H_{16}$
倍半萜	1.5	$C_{15}H_{24}$
二萜	2	$C_{20}H_{32}$
三萜	3	$C_{30}H_{48}$
多萜	>4	$>C_{40}H_{64}$

异戊二烯遵循异戊二烯原则连接,这意味着异戊二烯通过头-尾连接到一起的。然而,这一规则只严格适用于五个单元的结构,如许多三萜可以通过两个倍半萜以头-头连接方式来解释。除了这种分类,萜烯可以依据其结构中环的数量来分类,例如分成无环萜烯、单环萜烯、双环萜烯、三环萜烯以及四环萜烯。最后,应该指出的是,萜类化合物这一名称指的是纯粹的碳氢化合物,而这一化合物被称为“萜类化合物”,它们含有一个或多个含氧官能团,如羟基、羰基和羧酸基。为简便起见,萜类化合物还会偶尔用作所有萜类化合物的一般名词来使用。图1-21显示了一些常见的典型萜烯和萜类化合物。

单萜和单萜类化合物是具有挥发性的化合物,是木材气味的主要来源。该类化合物也在松节油中占主要地位,可将它们分为无环、单环、双环以及少量的三环结构(表1-9)。双环化合物依其碳架被进一步细分为蒈烷、蒎烷、侧柏烷和莰烷等子类。大多数单萜类碳氢化合物是脂环族、芳香族(例如对伞花烃)和含氧化合物(例如香茅醇、香叶醇、橙花醇、芳樟醇α-松油醇、4-松油醇、莰醇、莰酮、α-小茴香醇、1,8-桉树脑、扁柏次酸和扁柏酸)则很少,也属于这一类。单萜、二萜、一些脂肪酸及其甘油酯代表了针叶木树脂道抽出物和分泌物的重要组分,α-蒎烯和β-蒎烯是最重要的单萜,而大量的3-蒈烯、柠檬烯、月桂烯和β-水芹烯则是偶然发现。在普通阔叶木中很少有单萜和单萜类化合物,但在热带阔叶木油性树脂中则有很少量的这类化合物。

单萜类和单萜化合物

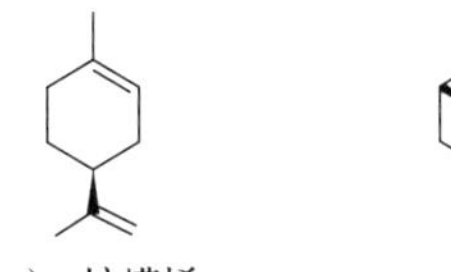
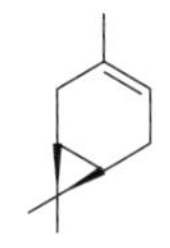
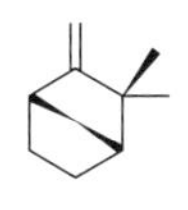
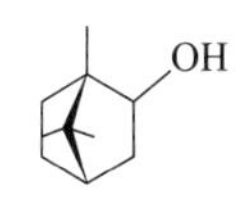

(－)-柠檬烯　　α-蒎烯　　3-蒈烯　　莰烯　　冰片

倍半萜烯类和倍半萜烯化合物

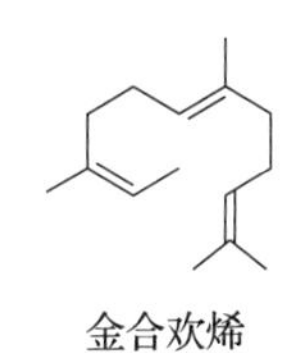
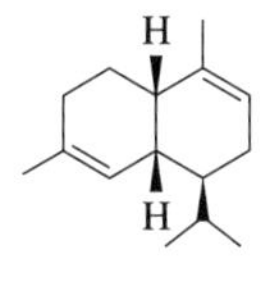
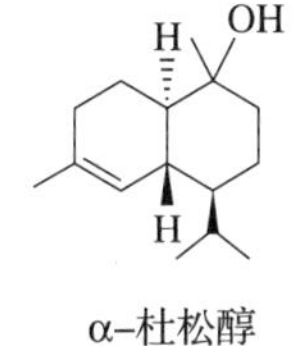

金合欢烯　　α-摩勒烯　　α-杜松醇　　长叶烯

二萜类和二萜化合物

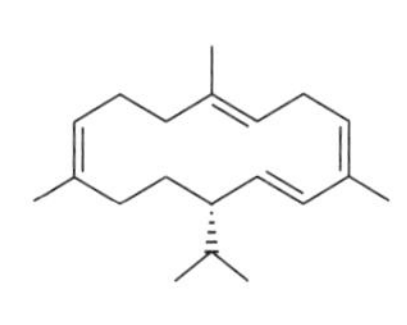

黑松烯　　松香酸　　海松酸

三萜类和三萜化合物

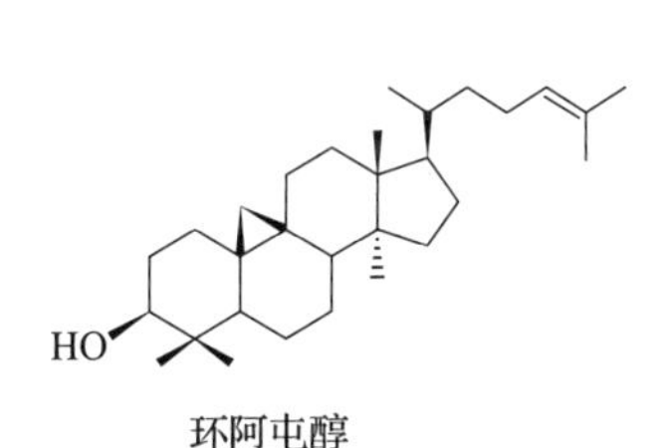
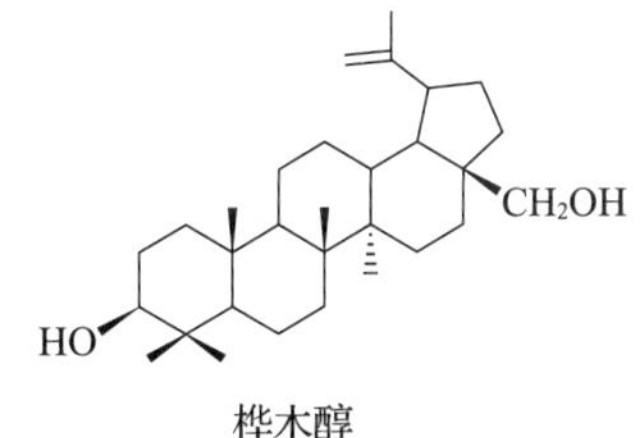
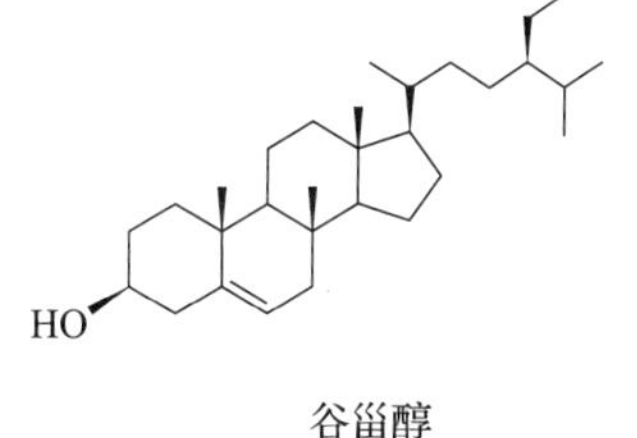

环阿屯醇　　桦木醇　　谷甾醇

图 1－21　一些常见萜烯和萜类化合物的化学结构

表 1－9　　木材中普通萜类和萜类化合物实例

单萜和单萜类化合物
无环化合物
月桂烯，香茅醇，香叶醇，橙花醇以及芳樟醇(沉香醇)
单环化合物
柠檬烯，β－水芹烯，γ－萜烯，异松油烯，对伞花烃，α－松油醇以及 4－松油醇
双环化合物
α－蒎烯，β－蒎烯，3－蒈烯，莰烯，α－侧柏烯，桧烯，檀烯，α－葑烯，β－葑烯
茨醇，莰酮，α－小茴香醇，1，8－桉树脑，扁柏次酸和扁柏酸
三环化合物
三环烯
倍半萜烯和倍半萜烯化合物

续表

单萜和单萜类化合物
无环化合物
金合欢烯和橙花叔醇
单环化合物
β－蛇麻烯，γ－蛇麻烯，大根香叶烯，γ－大西洋酮，香榧醇和澳白檀醇
双环化合物
α－杜松萜烯，δ－杜松萜烯，α－衣兰油烯，γ－衣兰油烯，石竹烯，δ－杜松萜烯，β－花柏烯
α－菖蒲二烯，薁磺酸钠，α－雪松烯，雪松醇，α－杜松醇，γ－杜松醇，γ－桉叶油醇，γ－花侧柏醇以及曼宋酮
三环化合物
长叶烯，长叶环烯，长叶蒎烯，α－柏木烯，苜蓿烯，α－胡椒烯，β－依兰烯，α－荜澄茄油烯，罗汉柏烯，香橙烯，刺柏醇以及长叶龙脑
二萜烯和二萜烯化合物
无环化合物
香叶基芳樟醇
双环化合物
劳丹型树脂酸：兰伯松脂酸，湿地松酸或顺式瓔柏酸，伞菌酸，二氢伞菌酸和落叶松醇；其他衍生物：迈诺醇，β－表甘露糖醇和顺式－冷杉醇
三环化合物
松香烷型树脂酸：松香酸，新松香酸，脱氢枞酸，左旋海松酸，长叶松酸和杉皮酸；海松烷型树脂酸：海松酸，异海松酸，山达海松酸和右旋海松酸；其他衍生物：海松二烯，泪柏醚，海松醇和海松醛
四环化合物
扁枝烯型树脂酸：扁枝醇；其他衍生物：扁枝烯
“大环”化合物
松柏烯或者黑松烯以及三布醇
三萜烯和三萜烯化合物
三环化合物
环阿屯醇，24－亚甲基环阿尔廷醇
五环化合物
羽扇烷型化合物：羽扇豆醇，桦木醇和桦木酸；齐墩果烷型化合物：α－香树脂醇，齐墩果酸和山芝烯二醇
类固醇
谷甾醇，二氢谷甾醇，菜油甾醇，豆甾醇，豆甾烷醇，枸橼固二烯醇，胆固醇和二氢谷甾醇

倍半萜烯和倍半萜烯类化合物代表了各种各样的化合物，该类化合物目前已被分离和鉴别出有2500多种，它们是针叶木树脂道以及心材沉积物的组成成分。因此，它们通常代表了一些松树的松脂（树脂道分泌物）中的挥发性物质（松节油）的一小部分。倍半萜烯和倍半萜烯类化合物也会存在于许多热带阔叶木中，但是在温带阔叶木中含量极少。由于这些化合物只存在于

少量的木材中,因此商用价值不大。倍半萜烯和倍半萜烯类化合物依其不同的骨架类型被分为无环化合物、单环化合物、双环化合物和三环化合物(表 1－9)[单环:没药烷(*bisabolanes*);双环:桉叶烷、杜松烷、花柏烷,罗汉柏烷、花侧柏烷、菖蒲烷、雪松烷、愈创木烷和石竹烷;三环:罗汉柏烷、柏木烷和芳萜烷]。在这一类化合物中,倍半萜烯比倍半萜烯类化合物常见。

二萜烯和二萜烯化合物构成了树脂道抽出物(油性树脂)的主要成分且有很大的商用价值(表 1－9),这种以树脂酸存在的物质似乎仅限于针叶木树种,显然在热带阔叶木中只有一些二萜烯化合物。最常见的树脂酸是双环、三环和四环二萜烯化合物,它们可被分为松香烷型、海松烷型、半日花烷型和扁枝烯型衍生物,其中松香烷型结构最多,其次是海松烷型结构。然而,带有共轭二烯酸结构的松香烷型的树脂酸在抵抗异构化作用和氧化时,其化学稳定性较海松烷型的树脂酸略差。

将疏水骨架与亲水羧酸基团结合,使树脂酸皂与脂肪酸皂成为有效的增溶剂,这有助于中性亲脂抽出物在硫酸盐法制浆及随后的洗浆过程得以有效去除。其他重要的二萜烯和二萜烯化合物包括各类无环、双环、三环和“大环”衍生物(表 1－9)。

三萜烯和三萜烯化合物在植物中分布广泛,它们主要是含氧衍生物,习惯上被分为两大类:三萜烯化合物和类固醇(表 1－9)。这些化合物在结构和生物起源上都密切相关,因此没有如此区分的必要。其生物合成按照几乎相同的途径从无环鲨烯前体开始,类固醇与其中的一些四环萜烯化合物不同之处只在于甲基的后环化丢失。四环三萜系化合物与类固醇的不同在于前者在 C_4 位置上有一个或两个甲基,因此它们有时也被称为“甲基或二甲基甾醇”。三萜系化合物可大致被分为三个子类:四环羊毛甾烷、五环羽扇烷和五环齐墩果烷衍生物。三萜系化合物和类固醇主要呈游离状态,以脂肪酸酯和苷类形式存在。作为微溶的疏水性组分,这类化合物及其降解产物会对制浆造纸过程造成很多障碍。

三萜系化合物和类固醇在针叶木中很常见,尽管数量相对较少。最丰富的化合物是谷甾醇,但是也发现了其他一些化合物。在许多热带和温带阔叶木中发现了各种各样的三萜烯和类固醇,其数量也比较少。与针叶木相似,阔叶木中最主要的化合物也是谷甾醇。桦木包含除谷甾醇、羽扇豆烷型三萜系化合物(桦木醇和羽扇豆醇)外,晶态桦木醇也是桦树皮呈白色的主要原因。谷甾醇和桦木醇都是材料化学的潜在原料。此外,几种热带树种含有三萜系化合物和类固醇的配糖体(称为“皂苷”),它们能在水中产生泡沫,皂苷的糖苷配基称为“皂角苷配基”。

银桦(*Betula pendula*)包含 6～9 个异戊二烯单元的无环伯醇(桦木萜醇)与不同饱和脂肪酸的酯化结构,其双键有顺式和反式两种构象,不同的异戊二烯以橡胶和马来乳胶的形式存在于特定树种中。在这些大分子中,异戊二烯单元的数量很多。而以橡胶形式存在的异戊二烯单元都呈顺式构象排列,而以马来乳胶形式存在的异戊二烯都呈反式构象排列。在这两种聚合物中,异戊二烯单元主要通过 1,4 键连接,而以 3,4 键连接的比例很少。

脂肪族抽出物包括烷烃、脂肪醇、脂肪和蜡。木材中有数量很少的烷烃(主要组分是 $C_{22\sim30}$烷烃)、游离醇和游离脂肪酸(表 1－10)。木材中的大部分脂肪酸被丙三醇(也就是脂肪,主要成分是甘油三酸酯)或高级脂肪醇($C_{18\sim22}$)甚至是萜类化合物(也就是蜡)所酯化。在针叶木和阔叶木中已被鉴定出 30 多种脂肪酸(或者脂肪酸部分),最常见的脂肪酸包括饱和的和不饱和化合物(主要是单烯、二烯和三烯衍生物)。同样,不饱和的四双键脂肪酸数量很少。在针叶木中,薄壁细胞树脂主要由脂肪组成。而阔叶木薄壁细胞树脂几乎是唯一的树脂类型,也包含大部分的脂肪和蜡,后者会在木材储存和硫酸盐法制浆中水解。从塔罗油(TOFA)中提取出的不同的商品脂肪酸产物其主要组分是单烯油酸、二烯亚油酸以及三烯亚麻酸(参见第2章木材脱木素基础化学)。

木材中含有各种各样的从简单酚类到复杂的多元酚类的芳香族抽出物以及相关的化合物(表1-11)。多元酚是有颜色的化合物且其中大量高分子抽出物在许多树种的心材内都有沉积,

表1-10　　木材中脂肪醇和脂肪酸的例子[a]

脂肪醇
花生醇或者二十烷醇(C_{20}),山嵛醇或者二十二烷醇(C_{22})和木焦醇或者二十四烷醇(C_{24})
脂肪酸
饱和酸:月桂酸或十二烷酸(C_{12}),肉豆蔻酸或十四烷酸(C_{14}),棕榈酸或十六烷酸(C_{16}),硬脂酸或十八酸(C_{18}),花生酸或二十烷酸(C_{20}),山嵛酸或二十二烷酸(C_{22})和木蜡酸或二十四酸(C_{24})
不饱和酸:油酸或顺式-9-十八烯酸($C_{18:1(9c)}$),亚油酸或顺,顺-9,12-十八烯酸($C_{18:2(9c,12c)}$)亚油酸或顺,顺顺-9,12,15-十八烯酸($C_{18:3(9c,12c,15c)}$),亚麻酸或顺,顺顺-5,9,12-十八烯酸($C_{18:3(5c,9c,12c)}$)和廿碳三烯酸或顺,顺,顺-5,11,14-廿碳三烯酸($C_{20:3(5c,11c,14c)}$)

注:a 木材中脂肪醇和脂肪酸大部分已被酯化。

表1-11　　木材中芳香族抽出物实例

简单的酚类
对甲酚,对乙基苯酚,愈创木酚,水杨醇,丁子香酚,香草醛,松柏醛,香草乙酮,愈创木酚二乙酮,水杨酸,咖啡酸,阿魏酸,丁香醛,芥子醛和丁香酸
芪类
银松素及其一甲基和二甲基醚,4-羟基芪及其一甲基醚
木脂素类(lignans)
苯基组成的木脂素类(二苯基丙烷)有对羟苯基,愈创木基,紫丁香基,藜芦基,亚甲二氧苯基,儿茶酚基和3,4-二羟基-5-甲氧基苯基
可以分为下面的几组:开环式:开环异落叶松脂素;(α-α)环化类型:日本楠脂素;(γ-γ)环化类型:马台树脂醇,羟基马台树脂醇,雷公藤乙素和二香草基四氢呋喃;(α-γ)环化类型:落叶松树脂醇;(α-γ)双环化类型:松脂醇和丁香树脂醇;(α-Ar)浓缩型:异落叶松脂素,异紫衫脂素,南烛木树脂酚和索马榆脂酸;(α-Ar)缩合(γ-γ)环化型:α-铁杉脂素和大侧柏酸
水解单宁
没食子鞣质和鞣花单宁
黄酮类
黄酮:白杨素,芹菜素和杨芽黄素;黄酮醇:槲皮黄酮,山柰酚,非瑟酮,洋槐黄素,桑色素,高良姜黄素和良姜素;黄烷酮类:松属素,球松素,紫铆素,柚皮素,二羟基杨芽黄素,樱花素和甘草素;二氢黄酮醇:花旗松素或二氢槲皮素,黄颜木素,短叶松素,香橙素,白蔹素或者二氢杨梅酮和二氢洋槐黄素;黄烷-3-醇或者儿茶素:儿茶素,表儿茶素,没食子儿茶素,漆树黄酮和阿福豆素;无色花色素:黑木金合欢素,硫酸软骨素钠,柔金合欢素,无色花青素和无色刺槐亭定,花青素;查耳酮:紫铆因,2,3,4,3'4'五羟基查耳酮或金鸡菊查耳酮,α,2-4,3'4'五羟基查耳酮,2,4-二甲氧基-6-羟基查耳酮,和刺槐因;橙酮:黑罂漆木素,硫磺菊素,四氢化苯甲基香豆冉酮和甲氧基三羟基苯甲基香豆冉酮
异黄酮
染料木黄酮,阿佛洛莫生,罗汉松黄素,李属异黄酮和檀黄素
缩合单宁
这种典型的单分子前体是无色花色素,例如黑木金合欢素,丁卡因和异丁卡因,与儿茶素发生缩合。例如,儿茶素,表儿茶素,没食子儿茶素和表没食子儿茶素

只有一小部分以低分子量抽出物为主的则出现在边材中。其中一些可能的降解产物会在萃取或蒸汽蒸馏中水解（如苷类），这一类抽出物也有杀菌能力，因此能保护树木免受微生物的侵蚀。在松树心材中出现的一些酚类化合物（例如银松素）因在酸性亚硫酸盐制浆中与木素产生不利的交联，因此阻碍了脱木素作用。此外，鞣花酸是单宁水解产生的非常丰富组分的，其广泛存在于桉树品种中，因其在碱法制浆过程中形成的微溶性盐类会造成设备结垢等问题。然而，在大多数情况下单宁是具有商业用途的木材衍生产品。图 1－22 显示了一些最重要的酚类抽出物的化学结构实例。

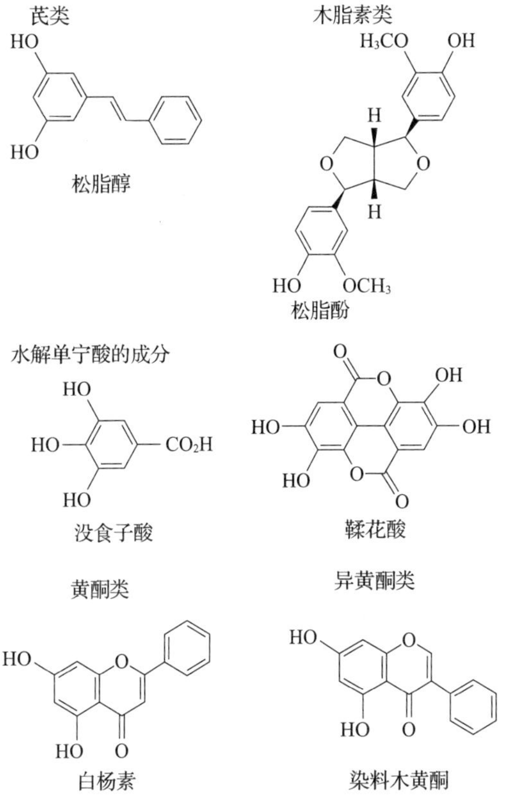

芪类　松脂醇　木脂素类　松脂酚　水解单宁酸的成分　没食子酸　鞣花酸　黄酮类　白杨素　异黄酮类　染料木黄酮

图 1－22　一些酚类抽出物的化学结构

芪类是 1，2－二苯乙烯的抽出物，它们主要分布在松树心材中，而木脂素则广泛分布于针叶木和阔叶木的树干内。它们由两个苯丙烷（C_6C_3）氧化偶联形成，且依据其化学结构可被分为好几组。去甲木脂素是较木脂素少一个碳原子的相关化合物。除了某些颜色深的色素外，这些化合物是心材颜色的主要贡献者。单宁水解物是有一个或多个多元酚羧酸的酯类糖残余物（通常是 D－葡萄糖），例如五倍子酸、鞣酸和鞣花酸。这些结构中的酯键很容易被酸、碱和酶水解（例如，单宁酶和高峰淀粉酶）。黄酮类化合物有典型的二苯基丙烷（$C_6C_3C_6$）骨架结构，它们也广泛分布在针叶木和阔叶木的树干中。异黄酮或者异黄酮类化合物有着与黄酮类化合物略微不同的碳骨架结构。单宁缩合物是黄酮类化合物含有 3～8 个黄酮单元的聚合物，它们广泛分布于许多种树干中。

环庚三烯酚酮是含有七元环的、与苯酚和萜类化合物相似的 2－羟基－2，4，6－环庚三烯酚酮衍生物，即多数情况下也与单萜化合物和倍半萜化合物相类似。C_{10}－和 C_{15}－环庚三烯酚酮是最庞大的组分（图 1－23 和表 1－12），它们在许多雪松心材中具有典型的抗腐蚀性，例如红雪松（*Thuja plicata*）。由于它们形成了金属复合体，因此会造成蒸煮器腐蚀。一些醌类、环醇、香豆素、生物碱和氨基酸等偶尔也会在一些树种中鉴别到。此外，其中也存在一些典型的单糖、低聚糖和多糖。通常，木材中不会含有很多水溶性有机物，即使有些树种中存在大量的单宁和阿拉伯半乳聚糖，但后者就其结构来讲属于半纤维素组分而不是抽出物。

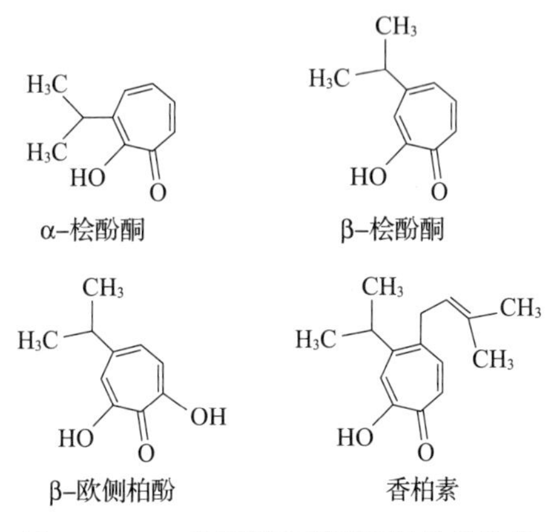

图 1－23　一些环庚三烯酚酮的化学结构

表 1-12 木材中少量抽出物实例

木材中少量抽出物实例
环庚三烯酚酮 C_{10}-环庚三烯酚酮：α-桧酚酮，β-桧酚酮，γ-桧酚酮，β-多拉布林，和β-苧侧柏酚； C_{15}-环庚三烯酚酮：香柏素和花柏酚亭
醌类 2,6-二甲氧基苯醌，拉帕醇，黑木金合欢素，7-甲基胡桃醌，4-甲氧基降香， 4′羟基-4-甲氧基降香，4,4′二甲氧基降香，甲基蒽醌和 9,10-二甲氧基-2-甲基氨基苯甲酸-1,4-醌
环醇 肌醇和手性肌醇
香豆素类 七叶亭，东莨菪亭和秦皮亭
单糖 L-阿拉伯糖，D-木糖，D-半乳糖，D-葡萄糖，D-甘露糖，L-岩藻糖，L-鼠李糖和D-果糖
低聚糖 蔗糖，棉子糖和水苏糖
多糖 淀粉和半纤维素残余物

1.3.3.5 无机成分

温带地区的树木，除碳、氢、氧、氮4种元素外，其他元素占到木材干物质量的0.1%～0.5%，而热带和亚热带区域树木的这些元素占到了5%以上。实际上，木材中无机物总量是通过测定灰分得到的，也就是木材样品中的有机物经过适当的燃烧后得到的那些残余物。灰分含有的金属氧化物是不同的，商品针叶木和阔叶木的灰分平均值一般占到木材干物质量的0.3%～1.5%，其含量和组成也很显著地依赖植物生长的环境条件（如土壤肥力和气候）及树的不同位置。还有，值得注意的是，热带纸浆材中的灰分总量有时会相对较高，这可能是由于在伐木和运输过程中，那些空心和很重树干，如在地上拉动时，会留存沙子和其他无机杂质，但多数情况下，灰分主要来源于细胞壁和胞间层内盐类的沉积及细胞壁组分上的无机物，如果胶和木聚糖中的羧酸基。典型的沉积物是各类金属盐，如碳酸盐、硅酸盐、草酸盐、磷酸盐和硫酸盐等。

一些无机元素对木材的生长非常重要。一般来讲，如木材用于制浆或作为热能利用时，这些矿物质是有害的。如在回收蒸煮药品时，高浓度二氧化硅的存在则加剧了蒸发器的结垢。在一些漂白段，一些微量的过渡元素会迅速加快纸浆碳水化合物的降解，同时对成浆白度产生不利影响（参见第2章木材脱木素基础化学）。鉴于此，在漂白过程中，大多数金属离子事先通过酸液或乙二胺四乙酸（EDTA）、二乙烯三胺五乙酸（DTPA）等螯合剂取代，进而从浆中洗出。尽管采用这种回收手段，但是成浆通常至少还含有一部分是来自木材原料的无机杂质。此外，应该指出的是，由于木材中的主要元素和微量元素是木材生长所必需，从土壤保持和肥效利用方面这种循环都是很重要的。

在许多情况下，碱和碱土元素例如钾、钙、镁构成了针叶木和阔叶木总无机元素组分的80%左右，其他可被检测出的元素大约有70种。表1－13列出了针叶木和阔叶木中除了碳、氢、氧、氮之外其他各种元素的大体浓度。然而，氯元素的浓度在10～100mg/kg间变化很大，其部分源于氯离子，它们部分可溶及易于在树木生长时输送盐分。

表1－13 针叶木和阔叶木树干中各种元素[a]的浓度

浓度范围/(mg/kg)	元素
400～1000	钾，钙
100～400	镁，磷
10～100	氟，钠，硅，硫，锰，铁，锌，钡
1～10	硼，铝，钛，铜，锗，硒，铷，锶，钇，铌，钌，钯，镉，碲，铂
0.1～1	铬，镍，溴，铑，银，锡，铯，钽，锇
<0.1	锂，钪，钒，钴，镓，砷，锆，钼，铟，锑，碘，铪，钨，铼，铱，金，汞，铅，铋

注：a 此外，少量镧系元素的浓度<1mg/kg。

参考文献

结构部分

[1] Biermann, C. J., Handbook of Pulping and Papermaking, 2nd edn., Academic Press, SanDiego, USA, 1996, pp. 13－54.

[2] Fengel, D. and Wegener, G., Wood－Chemistry, Ultrastructure, Reactions, Walter de Gruyter, Berlin, Germany, 1989, pp. 6－25.

[3] Fujita, M. and Harada, H., in Wood and Cellulosic Chemistry (D. N.－S. Hon and N. Shiraishi, Eds.), Marcel Dekker, New York, USA, 1991, Chap. 1.

[4] Hakkila, P., Utilization of Residual Forest Biomass, Springer, Heidelberg, Germany, 1989, pp. 11－145 and pp. 177－203.

[5] Ilvessalo－Pfäffli, M.－S., in Puukemia (Wood Chemistry) (W. Jensen, Ed.), 2nd edn., Polytypos, Turku, Finland, 1977, Chap. 2, (in Finnish).

[6] Ilvessalo－Pfäffli, M.－S., Fiber Atlas Identification of Papermaking Fibers, Springer, Heidelberg, Germany, 1995, 400 p.

[7] Parham, R. A., in Volume 1. Properties of Fibrous Raw Materials and Their Preparation for Pulping (M. J. Kocurek and C. F. B. Stevens, Eds.), TAPPI PRESS and CPPA, Atlanta and Montreal, 1983, Part one.

[8] Parham, R. A. and Gray, R. L., in The Chemistry of Solid Wood (R. M. Rowell, Ed.) Advances in Chemistry Series 207, American Chemical Society, Washington, DC, USA, 1984, Chap. 1.

[9] Rydholm, S., Pulping Processes, Interscience Publishers, New York, USA, 1965, pp. 3－89.

[10] Saka, S., in Recent Research on Wood and Wood－Based Materials, Current Japanese Materi-

als Research - Vol. 11 (N. Shiraishi, H. Kajita and M. Norimoto, Eds.), Elsevier Applied Science, London, UK, 1993, pp. 1 - 20.

[11] Schweingruber, F. H., Trees and Wood in Dendrochronology - Morphological, Anatomical, and Tree - Ring Analytical Characteristics of Trees Frequently Used in Dendrochronology, Springer, Heidelberg, Germany, 1993, 402 p.

[12] Sjöström, E., Wood Chemistry - Fundamentals and Applications, 2nd edn., Academic Press, San Diego, USA, 1993, pp. 1 - 20 and pp. 109 - 113.

[13] Smook, G. A., Handbook for Pulp & Paper Technologists, 2nd edn., Angus Wilde Publications, Vancouver, Canada, 1992, pp. 1 - 19.

[14] Thomas, R. J., in Wood Structure and Composition (M. Lewin and I. S. Goldstein, Eds.), Marcel Dekker, New York, USA, 1991, Chap. 2.

[15] Timell, T. E., Compression Wood in Gymnosperms, Volumes 1 - 3, Springer, Heidelberg, Germany, 1986, 2150 p. Basic chemistry.

基础化学部分

[16] BeMiller, J. N., in Kirk - Othmer - Encyclopedia of Chemical Technology, Volume 4 (J. I. Kroschwitz and M. Howe - Grant, Eds.), 4th edn., John Wiley & Sons, New York, USA, 1992, pp. 911 - 948.

[17] Chen, C. - L., in Wood Structure and Composition (M. Lewin and I. S. Goldstein, Eds.), Marcel Dekker, New York, USA, 1991, Chap. 5.

[18] Fengel, D. and Wegener, G., Wood - Chemistry, Ultrastructure, Reactions, Walter de Gruyter, Berlin, Germany, 1989, pp. 26 - 239.

[19] French, A. D., Bertoniere, N. R., Battista, O. A., et al., in Kirk - Othmer - Encyclopedia of Chemical Technology, Volume 5 (J. I. Kroschwitz and M. Howe - Grant, Eds.), 4th edn., John Wiley& Sons, New York, USA, 1993, pp. 476 - 496.

[20] Fujita, M. and Harada, H., in Wood and Cellulosic Chemistry (D. N. - S. Hon and N. Shiraishi, Eds.), Marcel Dekker, New York, USA, 1991, Chap. 1.

[21] Glasser, W. G., in Pulp and Paper - Chemistry and Chemical Technology, Volume I (J. P. Casey, Eds.), 3rd edn., John Wiley & Sons, New York, USA, 1980, Chap. 2.

[22] Glasser, W. and Sarkanen, S. (Eds.), Lignin - Properties and Materials, ACS Symposium Series 397, American Chemical Society, Washington, DC, USA, 1989, 545 p.

[23] Hakkila, P., Utilization of Residual Forest Biomass, Springer, Heidelberg, Germany, 1989, pp. 145 - 177.

[24] Hillis, W. E. (Ed.), Wood Extractives and Their Significance to the Pulp and Paper Industries, Academic Press, New York, USA, 1962, 513 p.

[25] Kai, Y., in Wood and Cellulosic Chemistry (D. N. - S. Hon and N. Shiraishi, Eds.), Marcel Dekker, New York, USA, 1991, Chap. 6.

[26] Lin, S. Y. and Lebo, S. E. Jr., in Kirk - Othmer Encyclopedia of Chemical Technology, Volume 15 (J. I. Kroschwitz and M. Howe - Grant, Eds.), 4th edn., John Wiley & Sons, New York, USA, 1995, pp. 268 - 289.

[27] McGinnis, G. D. and Shafizadeh, F., in Pulp and Paper Chemistry and Chemical Technolo-

gy, Volume I (J. P. Casey, Ed.), 3rdedn., John Wiley & Sons, New York, USA, 1980, Chap. 1.

[28] McGinnis, G. D. and Shafizadeh, F., in Wood Structure and Composition (M. Lewin and I. S. Goldstein, Eds.), Marcel Dekker, New York, USA, 1991, Chap. 4.

[29] Okamura, K., in Wood and Cellulosic Chemistry (D. N. - S. Hon and N. Shiraishi, Eds.), MarcelDekker, New York, USA, 1991, Chap. 3.

[30] Petterssen, R. C., in The Chemistry of Solid Wood (R. M. Rowell, Ed.), Advances in Chemistry Series 207, American Chemical Society, Washington, D. C., USA, 1984, Chap. 2.

[31] Rowe, J. W. (Ed.), Natural Products of Woody Plants: Chemicals Extraneous to the Lignocellulosic Cell Wall, Volumes 1 & 2, Springer, Heidelberg, Germany, 1989, 1243 p.

[32] Saka, S., in Wood and Cellulosic Chemistry (D. N. - S. Hon and N. Shiraishi, Eds.), Marcel Dekker, New York, USA, 1991, Chap. 2.

[33] Sakakibara, A., in Wood and Cellulosic Chemistry (D. N. - S. Hon and N. Shiraishi, Eds.), Marcel Dekker, New York, USA, 1991, Chap. 4.

[34] Sarkanen, K. V. and Ludwig, C. H. (Eds.), Lignins - Occurrence, Formation, Structure and Reactions, John Wiley & Sons, New York, USA, 1971, 916 p.

[35] Shimizu, K., in Wood and Cellulosic Chemistry (D. N. - S. Hon and N. Shiraishi, Eds.), Marcel Dekker, New York, USA, 1991, Chap. 5.

[36] Sjöström, E., Wood Chemistry - Fundamentals and Applications, 2nd edn., Academic Press, San Diego, USA, 1993, pp. 21 - 108.

[37] Sjöström, E. and Alén, R. (Eds.), Analytical Methods in Wood Chemistry, Pulping, and Papermaking, Springer, Heidelberg, Germany, 1999, 316 p.

[38] Thompson, N. S., in Kirk - Othmer - Encyclopedia of Chemical Technology, Volume 13 (J. I. Kroschwitz and M. Howe - Grant, Eds.), 4th edn., John Wiley & Sons, New York, USA, 1995, pp. 54 - 72.

[39] Whistler, R. L. and Chen, C. - C., in Wood Structure and Composition (M. Lewin and I. S. Goldstein, Eds.), Marcel Dekker, New York, USA, 1991, Chap. 7.

[40] Zavarin, E. and Cool, L., in Wood Structure and Composition (M. Lewin and I. S. Goldstein, Eds.), Marcel Dekker, New York, USA, 1991, Chap. 8.

第2章　木材脱木素基础化学

2.1　介绍

原则上,木材和其他纤维素材料(木质纤维材料)有多种加工方法,包括机械法、化学法、热化学法及热转换法(图2-1)。木材是制浆造纸的主要纤维原料(通常包含细长细胞、死细胞及中空细胞)。目前,全世界90%的原生浆纤维来自木材,其余为非木材(蔗渣、禾草、竹子等),约1/3的纸制品被回收作为二次纤维。纤维除了作为大部分纸和纸板的基材外,还用作一些重要商品的基材,如吸收液体的绒毛浆(如纸尿裤)或特种绝缘材料。然而,需指出的是,尽管纤维制品产量巨大,目前纸浆纤维耗材量与全球木材总用量相比还很低(图2-2),换言之,纸浆的制造依然是木材化学转化最重要的技术。

剥皮后的商品材通常用于制浆,如第1章所述,针叶木和阔叶木是由不同种类具有特定功能的细胞组成,某些细胞,如针叶材管胞和阔叶木纤维状细胞,均是造纸的好纤维;纸浆中还有导管(阔叶木)和不同类型的薄壁细胞(针叶木和阔叶木),尽管这些细胞结构存在差异,但所有的木材细胞(虽然比例不同)主要由不溶性多糖聚合物(纤维素、半纤维素)和木素组成,含量较低的木材抽出物主要沉积在细胞壁外,其成分因材种而异(主要是针叶木和阔叶木间的差异)。

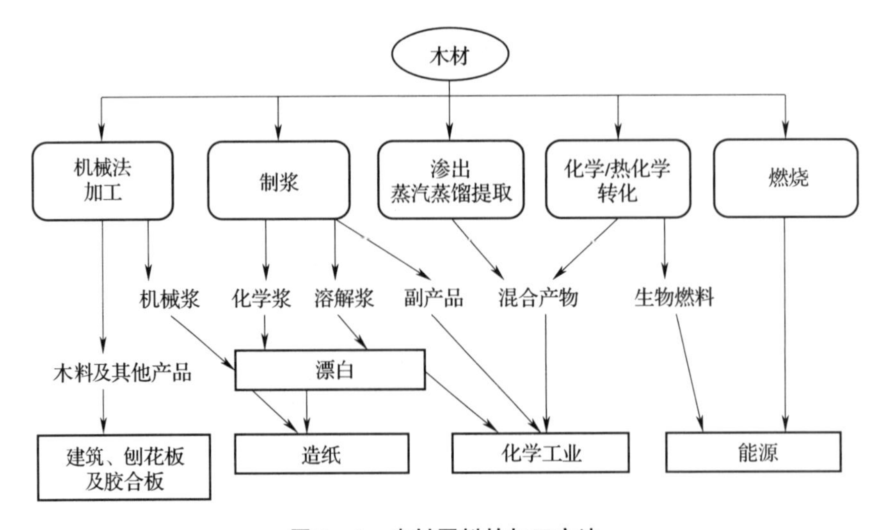

图2-1　木材原料的加工方法

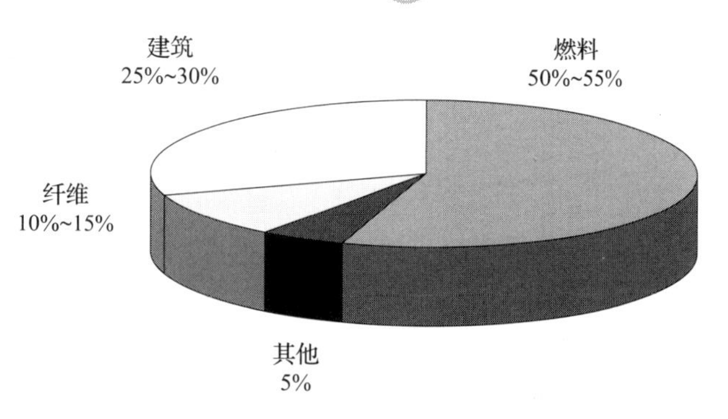

图 2-2 全球木材的利用情况

木材原料主要的化学成分(纤维素、半纤维素、木素和抽出物)在木材加工过程中表现各异。因此,要开发脱木素工艺(蒸煮和漂白),除了要深入了解细胞结构外,还要熟知这些成分在各种条件下的化学行为。倘若要通晓现代纸浆厂的全部化工操作过程,还得重点掌握废液及树皮(和污泥)主要成分的热化学行为(燃烧),因为这些物质需分别在回收炉和树皮焚烧炉中燃烧;与脱木素相比,热化学过程通常是直接转换,其中有机物并非被选择性降解为主要气体和冷凝液的混合物。

现在,硫酸盐法制浆过程产生的松节油和塔罗油及亚硫酸盐法制浆过程产生的木素磺酸盐是仅有的具有高附加值的化学成分,但纤维素行业中不仅仅是硫酸盐法蒸煮过程中的木素溶出,而是伴随着大量的原料溶出,从长远来看,把废液中低热值有机物(即大量的碳水化合物降解产物)作为燃料回收利用是一个可供选择的有趣的途径,但如果分离方法切实可行,其产品的市场化则指日可待。

本章概述了木材多糖组分和木素在化学制浆过程中发生的各种反应,这些反应主要是指硫酸盐法制浆、亚硫酸盐法制浆、氧脱木素以及在酸性和碱性条件下的漂白处理。此外,本章对制浆副产品的生产也做了论述,有关该主题更详细的背景资料请参见相应的教科书和手册[1-20]。

2.2 制浆方法

2.2.1 概述

制浆是指将木材或其他纤维原料中的纤维进行分离的过程,热处理可以是化学、机械或二者结合的方法,因此,与制浆过程相关的“纸浆”一词是化学浆、半化学浆、化学机械浆及机械浆的统称。纸浆主要用于造纸,但也可用于生产各种纤维素衍生物(纤维素酯和醚类)和再生纤维素纤维(粘胶纤维或人造丝)。

表 2-1 列出了与纸浆得率相关的商业化制浆方法的大体分类,需指出的是,化学浆的平均得率为 45% ~55% ,溶解浆(酸性亚硫酸盐法、多级亚硫酸盐法和预水解硫酸盐法)的得率通常为 35% ~40% ,后者用来生产纤维素衍生物及相关产品。化学浆占全球纸浆总产量的 70% ,其中 80% 的化学浆为硫酸盐浆,亚硫酸盐浆的重要性在近几十年间已明显下降。高得率浆通常指那些仅需要机械分离即可获得的富含木素的不同种类的纸浆(主要为中性亚硫酸盐浆)。

一般来讲,化学制浆和漂白工艺可以说是一直在不断改进,从而形成了多种工艺。蒸煮的目的是尽可能获得低卡伯值纸浆,即在不钝化残余木素和不影响产品质量的前提下尽可能降低纸浆的卡伯值。在连续蒸煮和间歇蒸煮后增加氧碱脱木素可以降低纸浆的卡伯值。

为大幅度减少废水排放,过程水的封闭循环已是大势所趋,废液零排放(TEF)将是浆厂的终极目标。此时，为避免含氯化合物引起的腐蚀问题，含氧化学品（即氧气、臭氧、过氧化氢和过氧酸等）的全无氯漂白（TCF）是目前最具潜力的工艺。应当指出，无元素氯（ECF）漂白浆在全球漂白浆中的占比在逐年增加，目前已达到50%左右，相比之下TCF浆占比约为6%。除了发展迅猛的化学制浆外，各种机械浆和高得率浆的重要性也日益凸显。

表2-1 商业化制浆方法

方法	得率/%
化学法制浆	35~60
硫酸盐法	
多硫化物—硫酸盐法	
预水解—硫酸盐法	
烧碱—蒽醌(AQ)法	
酸性亚硫酸盐法	
亚硫酸氢盐法	
蒽醌碱性亚硫酸盐法	
多段亚硫酸盐法	
半化学法制浆	65~85
中性亚硫酸盐法(NSSC)	
烧碱法	
石灰法	
化学机械法制浆	80~90
化学热磨机械法(CTMP)	
化学磨石磨木法(CGWP)	
机械法制浆	91~98
磨石磨木法(SGWP)	
压力磨石磨木法(SGWP)	
盘磨机械法(RMP)	
热磨机械法(TMP)	

2.2.2 硫酸盐法制浆

2.2.2.1 工艺描述

在传统硫酸盐法制浆过程中，木片蒸煮用的是白液，其所含的主要活性成分为氢氧化钠（NaOH）和硫化钠（Na_2S）。蒸煮结束后，蒸煮废液（黑液）通过洗涤从浆料中分离出来，再经多效蒸发浓缩到65%～80%浓度后送回收炉燃烧，以回收蒸煮化学品并产生热能。黑液在回收炉燃烧会产生含有碳酸钠（Na_2CO_3）、硫化钠（Na_2S）和少量硫酸钠（Na_2SO_4）的无机熔融物，该熔融物溶于水中形成绿液，在苛化段，石灰（CaO）与绿液中的Na_2CO_3反应被转换为NaOH，即实现蒸煮白液的再生。但是由于在回收过程中的不完全反应（Na_2CO_3转化率约为90%），致使白液中还含有碳酸钠和含硫氧化物钠盐等非活性物质。

术语"活性碱"（AA，NaOH和Na_2S）和"有效碱"（EA，NaOH + 1/2Na_2S）是以钠的当量来计算，蒸煮液的浓度通常以g/L表示（欧洲以NaOH计，而北美以Na_2O计），现代化制浆中经常使用摩尔单位而非质量单位，也可用绝干木材质量的百分比表示活性碱和有效碱的浓度。针叶木硫酸盐法制浆的有效碱用量通常为12%～15%，而阔叶木则稍低。硫化度是硫化钠与活性碱的比例，当其约为15%时硫化钠的作用效果非常好，大多数工厂白液的硫化度保持在25%～35%内。然而，由于当今硫酸盐浆厂碱回收系统的封闭程度越来越高，白液的硫化度也逐渐增加。

硫酸盐法和烧碱法制浆过程中发生的反应很复杂，目前尚未完全理解。众所周知，硫氢根离子（HS^-）主要和木素反应，而碳水化合物的反应仅受碱度（即HO^-）影响，因烧碱法制浆唯一的活性剂是NaOH，这也意味着，相比之下，硫酸盐法制浆的速度更快、纸浆得率和强度更高。

硫酸盐法蒸煮过程中，大约有一半的木材组分被降解溶出，黑液中的有机物由木素和多糖的降解产物及少量的抽出物组成。图2-3给出了木材主要组分与活性碱发生的基本反应，进而形成各种可溶组分。其中70%～75%的碱耗用于中和脂肪酸，约20%碱耗用于中和木素降解产物。黑液中的脂肪酸不含硫，但硫酸盐木素中硫含量为1% ~2%，占总硫的10% ~20%，可溶性脂肪酸和木素的钠含量分别约为20%和6%。

在硫酸盐法或烧碱法制浆过程中，大量的半纤维素转化为羟基羧酸，还有少量没有完全降解的多糖溶解在黑液中。硫酸盐法蒸煮过程中，溶出和降解的木素也会形成复杂的混合物，它们从简单的低分子酚类到大分子化合物不等，具有较宽的分子量分布。图2-4给出了在硫酸盐法制浆（包括后续氧碱脱木素）、漂白生产高白度纸浆过程中，木材有机物的物料平衡。可以看出，约有90%的木素、60%的半纤维素和15%的纤维素在蒸煮过程中溶出。如松木（樟子松）和桦木（白桦）经传统硫酸盐法制浆的得率分别为47%和53%。

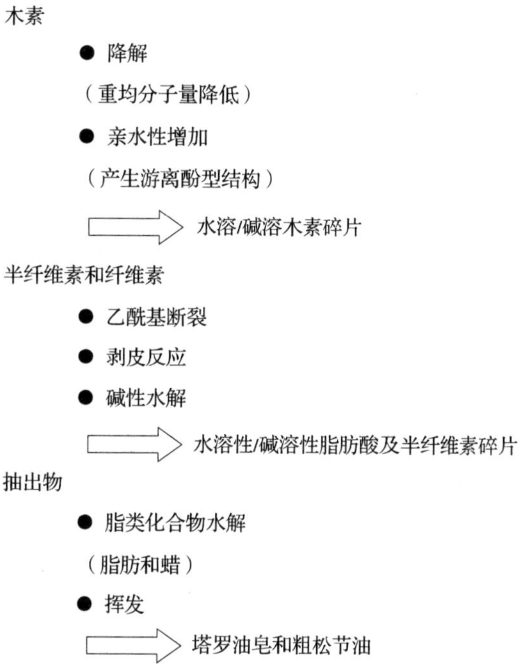

木素

● 降解

（重均分子量降低）

● 亲水性增加

（产生游离酚型结构）

⇨ 水溶/碱溶木素碎片

半纤维素和纤维素

● 乙酰基断裂

● 剥皮反应

● 碱性水解

⇨ 水溶性/碱溶性脂肪酸及半纤维素碎片

抽出物

● 脂类化合物水解

（脂肪和蜡）

● 挥发

⇨ 塔罗油皂和粗松节油

图2-3 硫酸盐法制浆中木材主要成分的溶出反应

黑液中还含有来自木材原料、设备和工艺用水的各种无机阳离子和阴离子，这些无效化学品的积累会增加回收炉的负荷，导致蒸煮锅，特别是后续黑液蒸发器的结垢，其中，硅酸盐和钙盐是最有害的成分。通常木材原料中硅酸盐含量不高，而在非木材中则较高。此外，氯化物的积累也会引起腐蚀问题，回收炉的结圈（结胶）程度主要取决于入炉黑液固形物中氯和钾的含量。从回收炉顶部静电除尘器收集的粉尘（碱灰）其主要成分是硫酸钠和钾盐（如氯化钾）。

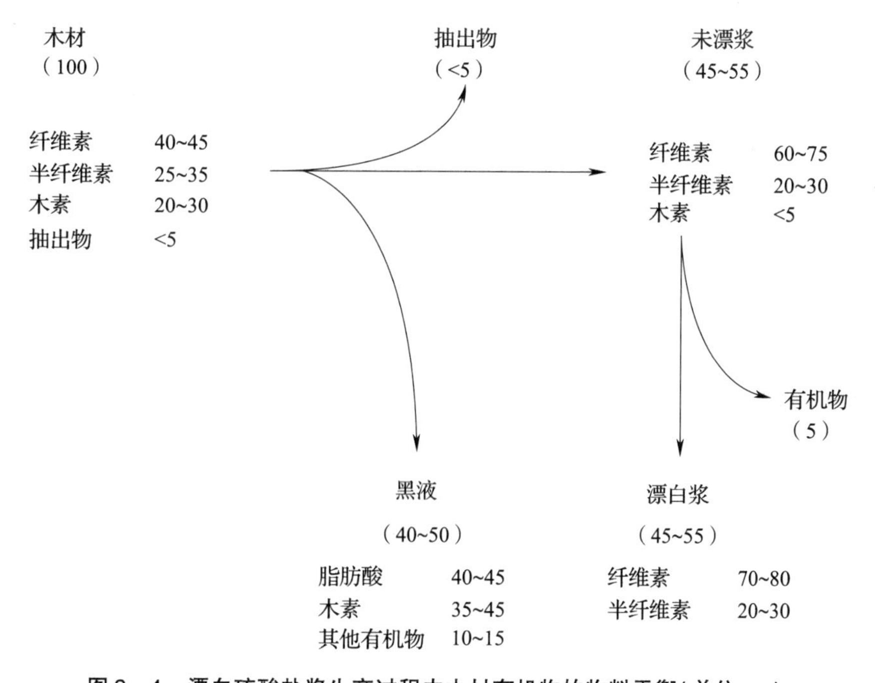

图2-4 漂白硫酸盐浆生产过程中木材有机物的物料平衡（单位：%）

2.2.2.2 木素的反应

硫酸盐法制浆的蒸煮时间和蒸煮温度两个因素可以用一个单一的数值来表示,这就是“*H* 因子”。在现代化蒸煮中,控制系统可以在蒸煮中自动计算和累计这一参数来监控脱木素程度。不同制浆厂通常将终点 *H* 因子控制在 1000 ~ 1500 范围内。众所周知,升温时间对 *H* 因子的贡献比保温时间小得多。

在传统针叶木硫酸盐制浆过程中,木素的溶出通常被分为 3 个阶段(图 2 -5):初始脱木素、大量脱木素和残余脱木素阶段。其中初始脱木素阶段的特点是木素的抽出阶段(或初始阶段),在该阶段,脱木素的选择性较差,木素仅溶出总量的 15% ~25% ,而半纤维素溶出约为 40% ;在大量脱木素阶段,脱木素程度随温度的升高而加快,当温度达到 140℃以上时,脱木素率由化学反应控制,该反应被称为一级反应,在这一阶段,木素以较高速率溶出,直到约有 90% 的木素被脱除;最后阶段被称为残余脱木素阶段,木素脱除率已经很低,而碳水化合物的损失增加。

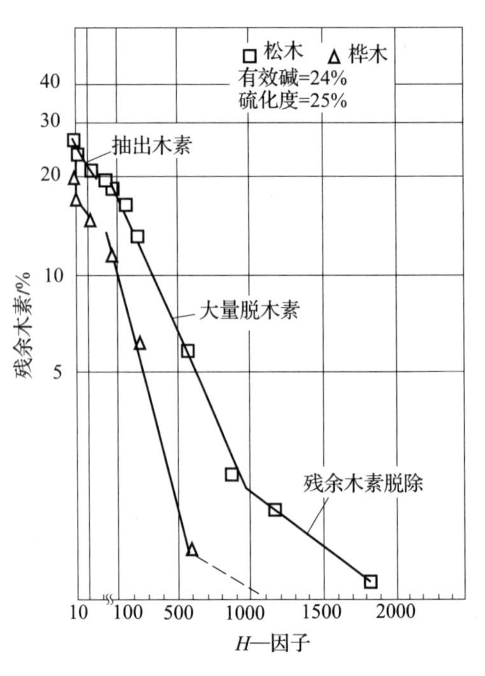

图 2 -5 针叶木和阔叶木硫酸盐法制浆中残余木素随 H—因子的变化[19]

硫酸盐法蒸煮过程中,硫氢根离子的亲核性比氢氧根离子更强,更利于木素的脱除。因此,木素或多或少地发生剧烈降解,游离的酚羟基会进一步提高木素碎片的亲水性,其中大多数水溶性碎片以苯酚钠的形式溶解在蒸煮液中(图 2 -6)。硫酸盐木素(在烧碱法制浆中被称为“碱木素”)通常是指溶解在黑液中的可溶性木素降解产物,其结构明显不同于天然木素和浆中的残余木素。

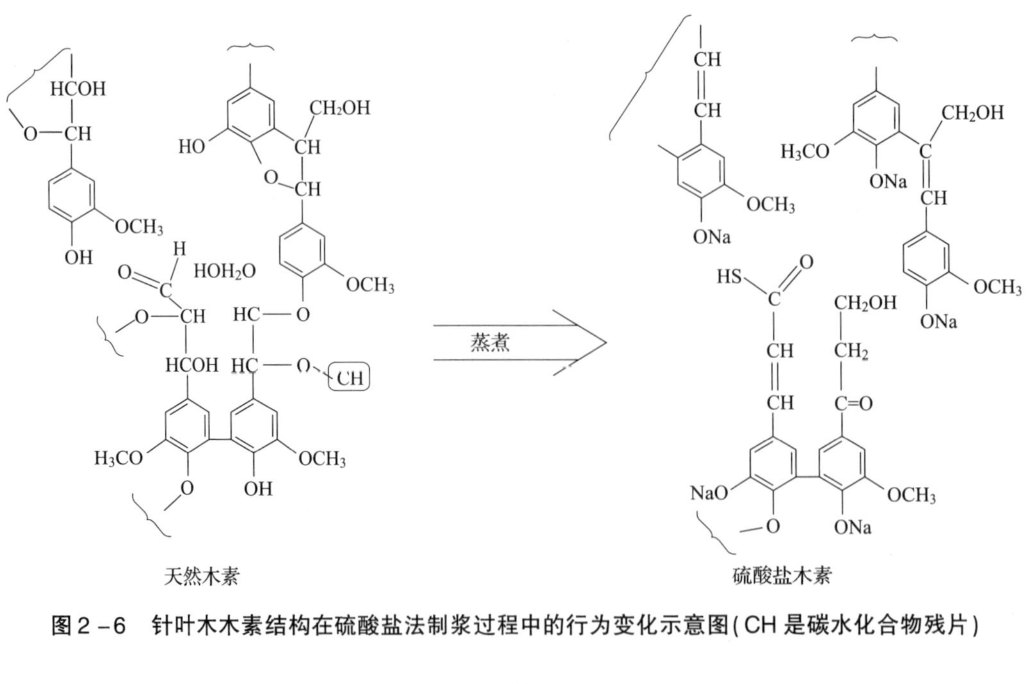

天然木素 —蒸煮→ 硫酸盐木素

图 2 -6 针叶木木素结构在硫酸盐法制浆过程中的行为变化示意图(CH 是碳水化合物残片)

木素在所有碱法制浆中的反应都是亲核反应。木素苯丙烷单元间各种连接键的不同行为及稳定性对脱木素至关重要，木素的降解通常依赖于各种芳基醚键（烷基和芳基间的 C—O—C 键）的断裂，而二芳基醚键（芳基和芳基间的 C—O—C 键）和碳—碳键（尤其是芳基和芳基间的 C—C 键）是基本稳定的。针叶木木素和阔叶木木素中 50% ~70% 是以 α－芳基醚键和 β－芳基醚键的连接为主，这些键的断裂有利于木素降解。此外，在脱木素过程中也会发生木素单元的缩合反应（即形成新的 C—C 键），导致木素碎片分子量的增加、溶解性降低。其主要反应如下：

① 游离酚型结构（非醚化的酚型结构）中的 α－芳基醚键断裂；

② 游离酚型结构（非醚化的酚型结构）中的 β－芳基醚键断裂；

③ 非酚型结构（醚化的酚型结构）中的 β－芳基醚键断裂；

④ 去甲基化反应；

⑤ 缩合反应。

游离酚型结构中的 α－芳基醚键在脱木素初期很容易断裂，见图 2－7 的第一步反应，在苯基香豆满和松脂醇结构间的相应连接可通过去甲醛或去质子化后产生稳定断裂。但是，只有打开 α－醚键，才能引发木素碎片反应，可是所有非酚型结构中的 α－醚键都非常稳定。

酚型结构中的 β－芳基醚键在脱木素初期也容易断裂，反应步骤如图 2－7 所示，第一步反应是脱除取代基（羟基、醇氧离子及酚氧离子）形成甲基醌结构，后续的反应则取决于是否有硫氢根离子存在。在硫酸盐法制浆过程中，硫氢根离子会与甲基醌反应形成硫醇衍生物（硫醇盐结构），进而转换为硫杂丙环中间体，同时 β－醚键发生断裂，硫杂丙环可以聚合成 1,4－二噻烷结构。但大部分硫杂丙环及其他含硫中间体会发生降解反应，生成单质硫和不饱和苯乙烯类结构物质。而烧碱法制浆中只存在氢氧根离子，因此主要发生甲基醌中间体的羟甲基（羟基化的 γ 碳原子）脱除反应，生成甲醛和苯乙烯基芳醚结构（苯乙烯 β 取代单元），而非发生 β－醚键断裂。

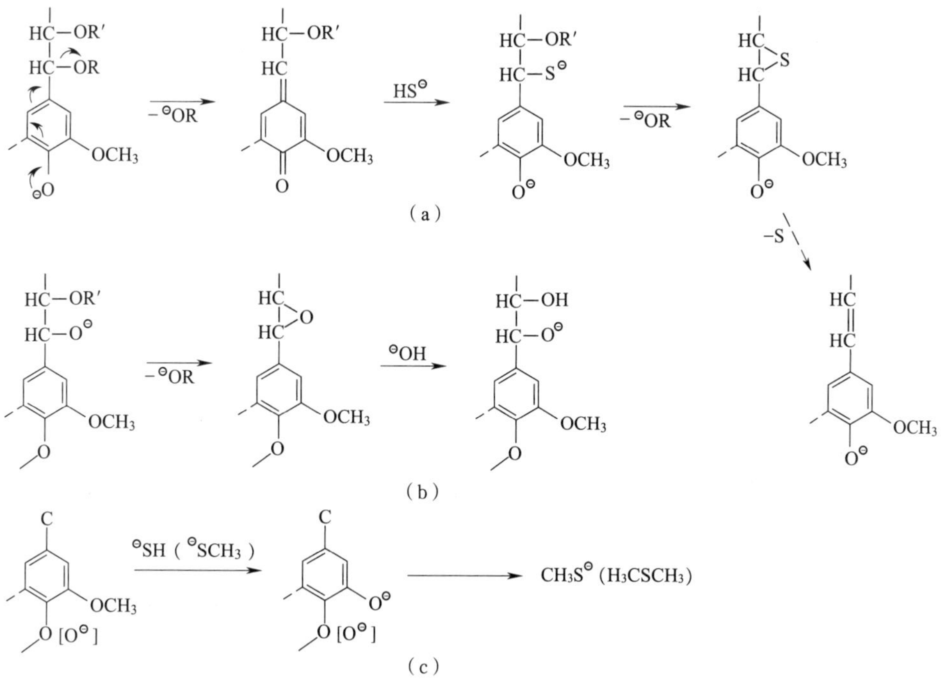

(a)

(b)

(c)

图 2－7 硫酸盐法制浆中木素的降解反应

(a) 酚型 α、β－芳基醚键断裂 (b) 非酚型 β－芳基醚键断裂 (c) 甲基芳基醚键断裂（去甲基化）

非酚型 β－芳基醚键断裂速度非常慢，且其反应不受硫氢根离子的影响，见图 2－7 中的反应步骤(b)，相邻碳原子上羟基的电离加速了反应的进行，形成环氧乙烷中间体，开环后在 α、β 位形成两个羟基，最终生成新的游离酚羟基。

木素甲氧基主要由硫氢根离子作用而断裂，很少被亲核羟基离子(形成甲醇)作用而断裂，见图 2－7 中的反应步骤(c)。针叶木木素中约有 10% 的甲氧基在硫酸盐法制浆中被脱除，当有硫氢根离子存在时，会形成甲硫醇(MM，沸点 6.2℃)，这种以离子形式存在的甲硫醇与其他甲氧基进一步反应生成二甲硫醚(DMS，沸点 37.3℃)，甲硫醇在有氧条件下可被氧化为甲硫醚(DMDS，沸点 109.7℃)。甲硫醇和甲硫醚是挥发性极强的恶臭性气体，会造成大气污染，这些气体和硫化氢(H_2S，沸点 60.7℃)统称为"总还原硫"(TRS)，其排放通常被称为"总还原硫排放。"

硫酸盐法制浆中还会发生各种缩合反应。其中，苯酚单元可以通过释放质子与甲基醌中间体结合形成新的碳—碳键(一次缩合反应)。由于大部分缩合反应发生在苯酚 C5 空位上，因此，α－5 碳—碳连接是最常见的。此外，具有共轭侧链结构的碎片也可能参与反应，形成缩聚物，但同时也释放出一分子的甲醛(二次缩合反应)，该甲醛进一步与两个苯酚单元反应最终形成二芳基甲烷结构。可以断定，所有的缩合反应一定程度上会阻碍木素的溶出，此外某些不饱和、高度共轭的木素结构(发色基团)及其前体物——发色基团的无色母体也会进入浆中，这些物质会导致未漂浆(本色浆)的颜色加深。

2.2.2.3 多糖的反应

硫酸盐法制浆的脱木素选择性(参见前节 2.2.2.2 木素反应)非常差，在现代置换蒸煮过程中，为提高蒸煮液的浸透性，蒸煮前需要将木片在温度相对较低的白液或黑液中进行预浸渍，这意味着此时多糖已经有所损失。由于纤维素的结晶度和聚合度很高，对半纤维素的影响最大。在碱法制浆过程中发生的碱催化反应和多糖的损失及多糖链长度的降低如图 2－8 所示。

多糖反应如下：

① 降解和未降解碳水化合物的溶出；

② 半纤维素乙酰基的去乙酰化反应；

③ 碳水化合物不同末端基的剥皮反应(剥皮反应，一次剥皮)；

④ 碳水化合物对碱稳定末端基的形成(终止反应)；

⑤ 碳水化合物链上糖苷键的水解，形成新的对碱不稳定却能发生剥皮反应的末端基(二次剥皮)；

⑥ 木聚糖可能在纤维上的再吸附。

在传统硫酸盐法制浆中，大多数酸(损失的大部分碳水化合物)是在升温期间(升温至 170℃左右)生成的，主要的剥皮反应发生 100℃左右。多糖的剥皮反应(一次剥皮)是脱除单糖单元、形成各种羧酸(约生成 1.5 当量的酸)的过程，每次从糖链上脱除一个单糖单元。这些以羧酸盐形式存在的酸包括各种非挥发性羧酸和挥发性酸(主要为甲酸和乙酸)(参见下一节 2.2.2.5 制浆副产品及表 2－2)，其中非挥发性羧酸主要为含羟基的羧酸和二羧酸，而非羟基二羧酸和三羧酸的量很少。

半纤维素比纤维素更容易发生剥皮反应，其反应速率取决于半纤维素的种类。例如，木聚糖比葡萄甘露聚糖更稳定，这是由于针叶木聚糖的阿拉伯糖侧链具有稳定效应，针叶木木聚糖和阔叶木木聚糖中的 4－*O*－甲基葡萄糖醛酸也可以稳定木聚糖，防止碱性剥皮。纤维素在终

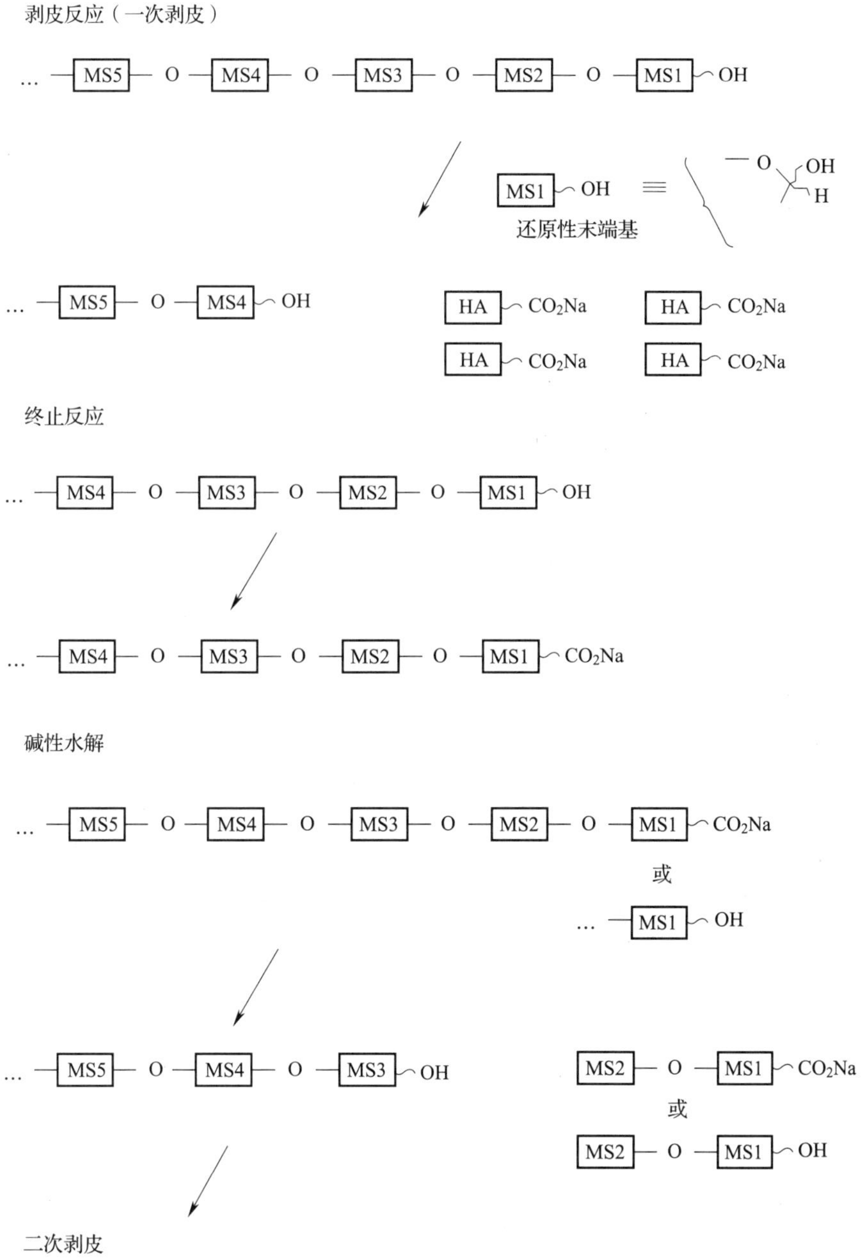

剥皮反应（一次剥皮）

… —MS5— O —MS4— O —MS3— O —MS2— O —MS1~OH

MS1~OH ≡ —O, OH, H

还原性末端基

… —MS5— O —MS4~OH

HA~CO_2Na HA~CO_2Na

HA~CO_2Na HA~CO_2Na

终止反应

… —MS4— O —MS3— O —MS2— O —MS1~OH

… —MS4— O —MS3— O —MS2— O —MS1~CO_2Na

碱性水解

… —MS5— O —MS4— O —MS3— O —MS2— O —MS1~CO_2Na

或

… —MS1~OH

… —MS5— O —MS4— O —MS3~OH

MS2— O —MS1~CO_2Na

或

MS2— O —MS1~OH

二次剥皮

图 2－8 碱法制浆过程中多糖发生的主要反应（MS 为单糖单元，HA 为羟基酸组分）

止反应前平均会有 50～65 个葡萄糖单元在剥皮反应中被脱除，倘若没有这种终止反应，整个分子可能会被剥皮反应所破坏。

剥皮反应的前提是多糖链上存在还原性末端基（一种半缩醛基）。第一步是还原性末端基的异构体，β－烷氧基（单糖末端单元）消除形成 2－酮中间体，形成可溶性单糖单元和一个新的带还原性末端基的短糖链。前者是一种羰基化合物的互变异构体（2，3－核酮糖结构），在主反应中，通过二苯乙醇酸重排形成葡萄糖糖酸（来源于葡萄甘露聚糖和纤维素）或异木糖酸（来源于木聚糖）。此外，可能还有一些其他的副反应，主要产物为乳酸、2－羟基丁酸、3，4－二脱氧戊酸及 3－脱氧戊酸（表 2－2）。

终止反应的主要途径是β－羟基从没有异构化的还原性末端基上直接脱除(羟基从糖链的单糖末端基上断裂)，此时，糖链上产生的二羰基中间体(1,2－二酮糖结构)会通过二苯乙醇酸重排转换为偏变糖酸末端基。还可能形成包括2－C－甲基甘油酸和2－C－甲基核糖酸(葡萄糖酸)及一些糖醛酸(甘露糖、阿拉伯糖和赤糖酸)的末端基，这些末端基的生成也能说明有氧化反应发生，在多糖链末端的单糖单元生成对碱稳定的羧酸基(以羧酸盐形式存在)，因此可避免还原性末端基异构体的剥皮反应。

除了剥皮反应，在160～170℃的高温下，多糖的碱性水解(降解)也成为主要反应，该反应相对较慢，糖苷键随机断裂形成新的还原性末端基，从而可以发生进一步的降解反应(二次剥皮)。在碱法蒸煮初期，剥皮反应会释放出甲酸，阔叶木木聚糖和针叶木葡萄甘露聚糖上乙酰基的断裂则会生成乙酸。

在脱木素过程中，部分溶解的脱乙酰木聚糖会重新沉积在纤维上，特别是在传统蒸煮的后期。糖醛酸含量较高的木聚糖可能会溶出，碱法制浆保温阶段糖醛酸含量显著降低的另一个原因是其碱性水解。此外，还发现在硫酸盐法制浆过程中，根据蒸煮条件的不同，木聚糖的4－*O*－甲基葡萄糖醛酸基会部分转换为4－脱氧－4－己烯糖醛酸基。己烯糖醛酸基在氧碱和过氧化氢漂白阶段没有反应活性，但由于其烯基的功能性，会与氯、二氧化氯、臭氧及过氧酸等多种漂白化学品发生反应，消耗化学品。而且己烯糖醛酸也与高锰酸钾反应，对纸浆卡伯值有所贡献。因此，在ECF和TCF漂白前，温和的酸水解可使己烯糖醛酸基转化为呋喃衍生物(如糠酸和5－羧基－2－甲醛呋喃)，于是可以减少漂白剂和螯合剂的用量。

表2－2　樟子松、白桦和巨桉硫酸盐制浆黑液[15]中主要的挥发性羧酸含量

单位：g/L

羧酸	樟子松	白桦	巨桉
一元羧酸	22.9	25.4	17.1
羟基乙酸	2.5	2.3	2.0
乳酸	4.2	3.8	2.7
3－羟基丙酸	+[d]	0.2	+[d]
甘油酸	0.1	0.1	0.1
2－甲基甘油酸	0.1	0.1	0.1
2－羟基丁酸	1.0	6.8	3.0
4－羟基丁酸	0.2	0.1	0.1
2－脱氧季酮酸	0.1	0.1	0.1
3－脱氧季酮酸	0.3	0.6	0.4
2－羟基－2－甲基丁酸	+[d]	+[d]	0.4
2－羟基戊烯酸	0.3	0.2	0.2
3,4－二脱氧戊烯酸	2.3	1.2	1.2
3－脱氧戊烯酸[a]	1.5	0.9	0.8
异木糖酸	0.5	3.8	1.9
无水糖精酸[a]	0.3	0.2	0.1
3,6－二脱氧己糖酸[b]	0.2	0.6	0.3
3－脱氧己糖酸[c]	0.3	0.3	0.2
葡萄糖糖酸[a]	9.0	4.1	3.5
二元羧酸	2.5	2.4	2.8
草酸	0.1	0.2	0.4
丁二酸	0.2	0.2	0.3
甲基丁二酸	0.2	+[d]	0.2
苹果酸	0.2	0.3	0.2
2－羟基戊二酸	0.4	0.5	0.7
3－脱氧戊烯二酸[a]	0.1	0.1	+[d]
2－羟基己二酸	0.4	0.2	0.1
2,5－二羟基己二酸[a]	0.4	0.2	0.3
葡萄糖糖二酸[a]	0.5	0.7	0.6

注：a. 赤苏异构体；b. 核糖和阿拉伯异构体；c. 核糖、木糖、阿拉伯和来苏异构体；d. 指浓度低于0.05g/L。

2.2.2.4 抽出物的作用行为

基于在针叶木硫酸盐法制浆过程的不同表现,可将抽出物分为挥发性组分(粗松节油)和非挥发性组分(塔罗油皂)。松节油在蒸煮过程中经蒸馏后得到,而塔罗油皂是由脂肪酸和树脂酸的钠盐和钙盐,及一些中性物质(非皂化物)组成,这些皂化物以悬浮或溶解的形态存在于黑液中,大部分皂化物可以在黑液蒸发过程中被分离出来。需要指出的是,酯类(脂肪和蜡)的皂化与脂肪酸的中和同时进行,也会消耗蒸煮化学品。

硫酸盐法蒸煮过程中,挥发性松节油的化学稳定性较好,而木材天然脂肪酸则几乎会完全水解,这说明蜡比脂肪更稳定。众所周知,一些不饱和脂肪酸和树脂酸在碱法制浆过程中会发生部分异构化,常见的树脂酸异构体主要是左旋海松酸部分异构为松香酸,其他如树脂酸,其在硫酸盐法制浆中基本稳定。一般而言,大部分抽出物在蒸煮初期就被脱除。

2.2.2.5 制浆副产品

针叶木硫酸盐制浆过程的副产物主要是粗硫酸盐松节油和塔罗油皂(见前节“2.2.2.4 抽出物的作用行为”)。工厂的副产品产量取决于制浆的材种、原木、木片的储存方式和时间,以及树木的生长条件。然而,即使是抽出物含量丰富的松木,其副产品的产量也会明显不同。大多数抽出物被回收后,剩余黑液中除了无机物外,还含有木素、碳水化合物的降解产物(脂肪酸及半纤维素碎片)及残余抽出物(主要是树脂酸和脂肪酸)(表 2-3)。

表 2-3 樟子松和白桦硫酸盐法制浆黑液中干固物的主要成分

单位:%

成分	松木	桦木
木素[a]	31	25
HMM(>500Da)组分	28	22
LMM(>500Da)组分	3	3
脂肪酸	29	29
甲酸	6	4
乙酸	4	8
羟基乙酸	2	2
乳酸	3	3
2-羟基丁酸	1	5
3,4-二脱氧戊酸	2	1
3-脱氧戊酸	1	1
木糖酸	1	3
葡萄糖酸	6	3
其他	3	3
其他有机物	7	9
抽出物	4	3
碳水化合物[b]	2	5
其他	1	1
无机物[c]	33	33
有机物结合钠	11	11
无机化合物	22	22

注:a. HMM 和 LMM 分别指高分子量和低分子量物质;b. 主要为半纤维素衍生物;c. 有时非活性无机物的存在会使这部分物质含量较高。

虽然大多数黑液的主要成分相似,但是要记住,到目前为止我们只分析过很少种类黑液(主要来自传统工艺)的具体成分,热带阔叶木及非木材原料碱法制浆黑液的大部分成分还是未知的。现在木素和脂肪酸还用作燃料来产生能源,以满足制浆造纸厂的需求,但未来,部分降解产物作为化工原料可能会更具吸引力。

理论上讲,从蒸煮锅的冷凝液中可回收粗松节油,但间歇蒸煮锅和连续蒸煮锅在回收系统的蒸汽收集方法上有很大不同,松树的粗松节油平均产量为 5~10kg/t 浆,云杉松节油的产量稍低。粗松节油通过精馏来纯化,该过程中甲硫醇、二甲硫醚以及更高的聚合物等杂质会被去除。松节油的主要成分为:a. 单萜组分,主要为 α-蒎烯(约为

50% ~80%)和β-蒎烯及萜烯;b. 松树油馏分,主要为羟基单萜烯类物质。

传统上,单萜类化合物(松节油)已经被用作颜料、清漆和油漆的稀释剂,或橡胶溶剂和再生剂。而现在它主要用于生产不同的化工产品(如α-蒎烯和粗3—萜烯、樟脑、薄荷脑和杀虫剂)、制药(搽剂)和香料。松树油也有多种用途,如用作乳化、分散性能良好的溶剂和矿物浮选剂。单萜成分也可水化、合成松油(α-松油醇)。松节油及其组分的另一个重要用途是聚合成聚萜烯树脂。这种树脂具有多种用途,如用于压敏或热熔胶黏剂的制备。

塔罗油皂是在黑液蒸发过程中被分离出来的,在粗塔罗油(CTO)中加入硫酸后生成树脂酸和脂肪酸。CTO 的平均得率为 30 ~50kg/t 浆,约占制浆原料中初始塔罗油含量的 50% ~70%。CTO 经真空蒸馏(0.3 ~3kPa,170 ~290℃)得到纯化和分馏,分馏后的主要成分、含量及用途如下:a. 氢油(10% ~15%;燃烧、工业润滑油及防锈剂);b. 脂肪酸(20% ~40%;颜料展色剂、肥皂、印刷油墨、抑泡剂、润滑油、润滑脂、浮选剂及工业油);c. 松香(25% ~35%;醇酸树脂、油墨、黏合剂、乳化剂、涂料/漆的展色剂及肥皂);d. 树脂残留物(20% ~30%;燃烧、沥青添加剂、防锈、油墨树脂及石油钻井泥浆)。

可以以塔罗油为原料生产各种不同纯度及组成的商品脂肪酸(TOFA)(见第1章),最常见的商品塔罗油脂肪酸为油酸(单烯)和亚油酸(二烯),而商品树脂酸以松香烷(如松香酸和脱氢松香酸)和海松烷(如海松酸、长叶松酸和左旋海松酸)类产品为主,也有极少量的劳丹脂类产品。轻油中的中性组分会降低其他组分的产量,而且通常还会降低产品质量,已开发出多种抽提方法可用于在蒸馏前除去这些中性物质,例如,其中一种名为"CSR 工艺"的抽提工艺,可以将生产出的β-谷甾醇还原为谷甾烷醇,并进一步酯化为食用脂肪,该化合物已被证明可以降低人体血液中的胆固醇。

聚合的木素可以通过酸化被沉淀出来,硫酸盐木素的酚羟基在 pH 为 9 ~11 时被中和使大部分木素沉淀析出,当 pH 进一步降低至 2 左右时,将游离出更多的羧基(pKa3 ~5),并沉淀出更多木素,通常加热(80℃)可以克服黑液在低温下难过滤的问题。在 pH 分别为 9.5、8.0 及 2.0 时,硫酸盐木素的得率分别约为 35%、80% 及 90%,而主要为木素单体(图 2-9)的水溶性木素(占总硫酸盐木素的 10%)不会沉淀。在实际应用中,宜利用二氧化碳(pH 调到 8 ~9)使部分木素沉淀出来。与木素磺酸盐(参见下一节"2.2.3 亚硫酸盐法制浆")相比,分离出来的硫酸盐木素(和碱木素)用途有限。

近年来,在硫酸盐法制浆过程中回收低热值脂肪酸(图 2-9)作为副产品颇具吸引力。这些酸含有多种有潜在吸引力的化合物,其中,如甲酸、乙酸、乙醇酸及乳酸等都是重要的商业化学品,目前还只是用其他方法来生产。目前对 2-羟基丁酸、3,4-二脱氧戊糖酸、异木糖酸及葡萄糖糖酸等酸的应用潜力研究还非常有限,有必要对其单独或混合利用开展进一步研究。此外,从制浆药液中回收有机酸是一个复杂的分离过程,目前尚未获得圆满解决。

2.2.2.6 黑液的燃烧

很显然,黑液是硫酸盐法制浆的重要副产品,将其蒸发后在回收炉中燃烧以回收能量和蒸煮化学品。在任何情况下,通常都可将黑液概括为由水、无机盐和有机物组成的一种复杂混合物。其中的每一种组分都对黑液的热化学性质起着决定性作用。而且,在一个较为封闭的工厂,漂白废液的引入会改变黑液的化学成分,这些变化可能会影响黑液的燃烧性能。然而,到目前为止,有关这方面的基础研究数据还很有限。

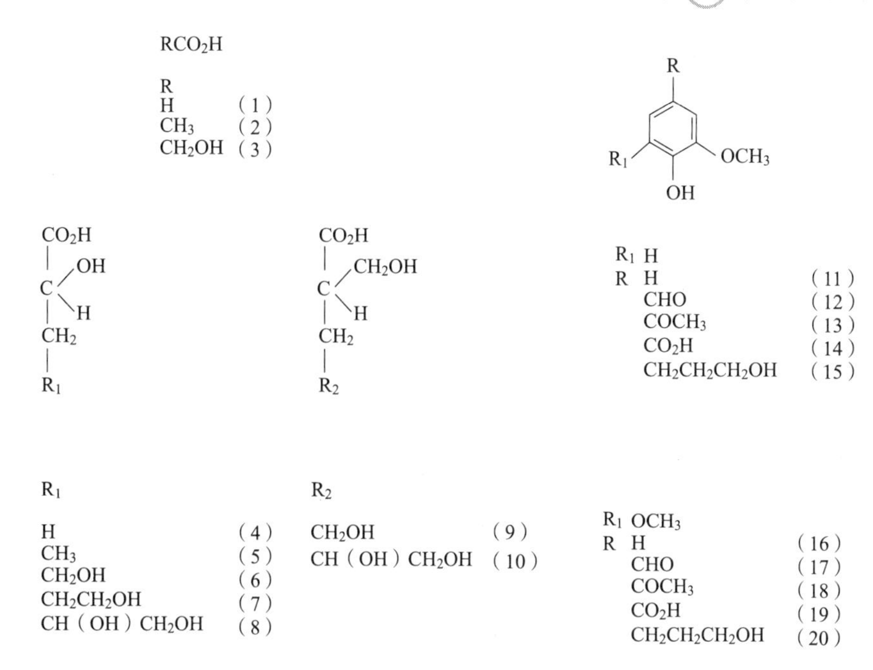

图 2－9　针叶木和阔叶木黑液中的主要低分子有机化合物

脂肪酸：(1)甲酸　(2)乙酸　(3)羟基乙酸　(4)乳酸　(5)2－羟基丁酸　(6)3－脱氧季酮酸

(7)3,4－二脱氧戊糖酸　(8)3－脱氧戊糖酸　(9)异木糖酸及　(10)葡萄糖糖酸

针叶木黑液中的“木素单体”：(11)愈创木酚　(12)香草醛　(13)香草酮　(14)香草酸　(15)二氢松柏醇

阔叶木黑液中的“木素单体”：(11)～(15)同上　(16)丁香酚　(17)丁香醛

(18)乙酰丁香酮　(19)丁香酸　(20)二氢芥子醇

研究人员从多角度不同条件下对黑液性质进行了研究，总结出了大量用于测定黑液燃烧性能的方法，普遍认为，黑液液滴喷入燃烧炉内的燃烧过程可分为 4 个阶段：a. 干燥；b. 挥发或热解（包括液滴的急剧膨胀）；c. 焦炭燃烧；d. 熔融物的聚结。实验室研究发现：a. 阔叶木黑液与针叶木黑液相比，燃烧时间（热解时间和焦炭燃烧时间）更短，膨胀性能更好；b. 大量的抽出物会降低膨胀体积；c. 残留的半纤维素会增加膨胀体积。此外，还发现，随着蒸煮时间的延长，黑液的燃烧时间会逐渐缩短，膨胀体积却逐渐增加。

当研究不同黑液的燃烧性能时，弄清楚黑液液滴的主要有机成分和其不同燃烧阶段之间可能存在的关系非常重要。设想脂肪酸可能会与水分子形成分子间氢键，进而显著影响黑液液滴的干燥速度（图 2－10）；另一方面，与其他成分相比，脂肪酸对热相对不稳定，因此可以概括为：在挥发阶段，各种酸是挥发性降解产物的主要来源，也是黑液发生膨胀的必要条件；而木素在燃烧段（即挥发和焦炭燃烧段）没有直接作用。很显然，脂肪族结构的残留物很容易转化为挥发性化合物，而芳香基团在焦炭的形成和燃烧过程中发挥了重要作用。也有迹象表明，大分子木素和残余半纤维素在阻碍黑液液滴中挥发性物质的逃逸方面起着重要的作用，这就要求木素和半纤维素聚合物在燃烧过程特定的温度范围内形成“高弹性壳”。此外，黑液中其他组分在燃烧过程

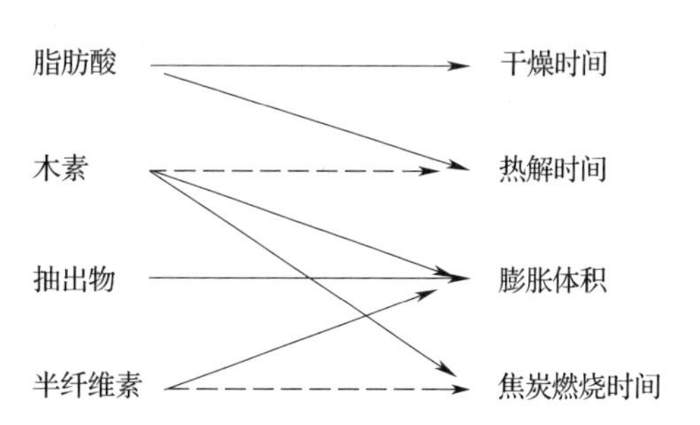

图 2－10　黑液液滴主要有机组分与其在不同燃烧段的关系

实线—有很强的相关性　虚线—轻微的相关性

中所起的作用还需进一步探究。

2.2.2.7 化学改性以提高得率

除了其显著的优点外,得率低或许是硫酸盐法制浆最严重的不足。原则上讲,可通过多种方式提高制浆得率,如脱木素时保持更高的卡伯值,提高蒸煮的选择性,减少碳水化合物的损失等。目前,最后两种方法似乎更有现实意义。

通过还原或氧化多糖链的末端醛基来减少或避免多糖的一次碱催化剥皮,也可以使用硼氢化钠将这些基团还原为伯醇(糖醇)来提高蒸煮得率(高达 8%),或采用硫化氢预处理木片,将末端基还原为硫醛醇。然而这些方法在经济上都不具吸引力。

将末端基氧化为醛糖酸则较为现实可行。在实际生产中,多硫化钠制浆技术就是利用这一原理稳定多糖的。多硫化物可以通过催化氧化白液中硫化物来制备,也可以在硫酸盐法蒸煮中添加单质硫来制备。虽然该技术可以显著提高纸浆得率(高达 7%),且大部分过量硫可以再生,但在化学品循环中,微量的硫积累就会引发臭味问题。

另一种可通过氧化稳定多糖避免碱性剥皮的添加剂是蒽醌(AQ)及相关化合物,如蒽醌 - 2 - 磺酸(蒽醌磺酸类化合物),普遍接受的机理是 AQ 与浆料组分反应,将醛末端基氧化成对碱稳定的醛糖酸,同时形成蒽氢醌(AHQ),而蒽氢醌再与木素反应又可转换成蒽醌,木素中 β - 芳基醚键的断裂会加速脱木素进程。这种周而复始的氧化 - 还原转换过程是硫酸盐法制浆中多糖有效稳定的前提,这也可能是添加少量 AQ(0.1% ~0.5%)就可提高得率(2% ~ 3%)的原因,缩短蒸煮时间也是提高得率的另一个原因。此外,在烧碱法制浆过程中添加 AQ 可以降低有效碱的用量,并获得与硫酸盐法制浆类似的脱木素效果。

2.2.3 亚硫酸盐法制浆

2.2.3.1 制浆系统

自 20 世纪 50 年代,硫酸盐法已逐渐成为全球化学浆生产的主要方法,目前采用亚硫酸法生产的化学浆不到化学浆总量的 20%。硫酸盐法占据优势的主要原因是:纸浆优良的强度性能,对木材种类和品质要求低,蒸煮化学品、能源及副产品完善的回收系统,蒸煮时间短。而亚硫酸盐制浆工艺在一些国家及对某些浆种仍很重要。通常,和硫酸盐法制浆相比,亚硫酸盐法制浆的优点可以概括为:未漂浆的白度更高,相同卡伯值时得率更高,气味较小,投资成本较低。亚硫酸盐法制浆可覆盖整个 pH 范围,对材种的适用范围更广,可生产出得率和性质更加灵活的纸浆。

在亚硫酸盐法制浆中,活性含硫物质是二氧化硫(SO_2)、亚硫酸氢根离子(HSO_3^-)及亚硫酸根离子(SO_3^{2-}),它们的比例与蒸煮液的实际 pH 有关。根据平衡原理,当 pH 在 4 左右时,二氧化硫水溶液中(SO_2 用量为绝干木材原料的 20%)几乎完全以 HSO_3^- 的形式存在,低于和高于此值,SO_2 和 SO_3^{2-} 离子的浓度分别依次提高。在旧的术语中,蒸煮酸或蒸煮液中的 SO_2 总量(总二氧化硫)被分成所谓的"游离二氧化硫"和"结合二氧化硫",通常用 gSO_2/mL 表示。典型的酸性亚硫酸盐蒸煮液中总二氧化硫和游离二氧化硫的含量分别约为 5g 和 1g,而亚硫酸氢盐蒸煮液中,二者的含量分别为 5g 和 2.5g。然而,将由标准滴定曲线推导出来的实际亚硫酸(H_2SO_3,即 SO_2 水合物)、HSO_3^- 和 SO_3^{2-} 浓度来表述蒸煮液的浓度更为精确。与硫酸盐法制浆一样,亚硫酸盐法制浆除反应不同外,都是活性化学品在蒸煮过程中被消耗进而失去反应性。

活性碱是与亚硫酸氢盐及亚硫酸根离子结合的阳离子，其浓度通常用 gNa_2O/L 溶液来表示。传统工艺所用的碱主要是钙，主要是由于其成本低（来源于石灰石，$CaCO_3$），没有严格的环境法规，无需回收。但由于亚硫酸钙（$CaSO_3$）的溶解度有限，钙盐基只能用于酸性亚硫酸盐法制浆，加入大量的过量 SO_2 可防止亚硫酸氢钙 $Ca(HSO_3)_2$ 转化为亚硫酸钙（$CaSO_3$）。当采用溶解性更高的镁盐基时，pH 约可提高到 5，超过这一范围，亚硫酸镁（$MgSO_3$）即开始沉淀，在碱性条件下会形成氢氧化镁沉淀。相比之下，钠和铵的亚硫酸盐和氢氧化物都易溶于水，采用钠盐基和铵盐基的蒸煮液不受 pH 限制。现代化的亚硫酸盐法蒸煮主要采用钠盐基和镁盐基，其无机化学品可循环再生。

根据蒸煮液 pH 和纸浆产品的不同，有不同的改良亚硫酸盐法，产品范围从作为化工原料的溶解浆到高得率中性亚硫酸盐（NSSC）浆（表 2－4）。木片首先用 $Na_2SO_3/NaHSO_3$ 溶液蒸煮脱除部分木素后，再经盘磨机械分离得到高得率中性亚硫酸盐浆，阔叶木中性亚硫酸盐浆的纤维特性特别适用于生产瓦楞原纸，而大多数酸性亚硫酸盐和亚硫酸氢盐浆则适合生产不同等级的纸张，AQ 碱性亚硫酸盐浆与硫酸盐浆性质相近。

表 2－4 亚硫酸盐法制浆工艺

工艺	pH 范围	盐基	活性剂	浆种
酸性亚硫酸盐法	1～2	Na^+，Mg^{2+}，Ca^{2+}，H_4N^+	HSO_3^-，H^+	溶解浆 化学浆
亚硫酸氢盐法	2～6	Na^+，Mg^{2+}，H_4N^+	HSO_3^-，H^+	化学浆 高得率浆
中性亚硫酸盐法（NSSC）[a]	6～9	Na^+，H_4N^+	HSO_3^-，SO_3^{2-}	高得率浆
AQ[b]－碱性亚硫酸盐法	9～13	Na^+	SO_3^{2-}，HO^-	化学浆

注：a. NSSC，中性亚硫酸盐半化学浆；b. AQ，蒽醌。

除了表 2－4 所示的基本工艺，工业生产中还开发出不同 pH 范围的两段甚至三段亚硫酸盐法制浆工艺，来生产达到所需性质的浆料。其中一种两段（或多段）方法是用 pH 为 6～7 的 $Na_2SO_3/NaHSO_3$ 溶液对木片进行预蒸煮，然后用酸性亚硫酸盐法进行第二段蒸煮。在第一段中，木素被磺化到一定程度仍主要留在木片中，在第二段向蒸煮器中加入 SO_2 溶液来完成脱木素。与传统亚硫酸盐法制浆相比，两段蒸煮大大改善了木素磺化的均匀性，可显著提高纸浆得率（最高可达 8% 左右），这种提高仅限于针叶木，且与在浆中保留的更多的葡萄甘露聚糖有关。而阔叶木的两段蒸煮与传统方法相比，仅有木聚糖得率有适度提高，该技术并没有实际应用。两段制浆的另一个优点是可以处理针叶木心材，这是传统酸性亚硫酸盐法不可能实现的，在 pH 为 6～7 的第一段，木素的活性基团因磺化得以保护，阻碍了其与酚类抽出物（如银松素和花旗松素）的缩合反应。

两段制浆中，可以通过调节第一段的 pH 来控制得率，从而获得满足不同用途的优良纸浆。此外，三段钠盐基制浆其第一阶段 pH 为 6～8，紧接着是 pH 为 1～2 的酸性段，最后是弱碱性段，特别适合于以阔叶木为原料生产高纤维素含量的溶解浆。

如上所述，与硫酸盐法制浆相比，亚硫酸盐制浆过程影响脱木素的因素较多，且工艺条件变化也较大，其主要因素有：木材种类和质量、浸渍条件、蒸煮液组成以及常规的蒸煮参数。在给定的温度下，脱木素率在很大程度上取决于蒸煮液的酸度。典型的酸性亚硫酸盐制浆（pH 为 1～2，最高温度 140℃，蒸煮时间 6～8h）可以有效脱除木素，而经中性亚硫酸钠溶液处理后,残余木素大多不溶。

木素磺酸盐一词指的是溶解在蒸煮液中被中和的木素碎片。木素磺酸及木材降解产物等酸性物质需要用一定量的碱来中和,如果在酸性亚硫酸盐蒸煮中,碱浓度太低,pH 会急剧下降,木素缩合反应速率会增加,这意味着随着木片内部蒸煮酸的分解加速,会导致成浆发生黑芯、硬芯。这些不良反应会降低脱木素率或彻底阻止脱木素。

由于早期亚硫酸盐制浆使用的盐基几乎全是碳酸钙,蒸煮化学品的回收与蒸煮废液燃烧通常不在一起,因此,利益驱动仅在于简单的回收过量的二氧化硫。然而,随着环保要求更趋严格,以及更昂贵的可溶性盐基的使用,促进了能源和无机化学品(盐基和硫)回收技术的开发。由于严格的环境控制,所用盐基为高成本碱而非石灰石,现在所有的亚硫酸盐浆厂都回收化学品。所有钠盐基废液可在类似硫酸盐浆厂的回收炉中燃烧,以有效回收蒸煮化学品。而镁盐基亚硫酸盐废液燃烧时,因得不到熔融物,取而代之的是所有的碱都以氧化镁形式在除尘器中回收,而从气体洗涤塔中可吸收以二氧化硫形式逸出的硫。亚硫酸铵废液也可以在与钙盐基废液相同的回收炉中燃烧,完全转化为挥发性化合物,没有飞灰问题,所有的硫以二氧化硫形式随燃烧气体逸出,可部分被氨溶液吸收。

2.2.3.2 木材成分的反应

在亚硫酸盐制浆过程中,脱木素源于磺化和水解两种反应(图 2 - 11)。磺化生成亲水的磺酸基,而水解则使苯丙烷单元之间的芳基醚键断裂,降低木素的平均分子量,并产生新的游离酚羟基。这两种反应可提高木素的亲水性,促使其溶出。在酸性亚硫酸盐法蒸煮条件下,尽管木素磺化程度相当高,能促进木素的大量溶出,但木素的水解还是比磺化快。而在中性和碱性亚硫酸盐法蒸煮过程中,由于水解反应较磺化速率慢得多,且木素的磺化程度很低,脱木素过程缓慢。

平均磺化度表示为磺酸基与木素甲氧基的摩尔比,不溶性针叶木木素(及大部分中性亚硫酸盐木素)的磺化度很低(SO_3H/OCH_3 约为 0.3),而相应溶解的木素磺酸盐的磺化度约为 0.5 或更高,阔叶木木素也存在这种差异,只是磺化度比针叶木木素低很多。在这两种情况下,大部分硫(80% ~90%)以磺酸基形式存在,也有少量的活性硫化物消耗后形成糖磺酸。

由于糖苷键对酸水解的敏感性,在酸性亚硫酸盐法制浆中木聚糖的解聚是不可避免的(图 2 - 11)。鉴于半纤维素的无定型结构,且聚合度相对较低,其比纤维素更容易受到攻击。当其水解到一定程度时,降解的半纤维素碎片会溶于蒸煮液中,并被进一步水解为单糖。此外,还会发生一些其他的反应,包

木素
- 降解(水解)
（平均分子量降低）
- 亲水性增加
（磺化，游离出酚型结构）

⇨ 水溶性/酸溶性木素磺酸盐

半纤维素
- 乙酰基断裂
- 糖苷键水解
- 糖醛氧化为糖醛酸
- 单糖脱水

⇨ 水溶性/酸溶性单糖、低聚糖、聚糖、羧酸及糠醛

抽出物
- 脂肪和蜡的水解
- 脱水
- 磺化
- 挥发

⇨ 水溶性/酸溶性碎片和亚硫酸盐松节油（*p*—异丙基苯）

图 2 - 11 在酸性亚硫酸盐制浆和亚硫酸氢盐制浆过程中木材主要成分的溶出反应

注:纤维素在该条件下几乎是稳定的。

括乙酰化、氧化和脱水。

大多数磺酸基与木素苯丙烷侧链 α－C 上的羟基或醚化取代基发生取代反应。游离酚结构(非醚化酚醛结构)在任何 pH 下均可迅速磺化,在酸性条件下,不管是游离结构还是醚化结构的木素单元均可磺化。酸性亚硫酸盐法制浆中 α－OH 与 α－醚化基团很容易被脱除,形成中间正碳离子(苄基离子)(如图 2－12 所示的反应路径)。开放型 α－芳基醚键的断裂是酸性亚硫酸盐法制浆中形成木素碎片主要途径,尽管针叶木木素的开放型 α－芳基醚键含量相对较少,但其断裂可产生大量的碎片。苄基离子可被蒸煮液中的水合二氧化硫或 HSO_3 攻击,产生磺化反应。

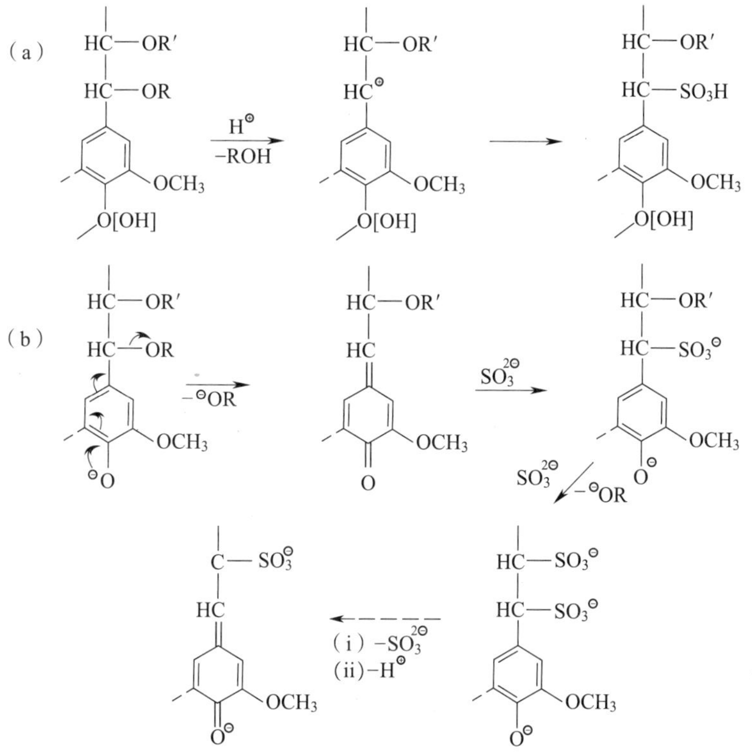

图 2－12　木素在酸性亚硫酸盐/亚硫酸氢盐制浆(a)和中性及碱性亚硫酸盐法制浆(b)中的反应

注:R 是 H 或芳基,R′为芳基。

正碳离子的缩合与磺化反应同时进行,其频率随酸度的增加而增加。苄基离子可以与其他苯丙烷单元上弱亲核的位点反应形成 C—C 键,这些缩合反应会使木素磺酸盐的分子量增加,延缓或抑制木素的溶出,木素也能与活性酚类抽出物发生缩合反应(参见前节 2.2.3.1 制浆系统)。松木芯材中的二羟苯乙烯及其单醚化合物,可以作为亲核试剂发生不利的交联。此外,当蒸煮液中存在硫代硫酸盐时,木素实体间也会发生类似的交联反应而延缓脱木素,在特殊情况下,还会完全抑制脱木素(即造成所谓的“黑煮”)。

在中性和碱性亚硫酸盐法制浆中,木素最重要的反应取决于酚型结构单元。主反应总是始于亚甲基醌中间体的形成及 α－OH 或 α－醚键的断裂[图 2－12 路线(b)的反应]。至少在非环结构中,亚甲基醌极易被 SO_3^{2-} 或 HSO_3^- 攻击,α－磺酸基的形成有利于 β－芳基醚结构的 β－取代基与 SO_3^{2-} 或 HSO_3^- 发生亲核取代,随后,特别是在较高的 pH 时,α－磺酸基会被脱除,形成 β－磺酸基苯乙烯结构。α－芳基醚键和 β－芳基醚键的断裂自然会产生新的活性酚型单元。在碱性亚硫酸盐制浆中，非酚型结构单元的β－芳基醚键也会发生明显断裂，此时，缩合反应可能不会像硫酸盐法蒸煮过程那么重要。另外，在酸性条件下，非常稳定的甲氧基会在中性和碱性亚硫酸盐法制浆中因部分甲氧基可能形成甲基磺酸离子（$CH_3SO_3^-$）而断裂。

虽然人们对低分子量芳香族化合物形成过程的研究还没有达到硫酸盐法制浆的程度，但在亚硫酸盐法脱木素中，显然也产生大量的低分子量芳香族化合物。这些单体化合物主要包括：对羟基－安息香酸、香草醛、香草酸、香草酮、二氢松柏醇、丁香酚、丁香、丁香酸和乙酰丁香酮；此外，也会产生一些二聚化合物。

在亚硫酸盐和亚硫酸氢盐制浆中，多糖的主要反应是半纤维素糖苷键的断裂所产生的多种单糖、可溶性寡糖和多糖碎片。一般来说，这些脱木素过程不会造成纤维素损失，除非像生产溶解浆那样，脱木素条件非常剧烈且脱木素率达到极限。显然，亚硫酸氢盐和中性亚硫酸盐法制浆后，大量可溶性碳水化合物为低聚糖和多糖。而在碱性亚硫酸盐法制浆中，因存在过量碱，多糖也会通过剥皮反应而被降解。通常阔叶木的半纤维素得率损失高于针叶木，如挪威云杉（*Piceaabies*）和白桦（*Betula pendula*）酸性亚硫酸盐法制浆的总得率分别是52%和49%。

常规酸性亚硫酸盐法制浆中，除了乙酰基，乙酰化的针叶木半乳糖葡萄糖甘露聚糖的半乳糖苷键也会完全水解，葡萄糖苷露聚糖组分则会留在纸浆中。阿拉伯糖单元的呋喃糖苷键对碱极不稳定，在蒸煮初期就会发生断裂，而针叶木的阿拉伯葡萄糖醛酸木聚糖转化为葡萄糖醛酸，与糖苷键不同，葡萄糖醛酸糖苷键对酸非常稳定。但是，残留在纸浆中的木聚糖碎片的葡萄糖醛酸含量还是低于原生木聚糖。显然被糖醛酸高度取代的木聚糖更容易溶解，而那些侧链较少的木聚糖则会优先保留在纸浆中。在制浆过程中，乙酰化的阔叶木葡萄糖醛酸木聚糖也会大量脱除乙酰基，而糖醛酸含量低的组分会优先保留在纸浆中。在针叶木和阔叶木中含量较低的其他多糖（如淀粉和果胶）在蒸煮初期就会溶出，形成各种各样的脱水产物和降解产物（如糠醛）。

在蒸煮过程中水解和溶出的碳水化合物碎片不十分稳定，这些量少但种类繁多的降解产物中，15%～20%的单糖会被HSO_3^-氧化为醛糖酸［图2－13的反应路径（a）］，该反应特别重要，因其会促进不利于脱木素的有害化合物——硫代硫酸盐的形成，还会促进多硫酸盐的形成（导致蒸煮酸的分解）。除了形成醛糖酸，一小部分单糖会转化为糖磺酸［图2－13反应路线（b）］。这些亚硫酸盐废液中α－羟基磺酸被称为"松散结合的SO_2"，在滴定或经一定条件处理后会被缓慢释放出来。

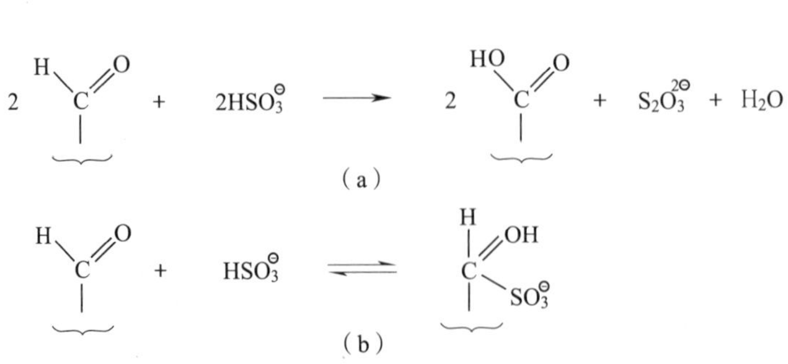

$$2\ \mathrm{R{-}CHO} + 2HSO_3^{-} \longrightarrow 2\ \mathrm{R{-}COOH} + S_2O_3^{2-} + H_2O$$

（a）

$$\mathrm{R{-}CHO} + HSO_3^{-} \rightleftharpoons \mathrm{R{-}CH(OH)SO_3^{-}}$$

（b）

图2－13　碳水化合物碎片在酸性亚硫酸盐法和亚硫酸氢盐法制浆中的反应

（a）糖醛氧化为糖醛酸　（b）形成α－羟基磺酸异构体

在酸性亚硫酸盐和亚硫酸氢盐制浆中,脂肪酸酯的皂化程度取决于蒸煮条件。一些树脂成分也会被磺化,致使其亲水性增加,溶解性更好。此外,某些抽出物及其衍生物可能会发生脱氢反应,其中最为熟知的反应是α-蒎烯会转化为对伞花烃,花旗松素转化为槲皮素。由于树脂酸中含有不饱和二萜化合物,还可能会发生聚合反应形成高分子产物,而在随后的制浆过程中产生树脂障碍。抽出物在碱性亚硫酸盐法制浆中的反应可能类似于碱法制浆过程。

2.2.3.3 废液利用

原则上,亚硫酸盐制浆废液可用来生产多种产品,但目前大部分废液中的有机物用来燃烧回收能源及蒸煮化学品。溶解性有机物具有可观的燃料价值,因此工业应用中很少用亚硫酸盐废液组分来生产化学品是可以理解的。典型的亚硫酸盐废液与碱法制浆废液在许多方面存在不同,前者中绝大多数有机物来自磺化木素及半纤维素(表 2-5)。因为分离存在问题,亚硫酸盐废液中各种抽出物的利用从未达到硫酸盐黑液的水平,亚硫酸盐松节油一直是酸性亚硫酸盐制浆唯一的抽出物衍生产品。松节油可以通过蒸煮器汽提冷凝液的蒸馏纯化制得,其粗产品可在内用作树脂清洗剂,而蒸馏产品可用于油漆和涂料行业。

表 2-5 挪威云杉(*Piceaabies*)和白桦(*Betula pendula*)酸性亚硫酸盐制浆废液的主要成分

单位:kg/t 浆

成分	挪威云杉	白桦
木素磺酸盐	510	435
碳水化合物	270	380
单糖	215	305
阿拉伯糖	10	5
木糖	45	240
半乳糖	30	5
葡萄糖	25	10
甘露糖	105	45
低聚糖和多糖	55	75
羧酸	70	130
乙酸	30	75
糖醛酸	40	55
抽出物	40	40
其他	30	55

超滤可以将亚硫酸盐废液中的高分子量木素磺酸盐与低分子量的木素碎片分离开来,并在一定程度上得到纯化,这些分离纯化后的溶液通过蒸发来浓缩。商品木素磺酸盐通常为喷雾干燥后的粉末,由于其黏结性和分散性,具有多种用途。此外,通过不同的碱氧化过程已成功从针叶木木素磺酸盐中制备出香兰素并实现工业应用,尽管目前木素磺酸盐应用较广,但其新用途仍在不断探索中。

传统的发酵方法在工业化处理亚硫酸盐废液中的碳水化合物方面发挥着主导作用,这些液体主要用于生产乙醇和单细胞蛋白。事实上,尽管这是减少工厂污染负荷的有效途径,但目前这种副产品利用方法并未产生显著的经济效益。从亚硫酸盐废液中分离单一组分,往往需要繁琐而复杂的分离过程。因此,最终产品的价值必须足够高方能弥补分离成本。值得一提的是,阔叶木中性亚硫酸盐制浆废液有机物中的乙酸含量较高,目前已开发出一种用有机溶剂从酸化后的废液中提取乙酸的工艺,当产品纯度要求高时,可通过共沸蒸馏法去除其中的少量甲酸。原则上,各种单糖及其降解产物(如糠醛)也可以从亚硫酸盐废液中分离出来。然而,由于需要复杂昂贵的分离技术,截至目前,这些工艺还没有现实意义。

2.3 氧碱脱木素

2.3.1 概况

氧碱脱木素或简称氧脱木素是极具吸引力的工艺,可以大幅降低未漂浆的水污染负荷。从20世纪60年代后期,特别是在过去的十年中,氧脱木素的工业化应用迅速扩张,现在氧脱木素已成为一种成熟的技术,全世界的总产能已达到150000t风干浆/d左右。目前,多数氧脱木素为中浓系统(MC,10% ~14%),脱木素过程通常加压(进口压力约750kPa,出口压力约500kPa)处理60min,与常规漂白(20 ~70℃)相比,氧脱木素的温度更高(90 ~110℃)。商业化应用的第一个十五年期间,所上项目大部分为高浓(25% ~30%)系统。

氧脱木素时导致碳水化合物严重降解及浆料物理强度和得率的下降,这成为深度氧脱木素的主要障碍之一。由于脱木素没有选择性,需加入合适的抑制剂(保护碳水化合物防止其降解),常规硫酸盐浆的脱木素程度通常可达到35% ~50%;而在带中间洗涤的现代两级氧脱木素系统中,卡伯值降幅有可能超过60% ~70%,且仍能保持纸浆的强度。化学品的有效混合是提高氧脱木素率的重要因素之一,和其他漂白工艺一样,需将气态和液态漂白剂混入浆中。另外,未漂浆的有效洗涤也是提高氧脱木素效率及深度脱木素的必要措施。实践中,在改良蒸煮过程,当蒸煮段针叶木浆卡伯值为20 ~25时,阔叶木浆卡伯值为15 ~20时,经两段氧脱木素卡伯值可降到8 ~10。

氧脱木素可定义为:使用氧和碱脱除未漂浆中残余木素的方法。镁盐抑制性能的发现使得该技术成为可能,但由于其局限性,多糖仍可能会发生严重降解。在任何情况下,该技术仍是替代氯气、适当降低二氧化氯用量的有效方法。全无氯(TCF)漂白中,虽然臭氧较氧气有一定的优势,但其只能与氧配合使用,因为需要用氧气将浆料中木素进行一定程度的预脱除,以降低臭氧用量,提升其经济性和选择性;过氧化氢具有同样的情况,近年来其在化学浆漂白中的应用大幅增加,氧和过氧化氢的漂白反应具有共同的特点,二者都是在碱性介质中进行,氧可以部分转化为过氧化氢,反之亦然。

如上所述,氧脱木素的主要优势是环境效益,这源于氧脱木素段使用的化学品不含硫,其废水可用于粗浆洗涤,然后可进入碱回收系统,这样就降低了漂白车间潜在的环境影响。总之,氧脱木素的主要优点有:a. 显著降低废水的生化需氧量(BOD)、化学需氧量(COD)和色度;b. 取代了含氯漂剂,有效降低漂白车间废水中氯化物的含量;c. 降低了漂白段氧化剂的消耗,从而降低化学品的成本,因为氧气比氯、臭氧及二氧化氯都便宜,且氧脱木素段使用的碱是氧化白液。然而,为了节省化学药品,必须尽可能清洗除去溶解在浆中的氧脱木素反应产物。氧脱木素最明显的缺点是:a. 氧脱木素反应器及其后续两段洗涤设备的投资成本高;b. 碱回收系统有超负荷的可能;c. 深度脱木素时没有选择性。

2.3.2 基础化学

分子氧是具有多种用途的氧化剂,在电子稳态时,氧原子(O_2)在反键轨道有平行自旋的未成对电子,该轨道结构决定了氧与底物相互作用时,一次只能容纳一个电子。尽管氧的活性比其他自由基差,但其在碱性条件下对有机底物有很强的氧化作用,同时其自身在单电子转移过程中会被逐步还原为水(图 2－14),这个反应链会产生不同的瞬态物质,包括过氧羟基自由基(HOO·)、过氧化氢(HOOH)、过氧氢根阴离子(HOO^-)、羟基自由基(HO·)及其阴离子(O^-·)。因为过氧化氢自由基具有弱酸性(pKa 约为 5),在氧脱木素的碱性(初始 pH 为 11)条件下,会抑制其共轭超氧阴离子自由基(O_2^-·)的形成。然而,和氧气不同,其中一些中间体不是特殊的氧化剂,在氧脱木素(过氧化氢漂白也一样)过程中,为避免多糖的过度降解,需控制这些中间体的形成。

由于氧气与底物反应时,会形成大量的活性中间体,使得反应模式非常复杂,至今尚无法得到完全解释,该复杂的氧化过程包括多种自由基与来自木素及多糖的多种有机物间发生的反应(图 2－15)。系统中氧化剂,属分子氧的活性最差,因此,需要在较高温度下活化底物来引发反应。在氧脱木素中,残余木素中的游离酚羟基在碱性条件下会发生离子化,使局部产生高电子密度,从而可提高氧气的攻击机会。

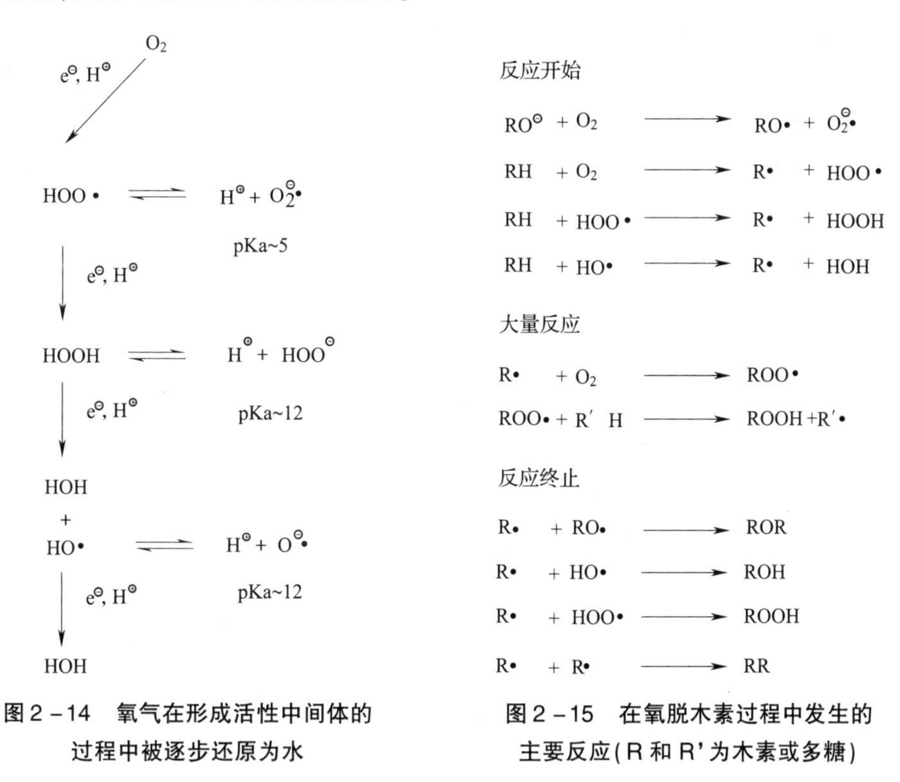

图 2－14　氧气在形成活性中间体的过程中被逐步还原为水

图 2－15　在氧脱木素过程中发生的主要反应(R 和 R′为木素或多糖)

纸浆中的微量过渡金属(如 Fe、Cu、Mn)在氧脱木素中会作为催化剂分解过氧化氢,该催化分解过程产生的羟基自由基被认为是深度脱木素时多糖降解的主要因素。这些有害的过渡金属可以在氧脱木素前通过酸洗除去。另一个更常用的方法是在纸浆中添加不同的化合物来钝化过渡金属,从而间接抑制碳水化合物的降解,这种方法以水溶性硫酸镁及其水合物最为有效,甚至纸浆中 Mg^{2+} 浓度低至 0.05% ~0.1% 也仍然有效。在碱性条件下,硫酸镁容易以氢氧化镁形式沉淀出来,该氢氧化物会吸附过渡金属离子或者与其形成惰性复合物,于是这些金属离子就无法催化分解过氧化氢。

2.3.3　纸浆成分的反应

残余木素中游离羟基的离子化能解释为什么在强碱性条件下才能达到显著的脱木素率。

其主要反应是通过共振稳定的苯氧自由基,为下一步反应提供潜在位点,以转换为过氧化氢,过氧化氢中间体(如相应的阴离子)可以随后在相邻位点发生分子内的亲核反应,形成的结构可促进木素在碱性介质中溶出。反应的第一步是酚的一个电子转移给合适的受体,形成离子化产物,进而转化为苯氧自由基,而分子氧形成超氧阴离子自由基(O_2^- · 的形成见图2-15)。图2-16显示了氧脱木素中酚形成的主要结构,该过程中(如硫酸盐法制浆)也会形成一些木素单体(一小部分脱除的木素),此外,残余抽出物的单体及各种挥发性物质(碳氧化物、甲醇等)也从浆中释放出来。

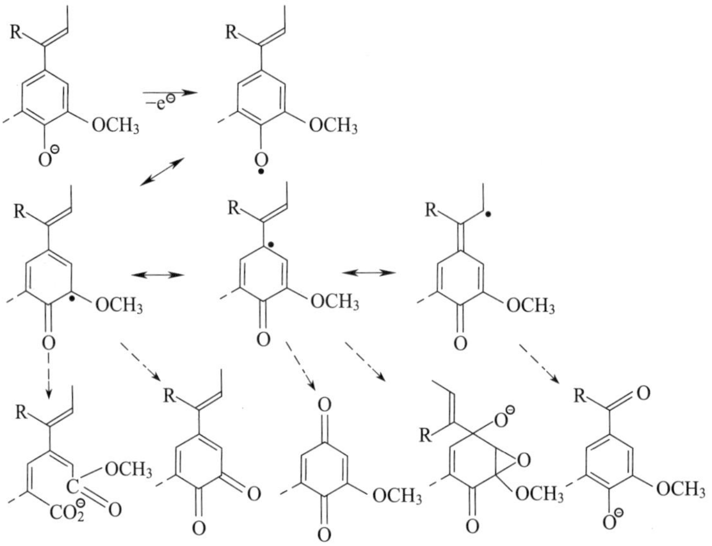

图2-16　氧脱木素中酚类木素结构的氧化反应(R为H、OAr、Ar或烷基)

多糖的降解反应可以分为两类:a. 多糖链上任意位置糖苷键的断裂;b. 剥皮反应,糖链上末端基的脱除。虽然这两类反应在氧脱木素过程中都有可能发生,但前者更为重要,且微量过渡金属离子可促进该类反应的进行(见前节"1.3.2 基础化学"),这些金属离子催化形成的活性氧基自由基(尤其是羟基自由基)会随机攻击多糖碳链,导致糖苷键断裂使纸浆黏度下降,最终降低纸浆的强度。因此,氧脱木素段脱除的木素量通常应控制在浆中残余木素的50%以内。

最重要的断链反应,始于羟基自由基(HO ·)诱导在一个单糖单元 C_2 位置形成羰基,该羰基有利于对碱不稳定的糖苷键在 C_4 位置断裂,发生β-烷氧基消除反应,同时生成一个新的还原性末端基[图2-17所示的反应路径(a)]。在 C_3 和 C_6 位置发生类似的氧化反应也会导致同样的结果,但最初形成的羰基单元,并不一定会导致多糖链断裂,氧攻击离子化的酮式结构时,会发生副反应,生成2,3-二酮结构,不会发生断链反应,而会转化为呋喃糖苷酸基或含有两个羧基的开链结构[如图2-17所示的反应路径(b)]。

氧脱木素过程中,多糖的氧化解聚不会直接导致碳水化合物的得率损失,而会产生新的还原性末端基,使多糖(半纤维素和纤维素)链发生碱催化剥皮反应(参见前节2.2.2.3 多糖的反应)。此外,应该指出的是,除了其他的一些羧基,硫酸盐浆中大部分的多糖末端基均为对碱稳定的偏变糖酸结构,不发生剥皮反应。那些对碱稳定的糖醛酸还原性末端基也容易发生氧化(图2-18),初期先形成醛固酮-2-酮糖(葡萄糖)末端基,二苯乙醇酸重排后转化为糖醛酸的差向异构体(纤维素和葡萄糖甘露聚糖则主要形成甘露糖酸),C—C键发生断裂主要

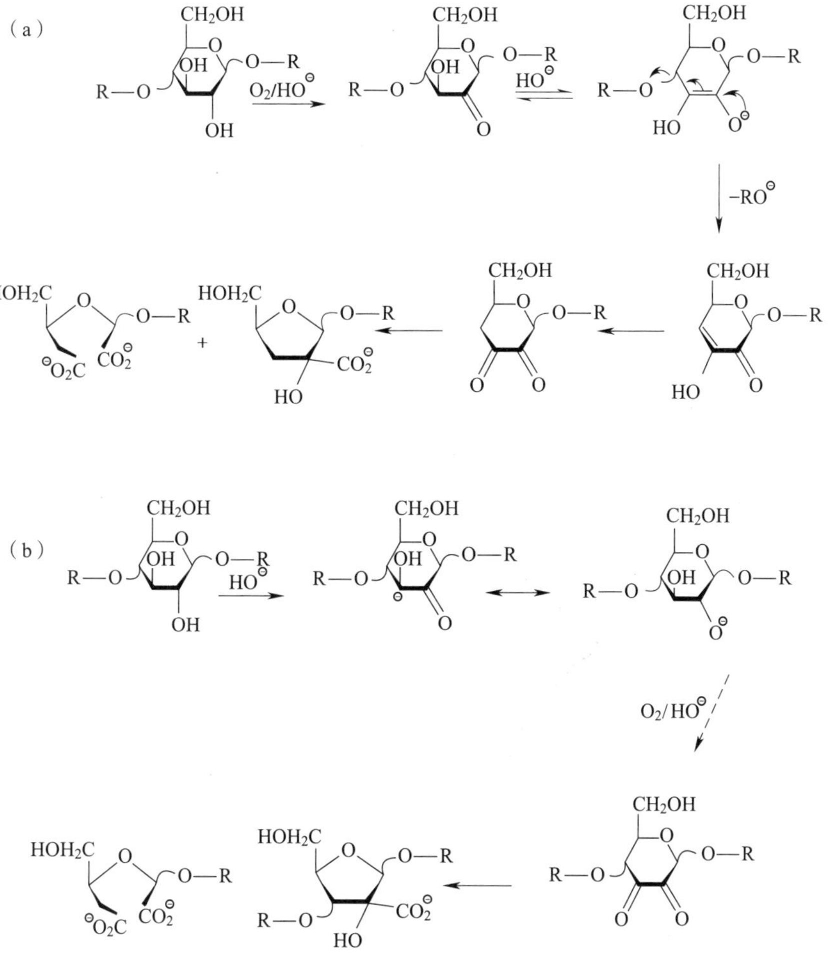

图 2－17　在氧脱木素中发生的多糖链上糖苷键的断裂(a)和多糖链上酮醇结构的氧化(b)[R 为部分多糖(纤维素)链]

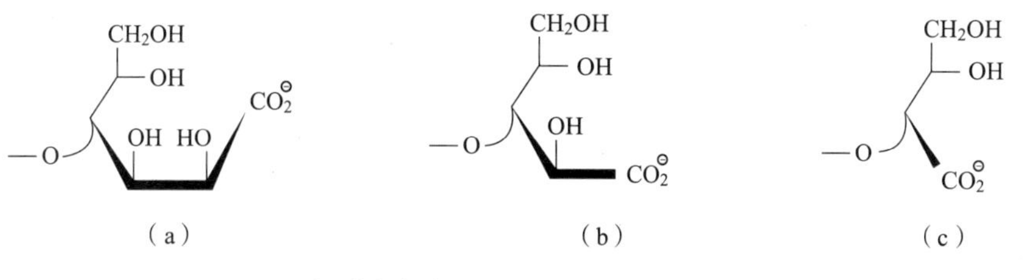

图 2－18　氧脱木素中能稳定纤维素链的糖醛酸末端基

(a)甘露糖酸末端基　(b)阿拉伯糖酸末端基　(c)赤糖酸末端基

形成阿拉伯糖和赤糖酸末端基,虽然产生的量及比例有所不同,剥皮反应在非氧化条件下(如硫酸盐蒸煮)会形成同样的酸。这些酸主要有:甲酸、乙酸、羟基乙酸、2－脱氧季酮酸、3－脱氧戊酸、异木糖及葡萄糖糖酸。尽管氧脱木素过程得率的损失(硫酸盐浆为 2%～3%)通常不是严重的问题,但使多糖过分降解的剥皮反应则不然。对于酸性亚硫酸盐制浆来说,情况却完全不同,最终形成的是还原性末端基。

脱木素段废液中的各种成分可以用普通的基团来分开描述,因为所有的组分中,只有一小部分是可被清楚定义的化合物。表 2－6 给出了硫酸盐制浆、氧脱木素和 TCF 漂白过程溶出的典型有机组分，这些废水特性彼此不同，可清晰表明每个过程的本质。应该指出的是，虽然可溶性抽出物在氧脱木素中几乎没有变化，但它们或许在漂白后发生改变。针对较为封闭的洗浆系统，TCF 漂白废水最终可以与黑液及氧脱木素废液一起送碱回收炉燃烧，此时，回收炉中有机固形物的负荷会增加 6% 左右，但由于漂白废水中低热值组分的存在，相应的热能提高仅为 3% 左右。

表 2－6　　不同废液中溶解性有机物的典型组分　　单位：%

组分	硫酸盐制浆	氧脱木素	TCF 漂白
木素	45	50	10
脂肪酸	45	25	40
半纤维素	<5	15	45
抽出物及其他有机物	5	10	<5

2.4　漂白

2.4.1　原理和定义

白度描述了纸浆与氧化镁（绝对反射率的 98% ～99% ）对可见光（457nm，蓝—绿）反射率的比值。典型的 ISO（国际标准化组织）白度采用标准方法（ISO2469 进行测定，未漂硫酸盐浆、亚硫酸盐浆、机械浆及漂白化学浆 ISO 白度分别为 20% ～30% 、60% ～70% 、60% ～70% 及88% ～92% 。

纸浆对可见光的吸收主要与其中木素组分含有的共轭双键发色基团结构有关（参见前节 2.2.2.2 木素的反应）。原木中的木素与碳水化合物及抽出物一样，仅有轻微的颜色，但经制浆特别是碱法制浆后，纸浆中残余木素碎片的颜色会明显加深。通常，酸性亚硫酸盐浆和亚硫酸氢盐浆比硫酸盐浆更易漂白，而碱法浆中，阔叶木浆比针叶木浆更易漂白。相比之下，机械浆的工艺性质决定了其含有木材中的所有原始成分，然而此时，木素也会使纸浆着色，纤维的分离条件、木材的种类和年龄、储存时间和条件，以及暴露于光和空气等诸多因素均会影响纸浆的白度。

漂白基本可以被定义为提高化学浆和机械浆白度的化学过程。因此，为了达到合适的白度，漂白过程需除去化学浆中残余木素（脱木素漂白）或转换和稳定机械浆中的发色基团（保留木素漂白），这两种方法的先决条件是不显著降低纸浆强度。

脱木素漂白包括一系列漂白段，通常在不同漂白段间有中间洗涤；多段漂白非常必要，因为任何一段漂剂的化学作用都不可能彻底脱除纸浆的颜色，优化各漂段旨在去除、溶出木素和脱除其他有色物质，以使纸浆达到目标白度而不显著降低纸浆强度。目前常用的漂白化学品有：氧气、臭氧、过氧化氢、二氧化氯、次氯酸钠，氯气已经被逐渐取代（表 2－7）。就环保而言，漂白化学品也分为氯基化学品和氧基化学品。表 2－8 列出了针叶木硫酸盐浆和亚硫酸盐浆多段漂白工序的历史演变。表 2－9 给出了每段漂白的典型条件。“漂液”是用于纸浆漂白的漂白剂溶液，而“漂白废水”一般是指单段或整个漂白工序排出的废水（即碱性废水和酸性废水）。

表 2-7 主要漂白化学品概述

化学品	分子式	漂白段符号[a]	状态和主要作用
		氧化性漂剂[b]	
氯气	Cl_2	C	压缩气体;氯化和氧化木素
臭氧	O_3	Z	压缩混合气体;来源于空气或氧气(氧气中含10% ~12% 臭氧),氧化木素
过氧化氢 过氧化钠	H_2O_2 Na_2O_2	P	2% ~5% 的水溶液;氧化木素,增白
二氧化氯	ClO_2	D	7 ~10g/L 水溶液;增白,氧化木素,氯化
次氯酸钠 次氯酸钙	NaOCl $Ca(OCl)_2$	H	40 ~50g/L 水溶液,增白,氧化木素
		还原性漂剂[c]	
连二亚硫酸钠 连二亚硫酸锌	$Na_2S_2O_4$ $Zn_2S_2O_4$	Y	"连二亚硫酸钠溶液"或者用硼氢化钠、氢氧化钠和二氧化硫现场制备
		辅助性化学品	
氢氧化钠	NaOH	E	5% ~10% 的溶液;抽提木素,水解氯化的木素
二氧化硫	SO_2	S	溶液;用于 D、H、P 后的酸处理以除去残余漂剂和金属离子,调节 pH,稳定白度
酶	木聚糖酸	X	促进木聚糖水解,使木素在后续漂白段中更易去除
螯合剂	EDTA, DTPA[d]	Q	固体;去除金属离子,特别用于 P 段[e]

注:a. 其他常用的缩写:A,酸(SO_2、H_2SO_4 及 HCl)处理;AZ,臭氧强化的酸处理;C/D(CD),氯气/二氧化氯处理(混合进行,主要试剂为 Cl_2);(C+D),Cl_2 和 ClO_2 同时加入;DC,氯气处理后再用二氧化氯处理(顺序进行,段间没有洗涤);D/C(DC),二氧化氯氯气处理(混合进行,主要试剂为 ClO_2);EH(E/H),次氯酸钠强化的碱抽提;EO(EO),氧强化的碱抽提;EOP(EOP),氧气和过氧化钠强化的碱抽提;EP(EP 或 E/P),过氧化钠强化的碱抽提;(E+P),碱和过氧化钠同时加入;N,中和;OO,两段氧处理(段间没有洗涤);Paa,过氧乙酸(CH_3CO_3H)漂白;PO(PO),氧气强化的过氧化氢漂白;W,水浸泡;

b. 用于化学浆,P 段也用于高得率浆,氧气(O_2)见前节的"氧碱脱木素";

c. 用于高得率浆;

d. EDTA:乙二胺四乙酸;DTPA:二乙三胺五乙酸;

e. 硅酸钠(Na_2SiO_3)和镁盐在过氧化氢漂白过程中分别作为缓冲剂和稳定剂。

漂白氯化段通常采用 ClO_2,或者先加 ClO_2 再补充 Cl_2(DC 漂白),或者 ClO_2 和 Cl_2 同时加入(D+C 漂白)。ClO_2 作为一种自由基清除剂在这个过程非常重要。一般而言,Cl_2 将残余木素转化为部分水溶性的降解产物,然后通过碱抽提去除木素的氯化产物,同时氯化段的部分残余氯将溶于碱液中。然而,在 ECF 漂白中,ClO_2 正逐渐取代多段漂白中的第一段 Cl_2,甚至还用在终漂段。虽然 ClO_2 可以选择性的氧化木素和抽出物,并一直被公认为是优良的脱木素漂白剂,但由于其毒性和气态时的高反应活性,也很难全面应用。

目前开发的多种 ClO_2 溶液现场制备技术均是强酸性溶液中通过还原高氯酸钠($NaClO_3$)来制备,采用的还原剂有:二氧化硫、甲醇或氯化钠/氯化氢。次氯酸钠(钙)可以通过在 NaOH 或 $Ca(OH)_2$ 水溶液中通入 Cl_2 来制备,次氯酸钠(NaClO)和次氯酸钙($Ca(ClO)_2$)非常易溶于水,但 pH 低于 10 时会分解,因此,在生产和储存过程中要保持较高的碱性条件。次氯酸盐漂白段(H 段)是通过破坏残余木素氧化物来实现增白的,持续碱性可使反应产物溶出,高 pH 可以减少次氯酸盐引起的多糖降解。由于次氯酸盐不是选择性漂白剂,要保证不对纸浆强度造成严重损伤,单段次氯酸盐漂白所能提高的白度是有限的。

近年来,随着人们对含氯漂白排放的有机氯化物造成的环境污染问题的认识,引发了对臭氧漂白的广泛关注。O_3 是一种很强的氧化剂,不会像 Cl_2 和 ClO_2 那样能选择性地氧化木素而不降解多糖,O_3 缺乏选择性,主要与其和有机物反应生成高活性且没有选择性的羟基自由基有关。臭氧与有机物反应时,会被还原成 O_2 和 H_2O_2,而这些 O_2 和 H_2O_2 进而参与漂白反应(参见前节“氧碱脱木素”)。此外,过氧乙酸(CH_3CO_3H)作为漂白剂在全无氯漂白(TCF)中的应用有所增加,也可以用在二氧化氯用量较低的 ECF 漂白中,以达到较高的白度。

表 2-8 生产全漂针叶木硫酸盐浆和亚硫酸盐浆的漂白工序[a]

硫酸盐浆	
传统蒸煮	传统蒸煮 + 氧脱木素
C-E-D-E-D	C-E-D-E-D
C-E-H-D-E-D	C-H-H-E-H
(C+D)-E-H-D-E-D	C-E-H-E-DP
C-E-D-EP-D	C-E-H-D-P
C-E-H-E-D-P	(C+D)-EP-D-EP-D
C/D-E-D-E-D	D/C-E-D-E-D
D/C-EO-D-E-D	D/C-EO-D-D
	D/C-EOP-D-EP-D
改良蒸煮 + 氧脱木素	
D-EOP-D-P-D	Z-E-D-D
D-EOP-P-P	Z-E-P
D-EOP-P	Q-P-Z-D
O-EOP-P-P	X-EOP-D-EOP-D[b]
Q-P-Z-P	X-EO-D-EOP-D[b]
酸性亚硫酸盐法浆	
C-E-D-E-D	EPO-H-P
C-E-H	DC-E-H-P
C-E-H-H	EPO-P-D-P
C-E-H-P	P-H-D-H
C-E-H-D	P-C-H-H
C-E-H-D-H	EPO-Z-P

注:a. 缩写见表 2-7;b. 对阔叶木硫酸盐浆。

表 2-9 不同漂白段的工艺条件

漂白段[a]	浓度[b]/%	温度/℃	时间/min	pH
C	LC	20~40	30~60	2~3
Z	HC,MC	20~60	<2	2~3
P	MC	50~80	90~180	9~11
D	MC	60~70	180~240	3~5
H	MC	30~40	90~120	9~11

注:a. 缩写见表 2-7;b. LC,低浓(≤4%);MC,中浓(6%~18%);HC,高浓(≥18%)。

另一种方法是使用酶切断半纤维素的糖苷键或木素与半纤维素之间的连接，在所谓的“工业规模的生物漂白”中，阔叶木硫酸盐浆在漂白的第一段先用酶（如内切 - β - 木聚糖酶）处理，通过木聚糖水解，使其后续漂白性能得到改善。据报道，酶预处理可降低漂白化学品消耗量和后续有害有机化合物（如氯代酚）的排放量。

保留木素的漂白通常只能达到中等白度（平均白度增幅为 5% ~15% ISO），常采用氧化剂（过氧化氢）或还原剂（连二亚硫酸钠）进行单段处理（表 2 - 7），需要高白度时，也可以采用过氧化氢加连二亚硫酸钠的两段漂白工艺。过氧化氢是一种弱酸（在 25℃时 pKa 值为 11.6），漂白活性剂被认为是亲核过氧负离子（HO_2^-），过氧负离子可攻击羰基结构，脱除木素结构的发色基团。通常，过氧化钠是一种比连二亚硫酸钠更有效的漂白剂，由于锌对鱼类和其他水生物有毒性，连二亚硫酸锌被逐渐取代，还原剂的效果取决于系统的氧化还原电位。

除了提高最终产品的白度，脱木素漂白还是改善纸浆清洁度的手段，可去除抽出物和其他污染物，如无机杂质、未蒸解的纤维束及残余树皮。作为一种纯化过程，漂白还可提高产品的白度稳定性。然而，根据纸浆最终用途的不同，高白度不一定是漂白的首要目标，事实上并不是所有产品都需要高白度。通常，用于生产纸张时，应该尽可能避免浆中半纤维素的损失；但对于把高纤维素含量溶解浆作为再生纤维素和纤维素衍生物原料时，木材组分中除纤维素外的其他物质都必须在生产中去除。

2.4.2 总反应

2.4.2.1 木素

残余木素的复杂性和不同脱木素段用的多种活性漂剂，使得漂白反应具有高度复杂性，木素的反应可以简单地分为发生在苯丙烷侧链碳原子、芳香核、甲氧基、游离和非游离酚羟基上的反应。从原理上讲，漂白化学品的主要脱木素反应基于自由基反应机理（O_2 和 ClO_2）、亲电试剂（Cl_2、O_3 及 CH_3CO_3H）或亲核试剂（Na_2O_2 和 NaClO）。

在酸性漂白过程中，氯与木素芳香结构带负电的位点发生亲电取代形成氯化氢，发生的反应主要为：亲电取代侧链、芳基烷基醚键的氧化断裂（去甲基化）、芳香环的氧化开环反应形成二羧酸（黏糠酸衍生物）及侧链结构的氧化。此外，氯还与二苯乙烯及苯乙烯等具有侧链双键结构的物质发生加成反应，虽然大量残余木素的芳香结构被破坏，但只有部分发生了降解。因此，在氯化段只有少量木素降解为低分子碎片。图 2 - 19 显示了氯与典型残余木素碎片发生的主要反应，随后的碱抽提段使氯化木素有效溶出，同时也会发生氢氧根离子取代氯的亲核反应。

Z 段和 D 段是在酸性条件下漂白，脱木素反应的第一步是攻击高电子密度的位点，随后是亲核反应。臭氧的强亲电性，促进其与脂肪族侧链双键和芳香环反应，形成黏糠酸衍生物及含有醌氧基和部分氧化结构的化合物（图 2 - 20），大部分的游离酚羟基被氧化形成羧基，甲氧基则形成甲醇。二氧化氯比氯气更具选择性，工业化漂白过程中主要攻击具有游离酚羟基的木素结构（图 2 - 21）或富集电子的双键侧链结构，反应产物与氯化段产生的黏糠酸结构类似，只是氯化程度较轻。

碱性漂白有：次氯酸盐、过氧化氢和氧气。次氯酸盐常用于脱木素漂白工序中的后半段，以显著提升纸浆白度。与氯气及二氧化氯相比，带负电荷的次氯酸根离子（ClO^-）是很强的亲核试剂，主要攻击残余木素带正电的位点，这些位点是在前面氧化反应过程中形成的，集中在醌及烯酮结构上，其中 C—C 键的断裂会产生大量的低分子物质。

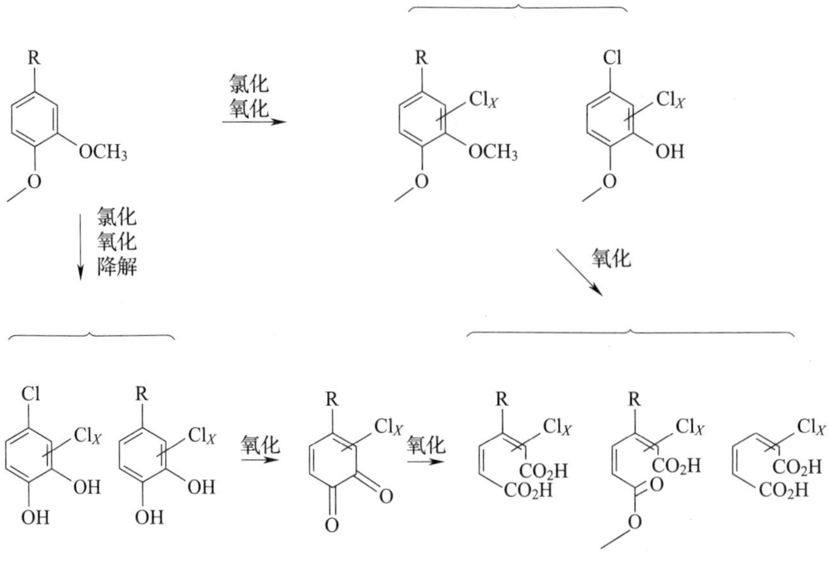

图 2-19　C 段针叶木残余木素碎片与氯的反应

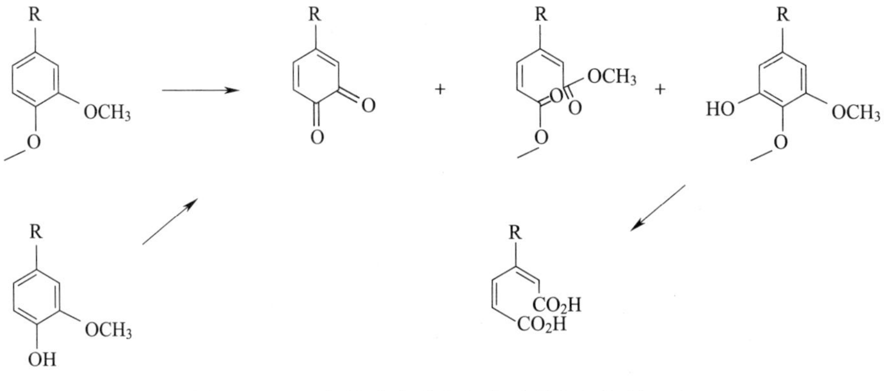

图 2-20　Z 段针叶木残余木素碎片与臭氧的反应

2.4.2.2　碳水化合物

虽然在所有工业漂白剂中,二氧化氯是最具选择性的木素氧化剂,分子氯与纸浆碳水化合物的反应速度比木素慢得多。二氧化氯作为自由基清除剂,添加在氯化段可防止多糖的大量氧化,而次氯酸(HClO)本身是一种强氧化剂,多糖链可被 HClO 或 Cl_2 氧化或被氯自由基攻击而遭破坏。由于活性自由基的产生,多糖的降解是难以避免的,特别是在氧碱脱木素过程(参见前节"氧碱脱木素")及 Z 段,在后一种情况下,最有害的自由基中间体——羟基自由基(HO·)和羟基过氧化物自由基(HOO·)是由臭氧在水中分解直接形成,或与有机物反应间接形成。

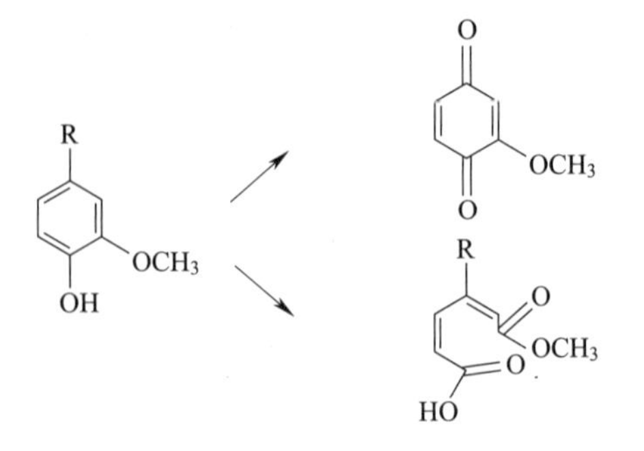

图 2-21　酚型木素结构与二氧化氯的基本反应

漂白化学品的氧化攻击主要作用于多糖链上,也可能直接作用于还原性末端基上。硫酸盐浆多糖链的末端基主要为羧酸型末端基,糖苷键断裂会形成新的醛基末端基,因此,任何漂白系统中最有害的反应是在单糖 C_2、C_3 和 C_6 位置被氧化为羰基,这些结构会在多糖链上形成对碱不稳定的糖苷键。酸性漂白段生成的羰基会导致多糖在碱抽提段发生明显降解(参见剥皮反应),碱性次氯酸盐漂白也不例外,除醛基末端基氧化为糖醛酸末端基外,C_2 和 C_3 间 C—C 键的断裂会导致开环,形成二羧酸。

2.4.2.3 抽出物

在现代化漂白硫酸盐浆生产中,木材原有的大部分亲脂抽出物会在硫酸盐法蒸煮、随后的氧脱木素段及相应的纸浆洗涤段被除去,少部分木材抽出物会随着未漂浆进入漂白车间,在漂白过程中,这些抽出物在一定程度上会与漂白化学品反应形成氧化物或/和改性产物。残留在纸浆中的抽出物对纸浆质量有不利的影响,大多数抽出物为胶黏物,在洗涤段很难去除,会在纸浆及工艺设备上形成胶黏物沉积。基于这个原因,采用可降低纤维产品抽出物含量的漂白条件非常重要。此外,已证实抽出物改性(主要是氯化)对白度稳定性有很大的影响,特别对桦木浆更是如此,因其抽出物含量通常高于针叶木浆。

未漂硫酸盐浆的主要脂溶性成分是三萜类化合物、脂肪酸及脂肪醇(见第 1 章),次要成分是树脂酸和萜醇。尽管也存在其他甾体和三萜类化合物,一般认为谷甾醇是针叶木浆和阔叶木浆中主要的甾类化合物。例如,桦木浆通常也含有大量来源于桦树外皮残渣的桦木醇。此外,尽管白桦浆中的高度不饱和烃——角鲨烯含量很大,但该物质在所有纸浆中都可以检测到。总的来说,由于抽出物的多样性,并涉及不同的漂白段,其漂白行为非常复杂,至今还不能完全解释。

众所周知,在旧的漂白工艺中,木材抽出物会被氯化,氯通常会参与不饱和成分的加成反应,如阔叶木浆中的脂肪酸会转化为二氯化合物,很难在后续的漂白段除去。与氯气相比,二氧化氯与木材抽出物发生的主要反应是氧化反应,因此,ECF 漂白过程形成的氯化物则非常少,但此时,引入的羧基会增加其亲水性,从而会提高反应产物的溶解度,这也是为什么在第一段漂白用二氧化氯替代氯气能使漂白浆的抽出物含量更低。二氧化氯漂白几乎可以彻底清除纸浆中的不饱和脂肪酸,而对饱和脂肪酸的去除效果较小。对于新的漂白工艺,如采用 H_2O_2 和 O_3 的 TCF 漂白工艺,不同抽出物在纸浆漂白过程中发生的反应尚未研究清楚。但有迹象表明,过氧化氢漂白氧化不饱和甾体化合物能力不如 ClO_2,因此,过氧化氢漂白浆中不饱和脂肪酸含量仅比未漂浆稍低,而不像二氧化氯漂白浆那么低。

另一方面,避免抽出物在漂白反应中生成有毒有害的物质非常重要,这些物质会进入漂白废水中,在这方面,需重点分析那些对鱼和其他水生生物有毒性的亲油性脂肪酸和树脂酸。漂白废水中的脂肪酸主要是 16 个碳到 24 个碳,碳原子数为偶数的直链饱和及不饱和脂肪酸,树脂酸结构中有两个或两个以上的双键,有机物的中性组分是由大量不同类型的有机化合物组成。近年来,人们对这类化合物的关注度较高,其中一些化合物的亲油性,表明其在水生生物中有积累的倾向。这些中性化合物来源于木材初始抽出物(如甾类化合物和萜类化合物),而其他化合物(如甲醇、氯仿和噻吩)是木素和碳水化合物的降解产物。此外,主要来源于木素的酚类化合物,特别是高度氯化的酚类化合物,可能对环境有害,因此,对漂液中这些化合物的分析也备受关注。纸浆传统氯漂废液中,氯代酚类化合物的浓度相当高,而在现代化 ECF 漂白废水中这类化合物的浓度在多数情况下都低于检测限值,通常只能检测出少量的氯代酚和二氯代酚类化合物。

参考文献

[1] Adams, T. N. (Ed.), Kraft Recovery Boilers, TAPPI PRESS, Atlanta, USA, 1997, 381 p.

[2] Biermann, C. J., Handbook of Pulping and Papermaking, 2nd edn., Academic Press, San Diego, USA, 1996, 754 p.

[3] Biermann, C. J., Essentialsof Pulping and Papermaking, Academic Press, San Diego, USA, 1993, 472 p.

[4] Casey, J. P. (Ed.), Pulp and Paper - Chemistry and Chemical Technology, Volume I, 3rd edn., John Wiley & Sons, New York, USA, 1980, 820 p.

[5] Dahlman, O., Mörck, R and Knuutinen, J., in Analytical Methods in Wood Chemistry, Pulping, and Papermaking (E. Sjöström and R. Alén, Eds.), Springer, Heidelberg, Germany, 1999, Chap. 8.

[6] Dence, C. W. and Reeve, D. W. (Eds.), Pulp Bleaching - Principles andPractice, TAPPI-PRESS, Atlanta, USA, 1996, 868 p.

[7] Fengel, D. and Wegener, G., Wood - Chemistry, Ultrastructure, Reactions, Walter de Gruyter, Berlin, Germany, 1989, pp. 268 - 560.

[8] Genco, J. M., in Kirk - Othmer - Encyclopedia of Chemical Technology, Volume 20 (J. I. Kroschwiitz and M. Howe - Grant, Eds.) 4th edn., John Wiley & Sons, New York, USA, 1996, pp. 493 - 582.

[9] Goldstein, I. S. (Ed.), Organic Chemicals from Biomass, 2nd printing, CRC Press, Boca Raton, USA, 1981, 310 p.

[10] Grace, T. M. and Malcolm, E. W. (Eds.), Pulp and Paper Manufacture - Volume 5: Alkaline Pulping, Joint Textbook Committee of the Paper Industry, TAPPI PRESS, Atlanta, USA, 1989, 637 p.

[11] Hakkila, P., Utilization of Residual Forest Biomass, Springer, Heidelberg, Germany, 1989, pp. 204 - 516.

[12] Ingruber, O. V., Kocurek, M. J. and Wong, A. (Eds.), Pulp and Paper Manufacture - Volume 2: Sulfite Science & Technology, Joint Textbook Committee of the Paper Industry, TAPPI PRESS, Atlanta, USA, 1985, 352 p.

[13] Leask, R. A. (Ed.), Pulp and Paper Manufacture - Volume 2 Mechanical Pulping, Joint Textbook Committee of the Paper Industry, TAPPI PRESS, Atlanta, USA, 1987, 287 p.

[14] Mimms, A., Kocurek, M. J., Pyatte, J. A., etal., (Eds.), Kraft Pulping - A Compilation of Notes, 2nd printing, TAPPI PRESS, Atlanta, USA, 1993, 181 p.

[15] Niemelä K. and Alén, R., in Analytical Methods in Wood Chemistry, Pulping, and Papermaking (E. Sjöström and R. Alén, Eds.), Springer, Heidelberg, Germany, 1999, Chap. 7.

[16] Rydholm, S. A., Pulping Processes, John Wiley & Sons, New York, USA, 1965, 1269 p.

[17] Singh, R. P. (Ed.), The Bleaching of Pulp, 3rd edn., TAPPI PRESS, Atlanta, USA, 1991, 694 p.

[18] Sjöström, E., Wood Chemistry - Fundamentals and Applications, 2nd edn., Academic Press,

San Diego, USA, 1993, p. 114 – 248.

[19] Smook, G. A., Handbook for Pulp & Paper Technologists, 2nd edn., Angus Wilde Publications, Vancouver, Canada, 1992, 419 p.

[20] Wise, D. L. (Ed.), Organic Chemicals from Biomass, The Benjamin/Cummings Publishing Company, London, UK, 1983, 465 p.

第3章 分析方法

3.1 引言与范围

木材主要是由复杂的大分子化合物(纤维素/半纤维素和木素)构成的非均相复合材料。当木材被加工成纤维,并进一步在制浆造纸工业被制成纸和其他纤维制品时,期间就已经发生了无数复杂的化学反应和相变。制浆造纸系统还包括非木质材料,如无机填料颗粒和大量用于改善加工和产品质量的各种化学品。制浆造纸过程是多相系统,其反应发生在不同相内,或发生在相边界上,例如在固体木材和纤维上,在纤维或填料的表面,也可以发生在含有分散胶体的水溶液中,甚至可以在气相中进行。那些发生在从木材加工成纸的大部分阶段的相变,如溶解、吸附、吸收、解吸、蒸发和冷凝等都很重要。

总之,从化学角度看,制浆造纸系统是极其复杂的。若对所有化学组分及其反应和相变进行深入的化学分析非常之难。在实践中,大多数分析方法将要在信息深度和现有资源之间作出妥协,特别是事关时间和成本方面。在对大量样品进行工业过程分析中更是如此。

从传统意义上讲,对制浆造纸工艺及产品中组分变化的研究已经提出了许多标准方法,如由卡伯值评价木素,通过抽提和质量分析法获得抽出物含量,由 α - 纤维素表征纤维素含量,通过碱抽提得到半纤维素,以及从测定灰分来获取无机物数据。这些经典的化学方法(湿法)通常需要大量的样品,操作冗长,且最终只能提供木材或纤维中某种化学组分的总量而非确切化学结构。而经典的质量法和比色法正逐渐被更快、化学性质更专属的仪器分析法所取代。

为了解木材的化学结构,各种木材组分在加工中的反应以及各组分在产品中的分布和作用,需要用到对不同加工阶段各种组分的详细分析方法。为了加深对制浆造纸过程化学反应的认识,即在分子水平上有更深的了解,先进的分析方法是最为重要的手段。

过去的几十年,分析化学发展异常迅速,仪器分析方法已被广泛采用。这些新方法大多是基于色谱或光谱学,或是两者组合,可以提供所需的分子水平的信息。许多方法仅需微量甚至是 ng(纳克)级样品,为少量木材或纤维的元素分析提供了可能。新技术往往是高度自动化的,并且在某些情况下,甚至可用于开展自动过程分析。已经有许多把显微镜和化学分析等多种分析技术结合起来的技术,如紫外 - 显微镜、SEM - EDXA、SIMS 和带有选择性标记的激光共聚焦显微镜等。许多新技术,如 ESCA 和 SIMS 可用来开展表面性质分析。

本章介绍现有用于开展木材、纸浆和纸中各组分的化学分析方法。这些方法包括从木材到纸的全过程、过程用水和废液成分分析以及制浆造纸中所使用的重要的化学添加剂。

本部分不可能对所有方法逐一介绍,因此重点要放在对工业过程和产品分析中有用的切实可行的方法和技术。在此只讨论了一些标准方法,而非常复杂的研究方法仅做简单介绍。关于标准方法,主要参考 TAPPI 测试方法。

本章旨在介绍每种分析方法能提供什么样的化学信息,尚不详细讨论分析过程,感兴趣的读者可以参阅标准原文。

欲了解更多相关内容,特别是木材成分分析,可参阅几本推荐书目[1-9]。

3.2 不同的分析目标和方法

3.2.1 分析目标和计划

通常,任何分析计划应基于研究目标和范围,进而应设定待分析的问题,然后确定分析目标(图 3-1),同时要充分考虑诸如时间、金钱和人员等可用资源。每项研究都有其各自的分析计划,因此,就形成了一套特定的分析方法与其对应。完整的分析过程包含许多步骤,而分析测定仅是步骤之一,然而这一步骤并非最为关键。事实上,大部分时间往往花在预处理和对结果的计算及评价上。

在制浆造纸工艺和产品开发、过程和产品质量控制以及废弃物监测等都需要化学信息。在实验室开展制浆造纸基础性研究往往需要非常详细的化学分析。

分析过程中的关键步骤

- 定义问题以及制定分析目标
- 建立分析计划
- 取样
- 样品运输及储存
- 样品的预处理
- 分析测定
- 数据计算
- 结果评价(是否实现目标?)

图 3-1 分析过程中常见的关键步骤

3.2.2 制浆造纸工业中的样品类型

在制浆造纸工业中,需要分析不同种类的样品。主要有原材料(主要是木材)、纤维和制浆造纸过程用水、废弃物如废液、废气、污泥和其他固体废渣。最终产品,如纸浆、纸和纸板,自然是令人感兴趣的。其中作为该产品一部分的填料和各种化学品等非纤维组分,也毫不例外。在许多情况下借助化学分析,可追溯到机械装备和产品里沉积物及斑点的来源及成因。有时也需要进行微生物分析,对塔罗油、松节油、木素和纤维素衍生物等化学副产品的分析也很重要。

3.2.3 离线和在线分析

可通过手动或自动采样器从制浆造纸过程中取样,然后带到实验室进行分析,这被称为“离线”分析。在工厂自动取样和分析仪器直接开展过程分析,这就叫“在线”分析。有时用传感器连续监测过程数据时,会用到术语“在线分析”或“在线测量”,本章重点讨论离线分析技术。

3.2.4 标准方法和研究方法

木材、纸浆和纸是复杂的难以进行深入分析的复合物。分析方法的标准化,包括其关键验证,在制浆造纸领域是很重要的。一些造纸发达国家的制浆造纸组织已经发布了许多标准方法,即美国的 TAPPI 和 ASTM、加拿大的 CPPA(PAPTAC)、北欧国家的 SCAN、德国的 DIN 和澳大利亚的 APPITA 等方法。一些制浆造纸方法也可作为国际 ISO 标准。TAPPI 测试方法[10]是最全面的标准方法的汇总,其中大多数制浆造纸标准方法是物理测试方法,但也有一些涉及对木材、纸浆、纸、非纤维材料以及废水开展分析的化学方法。

实验室不断开发新的分析方法。在很多情况下,研究方法比标准方法更复杂,对工业研究也许并不实用。通常作为研究方法涌现出来的这些方法在后来或许能标准化。但这些方法从初期开发到标准化通常经历很长时间,有时长达 5 ~ 10 年。标准方法常常局限于化学基团参数的测量或组分群的测定,只有少数方法旨在进行组分分离和分子水平的分析。此外,标准方法主要着眼于样本总量分析,并未考虑到纸浆和纸样的非均质性。

3.3 常见色谱和光谱技术基础知识

在所有分析中,包括制浆造纸领域,色谱技术是分离成分组和各种成分最重要的工具。色谱技术既可用于大规模制备分离,以利于其他技术的进一步分析,又可用于对微量组分的分离分析和在线检测。聚合物和低摩尔质量成分可以通过色谱进行分离,对后者真正实现了个体成分的分离,而聚合物分离基本上只是组别分离。有各种形式的色谱使用不同的流动相和固定相,其主要物理分离机制是把被分离组分吸附或分开到固定相中。常用的两种主要分离色谱是液相色谱(LC)和气相色谱(GC)。

目前,有很多种光谱技术,它们不再局限于水溶的或气态物质,像色谱技术一样,也可以应用到固体样品,且仅需稍微预处理。

这里介绍了最重要的色谱和光谱技术的基本知识,包括在制浆造纸领域的应用概况。

3.3.1 液相色谱

液相色谱(LC)使用水或有机溶剂作为流动相(洗脱液)。固定相有多种,如二氧化硅颗粒、表面处理过的二氧化硅和有机聚合物,也有阴离子交换树脂。成分的分离可在常压或由泵产生的高压下通过色谱柱来完成。液相色谱的另一种形式是所谓的“平面”色谱,其分离是在纸张或在覆盖到玻璃、塑料或铝板上的粒子层中进行的,因此被称为薄层色谱(TLC)。

在 20 世纪 70 年代开发了用高压泵施以高压的高效液相色谱(HPLC)。最常用的 HPLC 柱含有少量涂有非极性单分子层的二氧化硅颗粒(直径通常为 3 ~ 10mm)。一种所谓的“反相”高效液相色谱(RP - HPLC)技术则采用水/乙腈或水/甲醇混合液作为洗脱液,紫外(UV)或折光率(RI)检测器是最常用的洗脱液成分检测器。所谓的“二极管阵列检测器”能够记录全部的紫外—可见光谱,可精准到每秒,其应用越来越普遍。电化学检测器用于测量电导率、洗脱液的电化学还原或氧化电势的变化。脉冲电流检测器对单糖和低聚糖提供了高灵敏度的检测。拥有脉冲安培检测器(HPAEC - PAD)的高效阴离子交换色谱技术在分析木材和纸浆水解产物的糖组分时,已成为一种常用的技术。高效液相色谱还可直接与质谱仪连用。

高效液相色谱的另一重要形式是高效体积排阻色谱(HPSEC)。HPSEC 使用微孔颗粒柱,如合成的交联聚苯乙烯树脂。其分离原理是基于不同摩尔质量的分子流体力学体积的不同。小分子因其能渗透甚至穿透小的孔隙而被延迟洗脱出来,因此该组分的流出时间较长。

HPSEC 已被广泛应用于测定溶解木素和半纤维素的摩尔质量分布,甚至可以测定溶解在氯化锂/N,N-二甲基乙酰胺(LiCl/DMAC)[11]中的纤维素。最近,已发现 HPSEC 对分析抽出物和沉积物也很有价值。

另外一种液相色谱是毛细管电泳(CE)技术。该技术采用窄孔石英柱,其驱动力为穿过该柱的一个强电场。由于它们的电荷尺寸比例不同,借助溶质迁移差异实现组分的分离。CE 技术已应用于木素[12]和碳水化合物[13]的分析。

早在 20 世纪 60 年代以前,通常用纸色谱法来分析木材和纸张的水解单糖,后来该技术被气相色谱(GC)所取代。而其他应用则被薄层色谱(TLC)所取代。薄层色谱在 20 世纪 60 年代就被许多实验室用来分析木材抽出物。最常见的是用涂有二氧化硅的玻璃或聚酰胺作为薄层色谱板。薄层色谱板的通用检测器可通过喷涂硫酸水溶液并在烘箱中加热来制备,也可使用非常有选择性的检测试剂。对于分馏级分的小规模制备分离,薄层色谱是一个极好的技术,后续可进一步开展 GC 和 GC-MS 分析。

3.3.2 气相色谱和质谱

气相色谱(GC)主要通过毛细管的开放式管柱工作,此管柱可提供极高的组分分辨率。在 20 世纪 70 年代,具有低分离功率的填充柱仍然占主导地位。当时,只有少数供应商能提供玻璃或不锈钢毛细管柱。20 世纪 80 年代初出现了外部涂有聚酰亚胺层的弹性石英毛细管柱,从而使毛细管气相色谱实现最终突破。

开口的毛细管柱是长窄管,如今几乎完全是弹性石英材料,管内侧涂有液体或胶状聚合物薄膜的固定相。尽管有大量可供选择的固定相,但由于毛细管柱的分离效率较高,大多数样品只能使用一或两种固定相的填充柱进行分析。最常用的固定相是可提供不同极性的具有不同取代基硅氧烷聚合物胶。通过光解或自由基反应,聚合物通常会在柱内交联,从而使聚合物膜非常稳定。

内径(0.1~0.75mm)、长度(5~50m)以及液体薄膜厚度(0.1~5mm)范围内的毛细管柱可在市场上买到。气相色谱柱的常规尺寸是长 25m,内径为 0.22mm,膜厚度为 0.25mm。虽然长柱分离效率更高,但所需分析时间也更长。较短的柱子适用于快速分析。较厚的膜柱主要用于易挥发组分的分析,而低挥发性组分则需要较薄的膜柱。气相色谱甚至能对高达 60 个碳原子的组分进行分析。

气相色谱使用许多不同类型的进样系统。在分流进样系统中,注入的样品在蒸发后,在柱子和出口之间分离,但在定量方面,分流进样系统并不十分可靠。在所谓的"不分流"系统中,所有注入的样品全部进入柱内,这种系统虽然不错,但并非完美。即使是那些具有较宽挥发性的样品,可使用冷柱头不分流进样系统。相对高摩尔质量的成分,例如甘油三酯和甾醇酯,可以使用类似的进样系统和薄膜毛细管柱[14]进行定量分析。使用涵盖整个分析样品范围的多个内标化合物可以避免气相色谱中的一些定量问题。

气相色谱在极性化合物的衍生方面显示其具有良好的定量可靠性。高效试剂和常规程序可用于极性化合物的衍生,如用于甲硅烷基化、甲基化或乙酰化。

极其灵敏且可靠的检测器也是需要的,例如通用的氢火焰离子检测器(FID)和质谱检测器(MSD)。在 20 世纪 70 年代,已经成功将毛细管柱在线耦合到质谱仪上。20 世纪 80 年代出现了成本相对较低的四极杆 GC-MS 系统,因此成为目前研发实验室里的常规仪器。除了结构鉴定外,质谱还可以通过特定碎片离子(SIM)的离子选择监控手段来满足分析的高灵敏度和高选择性要求。

直接耦合到气相色谱的高温裂解技术(Py)已经将GC的应用扩大至固体样品和聚合物。Py-GC-MS已经被用于木素的表征[15]、木素的定量和纸浆中碳水化合物的分析[16]。此外,它对于分析沉积物、斑点、污点以及在纸张涂布层里的施胶剂和聚合物有极大的价值[17-19]。

自20世纪60年代以来,GC已经用于分析水解糖、木素降解产物以及各种抽出物。在20世纪70年代,GC已成为制浆造纸废液成分的主导技术。目前,GC不仅广泛应用于研发实验室,也广泛应用于工业实验室中。

3.3.3 紫外—可见吸收光谱

紫外—可见光谱是第一代光谱技术之一,早在20世纪50年代已被广泛使用。Lange[20]使用紫外显微镜来测定胞间层和次生壁中木素含量。紫外光谱是测定溶液中木素含量的最便捷的技术。后来开发出来各种不同的具有特殊选择性的络合试剂的比色方法,并在紫外可见范围进行光谱检测。这些比色方法主要用于测定多种金属离子、半纤维素和果胶。

3.3.4 红外(IR)和拉曼光谱法

化学键的振动变化,使400~4000cm^{-1}范围内的红外光谱产生辐射吸收峰。对于红外光谱强吸收的一个基本要求是被激发的振动应该显示出键在偶极矩内的运动。因此,该技术可以识别羟基、羰基、羧基和酰胺等官能团,而非极性键的吸收则较弱。红外光谱可甄别出每一种物质的特征峰,大多数红外光谱仪软件包含光谱库,有利于对不同物质进行鉴定。但由于许多生物大分子的红外光谱十分复杂,其混合物的光谱更难以鉴别。

在20世纪50年代末期,红外光谱已开始应用,到70年代,已经开发了傅立叶变换红外光谱(FTIR)仪。FTIR较色散光谱仪所使用的光谱扫描要快得多。这一新技术成为80年代的红外革新技术,借助显微镜,能够分析非常小的样本。

红外光谱吸收通常非常强。为了制成大面积的薄片,样品可与溴化钾粉末混合。光谱仪收集从粒子表面反射的红外光谱辐射,即漫反射傅立叶变换红外光谱(DRIFTS)。

为提高表面的灵敏度,可以使红外光束通过一个薄的扁平晶体,以便它在晶体表面多次来回反射。当把样品放置在与晶体紧密接触的位置,光束在每个反射的样品中都有轻微的渗透(通常约1μm)。因此,可以记录(衰减全反射,ATR)样品的吸收光谱。衰减全反射晶体可以用于红外显微镜以提高对样品表面的微观分析能力。

光声光谱法(PAS)测试的样品被置于一个密室中,吸收的红外光谱辐射作为热量耗散,这就在样品周围气体中形成了压力波(声音),灵敏的麦克风检测到这种压力的变化,然后将所获得的信号转换为频谱。PAS不需要制样就可直接使用,如直接用在纸上。光声光谱法也是表面敏感的,因为它主要是耗散材料表面吸附的能量来产生压力波的,其分析的深度大致与衰减全反射相同。

近红外(NIR)光谱范围为波长800~2400nm(波数12500~4166cm^{-1})。NIR不像FTIR那样能检测官能团,但它确实是折光率和基本振动的组合。NIR是一种用于木材和纸浆一般特征的十分简单、快速的分析技术[21,22]。但对近红外光谱的解释则略显困难,且这些信息需要与其他化学数据相关联。

拉曼光谱是基于光的散射。大多数任一分子的散射光和入射光束均具有相同的波长。但也有一个很小的概率,那就是当分子与辐射相互作用时,振动状态会发生变化,于是,一些散射光比该入射光束具有更低或更高的频率,因此这个频率移动的光则构成拉曼光谱。

拉曼散射的强度取决于键的极化率。由于具有较高偶极矩的键通常具有较低的极化率,反之亦然。因此很容易检测碳碳双键和碳碳三键,且水的吸附较弱。因此,拉曼光谱和红外光谱可以相互补充。

相比 FTIR,由于拉曼光谱振动变化的可能性很小,灵敏度相对较低,其在近红外或可见光范围内使用的是较强的激光光源,这样光可以更集中,因此拉曼光谱可借助显微镜进行记录,即使是在共聚焦时。拉曼分析的空间分辨率,横向可小到几微米,垂直于表面也小于 1 微米。于是该分辨率足以分析木材横切面上不同细胞壁层间的化学结构[23]。

拉曼光谱的重要应用包括对纸浆中木素的分析和纸中不同成分含量的直接分析,如颜料[24]。因为拉曼光谱光源在可见或近红外范围内有不同的频率,所以可使用石英以及玻璃光纤。这意味着通过光纤可以进行激发和检测,以便能实现对纸样的实时分析。拉曼光谱的一个明显优势在于对水不敏感,所以,和 FTIR 不同,拉曼光谱可用于分析湿浆和木材样品,FTIR 侧重于对木材多糖成分的羟基信号的表征,而拉曼光谱则对多糖成分的提取物、木素和碳氢键更加敏感。

3.3.5 核磁共振波谱

质子核磁共振波谱(^{1}H – NMR)早在 20 世纪 60 年代初期就应用于对木素的研究,而碳 – 13 核磁共振波谱(^{13}C – NMR)直到 70 年代才出现。从此核磁共振波谱取得了巨大的发展。更强的磁体、更新的脉冲技术和更有力的电脑设备使得各种各样新的二维核磁共振技术成为可能。即使是非常复杂的微粒,核磁共振波谱也可以提供出其独一无二的结构信息。核磁共振波谱是木素结构分析最重要的研究技术,而且对半纤维素的研究也很有价值。但是高分辨率的核磁共振波谱要求样品在极高的浓度下也可以溶解。

发展于 20 世纪 80 年代的固态^{13}C – NMR 可以对木材和纸浆样本直接开展实时分析。和溶液状态的核磁共振波谱相比,该技术的分辨率很低,但它可提供很多关于木材的化学和物化性能的有用信息。

固态下核磁共振信号的拓展归结于与核磁共振波谱的外部磁场有关化学键具有不同的、固定的定向。这些定向会在样本范围内产生分布广泛的局部场(在溶液中,快速的分子运动可以使定向变化更平均)。有两个方法可以克服这个问题:利用交叉偏振(CP)对碳质子偶极耦合进行强脱钩,以及在 54.7°下使样本进行快速旋转[魔法角旋转(MAS)]。后者需要遵循这样的事实:如果外部磁场和键之间的角度为 54.7°的话,由一个键产生的局部场为零,而快速旋转会使并非在这个角度的键的定向效果平均化。

尽管对有机物的结构鉴定有独特的功能,核磁共振波谱尚未在工业纸浆和纸分析上得到广泛的应用。究其原因是设施昂贵和需要专业的操作。此外,进样量通常很低,但需要的样本量却很大,加上无法与色谱技术兼容,又缺乏线上联用。

3.3.6 基质辅助激光解吸电离飞行时间质谱技术

基质辅助激光解吸电离飞行时间质谱技术(MALDI – TOF – MS)是一种相对较新的质量

分析技术，图3－2介绍了其相关原理。样本分布在过量的物质（基质）中，这种物质对来自紫外激光器的入射光有强劲的吸收力。聚合物和聚合物之间的基质物不同；典型的物质是肉桂酸和2,5－二羟基苯甲酸。激光的短脉冲会使样本和基质挥发，基质可以隔离样本颗粒，同时使样本在被电离和解除吸附时不被粉碎的可能性得以提高，正极的高压可以加快电离，加速后的速率取决于颗粒的质量。接着会在一个管中向检测器漂移，基于到达探测器所需的时间长短实现样品的分离，如质量。MALDI－TOF－MS尤其适用于高摩尔质量物质的离子检测，且已经广泛应用于对蛋白质[25]和多糖[26]等的分析，包括相对分子质量达到几十万的木糖的分析。

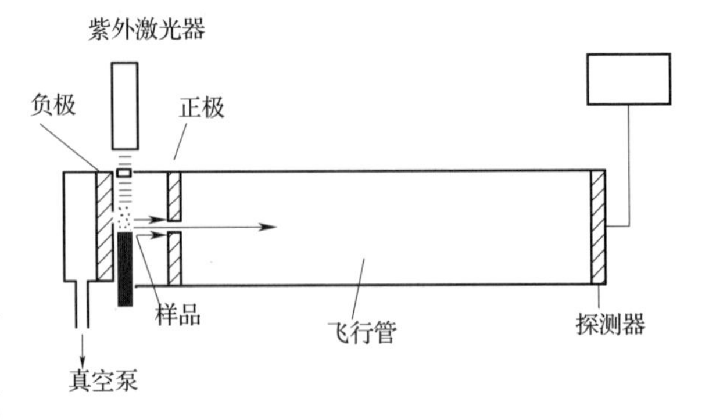

图3－2　基质辅助激光解吸电离飞行时间质谱技术的原理

注：通过紫外激光器的脉冲使样本挥发电离，离子朝着正极加速，沿着飞行管朝探测器自由游动，根据离子各自的质量在不同时间到达检测器。

3.3.7　用于无机物的仪器分析技术

无机物是木材和纸浆中的微量成分，极少超过1%。但对过程溶液，尤其是来源于化学制浆的过程溶液会含有大量的无机物，很多无机成分会对制浆和漂白过程产生不利影响，从而降低成浆质量。如锰、铁和铜会对用过氧化氢和臭氧漂白产生不良影响，进而影响纸的亮度和耐久性。

原子吸收光谱技术（AAS）：在AAS中，液态样本被转化为气溶胶，随后把气溶胶和燃料与氧化剂的混合物一起在燃烧管中燃烧。水在高温（2000℃～3000℃）火焰下蒸发，样本会分裂成原子。从空心阴极灯发出的光会产生原子，照射器穿透火焰发出该元素的典型特征电磁辐射，然后经单色器检测器，火焰中的原子会吸收部分辐射，于是原始样本中该元素的浓度则通过减弱的辐射强度被记录下来。所以，在AAS中，每种元素的分析均需要一个特制灯来完成，但也有用于几种不同元素的组合灯。

也可以在用石墨管取代火焰的石墨炉（GF）中进行，更低浓度的原子可以通过石墨炉原子吸收法测定。

AAS是测定纸浆和纸中钠、钙、铜、铁和锰的标准技术[27]。

电感耦合等离子体技术（ICP）：当一个样本在高温（6000℃以上）下被转化为等离子体时，所有的微粒都分裂为原子，并受到激发。当原子返回基态时，会产生辐射，每种元素会释放出专门针对于一种元素的辐射。这些发射物通过原子发射光谱仪（AES）来测量，特定发射信号的强度与等离子中元素的浓度直接相关。

商用仪器中会用到两种等离子源，在直流等离子体（DCP）系统中，一个钨丝阴极和两个石墨阳极之间的直流电弧会产生等离子体。在电感耦合等离子体（ICP）光谱仪中，大功率高频率的磁场可以产生并维持同心石英管之间的等离子体火焰。

ICP可以与质谱仪（MS）结合成ICP－MS，等离子体中产生的离子会被引入到一个四极质谱仪，在这个质谱仪中，离子会根据各自的质量和电荷比被分离开来，样本中所有元素的种类会在同等条件下被分析，此时各种元素的同位素也可以被分离。但要分析固态样本，必须要具备激光烧蚀的条件。紫外激光光束会聚焦在一个点上进行分析，这个点的范围小于10mm。

ICP－MS 是一种新兴的有巨大应用潜力的分析技术。

X 射线荧光光谱仪：入射电子和样本原子中束缚电子的交互作用产生了 X 射线光子。固态状 X 光线探测器和扫描电子显微镜（SEM）的耦合也可以使原子数大于并等于 11 的元素得到识别（钠和更高级元素）。因此元素的映射可以展现出样本表面元素的分布。SEM－EDXA 技术广泛应用于纸浆和纸样本的检测。

离子色谱法（IC）：离子色谱法的分离技术是以固定相材料中的离子组和随着流动水相移动的样本中的离子之间的离子交换平衡为基础的。离子色谱法发展于 20 世纪 70 年代，已经成为分析诸如氯化物、硝酸盐、磷酸盐和硫酸盐等阴离子的重要方法。如分析阴离子时，需要用到具有或强或弱基群（分别是季铵组和伯胺组）的固定相。IC 也可用来分析阳离子，毛细管电泳（CE）则已成功用于分析阴离子[28]。

3.4　取样和样品贮存

没有比基于对样本的分析是更好的了。如果取样不当，很多研究在实施前就注定会以失败告终的。木材和纸浆是非均一物质，对它们进行取样时要有详细的计划。取样方案取决于研究目的，样本要有代表性，需仔细、完整记录取样过程。已经实施了相关木材[29]、纸和纸板[30]、填料和颜料[31]等的取样标准方法。

样本污染是错误数据的主要原因，尤其是稀释水样本。样本容器又是污染的普遍来源，重要的分析物可吸附到桶壁上。热塑材料对不溶于水的有机物有强烈的吸附性。

贮存条件对微生物的活动要求更为苛刻。这种对贮存条件要求苛刻的样品有新鲜木材、湿浆和纸、污泥以及大部分工业用水和废水。某些检测物在样本贮存期间也容易被氧化和水解。多元不饱和脂肪酸和树脂酸、松香酸也易于被氧化。

把潮湿的样品在冰冻状态（最好在 －20℃以下）下贮存来预防微生物的不利影响和其他可能的化学变化，但这也许会使湿样品发生结构上的变化，此时杀菌剂可使湿样品不变质。

3.5　样品准备

3.5.1　干燥和研磨

对于大部分木材样品的分析，首先要把木材进行干燥处理并粉碎。粉碎通常在干燥后进行，因为研磨干燥的样本比较容易。干燥时需要把木材样品分成小棍状，干燥可在空气中进行，最好在 40℃以下。但冷冻干燥法是更受青睐的技术。标准方法[29]建议把样品在 Wiley 磨中进行研磨并收集通过 0.40mm（40 目）筛的粉末。更细的样品可能组成不同，不能遗失。

湿浆样需要干燥处理，但浆样通常不需要粉碎，而只需疏解即可。

3.5.2　水分测定

各种成分分析结果的计算都基于水分含量的测定。尽管通常是对风干样进行分析，但其结果通常是在烘干的基础上得出的。水分测定的标准方法通常是干燥[32,33]和称重或者通过共沸甲苯蒸馏[34]。干燥操作可以用传统的烘箱,也可用红外灯或微波炉。挥发性成分的损失,主要是抽出物,可能相差很大,这取决于干燥的条件。红外干燥时,天平会在干燥过程中不断记录样本质量,它可以控制能量输入和干燥时间,这种天平易于操作并且减少了水分测定的时间。微波炉也可用于干燥,同时也需要有内置天平。

3.6 木材和纸浆组分的分离和结构测定

通过经典的湿化学法可以对木材的主要组分,如纤维素、半纤维素、木素和抽出物及无机元素等进行定量测定。

对主要组分的具体结构分析通常需要在分析前对重要组分进行制备分离。但是对组分的制备分离和提纯通常很耗时,且在工业试验室中不可行。此外,制备分离也会有结构变异的风险,仅能获取部分且纯度也不高。所以很多人致力于开发不需要繁琐的预处理步骤就可直接用于木材和浆样的分析方法(图 3-3)。新的色谱法和光谱法已经能直接快速地分析木材组分含量和木材及浆样中的官能团(见第 3.7 节)。

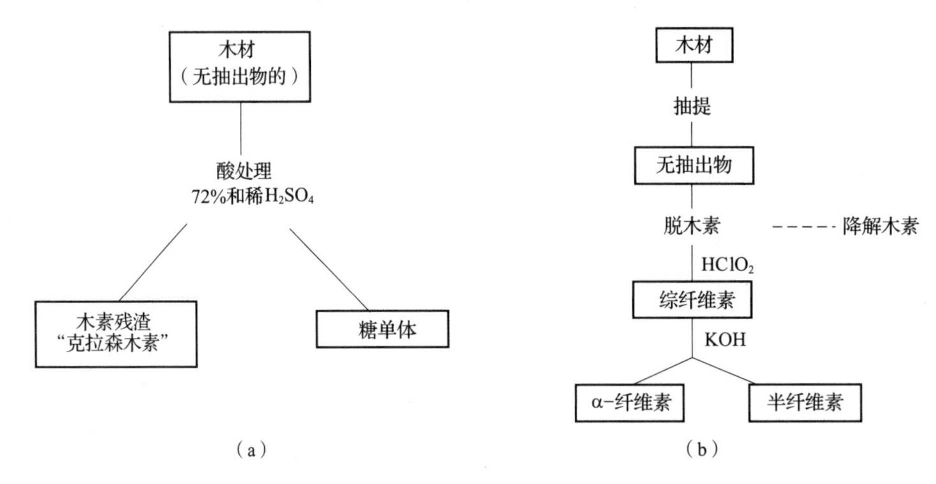

图 3-3 木材和浆样中主要组分的经典分析方案

3.6.1 纤维素和半纤维素

经典的标准方法:测定木材中纤维素含量的传统方法包括两步:首先去除木素得到综纤维素,然后用碱抽提去除半纤维素后的纤维素残渣用质量法测定[35],这个方法很繁琐且过程要求高,所以不适合于日常测定。其他方法包括对木材进行酸催化有机溶剂消解的方法已经研发出来。3 种用于测定纤维素含量的方法已经在桉木[36]上进行了精确的评估:过氧乙酸的方法[37],硝酸-冰醋酸法[38]和二氧六环-乙酰丙酮-盐酸的溶剂分解的方法[39]。溶剂分解法最为准确,其测出的纤维素含量与酸水解、高效液相色谱等分析结果较为接近,而硝酸-冰醋酸法次之,过氧乙酸技术给出的结果更不准确。但由于残渣中半纤维素的存在,后两种方法误差很大。

各种基于碱性溶解度的质量分析方法过去常用来测定纸浆样品中半纤维素和降解纤维素的总量。目前已经开发出了几个稍微不同的标准方法,见表 3-1。

表 3-1 测定半纤维素和降解纤维素的标准方法

TAPPI	标题	样本种类	原理
T 203 om-93	纸浆中的α-纤维素,β-纤维素和γ-纤维素	漂白过的化学纸浆	在25℃下,分别用浓度为17.5%和9.45%的NaOH溶液抽提30min,由重铬酸钾法测定分解物质
T 429 cm-84	纸中的α-纤维素	破布和化学木浆生产的纸	在20℃下,分别用浓度为17.5%和7.3%的NaOH溶液抽提20min和1h,由重铬酸钾法测定分解物质
T 235 cm-85	25℃下纸浆的碱性溶解度	漂白化学浆	在20℃下,分别用浓度为10%、18%和21.5%的NaOH溶液中相继抽提1h,由重铬酸钾法测定分解物质
T 212 om-93	木材和纸浆在1%的氢氧化钠溶液中的溶解度	木材、漂白浆及未漂浆	在97~100℃下,用浓度为1%的NaOH溶液抽提1h后获得的不溶沉淀
SCAN-c 34:80	化学浆抗碱性	漂白化学浆	在20℃下,用浓度为18%/10%和5%的NaOH溶液抽提后所得的不溶沉淀

所谓的α-纤维素、β-纤维素和γ-纤维素的测定方法[40]也可用于漂白浆和脱木素纸浆。纸浆依次在25℃下的17.5%和9.45%的氢氧化钠溶液中进行抽提,也就是说,β-纤维素和γ-纤维素是由重铬酸钾的氧化作用测定的。β-纤维素是酸化后沉淀的部分。β-纤维素主要是降解纤维素,而γ-纤维素主要是半纤维素。不溶解的部分被称为α-纤维素。α-纤维素的含量表明了非降解纤维素的含量。一种相似的方法,尽管条件略微不同,已用在薄页纸的测定中[41]。

经典的方法[42]是使用10%、18%或21.5%的碱性溶液对漂白浆和脱木素纸浆中的可溶性物质分别进行测定。可溶性碳水化合物由重铬酸钾的氧化作用测定。10%的氢氧化钠溶液既可以分解半纤维素又可以降解纤维素,但是18%的溶液主要分解半纤维素。降解纤维素的含量可以通过溶解度之差测得。

另一种使用浓度为1%氢氧化钠热溶液的TAPPI测试方法[43]最好用于测定木材、漂白浆或未漂浆中分子质量相对比较低的碳水化合物。

用于抗碱性的SCAN测试法[44]和TAPPI T 203 om-93法不同,因为浓度为18.0%、10.0%和5.0%(g/100g)的氢氧化钠溶液在20℃是可以利用的。通过对纸浆中可溶部分进行称重可以得出结果,在报告中使用R_{18}、R_{10}和R_5表示不同浓度碱性溶液处理的结果。该方法只推荐适用于全漂化学浆。

木材和纸浆中聚戊糖的测定[45]:为计算半纤维素中戊糖单元的总量提供了方法,尤其是木糖和阿拉伯糖单元。针叶木中聚戊糖的含量约为7%~10%,而其在阔叶木中约为19%~25%。

水解和色谱法用于测定纤维素和半纤维素的湿化学标准方法非常繁琐。目前,酸水解和色谱分析对单糖测定方法可应用在木材和纸浆中纤维素和半纤维素含量及糖的组成分析上。

水解的标准方法[46]是用浓度为72%和3%的硫酸的两步法,三氟乙酸(TFA)已被认为是一种比硫酸更好的试剂[47,48]。三氟乙酸对单糖(尤其是戊糖)的降解作用较弱,中和作用可被忽略,且反应时间很短,通过蒸发即可将酸完全去除。但是需要强调的是,三氟乙酸对诸如木材等木质材料有水解不完全的风险[49]。

通过酶进行的水解作用是最温和的方法。酶解适用于可溶解多糖,但是由于酶渗入样本中的量有限,所以对于固态样本的完全水解很难实现。由多种酶(纤维素酶、木聚糖酶、甘露聚糖酶和糖苷水解酶)组成的复合酶对硫酸盐浆酶解进行分析的方法已经得到验证[50],该方法的水解时间48h,pH 为5,温度为40℃。通过阴离子交换 HPLC 对漂白硫酸盐浆水解作用后的混合物所进行的分析表明,糖的含量在加酸水解前后大致相同。经过酶解后,中性糖的总含量降低2% ~5%。与酸解相比,酶解的优势在于避免了不稳定性已烯糖醛酸单元的降解,因此可以用于定量测定[50-52]。酶能使某种糖苷键选择性断裂,对所产生的多糖开展具体的结构分析很有用,但是纯酶具有较强的专一性[53]。

水解糖的分析可以通过 GC 和 HPLC 来实现。基于气相色谱的标准方法[46]包括用硼氢化钠把糖降解为糖醛,然后用乙酸酐和硫酸对其进行乙酰化。乙酰化的糖用二氯甲烷萃取后在带有液相 ECNSS - M 填充柱的气相色谱进行分析。该方法已经在很多研究中得到验证[54-56],并提出了一些微小的改进建议。最近,据报道,将1 - 甲基咪唑用作催化剂可以使乙酰化在硼酸盐存在下完成,这消除了要对硼酸盐进行蒸发这一步骤,从而可节约时间[57]。由纯葡萄糖、木糖、甘露糖、阿拉伯糖和半乳糖的混合物组成基准物,这种混合物均需要按整个分析程序进行处理操作以获得合适的校准因素,尤其要考虑到水解过程中的损耗。糖醇乙酸酯方法比较耗时费力,整个水解过程需要数日才能完成。

对于大多数 GC 的应用,毛细管柱已经取代填充柱并获得更高的峰分辨率,尖的峰也提高了灵敏度和对低分子糖组分的定量。通过使用毛细管柱,木材和纸浆中的水解糖可以不经过糖醇乙酸酯处理就能从混合物中进行分析。最简单的衍生化是甲硅烷基化,也就是分别用到三甲基硅醚和羟基、羧基酯衍生物,有时也会用到乙酰化和三氟乙酰化,但是类似于对诸如糖醛酸中羧基单元的甲基化作用补充。尽管每种糖只有2 ~4 个峰,但是非极性的毛细管柱可以把木材中的中性和酸性糖组分的主要峰分离开(图3 -4)。

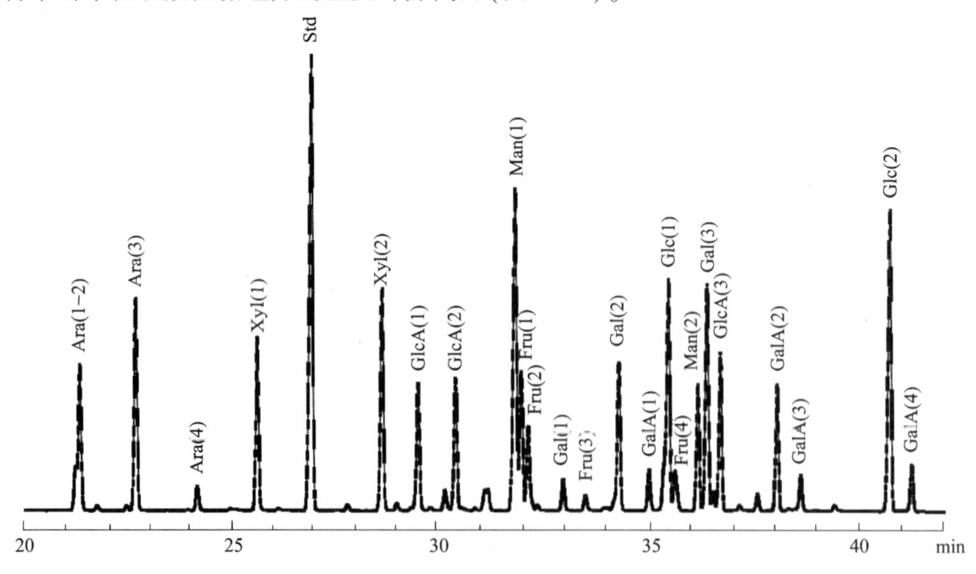

图3 -4 与木材中所含糖量相同的标准混合物的气相色谱

注:柱:HP -1,25m,内径0.22mm,柱温:8min 到100℃,然后每 min 升高2℃。衍生物:带有 HMDS 和 TMCS 的甲硅烷基化。Ara:阿拉伯糖;Xyl:木糖;Std:标准物、木糖醇;GlcA:葡萄糖醛酸;Man:甘露糖;Fru:果糖;Gal:半乳糖;GalA:半乳糖醛酸;Glc:葡萄糖。

所以,可以省略繁琐的步骤。现代色谱数据处理系统可以很简单地对很多非常复杂峰的色谱图进行处理。在不减少处理步骤的前提下,甲硅烷基化和 GC 已成功应用于非常复杂的 CMC 水解液的分析,这种水解液包含各种各样的含有羧甲基取代基的葡萄糖和半纤维素糖[58,59]。

HPLC 成为 20 世纪 90 年代最常用的分析木材糖分的方法。该方法主要使用 3 种不同的 HPLC 系统:用于阴离子交换树脂的分配色谱法、硼酸盐合成物阴离子交换色谱分析法和阴离子交换色谱分析法[49]。阳离子交换系统应用非常广泛,但是阴离子交换色谱分析法在近几年才获得普遍的认同[60-64]。对于 HPLC 分析,不需要对糖进行衍生化,只通过脉冲安培探测器(PAD)可以获得对碳水化合物灵敏而又明确的测定。最受偏爱的是 Dionex CarboPac P1,一种强阴离子交换器。水和稀碱液是常见的流动相,通过使用 HPAEC - PAD 系统(用脉冲安培检测的阴离子交换色谱分析法),在 30 ~40min 内就可以获得木材中主要中性糖的基线分辨率和测定结果(图 3 -5)。

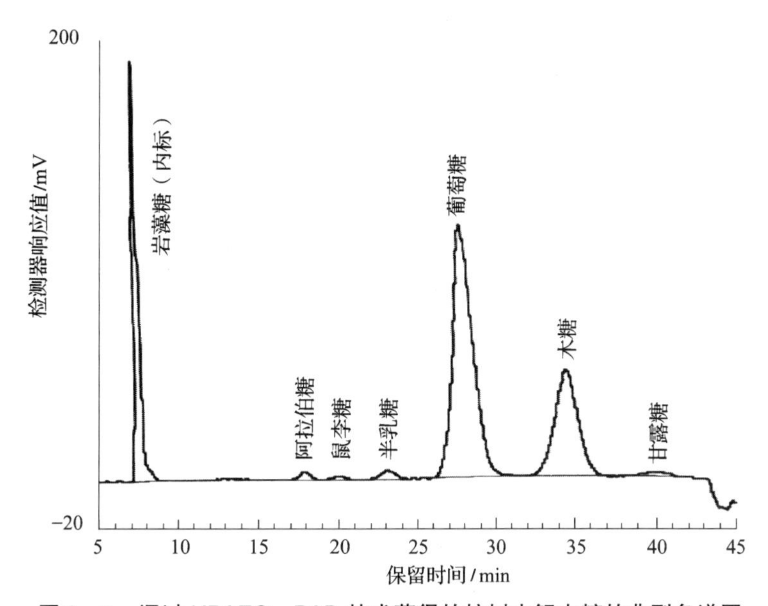

图 3 -5 通过 HPAEC - PAD 技术获得的桉树水解木糖的典型色谱图

甲醇解和 GC 分析:甲醇解通过有效裂解糖苷键来产生甲基苷并[65],但实际上比水解更大的优势在于甲醇解对单糖特别是糖醛酸的降解较弱。糖醛酸在制浆造纸上特别有用,主要是由于它们能携带纸浆纤维中的大量电荷。

甲醇解已成功应用于天然增稠剂[66]、树皮水抽出物中的多糖[67],胶体和工业用胶[68]以及分离的半纤维素[69,70]等成分的分析。对溶解在造纸废水中的半纤维素和果胶进行了分析,也对糖醛酸开展了可重复性分析[71],并获得了定量数据。半纤维素的定量可由酸性甲醇直接分解干木材和纸浆样品得到[72],这种处理方法只获得半纤维素和果胶,只有很少量的纤维素被裂解成单糖。由于该分析尚不完全考虑去乙酰化沉淀到 TMP 纤维上的葡甘露聚糖,甲醇解 - GC 分析法是非常简单方便的。这种自动分析的 GC 非常方便,只需要 10mg 的很少样品,且几个样品可以进行平行分析。

在强酸水解或酸性甲醇解中由于无法避免降解所造成的糖损失,且糖醛酸单元很容易降解,尤其是已烯糖醛酸单元对酸更为敏感,只能通过酶解[50]来分析。糖醛酸酸水解损失严重,其含量的测定意义不大。甲醇解的得率较高,且糖醛酸的重复再现性也很好。但是因其得率问题且有一部分发生降解,测试时需要校正,山梨糖醇是合适的定量分析内标物。最好是在甲醇解之后再添加山梨糖醇。出于定量分析的考虑,应对包含已知数量纯单糖或多糖的参照样品进行平行分析。

甲基葡萄糖苷转化为三甲基硅烷基衍生物后即可进行 GC 分析。虽然直接硅烷化会导致每个单糖产生 2 ~5 个波峰(图 3 -6),GC 能把所有相关的单糖峰在 25 ~30m 的标准二甲基聚硅氧烷毛细管柱上进行分离,现代计算机系统很容易处理这种多峰。由于多峰的形态与特定的单糖相对应,因此有利于峰的鉴别及单糖的定量测定。

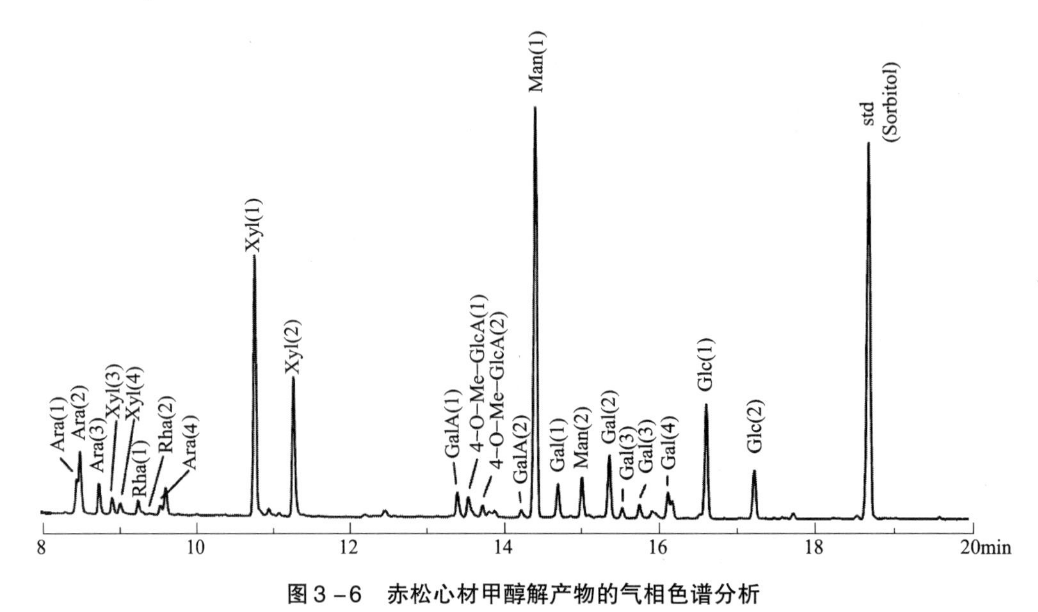

图 3 -6　赤松心材甲醇解产物的气相色谱分析

注:柱子如图 3 -4。柱温从 100℃ 开始,然后以 4℃/min 的速度升温。衍生化:使用 HMDS 和 TMCS 硅烷化。参见图 3 -4 中的缩写词。Rha:rhamnose(鼠李糖);4 - *O* - Me - GlcA:4 - *O* - methyl glucuronic acid(4 - *O* - 甲基葡萄糖醛酸);Ara:阿拉伯糖操纵子;Xyl:木糖;Rha:鼠李糖;GalA:半乳糖醛酸;4 - *O* - Me - GlcA:4 - *O* - 甲基葡萄糖醛酸;Man:马来酸酐;Gal:半乳糖;Glc:葡萄糖;Sot(sorbitol):山梨糖醇。

如果将所得的单糖组成解读为不同种类半纤维素的数量,如相应的水解结果必须基于已有知识或假设,即主要的半纤维素类型及其近似单糖的组成。

半纤维素的结构测定:对完整多糖分子结构的解释涉及多种分子参数的测定,如环形结构(呋喃糖、吡喃糖)、单个糖单元的 D/L(直径/长度)、链内和侧链糖单元的序列,以及糖单元间糖苷键的位置和结构。如此详细的结构测定需要实现多糖的无损分离,这是一项非常艰巨的工作,通常仅需在对木材和纸浆的基础研究中来开展。核磁共振波谱是这种结构分析[73,74]中最有价值的工具。

测定多糖中糖苷键的位置[75],甲基化分析是最普遍应用的方法。首先将所有的自由羟基甲基化,这是该过程的一个关键步骤,然后水解成糖醇,再将糖醇乙酰化。甲醇解也可以将全甲基化多糖变为单体[76]。虽然混合产物很复杂,但毛细管 GC 的良好分辨率能够对半纤维素混合物进行分析鉴别。

对糖的序列分析而言,使用特定酶进行选择性水解是最常用的方法。通过采用特定的能将终端单元水解的胞外水解酶,并进行糖分析,可以测定糖序列。由此产生的单糖和寡糖可以通过 HPLC 进行分析。毛细管电泳已被用于测定硫酸盐浆[77,78]酶解得到的糖醛酸和酸性寡糖含量。

对于诸如多糖部分水解[79]得到的寡糖的分析而言,快原子轰击质谱法(FAB - MS)是一项有价值的技术。通过糖苷键裂解形成一系列的离子碎片,这些提供了有关糖单元序列的信息,基体辅助激光解吸电离(MALDI)与傅里叶变换质谱法[80]结合的新技术可获得寡糖序列和连接信息。毛细管电泳和 MALDI - TOF - MS[13]也可用于测定化学浆中的碳水化合物。

3.6.2 木素

经典标准方法:有几种可以测定木材和浆中木素总含量的标准方法(表 3 -2)。

表 3 -2　　测定木材和浆样中总木素含量的标准方法

TAPPI 标准	标题	样品类型	相关标准
T 222 om -88	木材与纸浆中酸不溶木素(克拉森木素)	木材、机械浆、未漂化学浆	ASTM D 1106 CPPA G.8 G.9 APPITA P 11
T 236 om -85	纸浆的卡伯值	化学和半化学浆,未漂或半漂浆	ISO R 302 CPPA G.18 SCAN C 1:77 APPITA P 201
T 253 om -92	纸浆的 Hypo 值(原来为纸浆的氯价)	各种类型和等级的未漂和半漂纸浆	ISO DIS 3260 CPPA G.32 SCAN C 29:72

基于用 72% 硫酸从木材或浆样中预水解出纤维素和半纤维素,然后用 3% 的硫酸进行最终水解,将所获得的不溶残渣进行洗涤、干燥和称重,即为酸不溶木素,这种方法最初是由克拉森[81]提出的,也称作"克拉森木素含量测定方法"。水解液中的酸溶木素含量可通过紫外光谱法测定,波长通常设为 205nm。克拉森木素残渣不能用于结构研究,因为在强酸性条件下木素已经发生了缩聚和其他反应。

化学浆中的残余木素含量通常是根据高锰酸钾滴定法获得的卡伯值来估算出。卡伯值定义为 1g 绝干浆在特定条件下所消耗的 0.1mol/L1/5$KMnO_4$溶液的量(以 mL 为单位)。该方法适用于化学浆、半化学纸浆、未漂浆和半漂浆。

最近发现,在硫酸盐法蒸煮和漂白时,由半纤维素生成的己烯糖醛酸单元(HexA)对卡伯值造成很大影响[82]。己烯糖醛酸单元很容易被高锰酸钾氧化。研究发现,10mmol 的己烯糖醛酸对应 0.84 ~0.86 个卡伯值单位。真实木素量的修正卡伯值可在单独测定己烯糖醛酸后计算得出[52,83]。对含有大量残余木聚糖的阔叶木硫酸盐浆,己烯糖醛酸的修正是非常重要的。

分离和结构分析:从木材、纸浆或纸中无损分离出木素进行进一步的结构分析尚无理想的方法。最常用的相对理想的木素分离方法是所谓的"磨木木素(MWL)法",该法最初由贝克曼提出[84]。多年来,有人对这一方法提出了一些修改和改进,但原方法仍然有效[85]。将木粉在甲苯存在下于一个特殊的球磨机中研磨 48h,除去甲苯,用二氧六环—水(体积比 96:4)溶液抽提木粉 24h,再用新鲜溶剂重复抽提两次,得到的样品必须通过溶剂的反复溶解、沉淀并进一步纯化。虽然球磨会造成大量解聚和一些结构改变[86]，但磨木木素仍被认为是木材中木素的代表。磨木木素方法非常繁琐，主要用于对木素开展基础研究。

纤维素酶和半纤维素酶解可留下未改变的天然木素，这类处理可以大大提高磨木木素的得率。恰恰因其温和的制备方法和较高的得率，酶解木素（CEL）可能比磨木木素更能代表原本木素。但该方法比磨木木素的制备更繁琐。

可用磨木木素方法将木素从机械浆中分离。对于有较少量改性木素的化学浆，也需要其他方法。酶解木素是化学浆的首选方法[87]。实际上，从不同类型纤维制成的纸中分离木素是不可能的。

分离的木素可以通过元素分析和甲氧基的测定来表征其特性。通常，用带有甲氧基的 C_9 单元式是木素基本化学组成的最基础表达。于是，针叶木木素的组成是 $C_9H_{8.3}O_{2.7}(OCH_3)_{0.97}$，而阔叶木木素的组成是 $C_9H_{8.7}O_{2.9}(OCH_3)_{1.58}$[88]。

用高分子化学常规方法可以对可溶性木素进行摩尔质量的测定。但大多数情况下，分离样品的摩尔质量与原本木素没有任何关系，可是对溶解在制浆废液、造纸废水和工厂废水中的木素是可以进行摩尔质量测定的。

自 20 世纪 70 年代以来，各种核磁共振波谱技术成为对溶液中木素进行分子结构深入分析的首选技术，也可以通过紫外 - 可见光谱、FTIR、ESR 光谱、热裂解 - 气相色谱 - 质谱（Py - GC - MS）和各种化学降解方法获得其他的相关信息。近期文献[86,89]对应用核磁共振波谱鉴定木素进行了详细介绍。

结构研究的直接方法：木材、纸浆和纸中木素的结构信息无需分离出木素也可通过湿化学法和光谱法直接从样本中获取。

经酸性高锰酸钾氧化的甲基或乙基化的样品，结合苯甲酸衍生化的木素降解产物的（图 3 - 7 和图 3 - 8）气相色谱分析，能为木素单元间产生怎样的结合[90]提供相关信息。该方法的局限性在于仅对含有游离酚羟基的木素结构进行分析。可是，碱性氧化铜预处理可水解木素中的内醚键，并提高高锰酸钾氧化的得率[91]。

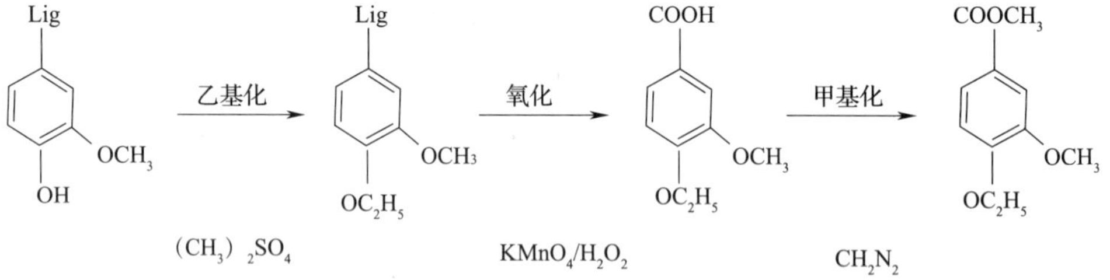

图 3 - 7　木素高锰酸钾氧化产物气相色谱分析步骤

硫代酸解法可对所有β - 芳基醚键进行酸水解来解聚木素[92,93]。该方法是在含有三氟化硼醚化物的二氧六环 - 乙硫醇中进行的，其降解产物也可进行甲烷硅基化，然后用 GC 进行分析。硫代酸解法可以用来估计木素中未缩合芳基醚结构的含量及组成。

其他木素化学降解方法还有酸解法、硝基苯和氧化铜氧化法、核交换反应法、氢解法和臭氧分解法。臭氧分解法与其他降解法的不同之处在于，它破坏了芳香环，使大部分木素侧链保持完整，这些均为可识别的一元酸和二元酸[94]。但是，臭氧分解法只能用于分离的木素。

裂解 - 气相色谱 - 质谱（Py - GC - MS）是一种无需分离就可快速鉴定木素的技术[15]。

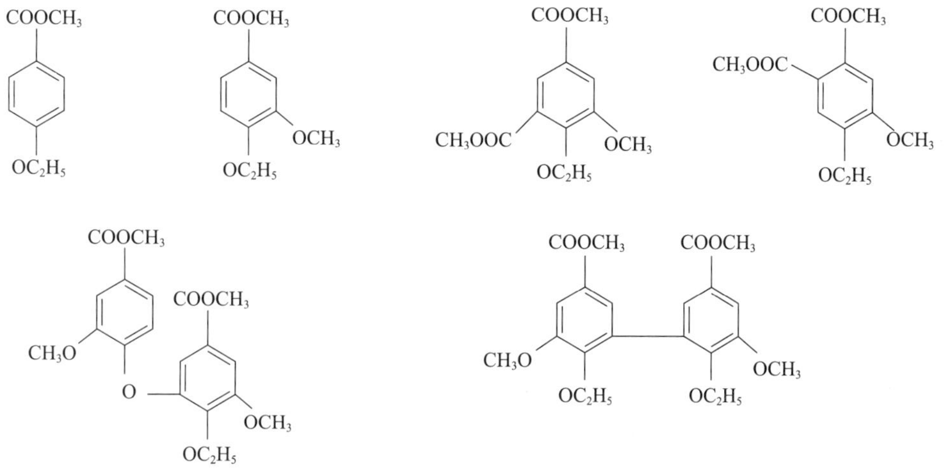

图 3－8 木素高锰酸盐氧化形成的主要羧酸(如甲酯)

浆中木素和碳水化合物可以通过这种技术进行鉴别。Py－GC－MS 可对木材和浆中木素的种类进行分类,不仅预处理程序简单,样品量(约 0.1mg)也非常低。Py－GC－MS 与化学计量学(如主成分分析和偏最小二乘回归分析)结合将为大量未漂硫酸盐浆中克拉森木素的测定提供了很好的相关性[16]。在有四甲基氢氧化铵(TMAH)时,Py－GC－MS 也被称为“同时裂解甲基化”(SPM),可以通过 GC 分析包括羧酸在内的不易挥发的产物[95],这种技术为木素中的主要组分提供了更多信息[96]。不像普通的 650℃ 热解、低温 Py－GC－MS 在 360℃ 热解那样,在有 TMAH 时,会比传统的热解技术生成更多的木素降解产物,而碳水化合物会在更低的温度下进行热解[97]。木素的定量结果也可以通过 Py－GC－MS 采用叠加内标法获得[98]。

FTIR 是一种多用途且快速的木素研究技术,它可给出木素类型、甲氧基、羰基和羟基的信息,还可通过采用衰减全反射(ATR)、漫反射(DRIFT)和光声(PAS)技术从固体样品如木材、纸浆和纸中直接获得[99],也可使用含溴化钾压片的传统传输技术。

3.6.3 抽出物

木材抽出物(或纸浆抽出物)这个术语包括多种有机溶剂从木材(或纸浆)中提取的多种成分。水溶性木材成分如盐、糖甚至是水溶性多糖,有时也被视为抽出物。

不溶于水的非极性抽出物统称为“树脂”。用于此类抽出物的其他术语有亲脂性抽出物和木沥青。在这些抽出物中,由于容易形成沉淀物和斑点并发泡等,树脂成分在制浆造纸中较受关注。

抽提:抽提通常是对木材成分组进行制备分离的第一步。根据标准方法,采用索氏法或笋利特氏抽提器对木材、纸浆和纸张样品进行抽提[100－102]。笋利特氏系统要求的抽提时间不足索氏抽提法的一半,并允许对 6 个样品同时抽提[103－104]。一种新的抽提技术[105],即 ASE(加速溶剂抽提法)是在高温高压下进行溶剂抽提,溶剂消耗较少但更快速和高效,ASE 技术在木材抽提上已取得了可喜的成果[106]。

对抽出物的质量法测定需要相当大的样本量,5～10g,这还取决于抽出物的含量。如果用气相色谱法对抽出物进行最终测定,仅需较少的样品,几 mg 就已足够。

样本的预处理,尤其是研磨和干燥,会大大影响溶剂渗透,因此会影响抽提效率。在抽提前,木材样本应是研磨过的,且至少过 40 目。潮湿的样本应事先进行干燥,尤其是当使用不溶于水的溶剂时。如果要对抽出物做进一步分析,应在较低的温度(40℃或更低)下进行真空干燥。冷冻干燥法是一种非常温和的干燥方法。在研磨和干燥过程中会失去一些挥发性成分。

抽提溶剂的选择也是非常重要的,不同的研究目的有不同的溶剂需求。对于定量测定而言,必须对所需成分进行彻底抽提。用质量法测定时,抽提溶剂应该而且更讲究,即只提取所需成分。如丙酮可以完全抽提出树脂成分,但也会提取其他混合物。非极性溶剂,如烷烃会选择性地抽提出亲脂性树脂成分,但不能做到彻底抽提。中等极性的溶剂,如醚、二氯甲烷、三氯甲烷或芳烃等,除了抽提出真正的树脂成分外,还会抽提出一些极性成分。因此,应经常评估抽出物的量及其成分,并对所选用的溶剂做适当考虑。

最近丙酮取代了二氯甲烷成为提取木材[107]和纸浆[101]抽出物的标准溶剂。CPPA 和 ISO[101]也推荐丙酮,且 TAPPI 测试方法[100]也正在审查中。丙酮是一种极性溶剂,不仅可以抽提出树脂成分,还能抽提出盐、糖和各种酚类成分(包括低分子量的木素),即使是半纤维素和果胶物质,也可以得到一定程度的抽提。由于制浆和漂白过程通常会除去水溶性物质,即使极性溶剂抽出物中主要含有亲脂性物质。因此,虽然其绝对量较高,但丙酮抽出物与纸浆的二氯甲烷抽出物相关性依然很好。

很大程度上,纸浆和纸张中脂肪酸和树脂酸会发生如金属皂化反应,尤其是钙或铝皂。抽提前必须把它们转化为游离酸。在 SCAN 标准方法中,建议用乙酸将其酸化并使 pH 降至 3 以下。树脂沉淀物中的铝皂可以在酸性丙酮水解后定量提取。通过在中性丙酮中加入磷酸二氢钠,可以从纸浆和纸张以及冷冻干燥的过程水样中抽提出脂肪酸和树脂酸钙皂。

木材树脂的测定:木材树脂可通过几种色谱技术进行测定,如气相色谱(GC)、高效液相色谱[HPLC-无论是反相(RP)或尺寸排阻(SEC)柱]、超临界流体层析(SFC)和薄层色谱(TLC)。也建议使用 NMR 或 IR 进行直接分析。

在短的毛细管柱上进行气相色谱分析可以使主要树脂得到适当分离。使用柱头进样和几个相关的内标物可实现可靠量化。图 3-9 是木材中丙酮抽出物的气相色谱图。用带有尺寸

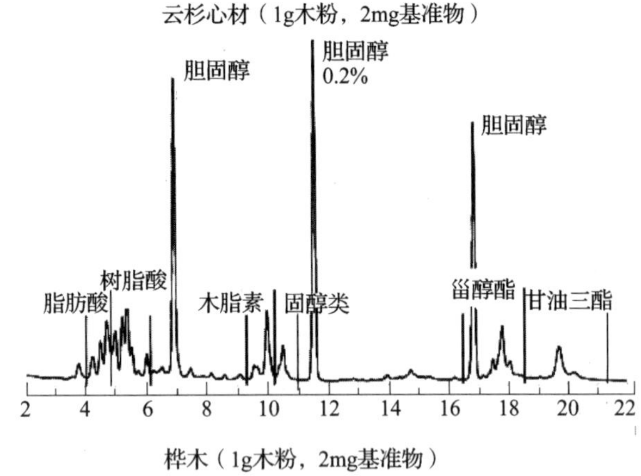

图 3-9 挪威云杉心材、欧洲白桦木材丙酮抽出物在薄膜毛细管柱[14]上的 GC 分析

排阻柱的HPLC(HPSEC)可以进行类似于气相色谱分离的组分分离[111-112]。然而,脂肪酸和甾醇被一起洗脱下来(图 3-10)。因为与气相色谱分析中使用的火焰电离检测器相比,常用的折光率检测器的响应更依赖于复合结构,定量测定并不准确。香草醛被用作内标。

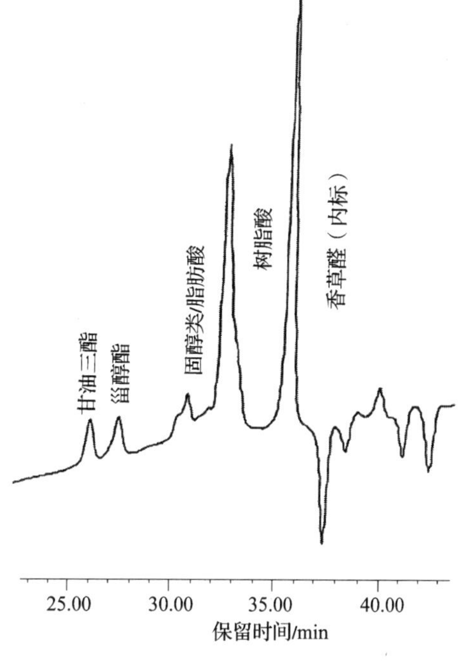

图 3-10 新鲜辐射松(辐射松)中二氯甲烷抽出物的 HPSEC 分析[112]

薄层色谱分析(TLC)是一种价格低廉且非常方便的树脂分析技术,它为树脂成分提供了一个良好的视觉形象。但定量分析并不简单也不准确。薄层色谱特别适合树脂的制备分离,如气相色谱的进一步详细分析[113]。脂肪酸和树脂酸也可在硅胶薄层板上使用二氯甲烷、甲醇和氨(80:19:1 体积比)溶剂体系进行分离[114]。

使用类似于 TLC 的固相萃取法测定树脂成分[115]。将树脂抽出物吸附到氨丙基柱中,然后用一系列溶剂洗脱不同组分。通过对分离成分称重来进行定量测定。这个方法需要使用 3 个不同的柱子和一些混合溶剂,因此比较费力和繁琐。借助试剂 TMAH(四甲基氯化铵)和 TMAAc(四甲基酯醋酸铵)可以区分总脂肪酸和非酯化脂肪酸,并可以通过裂解气相色谱对它们分别进行分析[116]。TMAAc 会将游离脂肪酸及其盐类甲基化,而所有的脂肪酸酯则在热解室中被 TMAH 水解和甲基化。使用这种技术可以分析抽出物和纸浆中的脂肪酸。

单一树脂的成分分析:带有毛细管柱的气相色谱具有极高的分辨率,即使抽出物没有进行任何预分离,也能将单一树脂成分分离。所有必需的脂肪酸、树脂酸、脂肪醇和甾醇可经一个标准的 15~30m 长的非极性二甲基聚硅氧烷毛细管柱上得到分离[117](图 3-11)。只有在某些特殊情况下,才需要用到其他液相柱。在针叶木中产生的一些少量的中性二萜类化合物,若没有前面的分离步骤,可能很难测定。气相色谱分析的一大优势是通过质谱分析法可以同时进行在线结构测定。为进行准确的定量分析,需要将脂肪酸和树脂酸衍生化。甲基化是标准方法,但也有可能转化为三甲基酯。脂肪酸、树脂酸和醇的硅烷化,如甾醇和脂肪醇,可以一步完成。

3.6.4 硫酸盐皂和塔罗油的分析

木材树脂成分在硫酸盐法或碱法制浆中皂化(水解),形成的皂可以从黑液中分离出来,即所谓的“塔罗油皂浮渣”或“硫酸盐皂”。肥皂浮渣包含脂肪酸、树脂酸和不皂化树脂成分,如非萜类醇和其他相关的二萜类化合物,甾醇、非萜类醇和脂肪醇。大约一半的塔罗油皂浮渣是黑液,包括其溶解组分。

塔罗油含量代表树脂成分的总量,可以通过对稀的皂液进行酸化然后用二乙醚抽提来测定[118]。该标准方法还介绍了总固形物量、总碱含量、木素和纸浆、水含量和钙含量的测定。

经过甲基化和甲基硅烷化或仅经过甲基硅烷化后,GC 可用来进一步分析塔罗油成分(图 3-11)。脂肪酸和树脂酸以及不皂化物都可以在相同的气相色谱中进行分析[119],它们均可以通过增加内标化合物来定量。合适的标准化合物有十七烷酸(17:0)、二十一烷酸(21:0)和

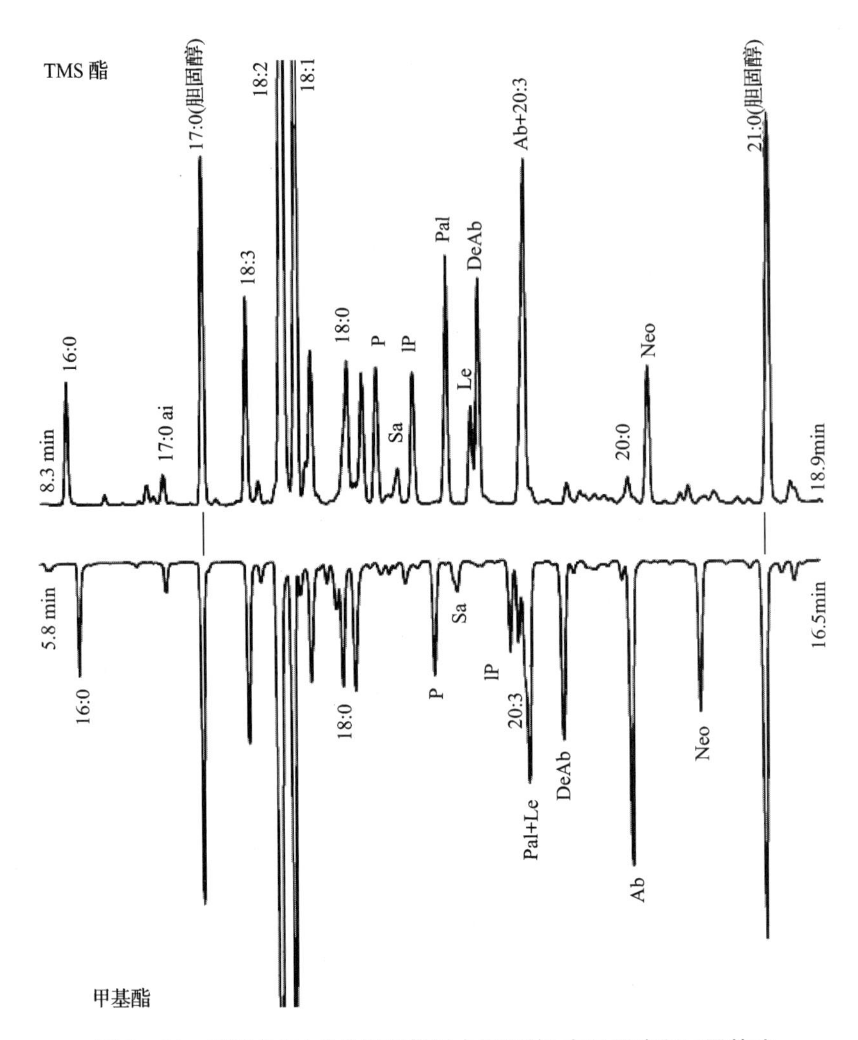

图 3－11　硫酸盐皂(从松树和桦树中提取的)中以甲酯和三甲基硅烷基(TMS)酯表现的脂肪酸和树脂酸气相色谱图

注:柱:HP－1(二甲基聚硅氧烷),30m,内径 0. 32mm,150～290℃,4℃/min。

胆固醇,每一份标准化合物都按塔罗油含量约 10% 的量添加。可以先对不皂化物进行分离,然后用 GC 单独分析。可以在非酸化条件下用乙烷对皂液进行萃取分离[120]。萃取前,在皂液中加入乙醇可防止形成乳浊液。

塔罗油皂酸化后即可生产出粗塔罗油(CTO)。粗塔罗油精炼出的脂肪酸和树脂酸是通过在特殊蒸馏车间进行分阶段的真空蒸馏而得到的,而这种特殊的蒸馏车间通常不同于硫酸盐制浆厂的蒸馏车间。就蒸馏过程而言,粗塔罗油的质量根据水分(残留水含量)、灰分、皂含量、游离矿酸和酸值来确定[121]。酸值是对脂肪酸和树脂酸总量的一种度量,与脂肪酸和松香馏分油的潜在产量和纯度息息相关。在乙醇中用 0. 5mol/L 的氢氧化钾或氢氧化钠溶液滴定粗塔罗油可以测定酸值。所谓的"皂化值"包括加碱水解后得到的酯化脂肪酸和树脂酸[122]。

粗塔罗油的成分分析最好用气相色谱法测定,方法与树脂和塔罗油浮皂的测定方法类似。粗塔罗油由于储存会导致甾醇和其他醇类与脂肪酸的酯化反应。中性成分可以用乙醚溶液抽提被碱性水溶液除去脂肪酸和树脂酸的粗塔罗油而得到[123]。不皂化物和中性成分也可以用薄层色谱或排阻色谱进行分离[124]。

除了最初的粗塔罗油成分外,蒸馏塔罗油产物还包含树脂酸和甾醇类的降解产物。因此,塔罗油松香馏分油中所有树脂酸的完全分析就需要带有极性固定相,如在聚酯相 BDS 的特殊色谱柱上进行分析[125-126]。

3.6.5 无机物

木材、浆和纸中总的无机物可以通过对燃烧后的灰烬进行测量,燃烧是在 525℃或 900℃的高温炉中进行[128]。对于不含填料和涂层的纸浆和纸,两种温度下基本会得到相同的结果。但是,若样品中含有碳酸钙,其 900℃时的灰分会偏低,因为在该温度下碳酸钙会分解成氧化钙和二氧化碳,两种温度下测得的差为估算碳酸钙含量提供了方法。灰分可以被进一步分为酸溶部分和酸不溶部分[129]。酸不溶的灰分主要由二氧化硅或硅酸盐组成。SCAN 标准方法则建议纸浆、纸和纸板中灰分在 575℃下燃烧[130-131]。

无机元素的详细分析方法主要包括酸碱法、络合滴定法和氧化还原滴定法、电位滴定法、分光光度测定法和原子吸收光谱测定法。仪器分析法逐渐取代旧式的滴定分析法和比色法。本章重点围绕最常用的仪器分析法展开。近期已有文献对木材、纸浆和纸中无机物的分析进行了综述[132]。

样品准备:木材和浆样在分析前必须用湿化学法溶解。最常见的做法是用强酸消解。可使用多种酸,主要有硝酸、盐酸、硫酸、高氯酸或氢氟酸或以上酸的混合液[133]。

样本的灰化最好在 525~575℃下的高温炉中进行,以便收集到代表性的无机物。但挥发元素如卤素、汞和铅可能会流失。测定卤素时,可以在 Schöniger 定氮瓶中进行溶解。

原子吸收分光光度法(AAS):AAS 是除了旧式的比色法和络合滴定法[134-137]外,测定纸浆和纸中钠、钙、铜、铁和锰的标准技术[27]。样本先进行灰化,然后将灰分溶解在盐酸中。除了极谱分析法外,原子吸收分光光度法也可以用于纸中锌和镉的测定[138]。新的测定纸浆、纸和纸板中钙、镁、铁、锰和铜的 SCAN 法也是基于原子吸收分光光度法[139],但应该指出的是,也可用等离子体发射光谱法进行测定。

等离子体技术(DCP,ICP,ICP-MS):ICP-AES 和 DCP-AES 比 AAS 优点多,且在许多应用中已经取代了 AAS。这些方法更灵敏并且能进行多元素分析。在将造纸厂废弃的金属投入接收池的研究中,DCP-AES 用于钠、铝、磷、锰、铁和锌的元素分析,而 GF-AAS 则用于铜、镍、铅、铬和镉的元素分析[140]。ICP-MS 用于分析大量微量元素,这些微量元素在工厂废液中的浓度通常为 mg/L 级。

X 射线技术:X 射线荧光光谱法可以用于纸和相关材料中颜料(瓷土、二氧化钛和碳酸钙)的定量测定[141]。X 射线荧光光谱法也适用于木材、木片、树皮、纸浆、熔融物、粉尘和石灰的元素分析[142]。

离子色谱法(IC):离子色谱法是一种测定白液、绿液和黑液以及熔融物中硫化物、亚硫酸盐、硫酸盐、硫代硫酸盐、氯化物和碳酸盐的标准方法。也可以测定如草酸类的有机酸离子。电导检测器用于检测除硫离子外的所有离子,而硫离子则用紫外检测器检测。该方法对造纸厂工艺用水同样有效。

漂白液中的氯化物、亚氯酸盐、氯酸盐、二氧化氯、次氯酸盐和氯元素也可以用类似的程序分析[144-146]。先用 Schőniger 定氮瓶燃烧再用离子色谱法测定木材样本的磷、氯和硫。

近来发现，毛细管电泳法(CE)有助于硫酸盐浆厂白液和黑液中无机阴离子的测定[28,147]。除了用于氢氧化物、氯化物、草酸盐和碳酸根离子的测定外，CE 还可用于硫酸盐、亚硫酸盐、硫化物和硫代硫酸盐离子的测定。

有机卤化物(TOCl，AOX)：使用元素氯对化学浆进行漂白导致形成氯化木素，氯化木素被认为是漂白废液中危害环境的物质。氯漂废液还包含少量的氯代酚类物质和其他种类的氯化微污染物。人们设计出一种测定化学浆厂废液中有机结合氯的可吸附有机卤素(AOX)标准方法[148]。可以用吸附在活性炭上的有机氯化物经过燃烧后释放出的卤素离子浓度来测定 AOX 含量。这种测定包括水样中与溶解或悬浮的有机物结合在一起的所有氯、溴和碘。总氯[149]和有机氯[150]的测定方法也被拓展到纸浆、纸和纸板中。

3.7 木材、纸浆和纸的直接分析

3.7.1 木材成分的光谱和色谱法测定

对木材和浆样不用经过繁琐耗时的湿化学处理就可能快速测定其中的主要成分，人们为此做了大量工作并开发了直接色谱分析和光谱技术。这些方法也许适用于制浆造纸工业的在线过程分析。

FTIR：DRIFTS、ATR 和 PAS 可以使 FTIR 直接记录木材和浆样信息，也有多种测定浆中木素含量的方法[99,151,152]。有记录表明，与 DRIFT 相比，PAS 对颗粒大小和木粉浓度的依赖程度较小[153]。但这些直接技术的定量精确度不太理想，红外光谱至今没被用作木材和纸浆分析的常规定量法。有效的多元数值计算法，如偏最小二乘法(PLS)分析可以提高 DRIFT 的定量表达[99]。

然而，最近有证据表明 FTIR 是一种使用溴化钾压片法测定桉木中木素含量的可靠方法[154]。1800cm^{-1}和 800cm^{-1}中间的两个峰值用于校准。木素基准峰在 1505m^{-1}处，而多糖峰在 1157cm^{-1}。线性回归预测出的木素含量与乙酰溴化法测定的木素含量有良好的相关性[155]。

对富含木素的机械浆的漂白和返黄中发生的化学变化[156-158]，FTIR 的分析也很有价值。

近红外光谱法(NIR)：近红外光谱法已成功用于木材中纤维素和木素含量的测定[21,159]。与多变量数据分析相结合，NIR 也可用来测定硫酸盐浆的得率、卡伯值、木素、葡萄糖、木糖和糖醛酸的含量[21,160]。在最近对 NIR 的评估中发现，近红外光谱法和桉树化学成分之间存在良好的相关性[161]。

傅里叶变换拉曼光谱：最近的研究都用拉曼光谱法分析了多组桉木样本[162]。通过对数据的二阶导数的应用，获得了在综纤维素、α-纤维素、木素和抽出物等的湿化学数据和拉曼光谱数据之间的重要关联性。但是，综纤维素的这种关联性不太理想。

固态核磁共振法：尽管固态光谱的分辨率很低，但固态 NMR，CP/MAS，^{13}C-NMR 可以对木材和浆样直接进行分析。NMR 具有成本高和分析时间长等缺点，对于针叶木，基于测量木素有关的 141～159ppm 区域的谱图总面积的木素含量和克拉森木素含量高度一致[163]。也可用 CP/MAS、^{13}C - NMR 对化学浆和机械浆纤维素的结晶度进行详细分析[164]。此外,固态 NMR 可直接分析硫酸盐浆干燥过程中角质化引起的结晶度变化[165]。

热裂解气相色谱法(Pyrolysis - GC):硫酸盐法制浆中纤维化学成分的改变可以用纤维的热解气相色谱质谱(Py - GC - MS)技术进行测定,通过多元数据校准获得定量数据。木素和碳水化合物组分(葡萄糖、木糖和甘露糖)可以根据重现性好的数据进行预测。

二次电子导电法(SEC):纤维素溶剂如氯化锂二甲基乙酰胺可以溶解硫酸盐浆,也可以彻底溶解阔叶木浆,但针叶木浆只能部分溶解。通过使用紫外检测器和折射率侦测器的 SEC 对溶解聚合物的分析,可以估计木素和多糖含量。该技术还允许估计纤维素和木素的摩尔质量分布[166]。

通过将纤维素转化为可以溶解在四氢呋喃的三苯基氨基甲酸酯衍生物,也可以实现对化学浆摩尔质量分布的测定[167]。苯基氨基甲酸酯纤维可以用 SEC 在使用紫外检测器的聚苯乙烯树脂柱上进行分析。可以用多角度激光散射系统(MALLS)测定纤维素的绝对摩尔质量。

3.7.2 官能团的测定

纸浆纤维中的羧基和磺酸基:纤维中的可电离阴离子基团的数量和性能决定了制浆造纸中的多种重要反应的相互作用。制浆、漂白和造纸过程中阴离子基团和金属阳离子的离子交换使纤维润胀软化,然后强烈影响了纤维特性[168]。许多造纸化学品是阳离子型的,因此通过与阴离子基团的相互作用附着在纤维上,助留剂和施胶剂的性能受这些带电基团的影响。

木材中的大多数阴离子基团是存在于各种半纤维素和果胶中的糖醛酸羧基团,但抽出物中也包含酸类如脂肪酸和树脂酸[169-170]。在碱性条件下,木素酚醛树脂基团也会离解带电。在化学浆漂白中,纤维素、半纤维素和木素氧化产生新的羧基,而机械浆的碱性过氧化氢漂白中,果胶降解和木素氧化形成新的羧基[171-172]。

酸性基团总量可以用酸碱滴定和离子交换技术测定。在测定漂白化学浆羧基的标准方法中[173],纸浆经酸处理、洗涤后与碳酸氢钠和氯化钠的溶液反应,滤液用 0.01mol/L 的盐酸溶液滴定至终点,但亚硫酸盐浆中木素、木素降解产物和磺酸基会干扰羧基含量的测定。

常规快速测定纸浆羧基含量的方法是改进的亚甲基蓝法。羧基上的亚甲基蓝阳离子和比色法测定的色素浓度的降低为羧基含量的测定提供了可行的方法。Klemm 等[7]在书中对此作了详细介绍。

也用到了许多其他的滴定法。电导酸碱滴定法和电位酸碱滴定法都可以使用氢氧化钠和碳酸钠。人们发现,用碳酸氢钠的电导滴定法是测定不同辐射松纸浆中羧基和磺酸基的有效方法[174]。氢氧化钠的碱性较强,尤其是对机械纸浆来说。靠近氢氧化钠滴定的终点时高 pH 条件下的木素酚基的离子化应该不是这种差异的唯一原因,可能是果胶中的部分甲酯水解的缘故。

Laine 等[175]介绍了一种高精度的电位滴定法。纸浆在恒定的离子强度(0.1mol/L 氯化钠)溶液中从中性开始滴定,通过加入已知量的盐酸,依据库仑法产生的羟基完成后续滴定,pH 由玻璃电极测定。在酸碱解离常数 3.3 和 5.5 时,由专门的计算机程序计算出滴定结果,该法可区分出未漂硫酸盐浆中两种不同的酸根离子。

纸浆纤维表面和内部都有酸性基团。内部的酸性基团可用碱滴定法测定,但对富含木素的机械浆来说,需要更长的时间才能达到平衡[176]。使用不同阳离子聚合物的聚合电解质滴定法可以给出不同酸性基团准确数据。使用一种低摩尔质量高电荷的聚合物,如聚胺,可以测定出纤维中的总电荷,与酸碱滴定法高度一致[174,177-178]。高摩尔质量的阳离子聚合物对纤维内部的酸性基团作用有限,使用此种聚合物可以确定表面的酸性基团[177-178]。

包括化学机械浆、亚硫酸盐浆中存在的磺酸基可以通过盐酸联苯胺水溶液处理纸浆后分别进行测定[179]。聚合联苯胺用盐酸洗脱后可以用紫外光谱法测定。由于盐酸联苯胺有致癌性,应慎用。已经开发了另一种使用盐酸胍的替代法[180]。电导酸碱滴定法也可以区分强磺酸基和羧基[181]。

木材或浆样中总糖醛酸可以用强无机酸如 12% 的盐酸或高浓度的氢碘酸进行脱羧反应并通过连续释放的二氧化碳浓度来测定[182-183]。

酚羟基:木素中的游离酚羟基可以通过不同 pH 的电离紫外光谱法、电位滴定或 Py-GC 进行测定[184],溶液和固态都可以使用^{13}C-NMR。NMR 测定法通常依靠苯酚乙酰基的甲基或羰基信号。

氨解法通常用于木素测定[185]。该方法基于吡咯烷中芳香醋酸盐的脱乙酰作用比脂肪醋酸盐快的原理,该过程由乙酰化和氨解两步组成。对于木材和浆样,硼氢化物还原要先于脱乙酰化[186]。室温下,乙酰化在吡啶和乙酸酐溶液中 3 天即可完成,而乙酰化的样品则用二氧六环-吡咯烷处理 60min,这样的乙酰基吡咯烷样品最后用 GC 进行测定。

最近在分离残余木素方面,比较了改进的紫外电离差分法和氨解法[187]。氨解法的结果比紫外法高出 15% ~20%,但两种方法所得结果的相关性良好。

乙酰基、木材和浆样中的乙酰基主要存在于木聚糖(阔叶木)和半乳葡甘露聚糖(针叶木)中,可以用草酸水解,然后用气相色谱测定释放出来的乙酸来定量[188]。碱性处理也可以释放乙酸,这些乙酸以乙酸苄酯的形式用 GC 测定[189]。

已有研究表明,应用 DRIFT 技术的 FTIR 是测定木材中乙酰含量的快捷方法[190]。

甲氧基:甲氧基主要存在于木素中,但是木聚糖的葡萄糖羧酸单元中也含有甲氧基。测定甲氧基含量的经典方法基于与沸腾氢碘酸反应的原始 Zeisel 法[191]。反应产生挥发性的碘甲烷,进一步和溴反应,过量的溴由甲酸消解掉,最后碘酸滴定转化为碘。开发出了更简便的木材微量测定法,其中释放的碘甲烷由 GC 测定[192]。甲氧基含量也可以在^{13}C-NMR 上对乙酰化木素进行定量测定。

3.8 表面成分的光谱测定

虽然有大量不同的表面光谱技术可用,但只有少部分用于研究有机聚合材料,如木质纤维素纤维或纸张,表面的化学稳定性和导电性主要决定了这些方法对表面的适用性。而且,表面光谱包含了离子或电子(化学分析电子光谱,次级离子质谱 ESCA,SIMS)的发射,需要超高真空,因此,包含挥发成分(如水)的样品都不能用于研究。表 3-3 对几种表面敏感光谱的主要特性进行了对比。显然,只有化学分析电子光谱和次级离子质谱真正适用于表面分析,它们检测了的确属于材料表面相的分子层的性质。PAS-FTIR、ATR 和共聚焦拉曼光谱都可用于深度性能分析,但这些方法的空间分辨率在垂直于表面方向 0.5 ~1mm 时最优。

表 3－3 纤维和纸化学表面分析的方法

性质	能谱仪	SIMS(静态)	FTIR(ATR)	ESCA
入射光源	电子	离子	红外射线	X 射线
真空	是	是	否	是
分析深度	0.5～5μm	0.2～1nm	0.5～5μm	0.5～10nm
空间分辨率	0.5～5μm	2～5μm	30μm	5～50μm
元素	B－U	H－U	不适用	Li－U
探测极限(原子%)	0.1	0.1	1	0.1
深度剖析	否	是	否	是
定量	半定量	1%～10%	10%	1%～10%
化学键	否	是	是	是
映射	是	是	是	是

3.8.1 化学分析电子光谱

化学分析电子光谱法(ESCA)或 X 射线光电子能法(XPS)是一种高真空测量方法,当 X 射线照射样品表面时,测量从表面发射出的电子能[193]。因此,不导电表面则需要充电。正因如此,在化学分析电子光谱法发展初期,这种方法被认为不适用于有机材料研究。常规仪器和有效真空泵的发展,X 射线单色化的提高和电荷效应的精确补偿减少了这些问题。因此,ESCA成为有用的研发工具。但是仪器很贵,分析也很慢。表 3－4 为化学分析电子光谱用于有机材料表面分析。

表 3－4 化学分析电子光谱法用于有机材料表面分析

优点	没有损害 表面敏感(0.5～10nm) Z 方向组成分布和 x,y 平面扫描输入可行 (除 H 外)任何元素都能被检测到 半定量分析 高灵敏度元素分析(1 原子%) 化学转化可被测定 光谱解释很简单
缺点	需要超高真空 设备昂贵 分析相对较慢 充电可能会引发问题

元素的定性和定量分析:ESCA 分析从原子核内发射出的光电子。尽管 ESCA 对木质纤维素材料的分辨率很低,但有尖且独立的特征峰(图 3－12 和图 3－13)。

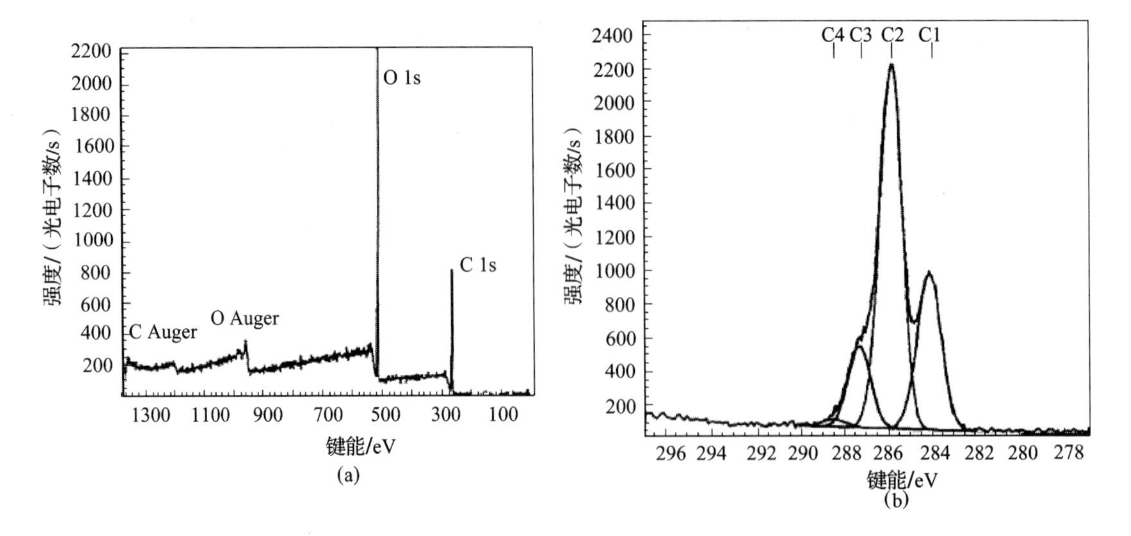

图 3－12　元素的定性和定量分析

（a）针叶材纤维素纤维（未漂硫酸盐浆）的 ESCA 范围，表明了 C（1s）和 O（1s）电子放射时的峰值，氧和碳的螺旋峰值是由于电子从原子较高能量级二次发射的缘故　（b）C（1s）峰值的高分辨率光谱表明了碳原子（表 3－5）的 4 种不同化学环境[194]

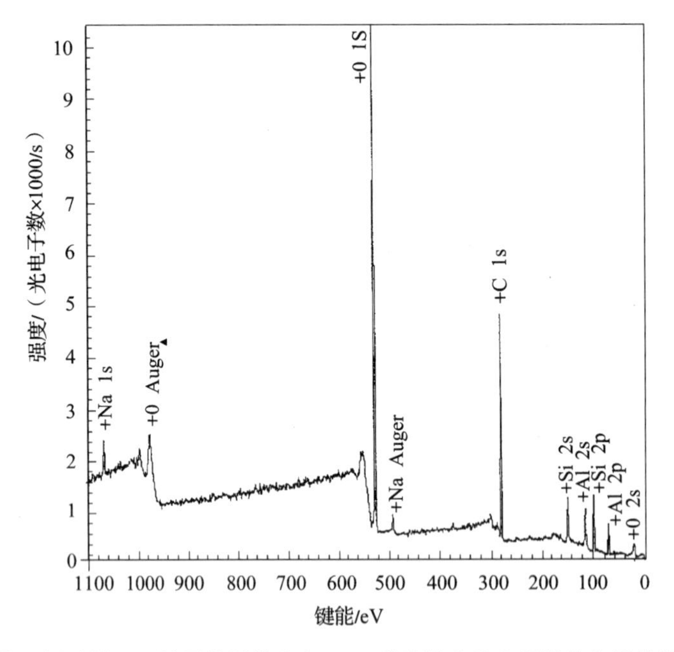

图 3－13　含有聚丙烯酸钠、1% 羧甲基纤维素和 10% 乳胶的高岭土颜料涂布纸的化学分析电子光谱

当电子穿过固体材料时，和材料原子相互作用。随着分析深度的增加，逃逸电子的强度急剧降低。电子的逃逸深度 l 是需要将电子的初始强度 I_0 减小到 I_0/e 的材料厚度。l 通常为 1～3nm，随电子能量的变化而变化。因此，ESCA 就被限制于表面的原子层。在最好的商用仪器中，横向分辨率是 5mm。用 ESCA 检测一种元素的最小量可能会差别很大，但通常检测极限是～1 原子%。化学分析电子光谱的受测强度受 l 和仪器因素影响。因此，表面不同元素的相对量可以用相对精确的方法测量，但 ESCA 测定的绝对表面浓度被认为不能精确到超过百分之几。

化学位移：化学分析电子光谱学（ESCA）最重要的一个特征就是相同元素从相同心能级根据原子的局部环境发射可测量不同键能的电子。这些所谓的“化学位移”应归功于不同的分子环境、不同的氧化态、不同的晶格位置等。因此，在光谱的原色纤维中，可以分辨 4 个不同峰［图 3 - 12（b）］。这些峰相当于表 3 - 5 中的碳的 4 种化学环境。C1 峰主要归因于木素及抽出物，C2 和 C3 峰与木素、纤维素及半纤维素相关，而 C4 峰则由纤维素及半纤维素（也有可能是木素）中的羧基所引起。

表 3 - 5 ESCA 光谱的化学位移[194]

化学键	结合能/eV	化学位移^a/eV
只有碳和氢（C1）	285.0	
一个与氧连接的键		1.5
两个与氧连接的键		3.0
（O—C—O，C ═ O）（C3）		
羧基		4.0 ~ 5.0
—COOH（C4）		
R—SO_3H	169	
R—SO_2—R		−2.5
不同功能键	533	±2
—N（CH_3）$_2$，—NH_2，—C≡N	399 ~ 401	
—NH_3^+—N（CH_3）		1.5
—NO_2		7

注：a. 与左栏中结合能相对应。

纤维成分中 C_1 碳含量遵循抽出物 > 木素 > 碳水化合物。通过对比碳水化合物丰富的表面测量 C_1 碳相关含量，使测定表面木素含量成为可能[195—196]。当抽出物出现在表面时，C_1 碳含量将进一步增加。

与纯化合物光谱对比使计算其在纤维表面的相对含量成为可能，也就是抽出物及木素的表面覆盖度[197]。Laine 等[194]及 Koljonen 等[198]提供了漂白硫酸盐浆及机械浆的计算示例。它也可以对 ESCA 分析敏感的原子表面的分子进行“示踪”。

3.8.2 二次离子质谱（SIMS）

在二次离子质谱（SIMS）中[199,200]，样本被离子束轰击，这导致表面的多重碰撞反应以及从表面发射出二次离子，然后用质谱分析这些离子。二次离子质谱是表面分析方法之一，属于解吸电离质谱法（图 3 - 14）。其他方法包括快原子轰击质谱测定法（FAB - MS），这是一种使用中性原子从表面轰击碎片的方法，还有基质辅助激光解吸电离（MALDI）以及激光解吸（LD）法，SIMS 是所有表面分析技术中最灵敏的。

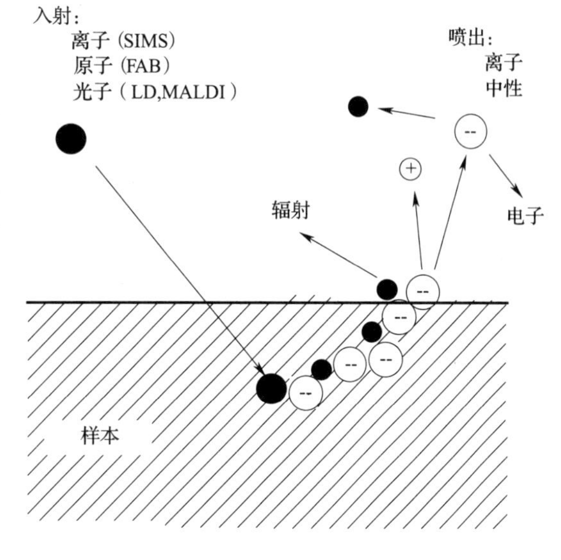

图 3 - 14 离子解吸特征示意图

在静态二次离子质谱中，样本被低能量

(100eV ~ 10keV)轰击,低通量密度离子束。这使结构特征以及材料表面元素分布的测定成为可能,并成为分析有机材料,如纤维的最有效的方法。分析深度仅有几纳米,最大横向分辨率为 1 至几微米。

在动态二次离子质谱中,需要更高的初级离子能量及通量密度,这因此提高了分析的灵敏度,但会腐蚀表面。动态二次离子质谱可以用来追踪元素分析(ppb 级)以及定量深度分析。表 3 - 6 总结了一些二次离子质谱分析的特征。

表 3 - 6　二次离子质谱作为一种有机材料表面分析的方法

优点	表面非常灵敏(0.2 ~20nm) 可以用于无破坏及破坏模式 *Z* 方向成分分析及 *XY* 平面扫描是可能的。高侧向分辨率(1 ~3μm) 高灵敏度元素分析(0.5 原子%) 详细化学结构的测定(质谱)
缺点	需要超高真空 分析很慢也很贵,数据评估耗时 表面充电可能产生问题

传统的二次离子质谱设备需要使用四极杆或扇形器质量分析器。在离子相对质量超过 2 ~ 4000 时,只能提供相对较低分辨率的质谱。最近一个重要的进展是使用飞行时间(TOF)质谱仪作为质量分析器(TOF - SIMS),它大大提高了质量测量与横向分辨率的灵敏度与范围,并能够准确地分析高分子材料,如木质纤维素材料。

在 ESCA 中,分析室要维持超高真空十分重要,这样分析就不会被污染物及喷射离子和其他分子的碰撞而阻碍。

使用静态二次离子质谱可以更好地了解纤维素纤维及纸张的容量及表面化学,这已得到 Detter - Hoskin 和 Busch 等人的验证[201],该方法可用于包括分析纸张表面胶料的含量[202—203],漂白纸浆中有机氯的分布[204],以及漂白木浆纤维纸张中无机离子的分布[205]等方面。

3.9　纸张及纸板中非木质(非纤维)成分的分析

纸张的纤维含量平均约为 70%,并在近几十年里持续下降,主要是由于涂布纸张及纸板生产产量的增加。非纤维(非木质)成分主要是非有机填料及涂布颜料、胶黏剂(胶乳)以及各种大量的有机聚合物添加剂。SC 杂志纸的填料含量高达 35%,涂布纸也包含填料和胶乳,大多纸种也包含主要用于表面施胶的淀粉衍生物等。一些疏水性化学品被添加在纸张的内部或表面,主要化学品有 AKD、ASA 及松香胶。纤维素衍生物,尤其是 CMC,是涂布颜料的一种常见成分。钙皂形式的脂肪酸是最常见的脱墨化学品。所有纸张成分的分析,包括非木质成分,对开展纸张生产控制及纸张性质的研究十分重要。

大多数纸张及纸板的标准测试是针对物理性质的,而化学成分的测试仅适用于淀粉、树脂、蛋白质、动物胶、无机填料、矿物涂层、一些金属及水溶性阴离子。然而,标准测试方法仍不适用于 AKD、ASA、涂布胶黏剂、助留剂及湿强剂。

3.9.1　乳胶及其他涂料成分

涂层的主要成分包括颜料、合成聚合物胶黏剂及淀粉。其他常见添加剂为 CMC、硬脂酸钙及酪蛋白。涂料中的淀粉通常需经过水解或氧化改性。最常用的乳胶是丁苯胶乳(SB)、聚醋酸乙烯酯(PVAc)及聚丙烯酸酯。

FTIR 或 Py—GC—MS 通常能鉴别乳胶类型。对于 FTIR,纸张中的乳胶成分首先用有机溶剂萃取,然而纸张可能包含若干种胶黏剂、施胶剂及天然抽出物,这些混合物的 FTIR 很难解释。在红外光谱应用前,SEC 是一种排除低摩尔质量物质干扰的成分分析方法,SEC 可以从丁苯胶乳中分离出基于 PVAc(聚醋酸乙烯酯)的胶乳树脂[206]。

Py - GC - MS 经常被用来鉴定合成聚合物。不同的聚合物产生各具特点的“指纹”热解图。Py - GC - MS 对合成聚合物的鉴定十分有效[207 - 208],且常被用于纸张涂料的定性及半定量分析[209 - 210]。

3.9.2 淀粉

淀粉在造纸业中主要用作湿部助留剂、表面施胶剂、涂料胶黏剂,它也用作瓦楞纸板的黏合剂。作为湿部添加剂的淀粉通常会被不同的阳离子胺基团或多或少阳离子化。

纸张中的淀粉由热水抽提后再通过比色来测定,或由水解(通常用酶解)和色谱分析法、比色法或酶解法借助葡萄糖浓度来间接测定。

标准方法是基于水抽提及复杂的碘比色法[211]。将湿浆加热至 92℃,加热时间为 15min,冷却并在酸性条件下用水抽提后,用 580nm 蓝色络合碘的分光光度法测定抽出的淀粉的量。直链淀粉与碘分子形成络合物[212],而支链淀粉没有形成蓝色络合物,因此不能用比色法测量。形成的碘络合物及其颜色同样取决于直链淀粉链的长度,这意味着都应对每种待分析淀粉做定量校正曲线。标准方法适用于未改性淀粉及仅被传统的氧化技术或酶转化改性的淀粉。据报道,如今这一方法适用于多种商业化淀粉产品,虽然它强调淀粉是阳离子的、改性的、接枝的或那些需通过特殊技术与树脂结合的。

一种用抽提和比色法测定淀粉含量的改进方法是在氯化钙缓冲溶液中煮沸原纸样,然后用碘络合物比色法对抽提出的淀粉进行定量[213]。该方法适用于所有纸张中添加的淀粉,且抽提方法也比其他现有方法简单得多。

测定瓦楞纸板中的淀粉有两个标准方法,其中一个是使用 α - 直链淀粉酶水解并测定水解物的量[214]。用砷钼酸盐显色剂的比色法响应更好[215]。

纸张中的淀粉还可以通过酶解转化为葡萄糖来测定,使用 α - 直链淀粉酶及葡萄糖淀粉酶的混合物水解淀粉,然后通过 HPLC 来分析[216]。淀粉的酶降解专一性较强,但需要的时间较长。葡萄糖产量随淀粉类型的不同而不同,因此应针对不同酶的类型分别对葡萄糖标准曲线进行校准。葡萄糖测定也可以使用酶结合比色法[212,217]。该比色法比用化学法测定葡萄糖含量干扰少、简单、成本低。

淀粉还可以用酸 - 甲醇解结合 GC 来测定。此时,淀粉被完全降解为葡萄糖,淀粉还可以通过半纤维素中葡萄糖的减少量来估算[72]。

3.9.3 施胶剂

烷基烯酮二聚体(AKD):AKD 在印刷纸和书写纸中性施胶条件下使用越来越多。AKD 由天然脂肪酸制造,主要包括棕榈酸和硬脂酸。AKD 在纸张中以 3 种不同形式出现,即未反应的游离式、水解形式(如酮)以及酯化式。

纸张中的 AKD 可以通过抽提、水解及 GC、HPLC、NMR 及 IR 光谱法测定,也可直接由 Py -

GC－MS 法来测定。Sithol 等[218]评价了与 GC 结合的抽提方法，并开发了适合纸张、白水及沉积物中 AKD 的分析方法。对于纸张样品，研发出了游离和结合的 AKD 的测试方法（图3－15）。

用三氯甲烷抽提游离的和水解的 AKD（硬酯酮），建议在 GC 分析前使用酸水解，将游离的和未反应的 AKD 转换为酮，而结合的 AKD 在 6mol/L 盐酸中煮沸 30min 以破坏纤维素与 AKD 间的化学键，最后用三氯甲烷萃取。GC 分析用一个短的（10m）毛细管柱来缩短分析时间。不同的 AKD 试样都会产生 3 个主要特征峰及一些小的峰。应综合所有结果以便获得可靠的定量结果。

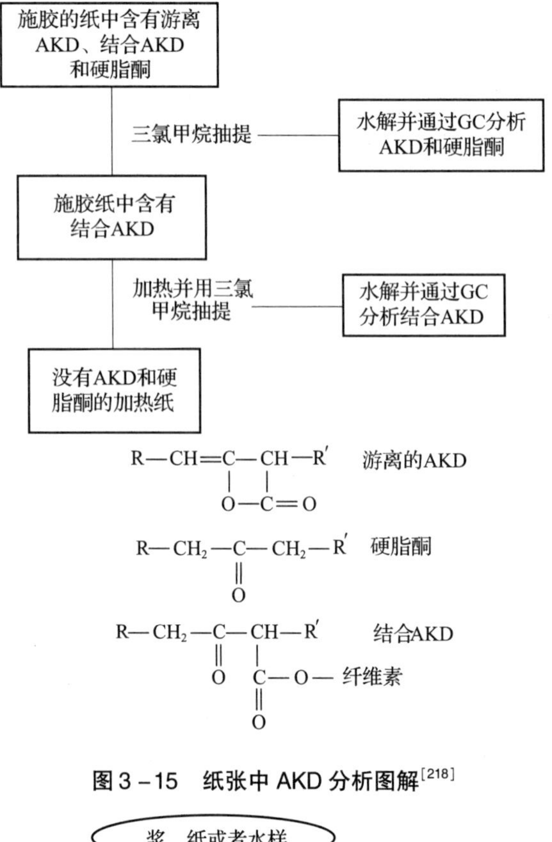

图 3－15 纸张中 AKD 分析图解[218]

纸张中的 AKD 可以用 Py－GC－MS 来测定[19,219]。AKD 热裂解的主要产物是由二氧化碳释放形成的二烯烃，以及水解产物（酮类）。游离的 AKD 可以通过热解吸和 GC－MS 来量化，然后反应的 AKD 则通过 Py－GC－MS 来定量。使用已知 AKD 含量的纸张样品进行校准也是很有必要的。

（烯基琥珀酸酐）（ASA）：烯基琥珀酸酐通常由 16 或 18 个碳原子的烯烃和丁烯二酸酐反应生成，这种酸酐可以与纤维中的羟基反应形成一种酯酸。ASA 还可以在纸张中以其自身完整的形态出现，其水解则产生二酸，包括它们的金属皂以及反应成的酯酸。通过萃取、衍生化及气相色谱法可以对不同的形式进行分析。最近开发了一个简便的方法（图 3－16）[220]。首先用丙酮对未反应的（未结合的）ASA 进行萃取，并通过添加 KH_2PO_4 或 HCl 来萃取可能存在的钙皂，最后采用酸性甲醇解进

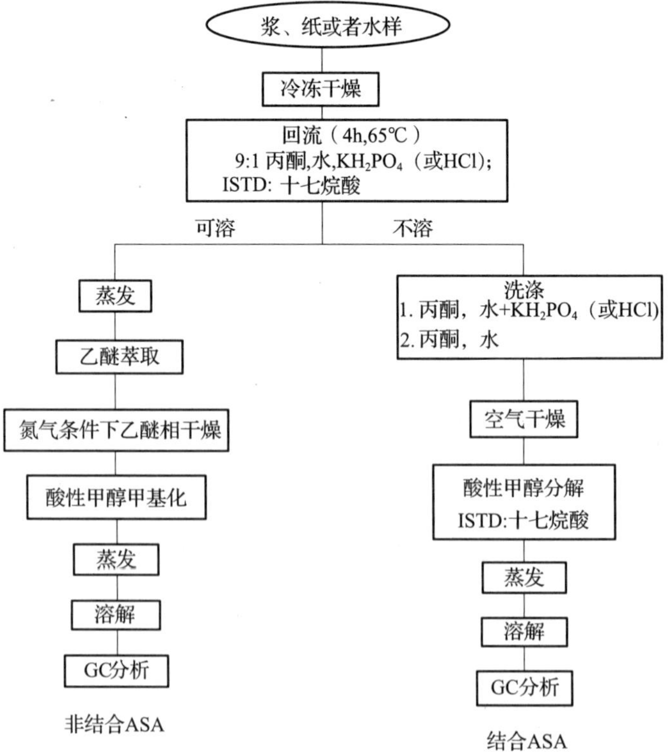

图 3－16 使用酸性甲醇解衍生化及释放结合的 ASA 来分析纸张中 ASA 的图解，也可以用 Py－GC－MS 技术来测定纸张中的 ASA[19,219]

行衍生化反应，对产生的烯基琥珀酸酐二酸甲酯进行 GC 分析。重氮甲烷也可以用于硅烷化或甲基化，反应的(结合的)ASA 被水解或释放，同时在酸性甲醇解中被转化成甲酯，反应的 ASA 也可以在 0.5mol/L KOH 乙醇溶液中加热水解。ASA 包括各种同系物及同分异构体的复杂混合物，它们具有不同的烷基链长及结构，因此形成了复杂的色谱图。但是 ASA 所有峰面积的总和为定量提供了很好的保证。树脂酸因与 ASA 的波峰重叠会对分析造成干扰。对于树脂酸含量丰富的含磨木浆纸或松香施胶纸，建议使用带有选择离子监测(SIM)模式的 GC - MS 来分析。

松香胶：松香来自松树的天然油性树脂。如今，生产的大多数松香是由粗塔罗油蒸馏得到的塔罗油松香，粗塔罗油是硫酸盐制浆过程的副产品。直接从松树得到的松香仍然在中国大规模生产。纸张施胶用的大部分松香是其与丁烯二酸酐或富马酸进行反应改性获得的。这些改性的松香通常被称为“强化”松香。图 3 - 17 示出了它们主要的改性组分。多数松香通过明矾或聚合氯化铝(PAC)沉积絮聚(或固定)在纤维上。

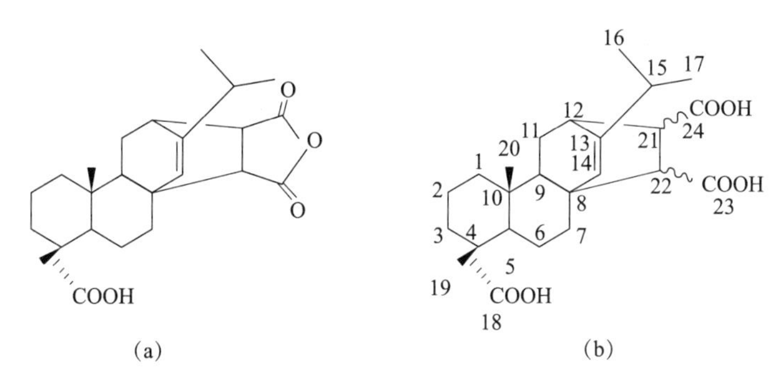

图 3 - 17 强化树脂的主要成分[221]

(a)马来海松酸 (b)富马海松酸

分析纸张及纸板中松香的标准方法[222]包括酸性乙醇萃取法，首先用二乙醚抽提出非树脂类物质，然后皂化并去除中性物质，最终用质量法测定树脂酸。该方法十分繁琐，希望能开发出更快捷的测定方法。Py - GC - MS 就是一个快速的方法，甲基化热解需同步添加 TMAH 来为 GC 提供洗脱所用的酸[19,95]，定量测定同样可行[223]。很显然，纸张和纸板中的松香经萃取和诸如甲基化或硅烷化的衍生化后进行 GC 分析，而强化松香作为甲酯也可通过 GC 来具体分析[221,224]。

可以用 TOF - SIMS 来测定纸张表面施胶剂的分布。已经有很多对 AKD、ASA 和松香的研究[225 - 229]。

3.9.4 纤维素衍生物

许多纤维素衍生物在造纸中被用作湿部添加剂，包括羧甲基纤维素(CMC)、甲基纤维素和羟乙基纤维素。CMC 常用作湿部添加剂、表面施胶剂和涂料组分。CMC 可以用水抽提后并对其水抽出物进行分析，它还可以通过沉淀和比色法测定[230]。用酸解和毛细管 GC 技术可对 CMC 进行更专业的分析[58]。最近有关对 CMC 的详细分析是采用酶解多糖的方法，接着用凝胶排阻层析法进行测定[231]。CMC 链的长度分布，即摩尔质量分布，可以通过带有 0.5mol/LNaOH 或 0.4mol/L 醋酸盐缓冲液并经葡聚糖校准的 SEC 法来测定[232]。使用光散射检测[多角激光散射(MALLS)]可以直接测定纤维素衍生物的摩尔分子质量及其分布。

3.9.5 其他添加剂

造纸业使用数以百计的添加剂。有机造纸添加剂如干强剂、助留剂、染料、石蜡、阻燃剂、光学增白剂、表面活性剂、消泡剂、杀菌剂及螯合剂。纸张中也同样含有无机物,它们源自蒸煮及漂白残留物或诸如明矾类的添加剂。本书不涉及纸和纸板中使用的大量无机添加剂,也正是因为所述的分析方法不适于这些添加剂的测定,这里只给出一些例子。

脂肪酸的钙皂,多为饱和脂肪酸,通常在浮选脱墨中用作油墨捕集剂。一些脂肪酸残留在脱墨浆中,并可能在造纸机上产生树脂沉积。纸浆及纸张中的脂肪酸钙皂可以用添加 KH_2PO_4或盐酸的丙酮萃取出来,然后用 GC 进行分析[109]。由于脱墨皂的主要成分是硬脂酸,它是木材树脂中的一种微量组分,它可以作为纸浆及纸张中脱墨皂的标志性物质。

Py－GC－MS 可以用于湿强剂(聚酰胺胺基环氧氯丙烷树脂)(PAAE)的测定[233],若选择离子监测其检出限可低至 0.02% (质量比)。对聚丙烯酰胺(PAM)和聚酰胺环氧氯丙烷树脂(PAE)的同步测定是 Py－GC－MS 的另一项研究内容[234]。造纸中 PAM 干强剂同样可由带有 ATR 技术的 FTIR 来测定[235]。硬纸板中的短链脂肪酸则通过乙醚抽提来分析,这种抽出物首先经过固相萃取提纯和浓缩,然后对其进行 HPLC 分析[236]。

3.10 沉积物及斑点分析

黏性物的积累及沉积对许多制浆造纸厂来说是一个严重的问题。沉积在造纸设备上的黏性物和纸张的斑点严重影响造纸机的运转性能和纸张质量,因此造纸厂不得不维持严格的沉积物控制程序。

沉积物及斑点通常含有许多不同的黏性组分、成团的纤维和填料粒子,还可能存在细菌和其生物污泥。那些进入纸机系统的木材树脂,是沉积物和斑点的普遍来源,机械浆生产线则尤为严重。含有主要木材树脂的沉积物被称为“树脂”障碍。涂布机上的沉积物通常发白,因此通常被称为“白树脂”障碍。白树脂沉积物的主要黏性成分是涂料黏合剂(胶乳聚合物)。当使用回用废纸时,沉积物及斑点问题通常更为严重。和回用废纸一起进入脱墨系统的黏性物包括涂料黏合剂、施胶剂、热熔胶及压敏胶等。脂肪酸皂的残渣在脱墨时用作油墨捕集剂也会形成沉积。从回用废纸中去除或消除杂质(通常被称为“胶黏物”)是优化及发展脱墨工艺的重要举措之一。

对纸浆及纸浆悬浮液中胶黏物的定量测定有多种不同的方法[237]。但这样泛泛的测定不能为沉积物来源及其化学特性提供更多的信息。沉积物及斑点的化学分析对识别污染物来源非常重要,进而有助于寻求适当的调整措施。

3.10.1 直接分析方法

(傅里叶变换红外光谱)(FTIR):FTIR 是分析沉积物及斑点最常用的技术,不用溶解或在溶剂中溶解后就可以直接对沉积物进行 FTIR 分析。若使用漫反射红外光谱(DRIFTS),样品用量少,且无需对样品进行处理,这种分析技术很容易被工厂技术人员掌握并作为常规的分析手段[238]。TAPPI Useful Method[239]同样建议使用 IR。FTIR 能分析非常小的斑点,甚至低于1mg 的斑点也可以。IR 可提供有关有机物官能团等方面的信息。然而,沉积物和斑点通常由复杂的混合物构成,这使得 IR 难以解释。包含 IR 谱图的商用的大型数据库会有用得多。

Py - GC - MS:Py - GC - MS 是鉴别不同合成聚合物的有效快捷的技术。不同聚合物的裂解图有其特征峰。Py - GC - MS 用于直接分析沉积物及斑点[95,207,208,240,241]。它可以分析少到1mg 的样品或纸张中的单个斑点。具体来说,不同聚合物的裂解图可以通过分析相同条件下的参比聚合物来获得。GC - MS 能对单一峰进行识别。若借助某些仪器并对合成聚合物进行特殊的均质化处理,开展定量分析是可能的[208]。

(热重 - 红外 - 质谱法)(TG - IR - MS):同步热重 - 红外 - 质谱法分析是一个相对新的技术,它可以快速表征沉积物[242]。沉积物中无机物及有机物的定量数据通过热失重(TGA)曲线获得,挥发物的 IR 和 MS 数据能给出沉积物组成等方面的化学特征信息。

3.10.2 分级及分析

沉积物中各种黏性物的更详细的分析可以通过在适当溶剂中溶解有机物,随后用 HPSEC 对不同成分进行制备分离。其基本设计方案见图3 - 18。

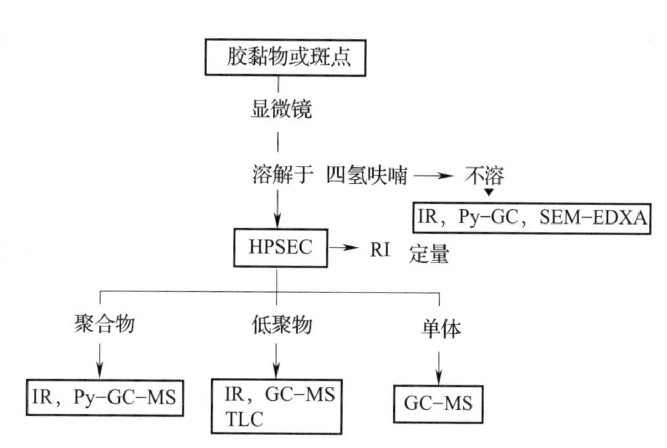

图 3 - 18 制浆造纸生产中形成的沉积物和斑点的基本分析方案[241]

沉积物和斑点中的大多数黏性成分可溶于四氢呋喃(THF)。根据摩尔质量,以四氢呋喃为洗脱液,在带有体积排阻模式的 HPLC 中可以完成分级制样。三柱串联的交联聚苯乙烯树脂提供了良好的分离效果,通过折射率(RI)检测器可实现检测。分离的组分可进行人工收集,自动收集会更为便利。

不同技术可对不同级分进行分析。低摩尔质量的级分(单体和低聚物)主要含有树脂,碳氢化合物和增塑剂最好用 GC 和 GC - MS 分析。TLC 可用于鉴定树脂成分,如甘油三酸酯、甾醇酯等。FTIR 和 Py - GC 则用于分析聚合物的各种级分。

结果表明,上述方案在分析多种造纸厂沉积物和斑点方面非常实用[243],其中一个重要特征是能对单个微小沉积物和斑点进行分析,如抄纸网或纸张中的斑点或沉积物,甚至在很多情况下,仅需 1 ~ 10mg 的样品。

分析沉积物和斑点的一大障碍是其在溶剂中的溶解度有限。四氢呋喃和三氯甲烷使用最多,但是大多交联聚合物在所有溶剂中均不能完全溶解。IR、Py - GC - MS 和 SEM - EDXA 等均能用于表征未溶解物。

脂肪酸和树脂酸的金属皂在中性溶剂中的溶解度有限。但通过把它们在酸类的有机溶剂如酸性丙酮中进行回流，就可使其转化为游离酸。已经建立了定量测定沉积物和斑点中树脂和铝皂的分析方法[108]。树脂成分最先溶于丙酮，而金属结合酸则最后在酸性丙酮中通过回流而得以分解和抽提。

开发了一个专项方案用于测定脱墨浆厂纸浆悬浮液和工艺用水中的聚合物与胶黏物热塑性[244]（图3－19）。

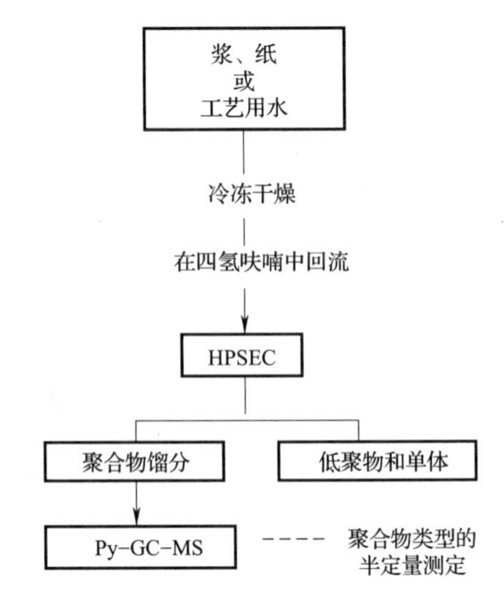

图3－19　纸浆、纸和工艺用水中热塑性聚合物的分析方案

聚合物从冷冻干燥的浆样中经 THF 回流后被抽提出来。抽提液经过 0.45mm 孔径的聚四氟乙烯薄膜过滤以去除不可溶颗粒，然后蒸发浓缩，并称重抽出物。抽出物再溶解于 THF 以得到一个准确的浓度，如 10mg/mL。四氢呋喃抽出物通过 HPSEC 进行分级，收集不同级分的聚合物，图3－20是一个典型色谱图。

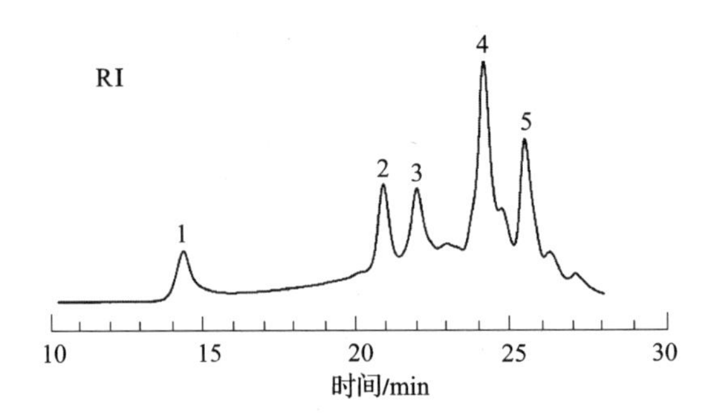

图3－20　脱墨纸浆 THF 抽出物的HPSEC 色谱图

注：4 种交联聚苯乙烯多柱串联（一个前置柱 TSK HXL－L，和 3 个来自 TSK 公司的分析柱 G3000 HXL，G 2500 HXL 和 G 1000 G 1000 HXL）洗脱液：四氢呋喃 THF，1.0mL/min，入口压力 10.0MPa。柱温：40℃。波峰的主要成分：1—合成聚合物　2—甘油三酸酯　3—甾醇酯　4—脂肪酸　5—树脂酸

通过 Py－GC－MS，最终分析了聚合物不同级分的含量（表 3－7）。把精确数量的聚合物级分置于热裂解装置的铂片上，在 650℃ 进行高温分解，其分解产物用标准 GC 进行分离，然后通过使用选择性离子监测（SIM）的 MS 单元进行检测，以获得可接受的灵敏度。表 3－7 示出了热解组分及其碎片离子。若用于各种聚合物的定量测定时，可用已知的纯聚合物对照样进行定量校正。

最近提出了另一种分析沉积物的基本方案（图 3－21）[245]。此方案由以下方面组成：多种溶剂的顺序提取，包括用 FTIR、GC、NMR、TGA、EDS 和 ICP 各种技术来分析溶解和未溶解的级分。

表 3－7　Py－GC－MS 用于对胶黏物中的聚合物的高温分解成分及其碎片离子（括号内）进行鉴定和定量

聚合物	第一次裂解成分	第二热裂解成分
EVA	1－癸烯(55,140)	1－十一碳烯(55,154)
SB－乳胶，SIS，SBS	苯乙烯(104)	4－苯基－环－已烯(104,158)
丙烯酸丁酯胶乳	丙烯酸丁酯(55,56)	
PVAc 未干的	并苯(128)	苯甲醛(106)
PVAc 交联	2－丁烯醛(70)	2,4－已二烯醛(81,96)

注：表中括号中数字表示碎片离子数。

树脂和烃油可通过 GC 和 FTIR 在可溶于己烷的级分中进行测定,而聚合物可在乙醇抽提后且不可溶于己烷的部分,以及在三氯甲烷抽出物中发现。某些聚合物在这些溶剂中仍不可溶。此方案操作十分费力,且要求相当多的沉积物和斑点样品(一般为 300 ~ 700mg)。

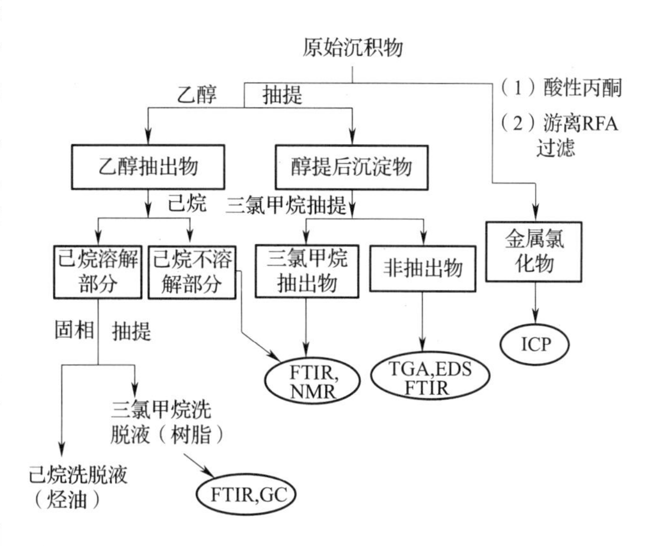

图 3 -21 回收纤维厂的沉积物基本分析方案[245]

3.11 硫酸盐浆厂溶液和废水分析

近几十年硫酸盐法制浆在化学制浆中占主导地位。亚硫酸盐法制浆仅占很少部分,主要用于如 CTMP 和 NSSC 高得率制浆。其他的特殊制浆法,如各种溶剂制浆法,尚未商业应用。因此,本章着重介绍硫酸盐制浆废液、漂白废液和硫酸盐浆厂废水的分析方法。最近,一篇有关制浆废液特性的综述也介绍亚硫酸盐制浆废液的有关情况[246]。

新鲜的制浆和漂白废液含有多种高浓度无机物。已经建立了许多用于制浆和漂白废液以及制备这些溶液的无机原材料的标准分析方法。这些方法大多是滴定和比色法,而离子色谱法同样能用于分析制浆和漂白废液中的无机和有机离子[144,145]。碱和硫酸盐黑液的一种分析方法[247],包含多种过程,如测定密度、总固形物、有机物和大量无机物,当然也包括活性碱以及各种形态的硫的测定。

废液中溶解的有机物对研究制浆和漂白过程非常重要。通常,分析废液中的可溶性物质比分析固态纸浆更容易,且其结果有助于更好地解释制浆和漂白过程中的一系列化学反应。

3.11.1 硫酸盐蒸煮废液中的有机物

硫酸盐蒸煮废液的主要成分是降解及可溶木素,称为硫酸盐木素,其他成分是半纤维素、抽出物和多种源自木素、半纤维素和抽出物的低分子质量的降解产物。在硫酸盐法制浆中,半纤维素的主要降解产物是羟基羧酸。

硫酸盐木素可通过无机酸沉淀法或通过超滤或凝胶渗透法从黑液中分离[248]。在黑液中的木素总量可从 280nm 的紫外吸收中进行估算。分离的木素可通过多种湿化学法、色谱法和光谱法以及基于化学降解或热解与色谱分析相结合的方法进行分析,详见之前章节关于木素的分析。

大多数半纤维素在硫酸盐法制浆中溶解、降解,而一些多糖被保留下来。用酸沉淀法去除木素后,多糖则可通过乙醇沉淀法得以分离[246]。半纤维素也可通过 1,4 - 二氧六环和乙酸选择性沉淀法进行分离,随后经过透析提纯[249,250]。酸解或甲醇解并结合 HPLC 或 GC 可进一步分析多糖,详见之前章节关于半纤维素的分析。

硫酸盐蒸煮废液还含有大量低分子量的木素、纤维素、半纤维素、果胶和抽出物等降解产物。Niemelä[251] 可以抽提、分离,并通过不同提取技术(阴离子交换,溶剂提取)以及使用不同衍生技术的毛细管 GC 和 GC - MS 技术分析鉴定出了 300 多种化合物。最近 Alén 和 Niemelä

对这些成分的分析方法进行了总结[246]。

这些低分子量组分主要是来自半纤维素的脂肪族有机酸。甲酸和乙酸可通过离子色谱法或 GC 测定[190],羟基羧酸可经过阳离子交换树脂提取后用三甲基硅烷(TMS)基衍生物的 GC 和 GC－MS 进行详细分析[252]。如果仅对羟基羧酸有兴趣,就可向其注入一种三甲基硅烷化混合物,短暂的反应后,就可对混合物进行 GC 分析。

大多数树脂组分可从硫酸盐制浆废液中分离出来,如硫酸盐皂,也被称作“塔罗油浮渣”。残留的树脂成分可通过 Saltsman－Kuiken 法[253]抽提出来,酸化黑液则用石油醚提取。添加丙酮和甲醇可以溶解大部分的沉淀木素。石油醚抽出物的含量准确反映了残留的树脂量。脂肪酸、树脂酸及其不皂化物可通过 GC 进行详细分析[123]。

3.11.2 漂白废液和硫酸盐浆厂废水中的有机物

20 世纪 90 年代,纸浆漂白技术发展变化很快,其中元素氯被其他化学品所取代。目前不使用含氯化学品或使用二氧化氯的漂白程序占主流。不同浆厂漂白废液的质量和组成差别较大[254]。

漂白废液在很大程度上需经处理后排放,对其分析通常侧重于评价环境影响。漂白废液通常测定如 BOD、COD、TOC(总有机碳)以及有些标准方法中可能涉及的色度(如文献[255])。开发了氯化物的专门测定方法,如可吸附有机卤化物(AOX)的测定方法[149]专为漂白废液和纸浆厂废水而开发,这是基于有机氯化物在活性炭上吸附、燃烧后形成盐酸的微库仑滴定原理。

漂白废液含有改性木素和半纤维素,还有大量来自纤维素、半纤维素、木素和抽出物的不同低分子降解物。通常,用于黑液分析的大多数方法也可用于漂白废液[256]。

现代漂白程序通常使用 EDTA、DTPA 和 NTA(次氮基三乙酸)等螯合剂,它们钝化微量金属的活性防止过氧化物的催化降解。螯合剂可用 GC 和 HPLC 来分析[257,258]。GC 对稀释废液和接受水体是更灵敏的技术。一个简单的样品处理程序首先是对水样进行蒸发,然后在甲醇溶液中用三氟化硼转化成甲酯,最后用具有氢火焰离子检测器(FID)的 GC 进行分析。该方法可以精确测定浓度为 0.1mg/L 的 EDTA 和 DTPA。另一种方法则是基于酸性乙基化和有氮磷检测器(NPD)的 GC 技术,能够测定更低浓度的 EDTA 和 DTPA[257]。

亲脂性树脂成分因其潜在的生物积累和毒性,在废液中有特殊意义。过程水或者废液中树脂成分的抽提可通过直接溶剂——水抽提或用交联聚苯乙烯树脂(XED－树脂)或反向树脂的固相提取制得。水抽出物的常规溶剂是烷烃(己烷、石油醚等)、丙酮或乙醇、二乙醚、甲基叔－丁基醚(MTBE)等。因为树脂在较大程度会在过程水、废液和自然水体中吸附多种颗粒,经过滤、沉淀或者离心分离后,有必要对这些颗粒进行分离抽提。

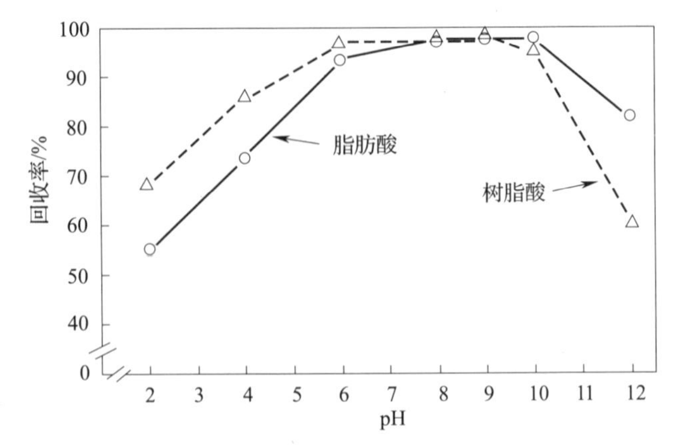

图 3－22 不同 pH 下硫酸盐浆厂废液中脂肪酸和树脂酸的回收率[259]

Voss 和 Rapsomatiotis[259]研究了用 MTBE 对硫酸盐浆厂废液中树脂酸和脂肪酸进行抽提。他们发现弱碱性条件下的抽提率高于酸性条件和 pH 为 9 的建议萃取条件(图 3－22),

这表明树脂酸和脂肪酸在酸性 pH 下与木素残渣产生结合。新开发的方法显示脂肪酸和树脂酸的最低检出浓度可低至 20mg/L。

3.12 造纸厂过程水和废液分析

在机械法制浆和后续漂白中,大量的木质材料被溶解和解离出去,通常为 30 ~ 60kg/t。这些物质主要由半纤维素、果胶、木素、木脂素和树脂组成[172]。过氧化物漂液含有大量多余的乙酸和甲醇。由于机械法制浆极少进行有效的洗涤,这些成分大多被带到纸机。化学热磨机械浆(CTMP)过程水与来自 TMP 和其他机械制浆的水,尽管量很大,其本质上成分相同。化学纸浆和再生浆分别在浆厂和脱墨中被彻底洗涤,且不像机械浆那样向纸机转移如此多的溶解与胶体物质(DCS)。

在某种程度上,各种湿部添加剂被保留在过程水中,而纸机干部的化学品,尤其是表面施胶剂和涂料,将随损纸部分返回到湿部。

迄今为止,造纸厂过程水和废液分析主要由各种参数的汇总来获得,也有很多有关废液分析的标准方法。然而,最近对造纸厂蒸汽和过程水制定了一个综合实施方案并进行重点论述[260]。

3.12.1 溶解与胶体物质(DCS)的分离

含有 DCS 的水样可以从纤维悬浮液和过程水中经多次离心分离制得。相反,由于过滤器或纤维滤饼的截留效率不同,过滤会造成胶体物的流失。造纸厂纸浆浓度为 4% 的水样需要立即在 1500r/min(500g 离心力)下离心 30min,仅含有溶解物质样本可由 DCS 水样通过 0.1 ~ 0.2mm 孔径的过滤器过滤得到。如果颗粒大于胶体物也有意义,其过滤可在装有 30 ~ 70mm 网或膜的动态滤水仪(DDJ)下进行。可用适宜的超滤膜将溶解物质分成高分子量和低分子量组分[261]。

3.12.2 一种实用的综合分析方法

已经开发出一种实用的综合分析系统,它能够简单且详尽合理地定量测定造纸厂过程水和废液中的各种溶解和胶体物(图 3 – 23)。碳水化合物量和组成主要为半纤维素和果胶,甲醇解为单体后,由 GC 测定,用甲基叔丁基醚(MTBE)抽提亲脂性成分和木素。抽出物随后在短毛细管柱上进行 GC 分析。溶解的木素和木素类物质则经抽提水样后在 280nm 处测定其紫外吸光值。该分析系统可实现多种水样的平行分析,极为便捷,分析的样本可少于 10mL。

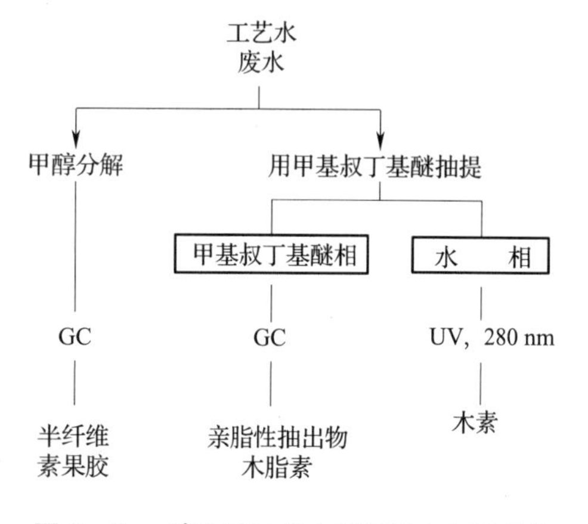

图 3 – 23 造纸厂过程水和废液中主要成分分析的综合方案[71]

碳水化合物分析:已证实甲醇解的 GC 分析对测定造纸厂过程水中的溶解碳水化合物十分有效[71]。将少量水样,一般为 2mL,冷冻干燥,然后在含有 2mol/L HCl 的无水甲醇中进行醇解,其他与纤维分析相同(见之前章节)。但 3h 的醇解对水样已经足够,将制得的甲基葡萄糖苷转化为三甲基硅醚后用 GC 进行分析。

当衍生成三甲基硅醚后,单糖和二糖可通过未经酸性甲醇分解的冷冻干燥样本直接进行 GC 单独测定(参考图 3 -4)。

为了对结构进行更详尽的表征,需要对不同种类的半纤维素进行适当程序的制备分离,这些方法通常十分繁琐,且对有大量样本的工厂工艺研究不实用。离子交换树脂可用于阴离子半纤维素和果胶的分离[262]。在缓冲水系统中的排阻色谱(SEC)可提供更多有关多糖摩尔质量的信息。Py - GC/MS 已用来表征和评估造纸厂过程水中多糖相对含量和与木素相关的芳香组分[263,264]。

抽出物分析:在造纸厂用水中的亲脂性和中度亲水性抽出物可以通过适当的溶剂抽提并结合 GC 进行测定。甲基叔丁基醚(MTBE)是抽提亲脂性基团和大量存在于机械浆用水中更具亲水性的木脂素的有效溶剂[14,259]。为方便起见,抽提可在少量水样中进行,一般为 4mL,将多个平行样本一起置于试管中。抽提前需将 pH 调到 3 左右,以确保木脂素的良好抽提,需要进行三次抽提以获得木脂素的满意得率。必要时用力摇晃以获得亲脂性抽出物的高提取率,因为抽提主要发生于胶体液滴形成时。

亲脂性抽出物可通过有非极性固定相薄膜的短柱(5 ~7m)的 GC 上分析其成分[4,110]。该技术能快速测定主要的抽提组分,如脂肪酸、木脂素、甾醇类、甾醇酯和甘油三酸酯等。四氢呋喃(THF)洗脱的排阻色谱也可用于分离不同亲脂性组分。如果需要单一脂肪酸、树脂酸、木脂素和甾醇类的详细信息,同样的抽出物可在 15 ~25m 标准长的 GC 上进行分析[117]。

木素和其他芳香成分分析:在造纸厂用水中对与木素相关的芳香组分的定量可从 280nm 的紫外吸光值计算而得。但水样需先经过抽提以除去强烈吸收紫外光的木脂素和亲脂性抽出物,如用甲基叔丁基醚在酸性 pH 下进行多次抽提。其他高分子量的芳香组分,如木素和类木素低聚物用甲基叔丁基醚抽提[12]。亲脂性抽出物的去除也减少了由胶态树脂液滴对吸收的可能干扰,甲基叔丁基醚的少量残留则不会干扰,因为其在 280nm 紫外光下没有吸收。通过使用溶解于甲醇 - 水溶液(体积比为 80∶20)的纯云杉磨木木素(MWL)来进行定量校正。从机械制浆废液分离出的溶解木素在 280nm 紫外光下与 MWL 具有相同的吸光性。

溶解木素可通过交联聚苯乙烯或聚丙烯酸树脂进行分离(XAD -4 或 XAD -8 树脂)。以四氢呋喃为洗脱液的排阻色谱可用于测定木素的分子量分布。

混合纸浆成分包括无机物分析:除碳水化合物、抽出物和木素外,低分子有机酸,特别是醋酸和少量蛋白质及无机离子是从浆迁移到纸厂水中的。醋酸、甲酸和其他低分子有机酸,在其转化为苄基酯后,可用 GC 来分析[189]。由于它们对胶体稳定性和纸张亮度有影响,无机成分如钙、铝和铁离子在造纸厂湿部系统中起重要作用。机械浆的过氧化物漂白中大量硅酸盐的引入形成不可溶的聚合硅酸盐,而非可溶低聚物,这些会与造纸过程化学品相互作用而形成干扰,尤其是有阳离子絮凝剂时。所有硅酸盐可通过原子吸收光谱法(AAS)进行测定,而作为钼类复合物的可溶性硅酸盐则用光谱法测定,其区别在于聚合硅酸盐有害[266]。

非木质成分分析:事实上,造纸厂用水也可能含有诸如固定剂、助留剂、消泡剂、施胶剂、干/湿强剂和杀菌剂等一系列造纸化学品。与从纸浆,尤其是从机械浆释放出的溶解和胶体物(DCS)相比,这些成分大多数浓度很低。

改性淀粉广泛应用于造纸业,可以用作助留和固着化学品、干强剂、表面施胶剂,以及作为涂料的黏合剂。通过甲醇解和 GC 对碳水化合物进行分析,由葡萄糖量减去基于半纤维素的葡萄糖的量后,就可得到估计的淀粉量。已开发出如 AKD 和 ASA 施胶剂的分析程序,它们可用萃取结合 GC 分析来测定[218,220]。但仍缺乏适用于多种普通造纸化学品的灵敏且精确的测定方法。

涂布损纸和废纸会带来大量的令人烦恼的合成聚合物。为了研发这些聚合物的分析技术,已经做了大量的工作,因其在溶剂中的有限溶解是一个固有问题,交联状态的聚合物尤其突出。溶解的聚合物可通过排阻色谱与 IR 或 Py - GC 结合来分析[208,244]。

参考文献

[1] Browning, B. L. , Methods of Wood Chemistry, Vol. I - II, Wiley - Interscience, New York, 1967.

[2] Browning, B. L. , Analysis of Paper, 2nd Edn. , Marcel Dekker, New York, 1977.

[3] Fengel, D. and Wegener, G. , Wood. Chemistry - Ultrastructure - Reactions, De Gruyter, Berlin, 1989, Chap. 3.

[4] Lewin, M. and Goldstein, I. S. (Eds.), Wood Structure and Composition, Marcel Dekker, New York, 1991, Chap. 3.

[5] Lin, S. Y. and Dence, C. W. (Eds.), Methods in Lignin Chemistry, Springer, Berlin, 1992.

[6] Conners, T. E. and Banerjee, S. (Eds.), Surface Analysis of Paper, CRC Press, Boca Raton, 1995.

[7] Klemm, D. , Philipp, B. , Heinze, T. , et al. , Comprehensive Cellulose Chemistry, Fundamentals and Analytical Methods, Volume 1, Wiley - VCH, Weinheim, 1998.

[8] Sjöström, E. and Alén, R. (Eds.), Analytical Methods in Wood Chemistry, Pulping and Papermaking, Springer, Berlin, 1999.

[9] Argyropoulos, D. S. (Ed.), Advances in Lignocellulosic Characterization, TAPPI PRESS, Atlanta, 1999.

[10] TAPPI Test Methods, TAPPI PRESS, Atlanta, 1998.

[11] Sjöström, E. , Gustafsson, K. , Berthold, F. , et al. , Carbohydr. Polym. 41(1):1(1999).

[12] Sjöström, E. , Nilvebrant, N. - O. , Colmsj? A. , J. Wood Chem. Tech. 13(4):529(1993).

[13] Dahlman, O. , Rydlund, A. , Lindquist, A. , "Characterization of Carbohydrates from Chemical Pulps Using Capillary Electrophoresis and MALDI - TOF - MS, "1997 CPPA 9th International Wood and Pulping Chemistry Symposium Notes, CPPA, Montreal, p. L5 - 1.

[14] Örså F. and Holmbom, B. , J. Pulp Paper Sci. 20(12):J361(1994).

[15] Meier, D. and Faix, O. , in Methods in Lignin Chemistry (S. Y. Lin and C. W. Dence, Eds.), Springer, Berlin, 1992, Chap. 4. 7.

[16] Kleen, M. , Lindblad, G. , Backa, S. , J. Anal. Appl. Pyrol. 25:209(1993).

[17] Sjöström, J. , Holmbom, B. , Wiklund, L. , Nordic Pulp Paper Res. J. 2(4):123(1987).

[18] Sitholé B. B. and Allen, L. H. , J. Pulp Paper Sci. 20(6):J168(1994).

[19] Yano, T. , Ohtani, H. , Tsuge, S. , et al. , Analyst 117(5):849(1992).

[20] Lange, P. W. , Svensk Papperstid. 57:525(1954).

[21] Wallbäcks, L. , Edlund, U. , Nordén, B. , et al. , Tappi J. 74(10):201(1991).

[22] Brunner, M. , Eugster, R. , Trenka, E. , et al. , Holzforschung 50(2):130(1996).

[23] Agarwal, U. P. and Atalla. R. H., in Surface Analysis of Paper (T. C. Conners and S. Banerjee, Eds.), CRC Press, Boca Raton, 1995, Chap. 8.

[24] Niemelä P., Hietala, E., Tornberg, J., et al., "Possibilities for Using Raman Spectroscopy to Determine Pigment and Fiber Components in Deinked Pulp," 1996 12th PTS Chemical Technology of Papermaking Symposium Notes, Papiertechnische Forschungsstiftung, Munich, p. 124.

[25] Bahr, U., Karas, M., Hillenkamp, F., Fres. J. Anal. Chem. 348:783(1994).

[26] Harvey, D. J., J. Chromatogr. A 720:429(1996).

[27] TAPPI T 266 om - 94 "Determination of Sodium, Calcium, Copper, Iron, and Manganese in Pulp and Paper by Atomic Absorption Spectroscopy," TAPPI PRESS(1994).

[28] Vollger, D., Demann, A., Bonn, G., J. High Resol. Chromatogr. 21(1):3(1998).

[29] TAPPI T 257 cm - 85 "Sampling and Preparing Wood for Analysis", TAPPI PRESS(1985).

[30] TAPPI 400 sp - 97 "Sampling and Accepting a Single Lot of Paper, Paperboard, Containerboard, or Related Paper", TAPPI PRESS(1995).

[31] TAPPI T 657 om - 92 "Sampling of Fillers and Pigments", TAPPI PRESS(1992).

[32] TAPPI T 264 cm - 97 "Preparation of Wood for Chemical Analysis", TAPPI PRESS(1997).

[33] TAPPI T 210 cm - 93 "Sampling and Testing Wood Pulp Shipments for Moisture," TAPPI PRESS(1993).

[34] TAPPI T 208 om - 94 "Moisture in Wood, Pulp, Paper, and Paperboard by Toluene Distillation," TAPPI PRESS(1994).

[35] Browning, B. L., "Methods of Wood Chemistry", Vol. II, Wiley Interscience, New York, 1967, Chap. 19.

[36] Wright, P. J. and Wallis, A. F. A., Tappi J. 81(2):126(1998).

[37] Garbutt, D. C. F., Paper Southern Africa 9(4):27(1989).

[38] Pereira, H., Wood Fiber Sci. 20(1):82(1988).

[39] Seifert, K., Papier 14(3):104(1960).

[40] TAPPI T 203 om - 93 "Alpha -, Beta -, and Gamma - Cellulose in Pulp," TAPPI PRESS (1993).

[41] TAPPI T 429 cm - 84 "Alpha Cellulose in Paper," TAPPI PRESS(1984).

[42] TAPPI T 235 cm - 85 "Alkali Solubility of Pulp at 25℃," TAPPI PRESS(1985).

[43] TAPPI T 212 om - 93 "One Percent Sodium Hydroxide Solubility of Wood and Pulp," TAPPI PRESS(1993).

[44] SCAN - C 34:80 "Chemical Pulps - Alkali Resistance", STFI, Stockholm(1980).

[45] TAPPI T 223 cm - 84 "Pentosans in Wood and Pulp," TAPPI PRESS(1984).

[46] TAPPI T 249 cm - 85 "Carbohydrate Composition of Extractive - Free Wood and Wood Pulp by Gas - Liquid Chromatography," TAPPI PRESS(1985).

[47] Fengel, D., Wegener, G., Heizmann, A., et al., Holzforschung 31(3):65(1977).

[48] Fengel, D. and Wegener, G., in Hydrolysis of Cellulose: Mechanisms of Enzymic and Acid Catalysis (R. D. Brown, Jr. and L. Jurasek, Eds.), Adv. Chem. Ser. No. 181, ACS, 1979, pp. 145 - 158.

[49] Puls, J., in Bioconversion of Forest and Agricultural Plant Residues (J. N. Saddler, Ed.), C. A.

B. International, Wallingford, U. K., 1993, pp. 13 – 32.
[50] Tenkanen, M., Hausalo, T., Siika – aho, M., et al., "Use of Enzymes in Combination With Anion Exchange Chromatography in the Analysis of Carbohydrate Composition of Kraft Pulps," 1995 KCL 8th International Wood and Pulping Chemistry Symposium Notes, KCL, Helsinki, Vol. III, p. 189.
[51] Buchert, J., Teleman, A., Harjunpåå, V., et al., Tappi J. 78(11): 125(1995).
[52] Tenkanen, M., Gellerstedt, G., Vuorinen, T., et al., J. Pulp Paper Sci. 25(9): 306(1999).
[53] Biermann, C. J., Adv. Carbohydr. Chem. Biochem. 46: 251(1988).
[54] Sjöström, E., Haglund, P., Jansson, J., Svensk Pappperstid. 69(11): 381(1966).
[55] Borchardt, L. G. and Easty, D. B., Tappi 65(4): 127(1982).
[56] McDonald, K. L. and Garby, A. C., Tappi J. 66(2): 100(1983).
[57] Cao, B., Tschirner, U., Ramaswamy, S., et al., Tappi J. 80(9): 193(1997).
[58] Niemelä K. and Sjöström, E., Carbohydr. Res. 180: 43(1988).
[59] Sjöström, E., in Cellulose: Structural and Functional Aspects (J. F. Kennedy, G. O. Phillips, P. A. Williams, Eds.), Ellis Horwood, Chichester, 1989, pp. 239 – 249.
[60] Sullivan, J. and Douek, M., J. Chromatogr. A 671: 339(1994).
[61] Suzuki, M, Sakamoto, R., Aoyagi, T., Tappi J. 78(7): 174(1995).
[62] Hausalo, T., "Analysis of Wood and Pulp Carbohydrates by Ion Exchange Chromatography With Pulsed Amperometric Detection," 1995 8th International Wood and Pulping Chemistry Symposium Notes, KCL, Helsinki, Vol. III, p. 131.
[63] Wright, P. J. and Wallis, A. F. A., Holzforschung 50(6): 518(1996).
[64] Davis, M. W., J. Wood Chem. Tech. 18(2): 235(1998).
[65] Chambers, R. E. and Clamp, J. R., Biochem. J. 125: 1009(1971).
[66] Preuss, A. and Thier, H. – P., Z. Lebensm. Unters. Forsch. 175: 93(1982).
[67] Weissmann, G., Holzforschung 39(4): 245(1985).
[68] Ha, Y. W. and Thomas, R. L., J. Food Sci. 53: 574(1988).
[69] Meier, D. and Weissman, G., Holzforschung 40(1): 55(1986).
[70] Huang, Y. – Z., Indrarti, L., Azuma, J. – U., et al., Mokuzai Gakkaishi 38(12): 1168(1992).
[71] Holmbom, B. and ő rsä F., "Methods for Analysis of Dissolved and Colloidal Wood Components in Papermaking Process Waters and Effluents," 1993 CTPA 7th International Wood and Pulping Chemistry Symposium Notes, CTPA, Beijing, Vol. II, p. 810.
[72] Sundberg, A., Sundberg, K., Lillandt, C., et al., Nordic Pulp Paper Res. J. 11(4): 216(1996).
[73] Teleman, A., Siika – aho, M., Sorsa, H., et al., Carbohydr. Res. 293: 1(1996).
[74] Vuorinen, T., "Possibilities and Challenges for Modern Carbohydrate Research in Wood and Pulping Chemistry," 1995 KCL 8th International Wood and Pulping Chemistry Symposium Notes, KCL, Helsinki, Vol. III, p. 223.
[75] Jansson, P. – E., Kenne, L., Liedgren, H., et al., Chem. Commun. (Univ. Stockholm) 8: 1(1976).

[76] Vuorinen, T. and Alén, R., in Analytical Methods in Wood Chemistry, Pulping and Papermaking(E. Sjöström, and R. Alén, Eds.), Springer, Berlin, 1998, Chap. 3.

[77] Rydlund, A. and Dahlman, O., Carbohydr. Res. 300(2):95(1997).

[78] Lindquist, A., Rydlund, A., Dahlman, O., "Selective Determination of Acidic Carbohydrates Using Capillary Electrophoresis," 1997 CPPA 9th International Wood and Pulping Chemistry Symposium Notes, CPPA, Montreal, p. 22 -1.

[79] Dell, A., Adv. Carbohydr. Chem. Biochem. 45:19(1987).

[80] Cancilla, M. T., Penn, S. G., Lebrilla, C. B., Anal. Chem. 70(4):663(1998).

[81] Klason, P., Arkiv Kemi 3(5):17(1906).

[82] Li, J. and Gellerstedt, G., Carbohydr. Res. 302:213(1997).

[83] Gellerstedt, G. and Li, J., Carbohydr. Res. 294:41(1996)

[84] Björkman, A., Svensk Papperstid. 59:477(1956).

[85] Lundquist, K., in Methods in Lignin Chemistry(S. Y. Lin and C. W. Dence, Eds.), Springer, Berlin, 1992, Chap. 3. 1.

[86] Brunow, G., Lundquist, K., Gellerstedt, G., in Analytical Methods in Wood Chemistry, Pulping and Papermaking(E. Sjöström and R. Alén, Eds.) Springer, Berlin, 1998, Chap. 4.

[87] Chang, H. -M., in Methods in Lignin Chemistry(S. Y. Lin and C. W. Dence, Eds.), Springer, Berlin, 1992, Chap. 3. 2.

[88] Dence, C. W. and Lin, S. Y., in Methods in Lignin Chemistry(S. Y. Lin and C. W. Dence, Eds.), Springer, Berlin, 1992, p. 8.

[89] Roberts, D., in Methods in Lignin Chemistry(S. Y. Lin and C. W. Dence, Eds.), Springer, Berlin, 1992, Chap. 5. 4.

[90] Gellerstedt, G., in Methods in Lignin Chemistry(S. Y. Lin and C. W. Dence, Eds.), Springer, Berlin, 1992, Chap. 6. 3.

[91] Bose, S. K., Wilson, K. L., Francis, R. C., et al., Holzforschung 52(3):297(1998).

[92] Lapierre, C., Monties, B., Rolando, C., J. Wood Chem. Tech. 5(2):277(1985).

[93] Rolando, C., Monties, B., Lapierre, C., in Methods in Lignin Chemistry(S. Y. Lin and C. W. Dence, Eds.), Springer, Berlin, 1992, Chap. 6. 4.

[94] Sarkanen, K. V., Islam, A., Anderson, C. B., in Methods in Lignin Chemistry(S. Y. Lin and C. W. Dence, Eds.), Springer, Berlin, 1992, Chap. 6. 7.

[95] Hardell, H. -L., J. Anal. Appl. Pyrol. 27:73(1993).

[96] Kuroda, K. and Izumi, A., Mokuzai Gakkaishi 43(1):112(1997).

[97] Hardell, H. -L. and Nilvebrant, N. -O., Nordic Pulp Paper Res. J. 11(2):121(1996).

[98] Bocchini, P., Galletti, G. C., Camarero, S., et al., J. Chromatogr. A 773:227(1997).

[99] Faix, O., in Methods in Lignin Chemistry(S. Y. Lin and C. W. Dence, Eds.), Springer, Berlin, 1992, Chap. 4. 1.

[100] TAPPI T 204 om -88 "Solvent Extractives of Wood and Pulp," TAPPI PRESS(1988).

[101] SCAN - CM 49:93 "Pulps - Determination of Acetone - Soluble Matter", STFI, Stockholm (1993).

[102] ISO 14453" Pulps - Determination of Acetone - Soluble Matter, ISO, Geneve, 1997.

[103] Sitholä B. B. , Vollstaedt, P. , Allen, L. H. , Tappi J. 74(11) : 187(1991).

[104] Wallis, A. F. A. , Wearne, R. H. , Wright, P. J. , Appita J. 50(5) : 409(1997).

[105] Richter, B. E. , Ezzell, J. L. , Later, D. W. , et al. , Anal. Chem. 68(6) : 1033(1996).

[106] McDonald, A. G. , Stuthridge, T. R. , Clare, A. B. , et al. , "Isolation and Analysis of Extractives From Radiata Pine HTMP Fibre," 1997 CPPA 7th International Wood and Pulping Chemistry Symposium Notes, CPPA, Montreal, Vol. III, p. 71 – 1.

[107] SCAN – CM 50 : 94 "Wood Chips for Pulp Production – Determination of Acetone – Soluble Matter", STFI, Stockholm(1994).

[108] Sitholé B. B. , Tran, T. N. , Allen, L. H. , Nordic Pulp Pap. Res. J. 11(2) : 64(1996).

[109] Sundberg, K. , Hemming, J. , Lassus, A. , et al. , "Determination of Fatty and Resin Acid Calcium Soaps," 1997 CPPA 9th International Wood and Pulping Chemistry Symposium Notes, CPPA, Montreal, p. 108 – 1.

[110] Sitholé B. B. , Sullivan, J. L. , Allen, L. H. , Holzforschung 46(5) : 409(1992).

[111] Suckling, I. D. , Gallagher, S. S. , Ede, R. M. , Holzforschung 44(5) : 339(1990).

[112] Wallis, A. F. A. , Wearne, R. H. , Wright, P. J. , Appita J. 49(4) : 258(1996).

[113] Ekman, R. , Acta Acad. Abo, Ser. B. 39(4) : 1(1979).

[114] Sandström, M. , Norborg, M. A. , Ericsson, A. , J. Chromatogr. 730(1 – 2) : 373(1996).

[115] Chen, T. , Breuil, C. , Carriére, S. , et al. , Tappi J. 77(3) : 235(1994).

[116] Hardell, H. – L. and Nilvebrant, N. – O. , J. Anal. Appl. Pyrol. 52 : 1(1999).

[117] Ekman, R. and Holmbom, B. , Nordic Pulp Paper Res. J. 4(1) : 16(1989).

[118] TAPPI T 635 om – 93 "Analysis of Tall Oil Soap Skimmings," TAPPI PRESS(1993).

[119] Holmbom, B. and Ekman, R. , Acta Acad. Abo, Ser. B. 38(3) : 1(1978).

[120] SCAN – T 13 : 74 "Unsaponifiable Matter in Tall Oil", STFI, Stockholm(1974).

[121] TAPPI T 689 om – 93 "Analysis of Crude Tall Oil," TAPPI PRESS(1993).

[122] SCAN – T 12 : 72 "Saponification Number of Tall Oil", STFI, Stockhom(1972).

[123] Holmbom, B. , "Constituents of Tall Oil," Ph. D. thesis, Åbo Akademi, Åbo, 1978.

[124] Nogueira, J. M. F. , Pereira, J. L. C. , Sandra, P. , J. High Resol. Chromatogr. 18(7) : 425(1995).

[125] Holmbom, B. , J. Am. Oil Chem. Soc. 54(7) : 289(1977).

[126] Foster, D. O. and Zinkel, D. F. , J. Chromatogr. 248 : 89(1982).

[127] TAPPI T 211 om – 93 "Ash in Wood, Pulp, Paper, and Paperboard : Combustion at 525℃," TAPPI PRESS(1993).

[128] TAPPI T 413 om – 93 "Ash in Wood, Pulp, Paper, and Paperboard : Combustion at 900℃," TAPPI PRESS(1993).

[129] TAPPI T 244 om – 93 "Acid – Insoluble Ash in Wood, Pulp, Paper, and Paperboard," TAPPI PRESS(1993).

[130] SCAN – C 6 : 62 "Ash in Pulp", STFI, Stockholm(1962).

[131] SCAN – P 5 : 63 "Ash in Paper and Board", STFI, Stockholm(1963).

[132] Ivaska, A. , and Harju, L. , inAnalytical Methods in Wood Chemistry, Pulping and Papermaking(E. Sjöström, and R. Alén, Eds.), Springer, Berlin, 1999, Chap. 10.

[133] Bock, R., A Handbook of Decomposition Methods in Analytical Chemistry, International Textbook Company, Edinburgh, 1979.

[134] TAPPI T 241 wd-97 "Manganese in Pulp," TAPPI PRESS (1997).

[135] TAPPI T 242 wd-97 "Iron in Pulp," TAPPI PRESS (1997).

[136] TAPPI T 243 wd-97 "Copper in Pulp," TAPPI PRESS (1997).

[137] TAPPI T 247 cm-83 "Calcium in Pulp," TAPPI PRESS (1983).

[138] TAPPI T 438 cm-96 "Zinc and Cadmium in Pulp," TAPPI PRESS (1996).

[139] SCAN-CM 38:96 "Pulps, Papers and Boards - Calcium, Magnesium, Iron, Manganese and Coppers Content", STFI, Stockholm (1994).

[140] Holmbom, B., Harju, L., Lindholm, J., et al., Aqua Fenn. 24(1):93(1994).

[141] TAPPI T 554 pm-94 "X-Ray Analysis of Paper and Related Materials," TAPPI PRESS (1994).

[142] Keitaanniemi, O. and Virkola, N. E., Paperi Puu 60(9):507(1978).

[143] TAPPI T 699 om-87 "Analysis of Pulping Liquors by Suppressed Ion Chromatography," TAPPI PRESS (1987).

[144] TAPPI T 700 om-93 "Analysis of Bleaching Liquors by Suppressed Ion Chromatography," TAPPI PRESS (1993).

[145] Easty, D. B., Johnson, J. E., Webb, A. A., Paperi Puu 68(5):415(1986).

[146] Sullivan, J. and Douek, M., J. Chromatogr. 804:113(1998).

[147] Masselter, S. M., Zemann, A. J., Bonn, K. G., J. High Resol. Chromatogr. 19(3):131(1996).

[148] SCAN-W 9:89 "Effluents from Pulp Mills - Organically Bound Chlorine by the AOX Method", STFI, Stockholm (1989).

[149] SCAN-CM 52:94 "Pulps, Papers and Boards - Organic Chlorine", STFI, Stockholm (1994).

[150] SCAN-CM 51:94 "Pulps, Papers and Boards - Total Chlorine", STFI, Stockhom (1994).

[151] Berben, S. A., Rademacher, J. P., Sell, L. O., et al., Tappi J. 70(11):129(1987).

[152] Backa, S. and Brolin, A., Tappi J. 74(5):218(1991).

[153] Pandey, K. K. and Theagarajan, K. S., Holz Roh. Werkst. 55(6):383(1997).

[154] Rodrigues, J., Faix, O., Pereira, H., Holzforschung 52(1):46(1998).

[155] Iyama, K. and Wallis, A., Wood Sci. Tech. 22(3):271(1988).

[156] St-Germain, F. G. T. and Gray, D. G., J. Wood Chem. Tech. 7(1):33(1987).

[157] Lennholm, H., Rosenqvist, M., Ek, M., et al., Nordic Pulp Paper Res. J. 9(1):10(1994).

[158] Kimura, F., Kimura, T., Gray, D. G., Holzforschung 49(2):173(1995).

[159] Michell, A. J., Appita J. 47(6):425(1994).

[160] Olsson, R. J. O., Tomani, P., Karlsson, M., et al., Tappi J. 78(10):158(1995).

[161] Schimleck, L. R., Wright, P. J., Michell, A. J., et al., Appita J. 50(1):40(1997).

[162] Ona, T., Ito, K., Shibata, M., et al., J. Wood Chem. Tech. 17(4):399(1997).

[163] Leary, G. J. and Newman, R. H., in Methods in Lignin Chemistry (S. Y. Lin and C. W. Dence, Eds.), Springer, Berlin, 1992, Chap. 4.5.

[164] Lennholm, H., Larsson, T., Iversen, T., Carbohydr. Res. 261:119(1994).

[165] Newman, R. H. and Hemmingson, J. A., "Cellulose Cocrystallization in Hornification of Kraft Pulp," 1997 CPPA 9th International Wood and Pulping Chemistry Symposium Notes, CPPA, Montreal, p. 01 – 1.

[166] Westermark, U. and Gustafsson, K., Holzforschung 48 (Suppl.): 146 (1994).

[167] Lapierre, L. and Bouchard, J., in Advances in Lignocellulosic Characterization, (D. S. Argyropoulos, Ed.), TAPPI PRESS, Atlanta, 1999, Chap. 11.

[168] Scallan, A. M., Tappi J. 66 (11): 73 (1983).

[169] Sjöström, E., Jansson, J., Haglund, P., et al., J. Polym. Sci. 5 (11): 221 (1965)

[170] Sjöström, E., Nordic Pulp Paper Res. J. 4 (2): 90 (1989).

[171] Katz, S., Liebergott, N., Scallan, A. M., Tappi 64 (7): 97 (1981).

[172] Holmbom, B., "Molecular Interactions in Wood Fibre Suspensions," 1997 CPPA 9th International Wood and Pulping Chemistry Symposium Notes, CPPA, Montreal, p. PL3 – 1.

[173] TAPPI T 237 om – 93 "Carboxyl Content of Pulp," TAPPI PRESS (1993).

[174] Lloyd, J. A. and Horne, C. W., Nordic Pulp Paper Res. J. 8 (1): 48 (1993).

[175] Laine, J., Lövågren, L., Stenius, P., et al., Colloids Surf. A 88 (2 – 3): 277 (1994).

[176] Fernandes Diniz, J. M. B., Langmuir 11 (10): 3617 (1995).

[177] Wågberg, L., Ödberg, L., Glad – Nordmark, G., Nordic Pulp Paper Res. J. 4 (2): 71 (1989).

[178] Laine, J., Buchert, J., Viikari, L., et al., Holzforschung 50 (3): 208 (1996).

[179] Sjöström, E. and Enström, B., Svensk Papperstid. 69 (3): 55 (1966).

[180] Westermark, U. and Samuelsson, B., Nordic Pulp Paper Res. J. 8 (4): 358 (1993).

[181] Katz, S., Beatson, R. P., Scallan, A. M., Svensk Papperstid. 87 (6): R48 (1984).

[182] Browning, B. L., Methods of Wood Chemistry, Vol. II, Wiley – Interscience, New York, 1967, pp. 632 – 667.

[183] Theander, O., Animal Feed Sci. Tech. 32: 35 (1991).

[184] Lai, Y. – Z., in Methods in Lignin Chemistry (S. Y. Lin and C. W. Dence, Eds.), Springer, Berlin, 1992, Chap. 7. 2.

[185] Månsson, P., Holzforschung 37 (3): 143 (1983).

[186] Gellerstedt, G. and Lindfors, E., Svensk Papperstid. 87 (15): R115 (1984).

[187] Gårtner, A. and Gellerstedt, G., Nordic Pulp Paper Res. J 14 (2): 163 (1999).

[188] Solar, R., Kacik, F., Melcer, I., Nordic Pulp Paper Res. J. 4 (2): 139 (1987).

[189] Alén, R., Jännäri, P., Sjöström, E., Finn. Chem. Lett. 1985: 190 – 192 (1985).

[190] Zanuttini, M., Citroni, M., Martinez, M. J., Holzforschung 52 (3): 263 (1998).

[191] Chen, C. – L., in Methods in Lignin Chemistry (S. Y. Lin and C. W. Dence, Eds.), Springer, Berlin, 1992, Chap. 7. 6.

[192] Hardell, H. – L., Leary, G. J., Stoll, M., et al., Svensk Papperstid. 83 (2): 44 (1980).

[193] Briggs, D. and Seah, M. P. (Eds.), Practical Surface Analysis, Vol. 1: Auger and X – ray Photoelectron Spectroscopy, Wiley, New York, 2nd Edn., 1990.

[194] Laine, J., Stenius, P., Carlsson, G., et al., Cellulose 1: 145 (1994).

[195] Dorris, G. M. and Gray, D. G., Cellul. Chem. Tech. 12: 9 (1978).

[196] Dorris, G. M. and Gray, D. G., Cellul. Chem. Tech. 12: 721 (1978).

[197] Ström, G., Carlsson, G., Schulz, A., Nordic Pulp Paper Res. J. 8(1): 105(1993).

[198] Koljonen, K., Stenius, P., Buchert, J., 1997 SPCI International Mechanical Pulping Conference Proceedings, SPCI, Stockholm, p. 407.

[199] Briggs, D., Brown, A., Vickerman J. C., Handbook of Static Secondary Ion Mass Spectrometry, Wiley, New York, 1989.

[200] Briggs, D. and Seah, M. P., (Eds.), Practical Surface Analysis, Vol. 2: Ion and Neutral Spectroscopy, Wiley, New York, 2nd Edn., 1992.

[201] Detter - Hoskin, L. D. and Busch, K. L. in Surface Analysis of Paper (T. C. Conners and J. Banerjee, Eds.), CRC Press, Boca Raton, 1995, p. 206.

[202] Brinen, J. S. and Proverb, R. J., Nordic Pulp Paper Res. J. 6(4): 177(1991).

[203] Brinen, J. S., Greenhouse, S., Dunlop - Jones N., Nordic Pulp Paper Res. J 6(2): 47 (1991).

[204] Tan, Z. and Reeve, D. W., Nordic Pulp Paper Res. J. 7(1): 30(1992).

[205] Saastamoinen, S., Likonen, J., Neimo, L., et al., Paperi Puu 76(2): 74(1994).

[206] Adams, N. S., "Analysis of Synthetic Materials in Paper and Paper Coatings Using GPC - IR," 1995 TAPPI Process and Product Quality Conference Proceedings, TAPPI PRESS, Atlanta, p. 109.

[207] Dunlop - Jones, N. and Allen, L. H., Tappi J. 71(2): 109(1988).

[208] Sithol? B. B. and Allen, L. H., J. Pulp. Paper Sci. 20(6): J168(1994).

[209] Smith, C. G. and Beaver, R., Tappi 63(8): 93(1980).

[210] Crockett, T. D., Webb, A. A., Borchardt, L. G., et al., J. Chromatogr. 407: 330(1987).

[211] TAPPI T 419 om - 91 "Starch in Paper," TAPPI PRESS(1991).

[212] von Raven, A. and Högerl, J., Wochenbl. Papierfabr. 119(4): 122(1991).

[213] Bowles, L. K., and Mayer, M. A., "Improved Method for the Determination of Starch in Paper," 1995 TAPPI Process and Product Quality Conference Proceedings, TAPPI PRESS, Atlanta, p. 137.

[214] TAPPI T 531 cm - 86 "Starch Consumption in Corrugated Board (Enzymatic/Colorimetric Method)," TAPPI PRESS(1986).

[215] TAPPI T 532 cm - 86 "Starch Consumption in Corrugated Board (Enzymatic/Colorimetric Method)," TAPPI PRESS(1986).

[216] Birosel - Boettcher, N., Tappi J. 76(3): 207(1993).

[217] Malton, S., Kuys, K., Parker, I., et al., "Measurement of Starch in Paper, and Application to Investigations of Cationic Starch Adsorption," 1995 APPITA 49th Annual General Conference Proceedings, APPITA, Melbourne, p. 67.

[218] Sitholé, B. B., Nyarky, S., Allen, L. H., Analyst 120: 1163(1995).

[219] Vrbanac, M. and Dixon, D., "Quantitative Analysis of AKD and ASA in Paper Using Pyrolysis Gas Chromatography," 1997 PIRA Scientific and Technical Advances in the Internal Sizing of Paper and Board Conference Proceedings, Pira, Leatherhead, UK, 12 pp.

[220] Sundberg, K., Holmbom, B., Ekman, R., et al., "Determination of Alkenyl Succinic Anhydride (ASA) in Pulp and Paper Samples," 1999 Pira Scientific and Technical Advances in

the Internal and Surface Sizing of Paper and Board Conference Proceedings, Pira, Leatherhead, UK, 10p.

[221] Gäfvert, E., Shao, L. P., Karlberg, A. – T., et al., Nordic Pulp Paper Res. J. 10(2): 139 (1995).

[222] TAPPI T 408 cm – 97 "Rosin in Paper and Paperboard," TAPPI PRESS(1997).

[223] Ishida, Y., Ohtani, H., Kato, T., et al., Tappi J. 77(3): 177(1994).

[224] Mayr, M., Prantz, E., Kratzl, K., J. Chromatogr. 295: 423(1984).

[225] Brinen, J. S., Nordic Pulp Paper Res. J. 8(1): 123(1993).

[226] Zimmermann, P. A., Hercules, D. M., Rulle, H., et al., Tappi J. 78(2): 180(1995).

[227] Brinen, J. S. and Kulick, R. J., "Detection of ASA and Desizing Agents in Hard to Size Paper Surfaces by SIMS," 1996 CPPA International Paper and Coating Symposium Notes, CPPA, Montreal, p. 125.

[228] Kulick, R. J. and Brinen, J. S., Tappi J. 81(2): 152(1998).

[229] Ozaki, Y. and Sawatari, A., Nordic Pulp Paper Res. J. 12(4): 260(1997).

[230] Browning, B. L., Analysis of Paper, 2nd edn., Marcel Dekker, New York, 1977, Chap. 22.

[231] Puls, J., Horner, S., Kruse, T., et al., Papier 52(12): 743(1998).

[232] Eremeeva, T. E. and Bykova, T. O., Carbohydr. Polym. 36(4): 319(1998).

[233] Odermatt, J., Meier, D., Mauler, D., et al., Papier 52(10): 598(1998).

[234] Munakata, Y. and Ozaki, Y., "Determination of the Additives in Paper by Pyrolysis – gas chromatography – mass Spectrometry," 1994 Japan Tappi Pulp and Paper Research Conference Proceedings, Japan Tappi, Tokyo, p. 16.

[235] Tatzumi, D., Yamauchi, T., Murakami, K., Nordic Pulp Paper Res. J. 9(2): 94(1995).

[236] Knezevic, G. and Ziegleder, G., Papier 50(9): 491(1996).

[237] Dyer, J., Paper Age 113(9): 28(1997).

[238] Leclerc, D. F. and Ouchi, M. D., J. Pulp Paper Sci. 22(3): J112(1996).

[239] TAPPI Useful Method 568 "Identification of Specks in Paper by Infrared Spectroscopy," TAPPI PRESS.

[240] Sjöström, L. and Kjellman, M., "Analytical Procedures Used in the Characterization of Deposits and Spots in the Paper Mill," 1986 TAPPI International Process and Materials Quality Evaluation Conference Proceedings, TAPPI PRESS, Atlanta, p. 179.

[241] Sjöström, J. and Holmbom, B., Paperi Puu 70(2): 151(1988).

[242] McGuire, J. M. and Lynch, C. C., Anal. Chem. 68(15): 2459(1996).

[243] Sjöström, J., Holmbom, B., Wiklund, L., Nordic Pulp Paper Res. J. 2(4): 123(1987).

[244] Holmbom, B., "Analysis of Dissolved and Colloidal Substances Generated in Deinking," 1997 Pira Wet End Chemistry Conference Proceedings and COST Workshop Notes, Pira International, Leatherhead, UK, 12 pp.

[245] Guo, X. – Y. and Douek, M., J. Pulp Paper Sci. 22(11): J431(1996).

[246] Niemel? K. and Alén, R., in Analytical Methods in Wood Chemistry, Pulping and Papermaking(E. Sjöström, and R. Alén, Eds.), Springer, Berlin, 1999, Chap. 7.

[247] TAPPI T 625 cm – 85 "Analysis of Soda and Sulfate Black Liquor," TAPPI PRESS(1985).

[248] Lin, S. Y., in Methods in Lignin Chemistry (S. Y. Lin and C. W. Dence, Eds.), Springer, Berlin, 1992, Chap. 3. 3.

[249] Engström, N., Vikkula, A., Teleman, A., et al., "Structure of Hemicelluloses in Pine Kraft Cooking Liquors," 1995 KCL 8th International Wood and Pulping Chemistry Symposium Notes, KCL, Helsinki, Vol. III, p. 195.

[250] Söderhjelm, L. and Hausalo, T., Appita J. 49(4): 263(1996).

[251] Niemelä K., "Low - molecular - weight Organic Compounds in Birch Kraft Black Liquor," Ph. D. thesis, Ann. Acad. Sci. Fenn, Ser. AII(Chem.) 229, Helsinki, 1990.

[252] Alén, R., Niemelä, K., Sjöström, E., J. Chromatogr. 301: 273(1984).

[253] Saltsman, W. and Kuiken, K. A., Tappi 42: 873(1959).

[254] McKague, A. B. and Carlberg, G., in Pulp Bleaching. Principles and Practice (C. W. Dence, and D. W. Reeve, Eds.), TAPPI PRESS, Atlanta, 1996, Section VII, Chap. 1.

[255] TAPPI T 620 cm - 83 "Analysis of Industrial Process Water," TAPPI PRESS (1983).

[256] Dahlman, O., Mörck, R., Knuutinen, J., in Analytical Methods in Wood Chemistry, Pulping and Papermaking (E. Sjöström, and R. Alén, Eds.), Springer, Berlin, 1999, Chap. 8.

[257] Sorvari, J., Sillanpää, M., Sihvonen, M. - L., Analyst 121: 1335(1996).

[258] Lee, H. - B., Peart, T. E., Kaiser, K. L. E., et al., J. Chromatogr. A 738(1): 91(1996).

[259] Voss, R. and Rapsomatiotis, A., J. Chromatogr. 346: 205(1985).

[260] Holmbom, B., in Analytical Methods in Wood Chemistry, Pulping and Papermaking (E. Sjöström and R. Alén, Eds.), Springer, Berlin, 1998, Chap. 9

[261] Sjöström. L. and Ödberg. L., Wochenbl. Papierfabr. 122(8): 302(1994).

[262] Sjöström, J., "Detrimental Substances in Pulp and Paper Production," Ph. D. Thesis, Åbo Akademi Univ., Åbo, 1990.

[263] Sjöström, J. and Reunanen, M., J. Anal. Appl. Pyrol. 17: 305(1990).

[264] Kleen, M. and Lindström, K., Nordic Pulp Paper Res. J. 9(2): 111(1994).

[265] Pranovich, A. V., Holmbom, B., Sjöholm, R., "Characterization of Dissolved Lignins in Thermomechanical Pulp Suspensions," 1994 Third European Workshop on Lignocellulosics and Pulp Notes, Royal Institute of Technology, Stockholm, p. 219.

[266] Saastamoinen, S., Neimo, L., Korpela, M. S., et al., Paperi Puu 78(3): 108(1996).

第4章 大分子表面和胶体化学

4.1 林产品技术中的大分子和胶体化学

制浆造纸过程涉及胶体系统和有大分子参与的反应。需要掌握表面科学、大分子溶剂的物理化学和胶体的特性等基础知识才能对制浆、造纸、印刷、纸张加工和纤维回用中的物理化学机理有一个系统的描述。这可以通过几个最近的研发实例来佐证：

① 在现代制浆和漂白工艺中,如果将黑液循环到蒸煮初始段,那么可使漂白废水量降到最低。由抽出物分离和形成沉积物所引发的问题则取决于沉积物的表面特性及形成胶体的可能性。

② 造纸配料中纸浆纤维的表面特性取决于制浆和漂白工艺以及纤维的循环次数。这些改变对纸机运行性能和纸张性质的影响尚缺乏充分的解释。

③ 造纸化学品的作用机理(疏水剂、干/湿强剂、消泡剂等)与系统的表面张力和胶体的相互作用有关。

④ 造纸封闭系统的提升导致了白水系统中溶解性聚合物和胶体颗粒的聚集。如果纸机湿部的表面和胶体化学控制不好,这种聚集可能会导致沉积物的形成、起泡、浆料中大量导入气泡以及其他运行和质量问题。

⑤ 可通过沉淀、过滤、浮选、絮凝和反渗透等从白水和废水中除去溶解和胶体物质。水的表面和胶体化学对所有这些工艺过程都有影响。

⑥ 通过添加所谓的“助留剂”来控制留着。其作用效果主要取决于浆料的表面和胶体化学。

这一章主要介绍了与林产品应用技术相关的溶液的表面和胶体化学以及大分子的物理化学。对于更为复杂的处理技术,近期的一些教科书和专题论文均有所涉及[1-10]。其他系列论著也就一些应用实例做更深入的讨论。

4.2 界面、大分子和胶体的基本特性

4.2.1 界面张力

界面是两个不同相之间的分界线,这些相可以是固体(s)、液体(l)或者是气体(g)。“表

面”一词通常用于气相或真空的界线。界面的两个最重要的特征参数是界面张力和界面吸附。

界面张力(γ)可以机械地解释为施加在其正切面上以尽量减少界面面积时单位长度上的收缩力。为说明这一点，对框架内的液膜进行研究(图4－1)。通过移动一侧来扩大膜的界面，由界面张力产生的阻力必须用一个力 F 来克服，所做的功与界面的可逆扩张面积 dA 有关，称为 Fdx，单位面积的功即是界面张力，也就是，$\gamma = F\mathrm{d}x/\mathrm{d}A$

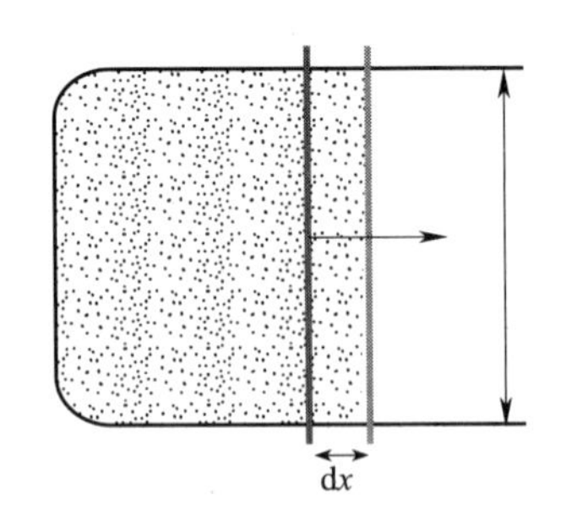

图4－1　框架液膜在滑动框架一侧时形成可逆扩展

另一方面，如果界面在恒定的温度和压力下进行扩大，那么做的功就与系统的吉布斯能变化相等。从热力学角度看，界面张力被定义为单位面积上需要扩张界面所做的功，因此，$\mathrm{d}G = \gamma \mathrm{d}A$ 或者

$$\gamma = \left(\frac{\partial G}{\partial A}\right)_{P,T} \tag{4-1}$$

以上两种界面张力的定义是相同的，使用哪一个取决于上下文。

在固/气和液/气间的界面张力一般称为表面张力。已证实液体界面的形状(如液滴是球形的，因为一定体积的所有形状中球形有最小的表面)以及表面承载一定力的能力(例如，研究昆虫在水面上运动)。在国际标准单位中，γ 表示为 N/m 或者 J/m^2。最常见的单位是 mN/m 或者 mJ/m^2，与作废的 c. g. s. 单位 dyn/cm(达因/厘米)相同。

4.2.2　吸附

通常，一个界面的组成和密度与多相不同。“吸附”一词用来描述界面处累积的物质量及这些物质向界面移动的过程。当分子离开界面时发生的现象叫作“解吸”。当界面上一种物质的浓度高于该物质在多相中的浓度时，此时是正吸附。若该浓度低于多相界面上的浓度时，则是负吸附。

界面张力和吸附与吉布斯吸附方程有关，举个简单的例子，一个单一、不带电荷的物质从稀溶液中所做的吸附，可以写成：

$$\mathrm{d}\gamma = -RT\Gamma \mathrm{d}\ln c \tag{4-2}$$

式中　R——气体常数

T——热力学温度

c——总溶液中物质的浓度

Γ——表面浓度，物质的量/面积

将表面浓度与总浓度之比所做的直线被称为“吸附等温线”。

公式(4－2)表明，如果 $\Gamma > 0$(正吸附)，当浓度提高时界面张力降低。制浆和造纸工艺中的很多现象，如造纸原料中气泡的分散和泡沫的形成、涂布中涂料的制备以及纸张的施胶都与此相关。

只要体相或容积相和界面处于平衡状态，式(4－2)就是成立的。小分子的吸附一般在零点几秒内就达到平衡，而聚合物的吸附则慢得多，达到平衡也许会花费几小时甚至几周。然而，慢的吸附不会改变当吸附是正的时界面张力减小这一事实，也就是，一个逐渐增加的吸附导致持续降低的界面张力。

4.2.3 胶体

通常,胶体被定义(尽管不是很精确)为一种被精细分成至少有一个粒径尺寸在 1nm ~ 1μm 之间的材料。该材料分散于周围介质中,它可以是固体、液体或是气体,它包含颗粒、薄膜(膜)或者纤维,其周围介质也可以是固体、液体或气体。

"胶体"一词(或者胶体系统)也被经常用于整个体系,包括分散良好的材料和介质。表 4 - 1 给出了不同类型胶体的例子,表明胶体系统在自然界和技术中是普遍存在的。

表 4 - 1　　与精细分类材料和介质性质相关的胶体分类

胶体	介质	名称	举例
固体	气体	气凝胶	水雾、云彩、被污染的空气
气体	固体 液体	泡沫,分散的空气	浆料和浮选脱墨中的空气
液体	液体	乳化剂	喷墨墨水、废水、胶料、黑液
固体	液体	溶胶	涂料、油墨、过程水、废水
液体	固体	多孔材料	木材纤维、沸石、膜
固体	固体	复合材料	加填纸、涂布颜料
大分子 聚合物	液体	胶体 聚合物溶液	聚合物复合物、过程水、废水、黑液
亲水亲油性 表面活性剂	液体	缔合胶体: 胶束,溶致液晶, 微乳液	分散剂、乳化剂、清洁剂、施胶剂 塔罗油

由于单位体积胶体的面积非常大,使得界面和胶体联系紧密。例如,1L 固含量为 50% 的涂布颜料粒子的总面积大约是 $500m^2$ 或者 4 个足球场大。因此,界面现象在很大程度上决定了胶体系统的性质。

当把一种材料与一种溶剂混合时会自发形成胶体,该系统包括:

① 聚合物溶液:合成中性聚合物和聚合电解质、多糖和蛋白质等。

② 缔合胶体:小分子表面活性剂在足够高的浓度下自发形成大的、却可溶的团聚体(胶束)。这些胶体是热力学稳定的。它们的形成主要源于大分子或胶束对溶剂的亲和力强于它们彼此的亲和力。胶体粒子也会分散于它们不溶的体系中。事实上任何材料的分散都可用特殊的方法制备,可以分成两组:a. 解胶,或材料粉碎成胶体尺寸。这需要特殊的研磨设备而且物质的添加经常吸附到粒子表面。这样的物质促进了解胶(润湿剂、分散剂)且控制了最后的溶胶的稳定性(稳定剂)。一个典型的例子是利用聚丙烯酸酯促进碳酸钙的解胶以及利用聚乙烯醇来稳定最后的涂料。解胶通常会导致一个宽的粒径分布以及平均粒径高于胶体范围,经常有一个尾巴指向相对大的粒子。b. 凝结,或通过小分子(或原子)的聚集形成胶体。这本质上是沉淀,但是由于界面现象,当其尺寸达到胶体范围时沉淀粒子的生长停止。当溶质的溶解度突然降低或者通过化学反应形成一种不溶的化合物时,通常就形成了胶体。如制备沉淀

碳酸钙,通过乳液聚合作用合成乳液,以及硫酸钡的沉淀和废水中有机物的沉淀等过程。这些胶体通常非常稳定且很难通过聚集来分离。这些颗粒通常要小于通过解胶而制得的颗粒,粒径分布较窄且更对称。

自发形成的胶体系统具有亲液性,或者亲水性,如果溶剂是水,当属于其他组分时则称之为疏液性或疏水性。

亲液性胶体只要它们对于溶液的亲和力大于其自身的亲和力就能保持稳定。因此,稳定性的条件主要根据溶解度的基本理论来解释,可以通过胶束形成、大分子溶液和聚电解质理论来表示。

疏液性胶体的稳定性是由于界面上吸引和排斥相互作用的复杂平衡。在很多情况下,如果一个单一的电解质被添加到周围介质中时,会失去平衡或者凝结(也即粒子迅速聚集),这样的胶体是具有静电稳定性的。可以通过添加一些能吸附在粒子上的物质使其具有亲液性来阻止其聚集。特别是大分子的吸附可以形成非常稳定的胶体,这一现象被称为空间稳定作用。憎液胶体也可以通过添加大分子而变得不稳定,从而自发地与两个或几个粒子相互作用。通常形成松散的边界聚集(絮体),进而系统发生絮凝。

4.2.4 胶体系统的动态过程

从现实角度来看,胶体系统的动力学一般与其平衡性质同等重要。制造工艺中的胶体系统经常受到剪切,而剪切速度和剪切应力可能在一个过程的不同阶段变化很大。制浆、造纸、涂布和印刷是这些情况的显著例子。两个动力学方面有特殊的重要性:流动性和沉积物的形成。

4.2.4.1 流动和松弛

当液体受到剪切时,液体层之间的粒子以不同的速度扩散导致了从一层到另一层的动量的转移(通过分子间的碰撞)。因此,需要做功来剪切液体。换句话说,剪切应力 σ 被用来维持液体中剪切速度 G 的梯度。该比值是系统的黏度。

$$\eta = \frac{\sigma}{G} \tag{4-3}$$

如果剪切速度低于动量转移的速度,由剪切做的功会作为热量立即被消耗,而局部的分子速度(或者动量)会维持一个均衡分布。然后这一系统就被看做是松弛的,其流动是纯黏性的。这是单一液体的情况。

一种材料的松弛速度,也就是经过改变之后恢复到平衡时所花费的时间,由松弛时间来表征,τ_{rel}。改变的速度,例如剪切,由另一种时间表征,τ_{ch}。这两个时间的比值称为黛博拉数,D_e:

$$D_e = \frac{\tau_{ch}}{\tau_{rel}} \tag{4-4}$$

对于一个纯黏性液体,剪切速度要远远小于动量消耗的速度,因此 $D_e \gg 1$。

对固体而言,分子的扩散速度经常是小的微不足道。因此,当固体受到迅速剪切时,动量转移很少,几乎没有损耗发生。这意味着 τ_{rel} 非常大,且 $D_e \ll 1$。该系统通过分子或者颗粒位置的转移或者形状的改变所做的功被作为势能储存起来,这种行为被称为弹性。

胶体分散体和大分子或者胶束溶液并不是固体。然而,颗粒扩散要远远慢于单一的液体分子,而且颗粒形状和相互作用可能会限制扩散。因此,经常会遇到 $D_e \gg 1$ 或者 $D_e \ll 1$ 都不满足的情况。这样的系统则具有黏弹性,既有黏性又有弹性。其黏度通常强烈取决于剪切应力 σ,同时它也与时间相关。也就是说,在恒定的剪切应力下,G 随时间而变化(反之亦然),这种特性被称为触变性。制浆造纸过程涉及到的分散,如浆料悬浮液、涂布颜料和印刷油墨都是具有黏弹性和触变性的。

4.2.4.2 沉淀物结构

尽管稳定的胶体颗粒互相排斥,如果扩散不够迅速来抵消沉淀导致的浓度梯度,在地心引力或离心力的影响下,它们也许会沉淀(或者上升到表面)。由于排斥,粒子可以相互滑过,最终形成致密的沉淀物[图 4-2(a)]。另一方面,如果当碰撞时粒子在短距离上相互吸引并黏到一起,得到的絮体可以形成疏松多孔的沉淀物[图 4-2(b)]。因此,通过控制粒子的相互作用,可以得到结构和特性广泛变化的沉淀物。

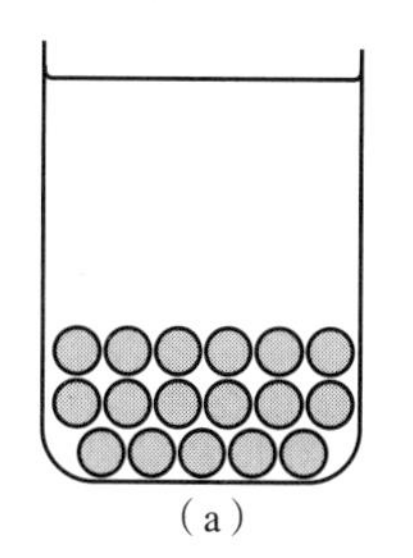
(a)

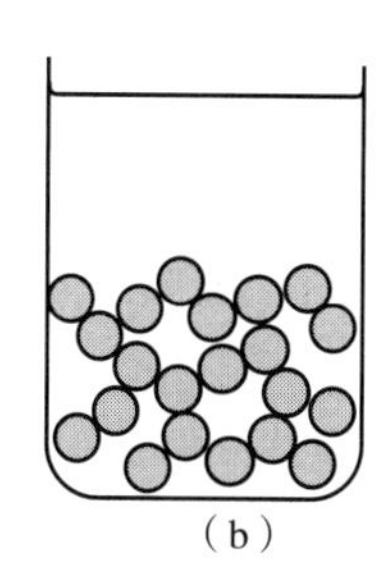
(b)

图 4-2 通过沉淀胶体颗粒形成的沉淀物结构
(a)相互排斥的颗粒能滑到底部形成致密的沉淀物
(b)当相互吸附的颗粒碰撞形成疏松多孔的沉淀物

4.2.5 制浆造纸中的胶体物

涉及林产品技术的胶体系统非常复杂且包含所有以上介绍到的胶体类型(参见表 4-2)。值得注意的是,尽管木材纤维的外部尺寸大于胶体,纤维本身也是一个胶体(其中的孔隙、原纤维和纤维间的空间也是胶体尺寸的)。大部分出现在纸浆、涂料和印刷油墨中的其他颗粒也在胶体范围。然而,粒径变化非常广泛(图 4-3)。例如,纸页在网上成形和滤水过程中,纤维尺寸足够大因此大部分留在网上(图 4-4)。而填料、胶黏剂、施胶剂和木材聚合物则非常小,除非它们被吸附在纤维上,否则很容易随着过程水通过多孔的纤维层而流失。循环水中这些颗粒的富集只能通过网上颗粒的有效结合来避免,这主要是通过胶体力,或是通过胶体间的相互作用来实现的。

表 4-2 制浆和循环水中的胶体

类型	化学组成	来源
溶解性的表面活性剂	脂肪酸皂类 树脂酸皂类 非离子型表面活性剂 烷基硫酸盐、脂肪胺	化学浆和机械浆(抽出物) 松香基施胶剂 涂布损纸的分散剂 回收纤维的消泡剂
溶解性的聚合物	半纤维素、蛋白质、木素 羧甲基纤维素、聚乙烯醇 阳离子合成聚合物、阳离子淀粉 聚氧化乙烯 聚合硅酸盐	机械(和化学)浆 机械浆 涂布损纸、助留剂、施胶剂、损纸 助留剂 过氧化物漂白浆、回收纤维

续表

类型	化学组成	来源
分散的颗粒	不溶的脂肪酸和树脂酸、中性物质 高岭土、碳酸钙、滑石粉 胶乳(SB,PAA,PVAc)和其他胶黏剂 硅酸盐、膨润土 乳化脂肪、乳化油 “细小纤维”	机械浆中的树脂颗粒、施胶剂、回收纤维 填料、涂布损纸、回收纤维 涂布损纸、回收纤维、助留剂消泡剂 机械浆中的中性抽出物 消泡剂 化学和机械浆

注:由于这些物质的相对数量变化很广泛,没有给出估计的浓度。

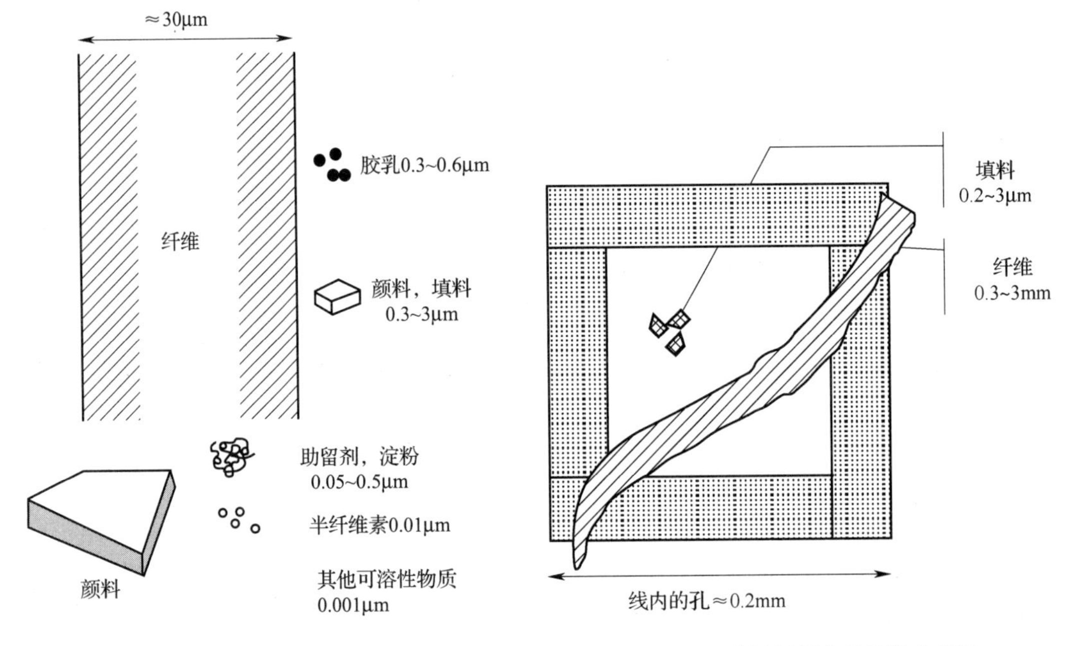

图4-3　造纸原料中的纤维和颗粒的相对尺寸

图4-4　造纸原料中的颗粒会轻易通过纤维网络,除非它们通过胶体力与纤维结合在一起

虽然很难对这些复杂系统的胶体特性进行全面描述,表面和胶体科学允许我们对控制胶体稳定性、絮凝、凝结、沉淀结构和胶体分散剂的流动制定普遍和定性化预测规则。过程控制和产品升级的应用总是需要对每个过程和产品实现最佳化或作出适时调整。

接下来介绍的表面化学和胶体系统,需要对化学热力学和动力学的基本概念非常熟悉,比如物理化学的基本概念或在本科课程中均有所涉及。

4.3　表面张力、表面黏附力和表面润湿性

4.3.1　表面张力的分子解释

图4-5是一个液/气界面的示意图。密度从液体的相对高密度向气体的低密度缓慢下

降。因此,界面上分子间的平均距离要略微高于总液体。

在低压空气中,分子间平均距离很大,因此不会相互影响(理想上的空气)。然而,近距离的分子则相互吸引,这就是为什么把空气压缩成液体或固体是可行的。另一方面,液体和固体的压缩性很小,因为在短距离上分子相互排斥。大体描述两分子间相互作用能量的距离依赖性遵循伦纳德－琼斯势方程:

$$V_r = \frac{C_1}{r^{12}} - \frac{C_2}{r^6} \tag{4-5}$$

r 指的是距离。C_1 和 C_2 的数值与分子结构有关。图 4－6 显示了相互作用能量的示意图。曲线显示,表面上的低密度揭示表面肯定产生了一个收缩力,即表面张力。

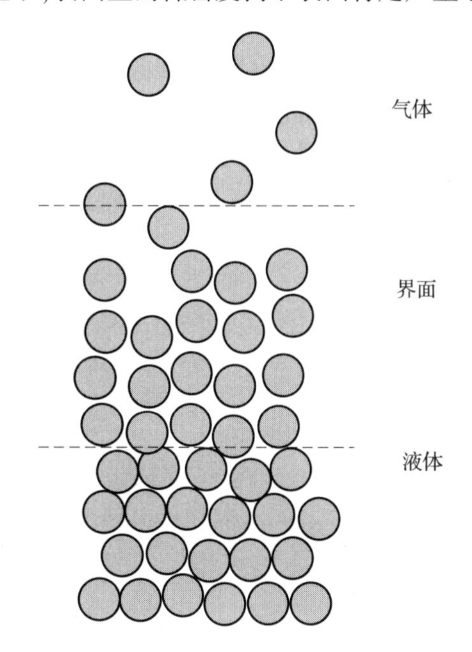

图 4－5 一种纯净液体的液－气界面示意图

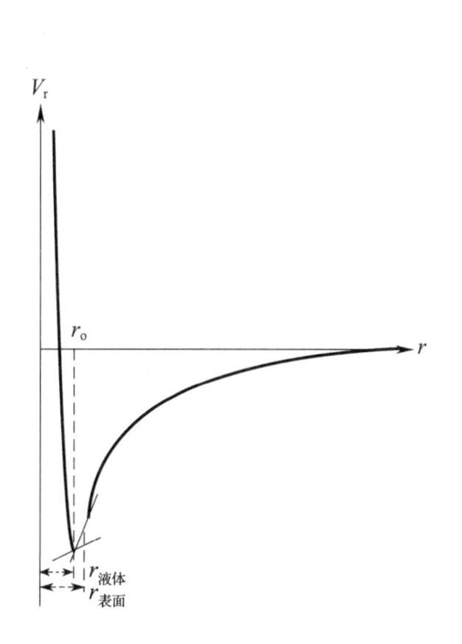

图 4－6 一对分子间的相互作用能量取决于分子间的距离(示意图)

图 4－6 中,当分子从气相移动到压缩相时势能降低。在液体中,分子间的平均距离 $\langle r \rangle$ 与最小的距离相近($r_{液体}$)。在表面上,密度稍微降低,$\langle r_{表面} \rangle$ 稍微高于总体的密度。因此,使分子在一起的力是曲线的斜率,表面上的力大于总体的力。

黏附力和内聚力

研究材料 a 和材料 b 裂开形成新的表面的过程(图 4－7),这需要做功。因为产生了新的表面。该单位面积裂开所做的功被称为内聚功,此时材料裂开时会产生两个表面,

$$w_{aa} = 2\gamma_a ; w_{bb} = 2\gamma_b \tag{4-6}$$

相应的,a 和 b 之间界面的断裂与界面张力 γ_{ab} 与做功相关。

$$w_{ab} = \gamma_a + \gamma_b - \gamma_{ab} \tag{4-7}$$

由于产生了表面 a 和表面 b,a 和 b 之间的界面消失。w_{ab} 称为黏附功。

内聚力和黏附力是保持材料在一起的分子间相互作用的可比较测量。例如,淹没在水中的两种材料的接合点处的强度。当这样的一个接合点裂开的时候,两种材料和水之间的两个界面就产生了。对应的做功是:

$$W = w_{ab} + w_{ww} - w_{aw} - w_{bw} \qquad (4-8)$$

其中下标 w 指的是水。水的内聚力加入到方程中是因为产生了两个黏附到材料上的水的表面。如果过程所做的功增加，那么 a 和 b 之间的接合点将会断开，也就是，如果 $W<0$ 或者 $w_{ab} + w_{ww} < w_{aw} + w_{bw}$。如果材料和水之间的黏附力很大，或材料之间的黏附力很小甚至水的内聚力小于其他材料，就将会是前面不等式这个情况。如果 a 和 b 是相同的材料，式(4-8)简写为

$$W = w_{aa} + w_{ww} - 2w_{aw} \qquad (4-9)$$

因此，如果 $w_{aa} + w_{ww} < 2w_{aw}$，材料会自发地分散在水中。相应的，如果材料或水的内聚力很大将会很难分散。

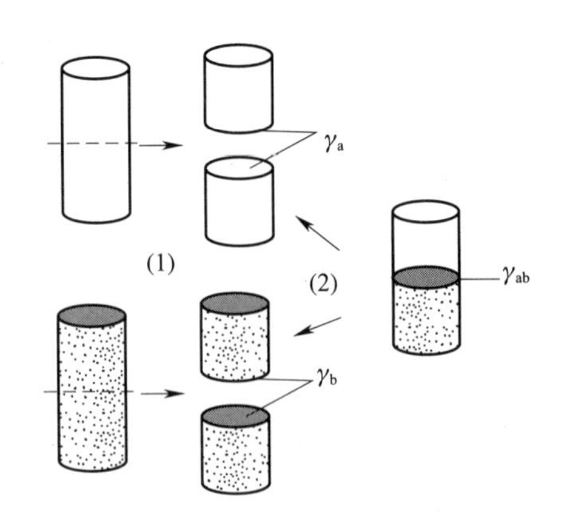

图 4-7　解释了材料 a 与材料 b 的内聚功的定义[过程(1)]和黏附功的定义[过程(2)]

由于水分子间的氢键结合，水的内聚力格外大。25℃时水的表面张力是 72mJ/m²，而许多碳氢化合物是 20～30mJ/m²。水和这些化合物之间的界面张力有相同的数值，也就是 $w_{aw} \approx w_{aa} < w_{ww}$，这是碳氢化合物在水中不能轻易溶解或分散的原因，它们是疏水性的，其溶解度低是由于水的强大内聚力。

4.3.2　固体的表面能

在液体中，当形成一个新的表面区域后，通常会快速达到一个定义明确且可再生的表面张力。而在固体中，分子是稳定的。在研磨过程中，晶体可能会优先沿着特定的平面和表面裂开。通过缓慢的扩散，具有较低能力的表面相对数量以高能量表面的减少而最终增加(奥斯特瓦尔德成熟)。

4.3.3　接触角、润湿、扩散

当把一滴液体放置在另一种液体或固体上时，可能会发生图 4-8 中三者之一的情况。

对于一种不能润湿表面的液体，其平衡态由三相接触平衡的界面张力所决定[图 4-8(a)]，这个能量平衡由杨氏方程来表达：

$$\gamma_{sg} = \gamma_{sl} + \gamma_{lg}\cos\theta \qquad (4-10)$$

$$\cos\theta = \frac{\gamma_{sg} + \gamma_{sl}}{\gamma_{lg}} \qquad (4-11)$$

其中 θ 指的是接触角。γ_{sg} 是水汽平衡下的固体(或液体)的界面能。这意味着一些水汽吸附在界面上。式(4-11)和式(4-7)结合起来就是：

$$w_{sl} = \gamma_{lg}(1 + \cos\theta) \qquad (4-12)$$

因此，接触角可以用来测量固体和液体之间的黏附力。当 $\theta = 0$ 时，$\gamma_{sg} = \gamma_{sl} + \gamma_{lg}$，液体完全覆盖在表面上[图 4-8(b)]。因此，润湿的条件是

$$S = \gamma_{sg} - \gamma_{lg} - \gamma_{sl} = w_{sl} - w_{ll} \geqslant 0 \qquad (4-13)$$

换句话说，如果表面/液体的黏附力大于液体的内聚力，液体就能润湿表面。S 被称为扩散系数。对于一些纯净的金属和矿石表面，γ_{sg} 相对较高，因此表面容易被润湿。然而值得注意

的是，实际上 γ_{sg} 经常因为水汽中疏水性化合物的吸附或者液体中分子的扩散大大降低[图 4－8(c)]。一个普遍的经验是纯净的水不会在被脂肪或者特别少量的用来减少水分渗透到纸张中的疏水性施胶剂轻微污染的表面上(指的是陶瓷或金属表面)扩散。

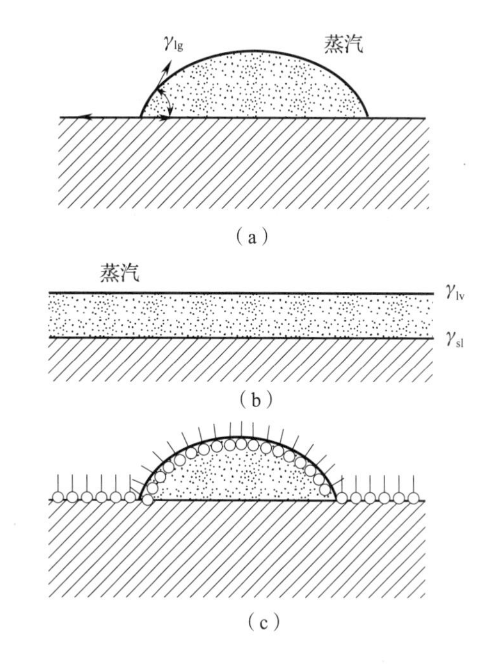

图 4－8 液体在另一种表面上(此时是固体)的行为

(a)液体没有浸湿表面形成一个晶状体 (b)液体完全浸湿表面，形成一个具有两个界面的层 (c)液体中的分子在表面上形成一个薄的(吸附)层，剩余的液体形成一个晶状体

4.3.4 临界表面张力

对于具有相对低表面张力(聚合物、疏水性矿物质)的表面，相应溶剂的 $\cos\theta$ 一般会或多或少的随 γ_{lg} 线性变化。这表明当 $\cos\theta = 1$，也就是 $\theta = 0$ 时，$\cos\theta$ 对 γ_{lg} 的图线可以明确地推测出 γ_{lg} 的数值，称为临界表面张力，γ_c[11]。当 $\gamma_{lg} > \gamma_c$ 时，液体不能完全浸湿固体表面。在很多实际情况下(颜料在水中的分散以及施胶剂在固体表面的扩散等)，对于一个适当配方溶剂的选择将已知的 γ_c 作为标准是足够的。

4.3.5 黏附接合点的强度

黏附功和内聚功通常很大，也就是物质的分子间接触黏附得很牢固。事实上，很难制备非常光滑以至于分子接触不只是成堆聚集的表面。液体黏合剂的一个重要任务是在接合点处产生分子级界面接触。为此，黏合润湿所有表面是基本的，也就是，其界面张力应该低于所有涉及到的表面的 γ_c。

图 4－9 阐明了黏合点强度的另一方面。当两种材料之间的接合点(两纤维之间或薄片制品中纤维和金属薄片之间)分离时，材料总会或多或少的变形。这说明除黏附功之外，变形能 G_{def} 也通过不可逆剪切在材料中储存或消耗。因此，分离材料所需要的总能量可以写作

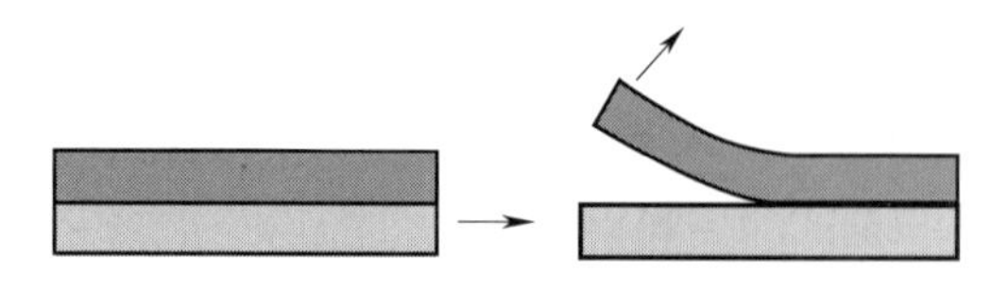

图 4－9 材料不变形时两种材料之间的接合点通常不会断开

$$G_{tot} = G_{def} + w_{ab} \tag{4-14}$$

对于固体材料很容易估计的是，$w_{ab} \ll G_{def}$。然而，G_{def} 不仅依赖于材料的特性而且还有黏附功 w_{ab}。例如，如果 $w_{ab} = 0$，没有使材料结合的力，因此分离时不会变形。一个进一步的分析[12]显示 $G_{def} = fw_{ab}$，其中 f 是一个依赖于总材料特性和变形性质的因素。因此，

$$G_{tot} = w_{ab}(1 + f) \tag{4-15}$$

这表明热力学黏附和机械变形都对黏附结合点的总强度非常重要。

4.3.6 分子间相互作用

从实际角度来看,预测或至少系统地描述化学组分和表面处理(化学反应,吸附)是如何影响界面张力和黏附功是非常有意义的。这需要对这些数量是怎样依赖于分子间相互作用有一个理解。已发现将分子间相互作用分成以下三组是有用的:

① 短程电子轨道之间的强斥力(所谓的“固有的排斥”)。这个斥力证明其在液体和固体中的不可压缩性。

② 范德华力(LW)交互作用。这发生在所有原子和分子之间,由于分子中电子的分布和移动造成永久的和瞬间的偶极矩。范德华力交互作用有吸引力且随着距离而减小。它们可以通过分子吸收光谱来计算得到。

③ lewis 碱 - lewis 酸交互作用(AB)或者一个分子内的电子供体与另一个分子的电子受体之间的交互作用。这是在有机化学中已确立的中心概念,也是评估不同官能团对表面黏附性质影响的一个有用的方法。

式(4-5)描述了 Born 和范德华力相互作用的距离依赖性。从共价键和氢键的形成和填充分子轨道与未占据分子轨道之间弱的相互作用,AB 相互作用在强度上变化很广泛。AB 相互作用比范德华力相互作用距离更短。

一些分子不具有酸性或基本的功能。尤其是饱和碳氢化合物和碳氟化合物。这样的表面是非极性的,极性和非极性相互作用要比 LW 和 AB 相互作用用得更多。

4.3.7 表面的 LW 和 AB 性质的定量

对界面张力分子解释的一个有效的实用方法是将其分成 LW 和 AB 相互作用[13]。因此,表面张力写成:

$$\gamma_{lg} = \gamma_{lg}(LW) + \gamma_{lg}(AB) = \gamma_{lg}^{LW} + \gamma_{lg}^{AB} \tag{4-16}$$

材料 a、b 之间的黏附功可以按相同的方法划分:

$$w_{ab} = w_{ab}^{LW} + w_{ab}^{AB} \tag{4-17}$$

分子间相互作用理论预测 *LW* 相互作用可以通过式(4-18)来预测

$$\gamma_{ab}^{LW} \approx 2\sqrt{\gamma_a^{LW}\gamma_b^{LW}} \tag{4-18}$$

根据式(4-16)到式(4-18)以及式(4-7)黏附功的定义,LW 部分的黏附功遵循下面的表达式:

$$w_{ab}^{LW} = (\sqrt{\gamma_{lg,a}^{LW}} - \sqrt{\gamma_{lg,b}^{LW}})^2 \tag{4-19}$$

利用式(4-18)或式(4-19),可以计算界面张力和黏附功的 LW 和 AB 部分,假定$\gamma_{lg,a}^{LW}$和$\gamma_{lg,b}^{LW}$是已知的。这些数值可以通过测量没有 AB 功能的液体(碳氢化合物)的界面张力来估计。

一些作者(如参考文献[14]和[15])类似于式(4-18)的方程也应该用于极性相互作用,也就是相互作用能量的极性或 AB 部分可以计算成:

$$\gamma_{ab}^{AB} = 2\sqrt{\gamma_a^{AB}\gamma_b^{AB}} \tag{4-20}$$

然而,很多分子也许既有电子供体又有电子受体特性(例如水)。这不能通过一个简单的参数获得。因此,根据式(4-20)计算极性参数可能导致不合理的结果。

VanOss[16]建议,为了描述酸/碱特性,每种物质都必须被赋予酸和碱的参数,这结合起来能产生与 LW 参数的结合类似的表面张力的酸 – 碱部分。

$$\gamma_{ab}^{AB}=2(\sqrt{\gamma_a^+}-\sqrt{\gamma_b^+})(\sqrt{\gamma_a^-}-\sqrt{\gamma_b^-}) \tag{4-21}$$

根据这个定义,两个表面的总黏附功通过下面的方程给出

$$w_{ab}=w_{ab}^{LW}+w_{ab}^{AB}=2\sqrt{\gamma_a^{LW}\gamma_b^{LW}}+2(\sqrt{\gamma_a^+\gamma_b^-}-\sqrt{\gamma_b^+\gamma_a^-}) \tag{4-22}$$

除非定量上和对称方式上符合表面可能包含酸性和基本性能的事实,否则没有明显的理由来选择式(4 – 21)。γ^- 和 γ^+ 是通过假设而产生的,用25℃水时,$\gamma^+=\gamma^-=25.5\text{mJ/m}^2$。

式(4 – 21)定量地获取了极性和非极性物质之间的不同模式的相互作用。一个极性化合物只会通过 LW 相互作用与一个非极性化合物接触。由于式(4 – 21)中两个术语之间的差别很小,两种主要碱性或者两种主要酸性物质之间的 AB 相互作用很弱。如果一种化合物是强酸而另一种是强碱,那么相互作用很强。

已经评论了水的参考值的现实选择式(4 – 17)和式(4 – 18)。当酸是一种蛋白质时,AB 参数能起到最好作用,也就是,酸碱之间的相互作用产生弱或强的氢键。

不能避免的是,LW/AB 确实给出了一个较公式(4 – 20)更好的黏附功的物理解释。在很多情况下,只有将黏附功在概念上分离成 LW 和 AB 相互作用能给出关于不同的处理对界面张力影响的足够视野。例如图 4 – 10 给出了硫酸盐纸浆纤维的脱木素和漂白对表面特性的影响。

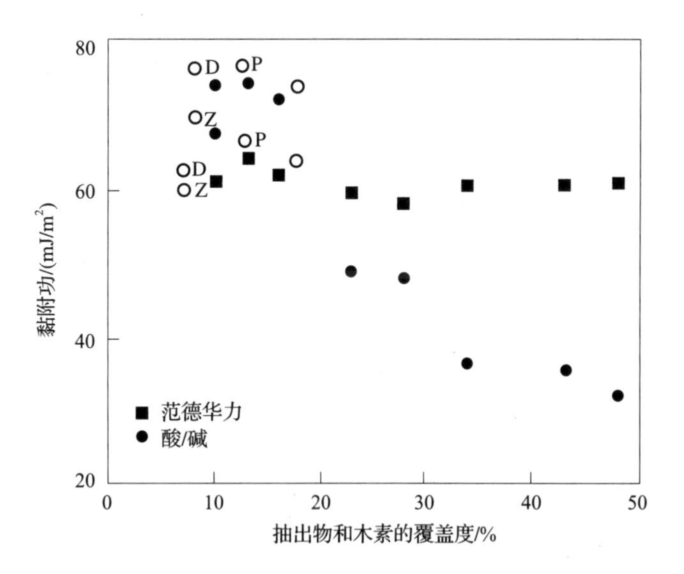

图 4 – 10 纤维表面上疏水性物质(抽出物和木素)的数量与水对针叶木硫酸盐浆纤维黏附功的 LW 和 AB 组分的影响

注:5 组样品大于 20% 覆盖的是未漂纤维。AB 组分通过氧脱木素增加,但是对 LW 相互作用影响很小。随后的臭氧漂白、过氧化氢漂白或者二氧化氯漂白对 LW 或者 AB 组分没有系统性的影响。

4.3.8 杨 – 拉普拉斯公式

两个液体相 α 和 β 通过一个平的界面分离开,如果两相的压力相等,$p_\alpha=p_\beta$,那么就处于流体静力学平衡。然而,如果界面是弯曲的,在表面上就会产生一个压力差。由于表面上倾向于尽可能多的减少界面面积,液体在洞(凹面)一侧表面被挤压,这一侧的压力增大到与表面

张力的收缩作用达到平衡为止。产生的压力差 Δp 称为毛细管压力。根据杨—拉普拉斯公式,对于任意表面的主曲率半径 R_1 和 R_2:

$$\Delta p = \gamma\left(\frac{1}{R_1}+\frac{1}{R_2}\right) \tag{4-23}$$

对于球形表面的半径 R,公式(4－23)简化为

$$\Delta p = \frac{2\gamma}{R} \tag{4-24}$$

许多毛细管压力的形态是非常著名且具有相当大的现实意义,例如:

① 液体浸透到窄孔中(毛细管)。毛细管压力是将水和印刷油墨吸收到纸张和纤维中的主要动力。只有当液体浸湿毛细管壁($\theta<90°$)时这个力才促进吸收,因此空气－液体界面的弯月面向着空气。对于圆柱形毛细管的半径 r

$$\Delta p = \frac{2\gamma\cos\theta}{r} \tag{4-25}$$

② 如果接触角 $\theta>90°$,Δp 反对浸透,因此,阻止了水分到疏液性毛细管的浸透。

③ 当两个固体表面之间的薄的液体膜润湿了表面时,毛细管压力倾向于将它们拉到一起(液体膜变得更薄)。在造纸过程中,这个现象的其中一个表现称为“坎贝尔力”,倾向于在干燥纸页的纤维表面之间的残留水中形成液体半月板以将纸浆纤维拉到一起。

④ 测量表面张力的大部分方法都基于杨—拉普拉斯方程。例如,表面张力可以通过悬挂或固着的液体滴形状,液体在毛细管中上升的高度或者由液体打湿圆盘或环提升的液体的质量来决定[4]。在所有这些情况中,万有引力和毛细管力(表面张力)之间的平衡决定了半月板的形状以及提高的质量。

4.3.9 开尔文方程

任何物质的化学势都依赖于压力。因此,毛细管压力的结果是物质的蒸汽压或溶解度依赖于物质和周围相之间的界面曲率。对于一个球形粒子,蒸汽压 p^r 依赖于开尔文方程中的粒子半径 r

$$RT\ln\frac{p^r}{p^0} = \frac{2\gamma V_m}{r} \tag{4-26}$$

式中 p^0——平界面的蒸汽压

V_m——摩尔体积

假定蒸汽是理想的,γ 不依赖于 r。只要液滴粒度不小于≈5nm,那么后一个近似值就是有效的。对溶解度的一个类似的方程是:

$$RT\ln\frac{S^r}{S^0} = \frac{2\gamma M}{r\rho} \tag{4-27}$$

式中 S^r——半径是 r 的粒子的溶解度

S^0——平界面的溶解度

M——相对分子质量

ρ——物质的密度

式(4－26)和式(4－27)描述了几个现实意义的现象。

① 在蒸汽或者溶液中的小颗粒,当较小的颗粒通过分子扩散形成较大颗粒时,会随着时间消失。作为表4－3中列举的数值,这种效应(被称为“奥斯特瓦尔德成熟”)只有当液

滴 <0.05μm 时，才会变得相当可观。然而，这是很难制备不是很非溶或者蒸汽压很低的物质的非常小的粒子的主要原因。

表 4-3　　曲率半径对 298K 下水的蒸汽压的影响[式(4-26)]

r/m	液滴 p^r/p^0	气泡 p^r/p^0	液滴或气泡 Δp/kPa
∞	1	1	0
10^{-6}	1.001	0.999	146
10^{-7}	1.011	0.989	1460
10^{-8}	1.115	0.897	14600

② "奥斯特瓦尔德成熟"也揭示，通过粉碎制得的固体的分散是暂时的，具有很高曲率的表面倾向于消失。因此，固体分散的表面特性会随着时间慢慢变化。

③ 因为很小的液滴或颗粒会由于其很高的蒸汽压或者溶解度会迅速蒸发或溶解，只有当过度加热或过度饱和足以形成临界粒径的聚集时，气体或溶液中的液滴或颗粒才会发生稳定的成核。

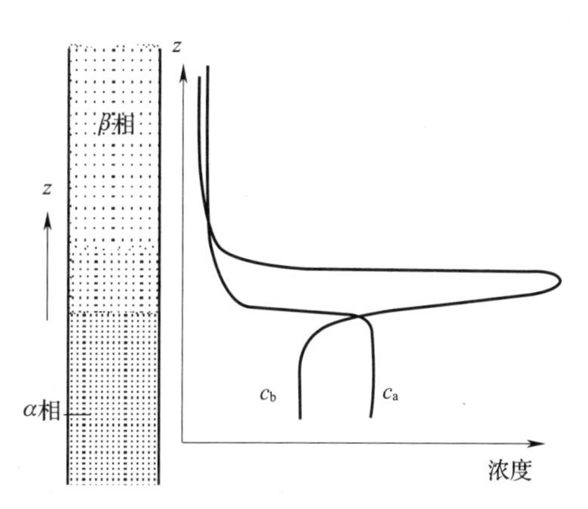

4.4 吸附

4.4.1 表面浓度

吸附是表面和胶体化学以及林产品技术应用中的主要现象。

研究一个包含溶剂 a 和溶质 b 的系统。吸附通过 a 和 b 的表面浓度描述，定义为

$$\Gamma_a = \frac{n_a^s}{A}; \Gamma_b = \frac{n_b^s}{A} \qquad (4-28)$$

其中n_a^s和n_b^s是被吸附材料在面积 A 的表面相的数量。

物理学上来讲，系统的特性会从一相到另一相或多或少地发生改变，界面区域的组分经常与总相差别很大(图 4-11)。然而，式(4-2)中的定义很模糊，没有表面相体积和面积的准确定义。

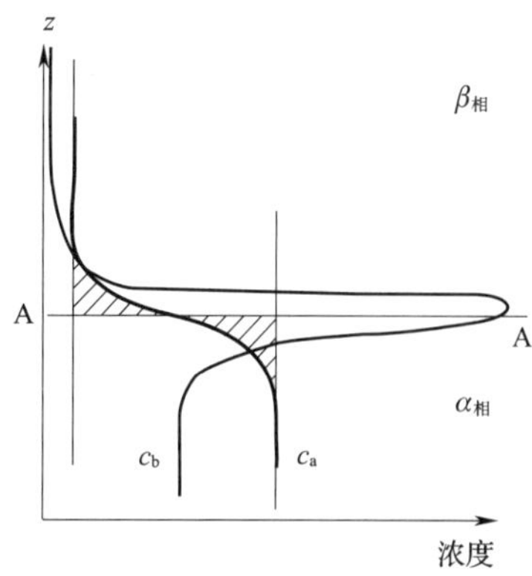

图 4-11　两相 α 和 β 之间的界面浓度从一相到另一相持续的变化

注：表面浓度的计算是根据分界面 A-A 总浓度不变的参考系统。选择出分界面的位置，因此一种组分(通常是溶剂)的表面浓度是零(界面 A-A 下面和上面的阴影区是相等的)。组分 b 的表面浓度(表面超量) $\Gamma_b^{(a)}$ 是 b 的实际浓度和不会改变到界面 A-A 上的浓度之间差值。

a 和 b 的初始浓度是c_a^0和c_b^0。固体和溶液混合平衡。然后将它们分离,此时的浓度是c_a和c_b。

因此,表面浓度的计算需要一些关于表面相的知识,最简单的是在图 4 – 11 中描述的。根据这种定义,b 的表面浓度经常称为"表面超量",表示为$\Gamma_b^{(a)}$。

表面浓度可以通过吸附的测量直接计算得到。因此,图 4 – 12 显示了溶液在固—液界面的吸附量。

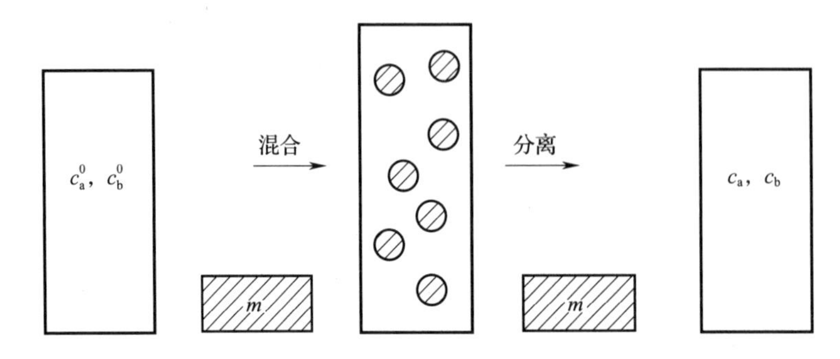

图 4 –12　固—液界面上的吸附量

根据吸附,b 的摩尔分数变为

$$\Delta x_b = x_b - x_b^0 = \frac{n_b - n_b^0}{n} = \frac{\Delta n_b}{n} = \frac{c_b V - c_b^0 V^0}{n} \tag{4-29}$$

其中 n 是物质在吸附之前体积 V^0 的数量和吸附之后体积 V 的数量。c 指的是浓度。如果密度对浓度的依赖很小,$V = V^0$,表面浓度(相对于溶液的恒定数量)可以计算为

$$\Gamma_b^{(n)} = \frac{c_b V - c_b^0 V^0}{mA_s} = \frac{\Delta c_b V^0}{m A_s} \tag{4-30}$$

其中 A_s 指的是比表面积,m 指的是吸附剂的量。对于稀溶液的吸附,$\Gamma_b^{(n)} = \Gamma_b^{(a)}$很好的近似。经常,$A_s$是未知的,而$\Gamma_b^{(n)} A_s$被用作吸附的测量。

4.4.2　吉布斯吸附方程

界面张力的数值依赖于分子间的相互作用,因此,依赖于界面的化学组成,也就是依赖于吸附。达到均衡的条件是,所有物质的化学势必须在界面和总相上相等:

$$\frac{\partial \gamma}{\partial \mu_b} = \Gamma_b^{(a)} \tag{4-31}$$

这被称为吉布斯吸附方程。在稀溶液中,化学势 $\mu_b \approx \mu_b^0 - RT\ln c_b$,因此,在恒定的温度和压力下,

$$\frac{1}{RT}\left(\frac{\partial \gamma}{\partial \ln c_b}\right)_{P,T} = -\Gamma_b^{(a)} \tag{4-32}$$

4.4.3　气—液界面的吸附

当固 – 液界面的吸附经常通过界面上浓度变化的测量或界面上吸附量的测量来决定时,利用吉布斯吸收方程,液体表面上的吸附大多通过取决于浓度的表面张力的测量而计算得到,为了阐明这一点,图 4 – 13 示出了几个正烷烃在气 – 液界面的吸附。可得到几个有趣的结论:

① 曲线的斜率是负的,也就是,烷烃在表面上很充实。

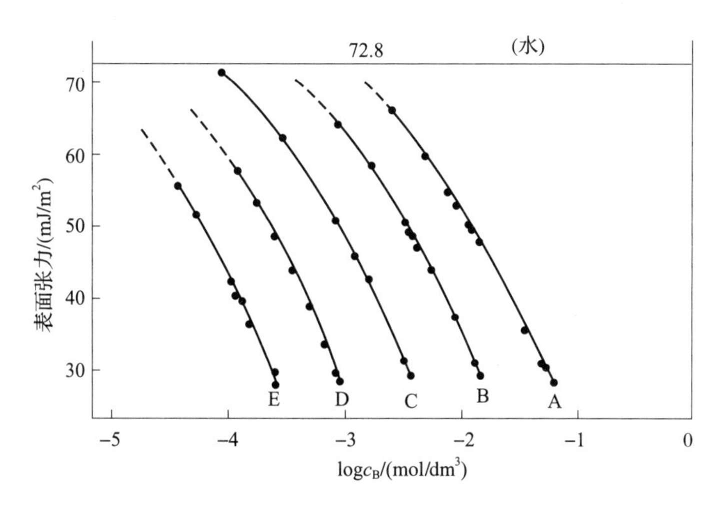

图 4－13　正烷烃水溶液的表面张力

A:1—己醇;B:1—庚醇;C:正辛醇;D:正壬醇;E:1－癸醇。$T=298\text{K}$[20]

② 最低的表面张力($\approx 28\text{mJ/m}^2$)出现在烷烃的溶解度极限处,并且与其链长度无关。这一数值与脂肪族碳水化合物的表面张力相似。

③ 曲线较低部位处的斜率相等(除了正庚醇)。因此,根据式(4－32),单位面积的分子数量与分子粒径没有关系。根据斜率计算得到的面积是 0.27～0.28nm/分子。这可以与脂肪族碳水化合物链的晶体横截面相比,数值是 0.22nm^2。可以得到的结论是烷烃形成了一个密实层,在层中链或多或少的垂直于羟基转向水的面。

具有双亲结构的分子的特点是形成紧密的表面层,例如同源的脂肪酸、胺类和磺酸等。(参见第 4.4.5 部分)。

4.4.4　固—液界面的吸附

4.4.4.1　等温线的分类

从稀溶液吸附的吸附等温线可以分成两大类型(图 4－14)。类型Ⅰ代表了直到表面变成单分子层饱和的溶质的强吸附。这类吸附的两个情况的特殊重要性:特殊位点的吸附,例如离子交换和聚合物吸附。后一种情况,等温线的上升部分非常陡峭而事实上无法从实验中获得。类型Ⅱ等温线指出被吸附的分子在表面上互相影响,也就是,当已经吸附了一定量时,分子聚集在一起使吸附瞬间急剧地上升,这是表面活性剂和其他两亲性物质的特点。聚合物和表面活性剂吸附将会在下面进一步讨论。

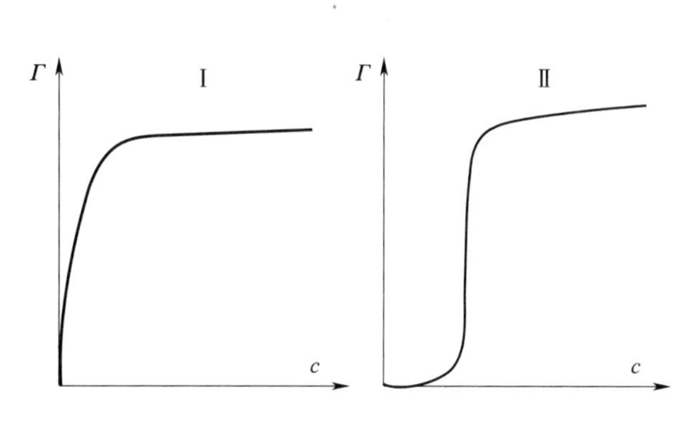

图 4－14　稀溶液中两种主要的吸附等温线

4.4.4.2　吸附模型

b 分子从 a 溶剂的溶液中一个非常简单的吸附模型是假定表面上 a 分子所占据的面积与 b 分子占据的面积相等。吸附可以写成一个简单的交换反应:

$$\text{a(表面)} + \text{b(溶液)} \rightleftharpoons \text{a(溶液)} + \text{b(表面)} \tag{4-33}$$

其中平衡常数(假定表面和溶液相都是理想的)。

$$K_a = \frac{x_{b,s}x_{a,l}}{x_{a,s}x_{b,l}} \tag{4-34}$$

其中 x 指的是摩尔分数,s 和 l 分别指的是表面和溶液。通过消除 $x_{a,s}=1-x_{b,s}$,式(4-34)可以重新简化为

$$x_{b,s} = \frac{x_{b,l}/x_{a,l}}{1/K_a + x_{b,l}/x_{a,l}} \approx \frac{K_a x_{b,l}}{1+K_a x_{b,l}}(\text{稀释液}, x_{a,l}\approx 1) \tag{4-35}$$

图 4-15 显示了两个 K_a 数值的吸附等温线,也就是强和弱吸附。假定两种组分拥有表面上每个分子相同的面积 a_0,这符合

$$x_{b,s} = \frac{n_{b,s}}{n_s} = \frac{A}{a_0}n_{b,s} \tag{4-36}$$

其中表面上材料的总量 $n_s = n_{a,s} + n_{b,s}$,A 是样品的总面积。

在这个简单的吸附模型中,A/a_0 和 K_a 可以通过式(4-35)拟合 $x_{b,s}(x_{b,l})$ 的实验值计算出来。已知 a_0,就能确定样品的总面积 A,再用其除以样品的质量得到比表面积 A_s。摩尔分数可以用其他浓度的计算取代,见式(4-30)。

应该强调的是,这种定量依赖于式(4-33)的假设,也就是一个解吸的分子对应一个吸附的分子。一旦这个假设不成立,图 4-15 显示的等温线种类经常发生。同样,A_s 的准确定量需要一个已知的分子面积 a_0。这也许很困难,因为 a_0 可能取决于吸附剂在表面上定向的方式。然而,在很多情况下,曲线的初始斜率与 K_a 成比例,最大吸附给出被样品吸附的 b 的一个测量值,因此,式(4-35)可以用来确定不同样品的相对面积。例如,用于通过染料吸附来测量纤维的表面积[21]。

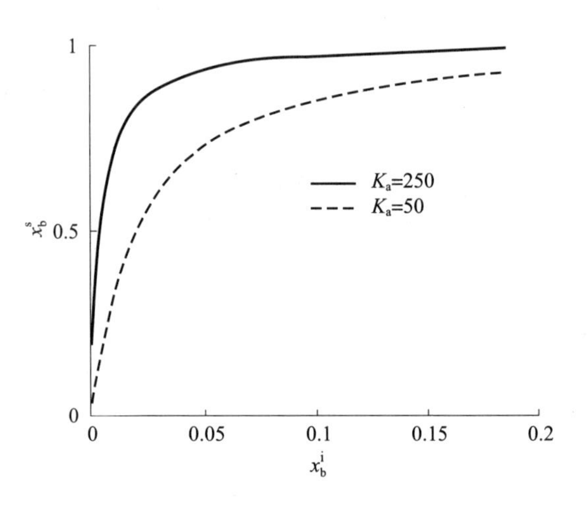

图 4-15 根据公式(4-35)的两个 K_a 数值的吸附等温线

4.4.5 气—液界面的吸附

4.4.5.1 等温线的分类

气体在固体表面的吸附和吸附作用比任何其他界面研究的都详细。关于纸张,纤维和颜料表面的吸附测量主要用于两个目的:定量测定比表面积和定量测定孔隙率。

固体表面的气体吸附通常是被吸附物相对压力的函数,表示为理想气体在标准条件下相应的体积值。图 4-16 显示了由 Brunauer 等[22]介绍的吸附等温线的一般分类。

类型Ⅰ:尽管此类型在液—固界面很常见,但其很少描述固—气界面的物理吸附。它通常表明化学吸附或其他强烈的点—绑定吸附。当表面上所有点都饱和时,就达到了定义明确的稳定水平。如果材料是大多数孔径范围在 1~10nm 的多微孔结构,那么这种类型的等温线也会发生。稳定水平代表在相对较低压力下,所有孔隙都被填满[比较式(4-26)]。这种情况下的吸附要远大于只有单分子层形成的情况。

类型Ⅱ:这一类型非常常见,代表了气体在多层的物理吸附,此时,第一层要比随后的一层吸附强很多。

类型Ⅲ:这种吸附类型相对较少,表示第一层的吸附要弱于随后的一层,也就是,一旦第一层形成,后面的吸附会变得更强。

类型Ⅳ:这种类型也非常常见,属于孔径在 15 ~ 1000nm 的多孔材料的特征。最初,是类型Ⅱ吸附,但是在相对高的压力下,孔隙中发生了液体的冷凝。这种类型的等温线通常显示了滞后现象,也就是说,如果等温线是通过连续降低的压力测得的,压力升高,吸附也会变高。原因是具有窄的入口的瓶形孔隙需要较低的压力使液体从窄的颈部蒸发,甚至低于宽孔隙底部的气体凝聚所需要的压力。

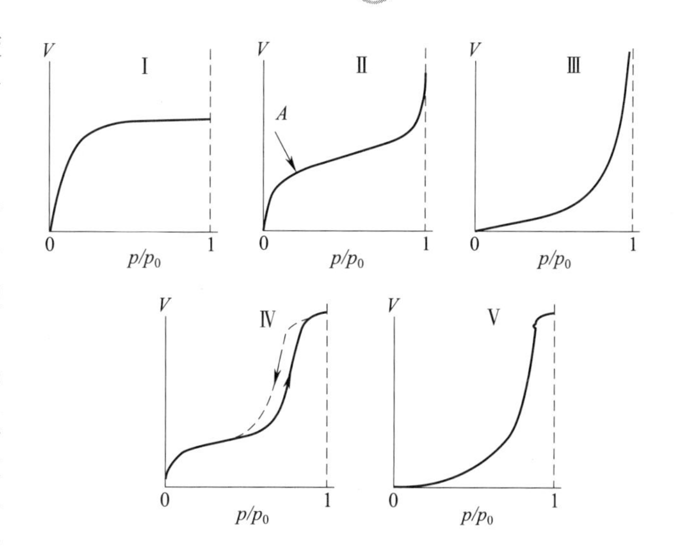

图 4 -16 气体在固体表面的吸附等温线的大体分类[22]

V = 吸附的气体的体积。A = BET 等温线中的拐点(参见文本 4. 4. 5. 3 节)

类型Ⅴ:这一类型代表了类型Ⅲ的等温线与毛细管冷凝的结合。

图 4 -17(a)显示了水在棉纤维上的吸附等温线。等温线是类型Ⅱ,但是也表现出有滞后现象。尽管纤维素纤维确实是多孔性的,这个滞后现象可能更多是与纤维的润胀有关。图 4 -17(b)明显看出吸附水分后纤维的尺寸变化。材料的吸附数据在与被吸附物接触时可能也会产生尺寸的变化,例如纤维或纸张,可能会给出模糊信息,除非用其他方法获得数据支持。

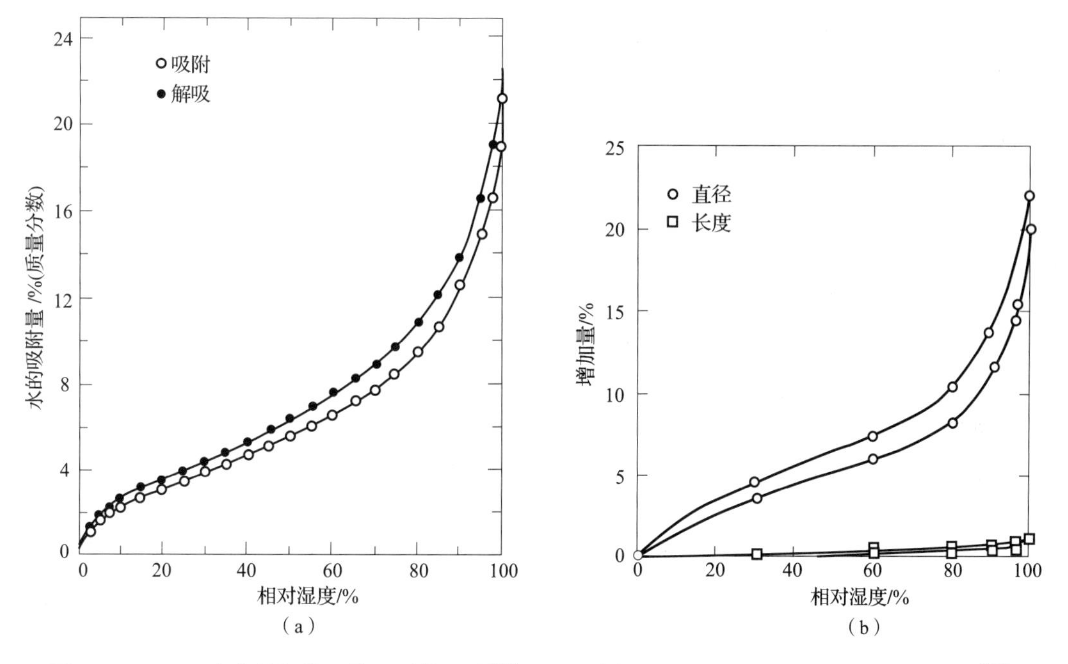

图 4 -17 (a)水在棉纤维上的吸附等温线[23]和(b)棉纤维在水吸附和解吸过程的尺寸变化[24]

4.4.5.2 Langmuir 等温式

在很多情况下能充分解释类型Ⅰ等温线的吸附模型是 Langmuir 吸附等温式。假定吸附只发生在单层上，被吸附物分子附着在表面的点上，在任一一点的吸附与其他点无关。在气体和表面的平衡中，点的覆盖度(或者占有度)给出

$$\theta = \frac{K_a p}{1 + K_a p} \tag{4-37}$$

式中 θ——覆盖度

p——压力

K_a——吸附均平衡常数

该式与式(4-35)的形式相同。

Langmuir 模型经常用于表征分子是化学吸附的催化剂。有时也用来测定比表面积，但以此为目的，它通常更多使用物理吸附的气体。

4.4.5.3 BET 等温式

相比于 Langmuir 模型，气体物理吸附的一个更有现实意义的描述是 BET 等温线(Brunauer-Emmett-Teller[25])。基本的假设是：

① 第一层的吸附由 Langmuir 等温线描述。

② 在第一层上部可能又吸附了很多层，但吸附能要低于第一层，且假定被吸附物的凝结的热量相等。

对于相对低压力($x = p/p_0 < 0.35$)，接下来的表达可以分为：

$$\theta = \frac{cx}{(1-x)[1+(c-1)x]} \tag{4-38}$$

其中 c 是与吸附能和温度相关的常数，$\theta = V/V_m$，其中 V 是气体吸附的体积，V_m 是单分子层覆盖表面需要的体积。V_m 也是 V 在图 4-16Ⅱ中等温线拐点 A 处的数值。

BET 模型被指出存在一些内部不一致性。但对于测定比表面积是应用最广泛的。方程可以被重新整理为

$$\frac{x}{V(1-x)} = \frac{1}{cV_m} + \frac{c-1}{cV_m}x \tag{4-39}$$

将 $x/[V(1-x)]$ 对 x 作图得到了一条斜率是 $(c-1)/cV_m$ 和截距是 $1/cV_m$ 的直线，V_m 和 c 可以通过计算得到。已知 V_m，比表面积 A_s 可以计算得到

$$A_s = \frac{N_A p V_m a_0}{RT} \tag{4-40}$$

其中 a_0 是一个分子占据的面积，N_A 是阿佛加德罗数。最常用到的两种气体是氮气 N_2($a_0 = 0.162nm^2$/分子)和氪气 Kr($a_0 = 0.195nm^2$/分子)。这些 a_0 值是“最好的”，当报告“BET 面积”时非常重要。在纤维素纤维(以及其他多孔性材料)中，那些小分子气体可及的面积要远远大于有机溶质可及的面积。因此，BET 面积通常高于用溶质吸附测得的面积。

4.5 表面活性剂

4.5.1 两亲性分子

两亲性分子结构的典型特征是非极性疏水部分(也就是在水中溶解度很低的部分)与强

亲水性(强溶于水)的极性或有机官能团连接在一起。

最重要的低分子量两亲分子是表面活性剂。在这些表面活性剂中,疏水的部分是直链或分支的碳氢化合物或碳氟化合物(通常有6～20个碳原子),有时也会包含环结构。链的末端基团可以是阴离子、阳离子、两性离子或非离子。图4－18给出了一些表面活性剂的结构。

还存在一些其他类型的两亲化合物,例如两亲性蛋白质和合成嵌段共聚物。在这一部分中只讨论表面活性剂。一些关于表面活性剂的聚集和吸附的原理也用于其他两亲化合物。嵌段共聚物在聚合物吸附章节有简单的介绍。

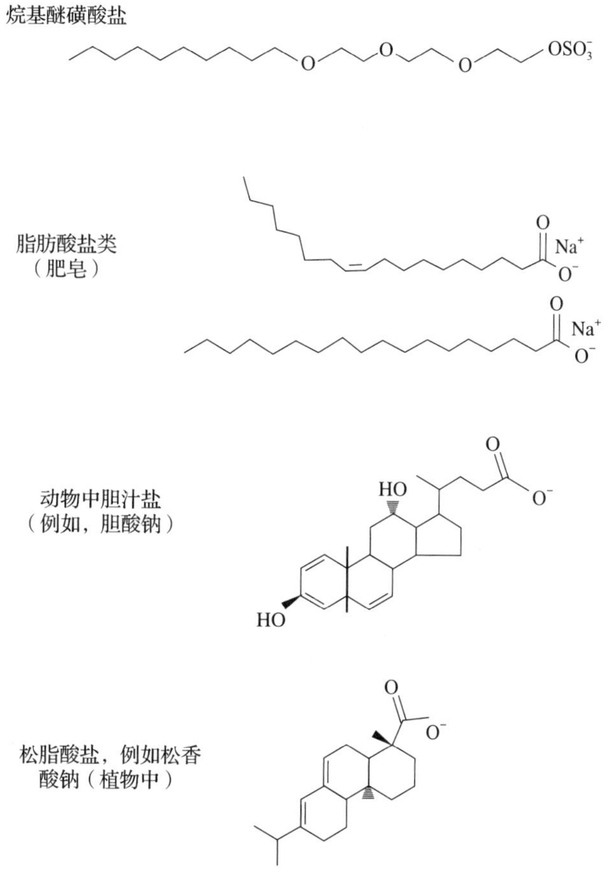

烷基醚磺酸盐

脂肪酸盐类（肥皂）

动物中胆汁盐（例如，胆酸钠）

松脂酸盐，例如松香酸钠（植物中）

图4－18 表面活性剂结构举例

表面活性剂的基础性质是通过界面上的强吸附降低了表面张力。例如,当表面活性剂的密集层覆盖了其表面时,水溶液的表面张力会从72mJ/m^2降低到25～30mJ/m^2。水—碳氢化合物界面的相应变化可能会从40～50mJ/m^2(脂肪族碳氢化合物)或20～30mJ/m^2(芳香族碳氢化合物)下降到1～10mJ/m^2。

表面活性剂的碳氢化合物部分不溶或仅微溶于水。另一方面,分子的极性部分由于水合作用以及/或者静电排斥通常极易溶于水且相互排斥。分子相互作用的双重性产生很强的从水或非极性溶剂中吸附的倾向,疏水部分和水之间的接触变少。这一特性解释了表面活性剂和其他两亲化合物的巨大的技术和生物差别。

双重性可导致自发的聚集,从而碳氢化合物和水之间的接触减少。聚集因末端基团之间的排斥受到限制,于是,当一种表面活性剂与水混合时,可能会观察到几种不同的聚集类型(图4－19)[6]:

① 当遇水没有明显润胀时,表面活性剂几乎不溶且保持晶体状。这通常是低于表面活性剂熔点的情况;

② 表面活性剂易溶于水。溶解伴随着表面活性剂自聚集成包含15～100个单体胶束。疏水性链指向内侧,极性末端基形成亲水性外壳(见图4－19)。微粒能够溶解内部的非水溶性化合物(增溶);

③ 在超过溶解浓度下,会形成溶致液晶或中间相。这包含杆状或层状的表面活性剂聚集体,它们排列成确切的结构。尽管这些聚集体显示长序排列,它们或多或少是有弹性的,表面活性剂在聚集体中仍是可移动的,因此,被称为“液晶”;

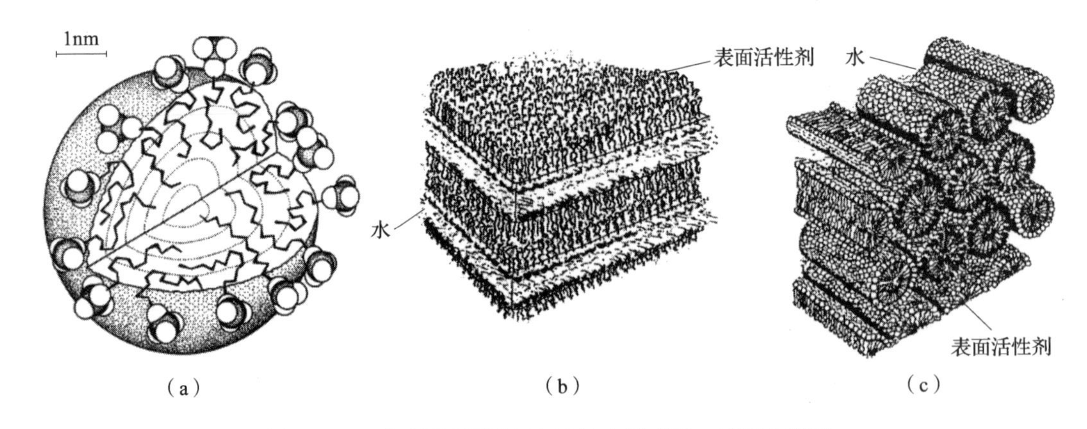

图 4-19　在表面活性剂/水系统中形成的一些聚集类型

原理图:(a)胶束溶液　(b)层状相　(c)六角液体结晶相(六方晶系的圆柱形聚集)

④ 非常疏水性的表面活性剂不溶于水。然而,当与水在高于其熔点的温度下接触时,可能会形成由表面活性剂层(反胶束)包围的水溶液核心的聚集体。通常它们也会形成反六角液体结晶相,在其中的六方晶格中胶束长成排列无序的杆状物。这种典型的表面活性剂是软磷脂和脂肪酸与脂肪酸皂的混合物。

两亲化合物在界面间的聚集趋势使其广泛用做分散剂、乳化剂和发泡剂。一般而言,一种好的表面活性剂应该尽可能有强的吸附,其吸附程度和强度取决于表面活性剂的浓度、形成界面的两相的特性和表面活性剂的结构。在含有两种或更多不同表面活性剂的系统中,吸附也取决于混合物的组分。因此,表面活性剂的选择通常取决于其用途——绝没有广谱有效的表面活性剂。

根据合成表面活性剂的工艺产生了一个大的化学工业。具有相似结构的分子也存在于自然界中,其中它们凭借与水接触形成的稳定双分子层(生物膜的骨架)构成了有组织的生物系统。

在制浆和造纸过程中使用许多合成表面活性剂和两亲性聚合物:涂料中的分散剂用于印刷油墨和脱墨工艺;施胶剂用于印刷油墨和除泡剂中的乳化剂;清洁剂用于脱墨浮选剂等。表面活性剂(脂肪和树脂酸皂)通过蒸煮中木材抽出物的水解形成。因此胶束和液晶的溶解和形成是控制制浆和造纸中木材抽出物物理行为的重要环节。塔罗油是一种生产商用表面活性剂的原料。

4.5.2　胶束

液体表面活性剂溶液具有在相对陡变的浓度附近其性质会突然变化。尤其是诸如表面张力或者溶剂活性等热力学特性在高于这个浓度时变化很慢,而光散射(浊度)会有显著的增加。这表明形成了大的聚集体且聚集过程是协同的,也就是说,只有当足够多数量的单体聚集在一起时才能形成稳定的聚集体,从下面的讨论中很容易理解这一行为。

假定理想溶液中 n 个单体形成胶束 M

$$nS \rightleftharpoons M, \tag{4-41}$$

平衡常数

$$K_m = \frac{[M]}{\{S\}^n} \tag{4-42}$$

表面活性剂的总浓度 c_s，

$$c_s = [S] + n[M] = [S] + n[S]^n K_m \tag{4-43}$$

解开公式(4－42)和公式(4－43)得到[M]和[S](图4－20)，显示该模型预测胶束发生在高于浓度限制的可测浓度中，这个限度被称为“临界胶束浓度”，*cmc*。其发生在假定没有更小的聚集体形成(或者其浓度时可以忽略)时。大多数超过临界胶束浓度的表面活性剂会合并成胶束。单体浓度增加很缓慢，因此，表面活性剂的化学势在高于 *cmc* 时大多是常数。

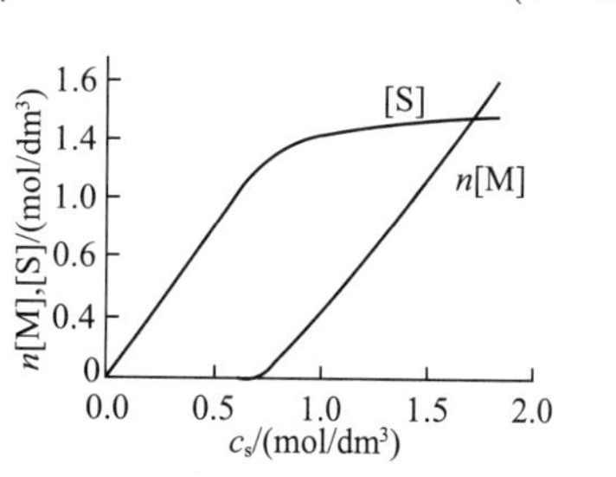

图4－20 根据式(4－42)和式(4－43)中 $K_m=1$，$n=20$，$cmc \approx 0.8 mol/dm^3$ 的单体和胶束的浓度

对于离子胶束，也就是当表面活性剂单体游离在表面活性剂离子(例如阴离子)S^- 和反离子 D^+ 中时，胶束均衡(假设 p 反荷离子连接到胶束上)可以写成

$$p D^+ + n S^- \longleftrightarrow M^{(n-p)-} \tag{4-44}$$

$$K_m = \frac{[M]}{[D^+]^p [S^-]^n} \tag{4-45}$$

因此，当阳离子浓度增加时，促进了胶束的形成，即添加电解质降低了临界胶束浓度。

事实上，任何表面活性剂溶液的物理－化学特性都可以用来确定临界胶束浓度。例如临界胶束浓度是表面张力对总浓度的依赖关系上的急剧的断裂。图4－21显示的例子揭示了蒸煮过程中抽出物形成的脂肪和树脂酸皂类型表面活性剂的聚集行为。

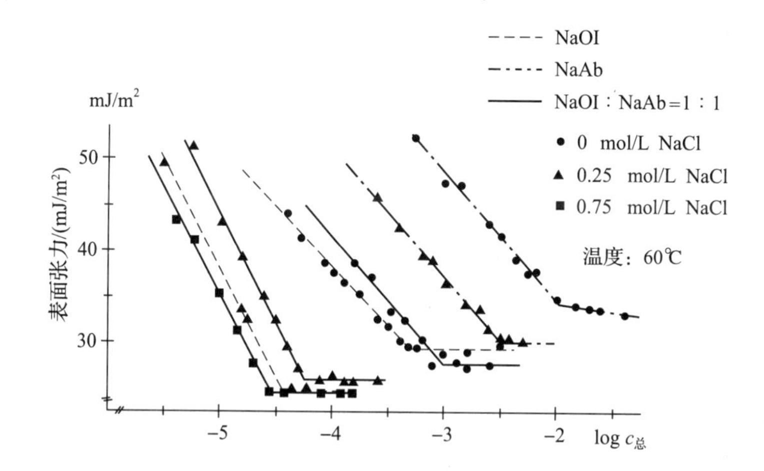

图4－21 油酸钠、松香酸钠和油酸/松香酸混合物在60℃不同离子强度下的表面张力[26]

(Ⅰ)添加氯化钠降低了临界胶束浓度，(Ⅱ)松香酸钠的临界胶束浓度高于油酸钠

(Ⅲ)松香酸和油酸形成的混合胶束要比单一组分形成的胶束稳定性好

NaOl—油酸钠　NaAb—松香酸钠

4.5.3 影响胶束形成的因素

胶束形成的分子理论[7]一般基于以下的概念。当表面活性剂的碳氢链从水中转移到胶束核心时，胶束形成的驱动交互作用体现在自由能的降低。这一分配与碳氢的链长 l_0 成比例。累积在胶束表面的末端基之间的斥力限制了聚集。这种斥力在离子型表面活性剂中主要是静电，对于非离子型是溶剂化或者位阻。如果极性末端基不够大到完全覆盖胶束表面，在胶

束表面会有一个非常不利的碳氢－水接触面。

如果极性末端基团应该位于表面而碳氢链应填充于内部，这就要求限制胶束的尺寸。因此，对于不仅是一个方向的尺寸 l_0 受限的几何结构，形成的聚集体就非常不利。不同贡献之间的平衡使得 n 值在 20～100 时，胶束形成的自由能有一最小值。实验和模型计算显示：

① 临界胶束浓度随着碳氢链长增加而降低。对于一些均一的表面活性剂，链上碳原子数量是 N_c，

$$\log\left[\frac{cmc}{\text{mol/dm}^3}\right] \approx a_1 - a_2 N_c \tag{4-46}$$

对于室温下的离子型表面活性剂，$a_2 \approx 0.3$ 而 a_1 在 1.1～2.0 变化，取决于表面活性剂的类型。对于聚氧乙烯类型的非离子型表面活性剂，$a_2 \approx 0.5$，$a_1 = 2.0 \pm 0.2$。

② 对于离子型表面活性剂，根据公式(4－47)，临界胶束浓度取决于反离子浓度。

$$\ln(cmc) = a_3 + \frac{p}{n}\ln[\text{D}] \tag{4-47}$$

其中 a_3 是常数，p/n 取决于表面活性剂极性末端基的特性，在 0.6 和 0.9 之间变化。

③ 静电作用对斥力的贡献要远远强于溶剂化或者位阻。因此，一种离子型表面活性剂的临界胶束浓度通常是相同碳氢链长的非离子型表面活性剂的 10～100 倍。

表 4－4 给出了一些表面活性剂的临界胶束浓度。

表 4－4　一些表面活性剂的临界胶束浓度[6]

	表面活性剂	临界胶束浓度/(mmol/dm³)	t/℃
$CH_3(CH_2)_9SO_4Na$	癸基硫酸钠	33	40
$CH_3(CH_2)_{11}SO_4Na$	十二烷基硫酸钠	8.2	25
$CH_3(CH_2)_{13}SO_4Na$	十四烷基硫酸钠	2.1	25
$CH_3(CH_2)_6COONa$	辛酸钠	0.35	25
$CH_3(CH_2)_8COONa$	癸酸钠	0.109	25
$CH_3(CH_2)_{10}COONa$	月桂酸钠	0.0278	25
$CH_3(CH_2)_9N(CH_3)_3Br$	癸基三甲基溴化铵	68	25
$CH_3(CH_2)_{11}N(CH_3)_3Br$	十二烷基三甲基溴化铵	16	25
$CH_3(CH_2)_{13}N(CH_3)_3Br$	十四烷基三甲基溴化铵	3.6	25
$CH_3(CH_2)_9(OCH_2CH_2)_6OH$	六(环氧乙烷)癸基醚	0.9	25
$CH_3(CH_2)_{11}(OCH_2CH_2)_6OH$	六(环氧乙烷)十二烷基醚	0.087	20
$CH_3(CH_2)_{13}(OCH_2CH_2)_6OH$	六(环氧乙烷)十四烷基醚	0.010	25
$CH_3(CH_2)_9(OCH_2CH_2)_8OH$	八聚(环氧乙烷)癸基醚	1.0	25

4.5.4 表面活性剂数量

由于几何尺寸限制,胶束核的半径不能大于完全伸展的碳氢链长 l_0,球形胶束的聚集体个数 n 可以通过 l_0,胶束核体积 V_c,一条链的体积 v,胶束的面积 $A_{胶束}$ 和一个分子在表面上占据的横截面积 a:

$$n=\frac{V_c}{v}=\frac{4\pi l_0^3}{3v}=\frac{A_{胶束}}{a}=\frac{4\pi l_0^2}{a} \tag{4-48}$$

$$R=\frac{v}{al_0}=\frac{1}{3} \tag{4-49}$$

相似的几何考虑显示,对于圆柱体而言,$R=1/2$,对于平面聚集(薄片),$R=1$。R,这通常称为“表面活性剂数”或者“临界堆积参数”,在描述一个给出的表面活性剂的结构类型时非常有指导意义。因此,随着 R 的增加,也就是极性末端基有效尺寸减小,聚集体的首选形状按照图 4-19 中显示的球形→圆柱形→薄片→反转结构顺序变化。表 4-5 列出了影响 R 的不同参数。

表 4-5 影响表面活性剂数 R 的参数

a_0	v/l_0
基团的粒径(粒径增加 a_0 增加)	v/l_0 随着链中碳原子数量增加
水合作用(水合作用增加,a_0 增加) 温度影响水合作用	链的结构和移动性(分枝、循环、双键)
静电相互作用(离子末端基团之间的斥力在高的盐浓度和离子/非离子混合的表面活性剂系统中降低)	链的数量

4.5.5 胶束形成的动力学

胶束聚集体通过单体与周围环境的迅速交换来表征(特征弛豫时间大约是毫秒),而胶束的全部分解(例如当一种溶液被稀释到低于临界胶束浓度下的一个浓度时)需要一毫秒到几秒。这有充足的证据,尤其是从核磁共振研究来看,胶束中碳氢链的转动和振动状态与液态碳氢链更相似,而不是晶体态。这也证明了胶束聚集体的动态特性。

4.5.6 溶解

液体表面活性剂溶液中的非极性或弱极性物质的溶解度在高于临界胶束浓度时上升迅速,原因是这些物质合并到了胶束中。这一现象被称为“溶解”,被溶解的物质则被叫作“增溶质”。

根据增溶质的结构不同,它们在胶束结构中有不同的存在方式。纯净的碳氢化合物和其他弱极性化合物(例如饱和碳氢化合物)位于胶束中心的位置。胶束溶解这些化合物的总能力通常很低(大约 1mol 单体溶解 0.01~0.1mol 增溶质)。可极化的和弱两亲性物质,例如芳香族碳氢化合物或者脂肪醇,都位于胶束疏水和亲水部分之间的边界。溶解能力通常很好,尤其是弱两亲性物质(1mol 单体溶解 0.1 ~1mol 增溶质)。强极性或者水溶性物质可能位于胶束的极性层,例如对于体积庞大的非离子表面活性剂,强的水合末端基(如聚氧化乙烯链)其结合能力可能变化很大。

在制浆和洗浆过程中溶解成胶束是相当重要的,有时也称之为表面活性剂用作清洁剂的重要机理。然而,在这种情况下,分散剂或乳化剂的形成则更加重要。溶解能力可通过选择正确的表面活性剂来大大提高,因此就形成了所谓的微型乳液。

胶束和溶液之间溶质交换的速率与表面活性剂单体的大小相等。由于在相界面形成了高黏结构,因此这通常是一个非常缓慢的过程。溶解通常降低了临界胶束浓度,尤其当溶质是弱两亲性时,其溶解能力很高。

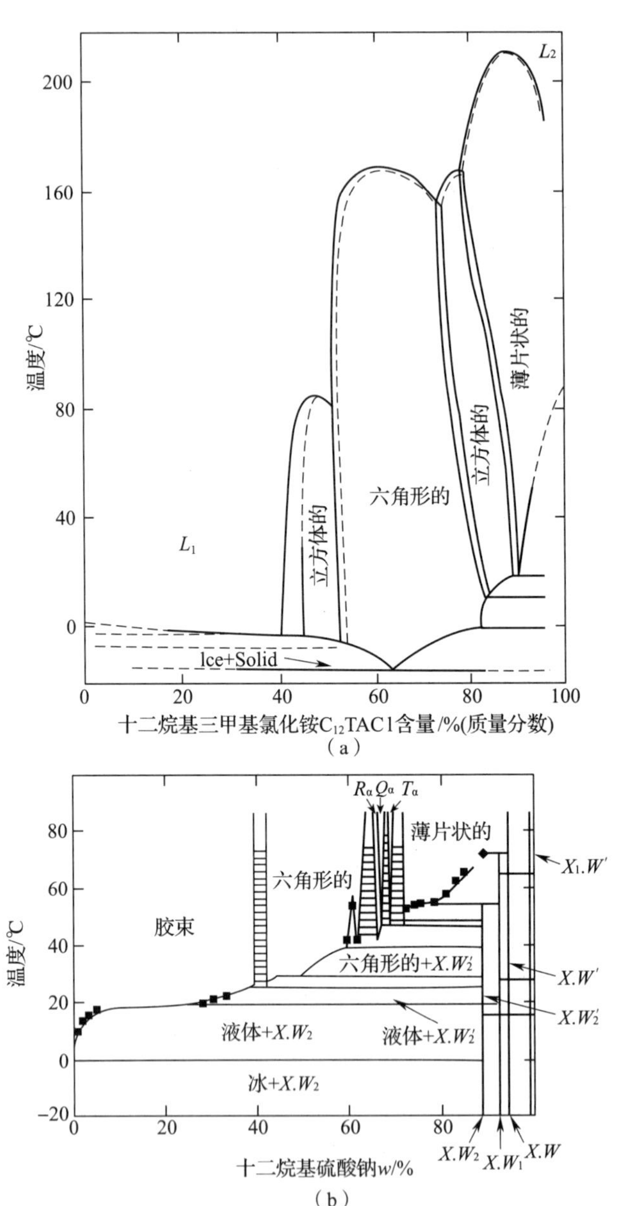

图 4-22 典型的表面活性剂/水系统相图

(a)十二烷基三甲基氯化铵($C_{12}TACl$)/水。胶束溶液存在于低表面活性剂浓度和高温下。当浓度增加或温度下降时,形成几种液晶相(立方体的、六角形的和薄片状的)。在低温下,形成晶体相[27];(b)十二烷基硫酸钠/水的相图。对于(a)中的阳离子表面活性剂,主要是六角形和薄片状的相。也会形成其他液晶结构和结晶水合物[28]。图 4-19 显示了相结构。

4.5.7 致溶液晶

4.5.7.1 二元体系

表面活性剂/水系统的典型特征是形成致溶液晶。表面活性剂聚集体中单体保持转动和振动的自由性,这与胶束的相应特性很类似。

图 4-22 显示了水溶性阴离子和阳离子表面活性剂的相图。除了胶束溶液外,还形成了几个液晶结构。

① 表面活性剂浓度在 60% ~90% 时,形成了薄片结构。

② 较低的浓度(表面活性剂浓度在 35% ~55% 时),形成了由水包围的无限长杆状且呈六角形排列的六角形结构。

除了这些结构,表面活性剂形成短的圆柱形聚集体或棒状以立方对称的连接或更复杂的结构排列的液晶相,因此被称为“立方”相。立方相是光学各向同性的且通常非常黏稠。

这一相序可以根据表面活性剂参数 R 来合理地定性。随着表面活性剂浓度的增加,离子强度增加,末端基之间的静电斥力降低,极性末端基的有效面积需求降低,从而 R 的值增加。因此,表面活性剂聚集体的形状按照球体→棒状→薄片的顺序变化。有效面积也可以通过增加非离子型两亲化合物(例如脂肪酸或者长链醇类)屏蔽表面活性剂表面离子之间的斥力来降低。在这些情况下,产生的薄片结构可与非常稀的水溶液保持平衡(其浓度甚至低于临界胶束浓度)。

图 4-23 显示了非离子表面活性剂的相图(六环氧乙烷双十二烷基乙醚)。高于熔点时,一些水溶解在表面活性剂中并形成反胶束。该图也阐明了一些非离子表面活性剂的相平衡的另一典型特征,即高温下,胶束溶液分离成非常稀的和集中的表面活性剂溶液。发生分离时的温度被称为“浊点”(当分离发生时体系变得浑浊)。

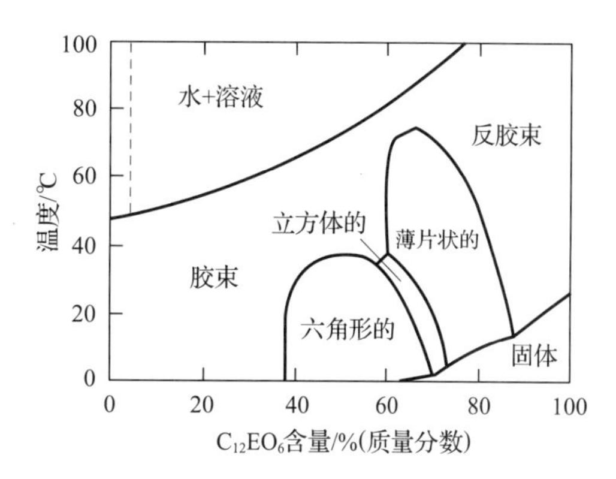

图 4-23 六环氧乙烷双十二烷基乙醚/水系统的相图[29]

注:在超过 25℃,水溶解在表面活性剂中时,形成反胶束溶液。浊点在大约 47℃。

4.5.8 Krafft 边界(克拉夫边界)

图 4-22 和图 4-23 中的相图显示了液晶相和胶束溶液发生在低于纯表面活性剂的熔点的温度下。高于这些相形成的温度范围被称为“Krafft 温度”。这不仅是水溶性表面活性剂的特点,而且也是很多水不溶两亲化合物的特点,例如脂类。高于 Krafft 温度时,碳氢链“融化”,也就是它比在结晶表面活性剂中流动性更好。这种融化可以通过极性末端基和溶剂的相互作用得到促进,并使其在水中润胀,因此形成易溶的液晶相。

对于碳氢链中由 14~16 个碳原子的胶束形成的表面活性剂,Krafft 边界温度位于或稍微高于室温。

在技术应用方面,认识到表面活性剂体系在狭窄的温度范围(Krafft 边界,浊点)可能发生的溶解度和相行为的急剧变化是非常重要的。

4.5.9 制浆造纸中的表面活性剂

4.5.9.1 胶束的形成和溶解

表面活性剂几乎发生在所有涉及制浆、造纸和印刷的分散体系中。最重要的是表面活性剂作为分散剂和润湿剂在涂料、施胶乳化剂、印刷油墨、消泡剂和清洁剂中得到广泛应用。这一方面与表面活性剂的吸附密切相关,下面将详细介绍。

木材松香包含脂肪酸酯、甾醇、萜类化合物和挥发性单萜。针叶木松香也含有一定量的游离树脂酸(参见第 1 章)。在机械法制浆中,这种松香分散成胶体稳定的液滴。在化学制浆过程中,脂肪酸酯被水解。因此,在硫酸盐法制浆的碱性黑液中,脂肪酸和树脂酸以水溶性皂存在,也就是表面活性剂。这些表面活性剂的溶解度和不溶松香化合物的分散能力取决于离子强度和 pH。因此,不论松香溶解或者分散都与制浆、漂白和清洗条件密切相关。

在清洗温度和盐浓度下,树脂和脂肪酸皂形成胶束。尤其是脂肪和树脂皂的混合物形成的胶束在表面上非常稳定,甚至在高盐浓度下。临界胶束浓度随着温度的升高而升高(图 4-24)。但另一方面,通过添加盐类可以降低临界胶束浓度(图 4-21)。因此经过水解,在蒸煮的温度下脂肪和树脂酸皂形成胶束。

这些胶束能溶解相当数量的中性抽出物。因此,已经证明,在温度 60~90℃时,油酸钠胶束溶解 0.1~0.25g 中性物质,取决于盐浓度(氯化钠)。对于松香酸钠和油酸钠的混合物,溶解度可能超过 0.5g 中性物/g 皂。当氯化钠的浓度超过 0.2mol/L 时,皂沉淀作为一种液晶导致溶解度降低。由于溶解需要胶束的存在,因此稀释到低于临界胶束浓度会导致包含在胶束中的不溶性抽出物突然沉淀,这在浆料洗涤时[30]尤为重要。

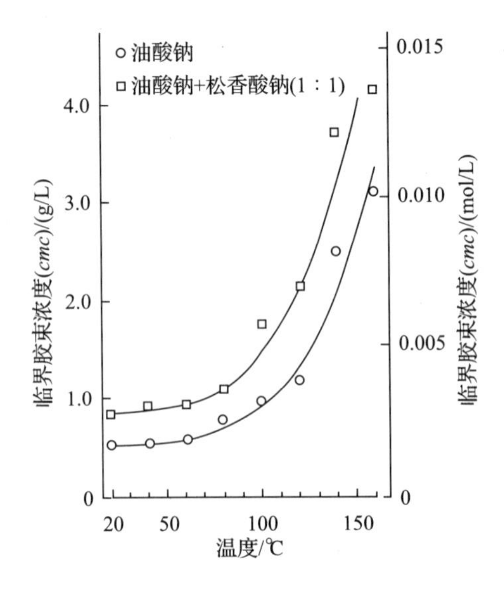

图 4-24 pH 为 10 时,温度对油酸钠和油酸钠与松香酸钠混合物(质量比 1:1)的影响[30]

4.5.9.2 液晶相的溶解和形成

树脂和脂肪酸皂的溶解与总电解质的浓度非常相关。众所周知,皂类可以在粗浆过滤洗涤时被盐析出来,通常是在第一个滤鼓上。松香主要以溶致液晶相被沉淀出来,这也是硫酸盐浆厂塔罗油皂的物理状态。

图 4-25 显示了添加盐类对油酸钠的液晶溶解和形成的影响。在不含盐类的溶液中,溶解度是 18% 。在较高的浓度下,先形成六角形液晶相,然后是薄片状液晶相,遵循图 4-22 和图 4-23 中显示的顺序。

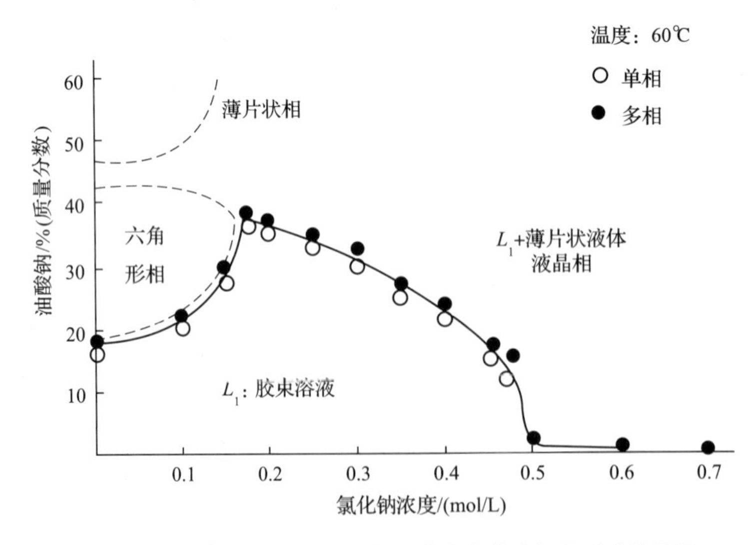

图 4-25 60℃下油酸钠在氯化钠溶液中的溶解和形成液晶相

添加盐类首先提高皂类的溶解度,因为皂类胶束之间的相互作用降低。高于溶解度限制时,六角形相发生沉淀。在较高的氯化钠浓度下,溶解度下降。由于 R 的有效数值增加,饱和溶液与薄片相平衡。值得一提的是，六角形相和薄片相的黏性完全不同，因此盐浓度对于从液体溶液中盐析的皂类分离的方式非常关键。

一个典型树脂皂和松香酸钠具有非常不同特性(图 4－26)，它们均没有形成六角形的相。在低盐浓度下，薄片相从饱和溶液中沉淀出来；大分子的碳氢化合物组分使 R 值增大。

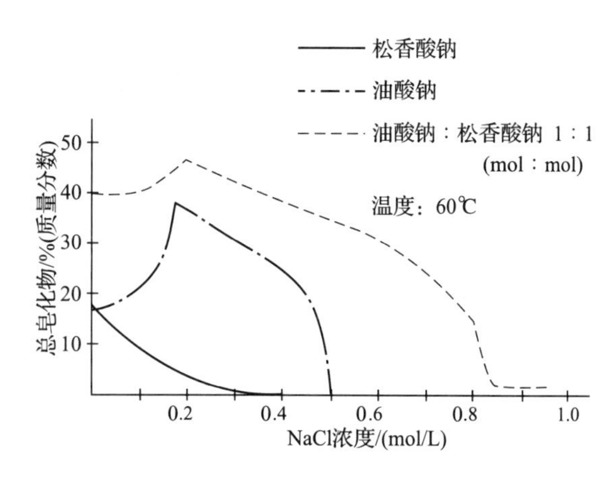

图 4－26 60℃下氯化钠和硫酸钠溶液中油酸钠和松香酸钠混合物(质量比 1∶1)的溶解度[30]

树脂和脂肪酸皂混合物的溶解度要高于单一皂类的溶解度之和。比较图 4－25 和图 4－26 得出，当氯化钠的浓度超过 0.8mol/L 时，皂类混合物变得完全不溶，而对于纯的油酸其对应浓度是 0.5mol/L。当把氯化物换成硫酸盐时，需要更高的钠离子浓度(1.45mol/L)来彻底沉淀皂类。然而，在 0.8mol/L 和 1.45mol/L 下氯化钠中的水活度相同。因此，溶解度限制是由水活度而不是电解质的类型决定的。来自混合物的相沉淀结构与来自纯油酸盐的相同。

液晶相，尤其是薄片相，很容易分散并形成黏性的胶体颗粒，在洗浆过程中，这些黏性物随着洗液运输极易沉积在工艺设备上。因此，理解脂肪和树脂酸皂混合物的表面活性剂行为，不仅对有效分离塔罗油非常重要，也能避免抽出物的沉积问题。

4.5.10 表面活性剂在固体表面的吸附

4.5.10.1 总述

表面活性剂的一个最重要的特性是它们倾向于吸附在亲水和疏水表面上。这被应用于很多工业过程中，如表面活性剂作为清洁剂、分散剂(如涂料、印刷油墨和印刷纸张的回收)和疏水剂(如施胶和浮选)。

两大相互作用决定了表面活性剂的吸附：表面活性剂与表面的相互作用和疏水性相互作用。后者的强度取决于表面活性剂碳氢化合物的链长，也就是其疏水性。表面—表面活性剂相互作用取决于表面是疏水性或者亲水性的。图 4－27 示出了吸附层的典型吸附等温线和结构。

在疏水性表面上，表面活性剂用其疏水性链与表面接触。表面活性剂链之间的疏水性相互作用促进了其在表面的聚集[图 4－27(a)]。这是一个协同效应，因此临界聚集浓度(*cac*)发生在吸附大幅度上升时。这一上升通常发生在表面活性剂总浓度很低的情况下。

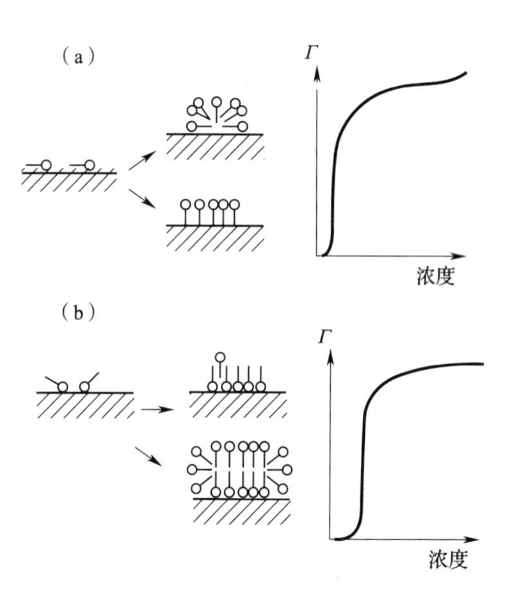

图 4－27 液体溶液中表面活性剂的吸附

(a)疏水表面 (b)亲水表面

注：Γ—吸附量，μmol/m²(若有)。

除非极性末端基与表面的相互作用强于水,否则表面活性剂不会吸附到亲水表面上。然而,如果相互作用足够强,极性基团的吸附会导致疏水性链附着在表面上。如果与表面的相互作用很强,在很低的表面活性剂浓度下,表面会变成疏水性的。这是很多浮选剂呈现表面疏水性的方式,也是纸张通过施胶变成疏水性的基本原理。额外的表面活性剂则倾向于吸附到疏水层的上部。

如果表面与表面活性剂端基间的吸引力不强,在表面上会形成表面活性剂聚集体(胶束)。这是因为表面活性剂的碳氢链间的协同作用要强于端基与表面间的相互作用,这于是产生一个大幅度的吸附增加[图4-27(b)],但在高于临界浓度时则呈典型的疏水性表面特征。

因此,与控制胶束形成的相似因素也控制表面活性剂在固体表面的吸附,无论是发生在疏水性或者亲水性表面。在较低浓度下吸附会增加,且临界聚集浓度也会发生,如果:

① 表面活性剂疏水性链长度增加。图4-28阐明了非离子表面活性剂的吸附是如何取决于碳氢化合物链长的。

② 表面活性剂的亲水性降低。图4-29表明了当极性端基的链长减少时,非离子表面活性剂的吸附是如何随胶乳的增加而变化的。表面的特性对吸附的影响较小,这几乎与聚苯乙烯和聚氯乙烯胶乳相同。

③ 端基之间的斥力降低(例如,如果把盐类添加到离子型表面活性剂溶液中或者使用具有聚氧乙烯端基的表面活性剂时温度上升)。

④ 使用表面活性剂混合物来促进胶束中分子的紧密堆积。例如,把非离子表面活性剂添加到离子型表面活性剂溶液中或者在其中添加疏水性两亲化合物,例如长链醇或者脂肪酸。

正如图4-28和图4-29显示的,吸附等温线急剧上升部分和最大吸附的位置与表面活性剂的临界胶束浓度紧密相关,这因此可以作为表面活性剂选择的一个实用指南。

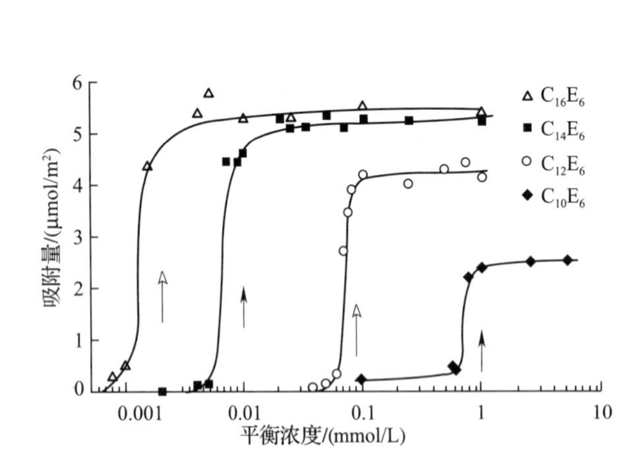

图4-28 25℃下六(环氧乙烷)烷基醚的吸附等温线

注:箭头指的是表面活性剂的临界胶束浓度[31]。

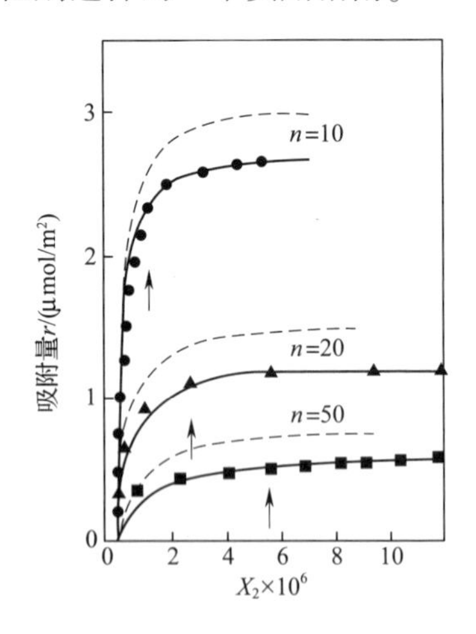

图4-29 壬基苯酚(低聚乙烯氧化物)在聚苯乙烯胶乳(实线)和聚氯乙烯胶乳(虚线,简便起见略去实验点)上的吸附[33]

注:n—碳氢链长。

下面的情况,在表面活性剂的实际处理上经常被忘记,应该标出来:

① 吸附不会超过临界胶束浓度很多,因为胶束的形成维持了表面活性剂化学势在溶液中或多或少的平衡。因此,不值得为了增加吸附而添加超过临界胶束浓度的表面活性剂。

② 吸附等温线显示了吸附量与溶液中表面活性剂平衡浓度的关系。在低浓度下急剧上升的吸附竟会消耗大量的表面活性剂,特别是吸附剂的体积很大时。因此,需要添加到完全覆盖表面活性剂的总量为宜,该值也许会远远大于溶液平衡后实际保持的量。

4.6 溶液中的聚合物

聚合物分子含有大量不同的原子团(单体),它们以形成链或网络的方式通过化学键彼此连接。在林产品化学中,聚合物/溶剂体系的物理化学特性很重要。纤维素、半纤维素和木素是聚合物,可溶聚合物被广泛用于控制原料、涂布分散剂、印刷油墨和水处理厂的胶体相互作用。聚合物作为胶黏剂和施胶剂在纸张、涂布和印刷油墨中广泛应用。

在这些应用中,对聚合物特性进行一个完整的描述需要考虑稀释以及浓缩的溶液、聚合物的相平衡以及界面上的聚合物行为。目前对这一体系的理论描述需要统计力学的背景知识以及重要的数学框架。然而,用简化的模型来描述其许多特征也是可行的。

4.6.1 聚合物的化学结构

在均聚物中,链上的单体是平衡的;在杂聚物或者共聚物中,链上的单体也许会有变化。在嵌段共聚物中,每个不同的单体形成短的、连接在一起的均聚物链或者嵌段。如果重复单元形成线型链(也就是说,一个单体不会连接到多于两个的其他单体上),聚合物就被称为线性的,否则就是支链的。支链化合物中的短链或化学键与长链交叉连接。

纤维素是自然界中最重要的链状高分子聚合物,纤维结构的主干就是构成木材骨架的分子结构。两个高度分支的杂聚物是半纤维素和木素,木素填充了大部分纤维素纤维间的空隙。淀粉是一种分支均聚物。合成嵌段共聚物主要用作胶体分散剂的稳定剂(涂料、印刷油墨等),如环氧乙烷和环氧丙烷的共聚物。

许多聚合物含有可电离的官能团,这些聚合物被称为“聚电解质”。大部分天然聚合物,包括半纤维素、淀粉以及木素甚至蒸煮后的纤维素都是聚电解质,尽管它们含有相对低的电荷。最常见的可电离基团是羧酸盐、铵盐、硫酸盐、磺酸盐和磷酸盐。合成聚电解质是聚丙烯酸酯和聚丙烯酰胺与阳离子单体的共聚物(图 4-30)。阳离子聚电解质(聚合阳离子)经常作为助留剂和絮凝剂在胶体分散剂中使用。

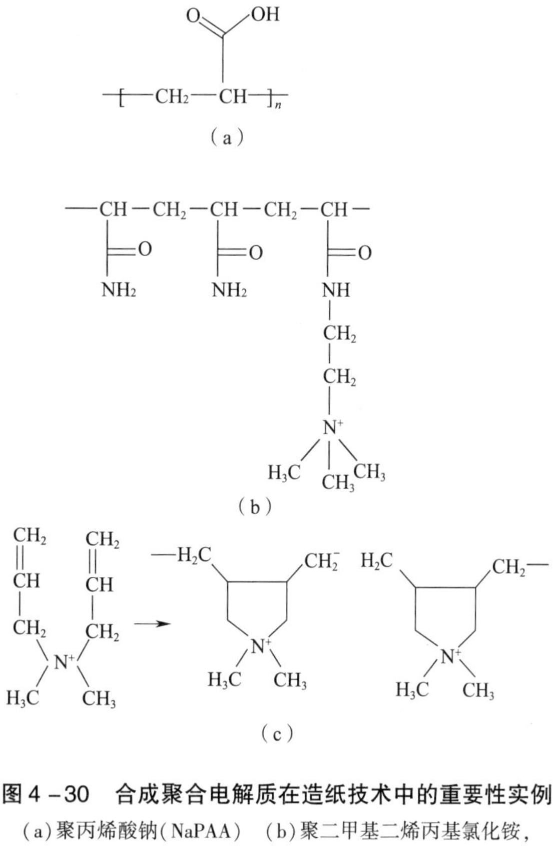

O OH
—[—CH₂—CH—]ₙ
(a)

—CH—CH₂—CH—CH₂—CH—
=O =O =O
NH₂ NH₂ NH
CH₂
CH₂
N⁺
H₃C CH₃ CH₃
(b)

CH₂ CH₂ —H₂C CH₂⁻ H₂C CH₂—
CH CH
CH₂ CH₂ → N⁺ N⁺
N⁺ H₃C CH₃ H₃C CH₃
H₃C CH₃
(c)

图 4-30 合成聚合电解质在造纸技术中的重要性实例

(a)聚丙烯酸钠(NaPAA) (b)聚二甲基二烯丙基氯化铵,PDADMAC (c)取代聚丙烯酰胺(阳离子聚丙烯酰胺,C-PAM)

4.6.1.1 相对分子质量、多分散性、取代度

聚合物分子的相对分子质量 M_w 是通过单体的相对分子质量 M_m 乘以链上单体的个数 r 得到的：

$$M_w = M_m r \tag{4-50}$$

r 被称为“聚合度”。如果 r 很大，甚至很少情况曾经有的话，样品中所有分子的 r 相同。聚合物具有“多分散性”，相对分子质量给出的是一个平均值（见图 4－31）。一些不同方法可以用来测定平均相对分子质量。数量平均分子质量 M_n，给出

$$M_n = \frac{\sum_i N_i M_i}{\sum_i N_i} \tag{4-51}$$

其中 N_i 是具有分子质量 M_i 的分子的个数。渗透压、冰点降低和末端基化学分析这些方法能得到其平均值。重均分子质量 M_w 给出

$$M_w = \frac{\sum_i N_i M_i^2}{\sum_i N_i M_i} \tag{4-52}$$

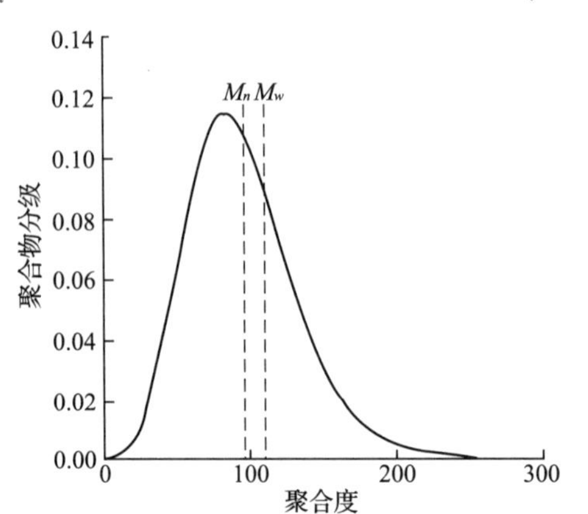

图 4－31　一种聚合物样品的分子量分布示意图

注：聚合度 r 用于测量分子质量。对于这一特殊的分布，r 的平均数是 95，加权平均是 110，P_d = 1.15，标准差是 14。

可通过光散射或者离心得到。

分子量分布主要通过排阻色谱（SEC）测得。M_w 通常大于 M_n，多分散性比

$$P_d = \frac{M_w}{M_n} \tag{4-53}$$

经常用于测定多分散性。图 4－31 举例说明了这些参数的意义。

对于聚电解质，取代度 DS 是非常重要的，也就是链上所有带电单体的分数。DS 变化很大，如从聚丙烯酸酯或 PDADMAC 的 1（100%）到纤维素的不足 1%，电荷只与链末端上的羧基数量有关。

电离度 α，对聚电解质而言就是能电离的官能团被电离的百分比。α 与 pH 有关。如果聚电解质只带有一种类型的可电离基团，那么 pH 与 α 之间的关系

$$\mathrm{pH} = \mathrm{pK} + \log\frac{\alpha}{1-\alpha} \tag{4-54}$$

其中 pK 是可电离官能团电离常数的负对数。当根据这个公式计算时，pK 的值取决于 α。因为氢离子和聚电解质分子之间的静电吸引会随着 α 的增加而增加，随着 α 的增加酸会变弱。

4.6.1.2 聚合物的构象和尺寸

形成聚合物骨架的原子间的键角受限于定义明确的角（价键），重复的单元通常能够沿着使其在一起的键旋转。因此，由于热运动，熔融聚合物或者聚合物溶液的样品中的分子都会按照大量不同的构象分布，且任何单一的聚合物分子的构象将会随时间而波动。通常一些转角会比其他的要明显。有时转动会受单体间的位阻或氢键影响很大，例如纤维素。对于非线性聚合物，构象也会受支化度和交叉的影响。

对于溶液中的聚合物,与溶剂的相互作用是非常重要的。聚电解质的构象也取决于电离的原子团之间的可扩张和硬化分子的静电相互作用。

中子和 X - 射线散射数据,分子动力学和蒙特卡罗模拟得以详细地描述,例如一种被吸附聚合物的分段密度分布可作为空间稳定剂或絮凝剂,或者把酶作为催化剂的构象。然而,很多情况只需要进行简单描述。简单测量聚合物链的尺寸即可得到末端基间的平均距离,R_m。

对于聚合物链中的每一个重复单元能够无限制地沿着附着点到原来单元旋转,其运动的 R_m 的数值:

$$R_m \propto \sqrt{r} \tag{4-55}$$

当所有单体的长度 l 相等时,

$$R_m = l\sqrt{r} \tag{4-56}$$

这种理想化的链通常被称为“高斯”链。对于一种线性刚链,例如纤维素,R_m 的数据:

$$R_m \propto r \tag{4-57}$$

如果链各部分相互吸引,分子构象更像一个紧密堆积的球体,且:

$$R_m \propto r^{1/3} \tag{4-58}$$

尽管这些比例定律是有用的经验公式,它们对高分支或交叉聚合物并不适用。

实际聚合物的构象通常受价键角和转动的约束限制。影响聚合物链构象的其他因素是:

① 聚合物段的溶剂化。

② 排斥体积效应(也就是说,被一段占据的体积对其他段的不可及性)。

③ 聚合物段之间的分子相互作用(例如,疏水性相互作用,静电相互作用)

④ 交叉和分支。

圈的扩张或收缩通过扩张因素来表征:

$$C_r = \frac{\text{实际值}}{\text{理想值}} = \frac{R_m^2}{rl^2} \tag{4-59}$$

对于高斯链,$C_r = 1$,与 r 无关。排斥体积效应一般会导致扩张。其他影响会导致链的扩张或收缩。由于侧链之间的疏水性相互作用,使具有短疏水性侧链的聚合物在水中收缩。由于离子团间的斥力,聚电解质在稀电解液中扩张。交叉能强烈地阻止链的灵活性且导致收缩。

当温度升高时,非极性溶剂中的聚合物圈通常会扩张。在液体溶液中,聚合物会随着温度的上升而收缩。因此,改性纤维素衍生物疏水部分之间的相互作用,例如羟乙基纤维素乙基醚(EHEC)增加,因此分子会随温度的升高而收缩,同时,聚合物的溶解度降低。

一般而言,存在一个扩张和收缩使聚合物构象平衡的温度,因此聚合物表现得像高斯链。这个温度被称为“弗洛里温度”或“θ 温度”(详见下面讨论)。

4.6.1.3 回转半径

另一种经常用到的链尺寸的测量是分子中心的聚合物段的平均距离或者回转半径 R_g。这一数量的定义是基于分子的惯性力矩。如果具有质量 m_i 的分子段与分子中心的距离是a_i,那么这一段的惯性力矩是$m_i a_i^2$。分子的总惯性力矩就是 $\sum_{i=1}^{r} m_i a_i^2$。回转半径定义为:

$$R_g^2 = \frac{1}{m}\sum_{i=1}^{r} m_i a_i^2 \tag{4-60}$$

其中 m 是分子的总质量。R_g 可以从黏度或者光散射测量中直接得到。对于高斯链,可以

得出的是，

$$R_g = \frac{R_m}{\sqrt{6}} \tag{4-61}$$

如果存在转动和角度限制，这个公式也是有效的，只要它们是动力相等且构象分布保持高斯就行。

4.6.2 聚合物溶解度

在尺寸大致相同的分子混合物中，分子在总溶液体系中自由移动，混合熵很大。然而，在聚合物溶液中，由于单体与其他彼此连接，因此溶质的运动受到影响。聚合物与溶剂的混合熵因此要远远小于相应数量的溶剂和单体的混合熵。于是，聚合物溶解度更加受限且聚合物溶液倾向于分离成与稀溶液均衡的溶剂润胀聚合物。

聚合物的实际溶解度取决于混合熵和聚合物—溶剂相互间的平衡，这反映在混合熵上。如果纯聚合物和溶剂中的分子间相互作用与溶液中的差别不大，那么混合熵就很小。因此溶解度取决于混合熵，这通常是正的且随着温度上升变得更加重要。在这些情况下，当温度下降时，溶液通常会被分离成两相[图4-32(a)]。这是聚合物在非极性溶剂中的代表。发生相分离的最高温度被称为“上”临界溶解温度，UCT。

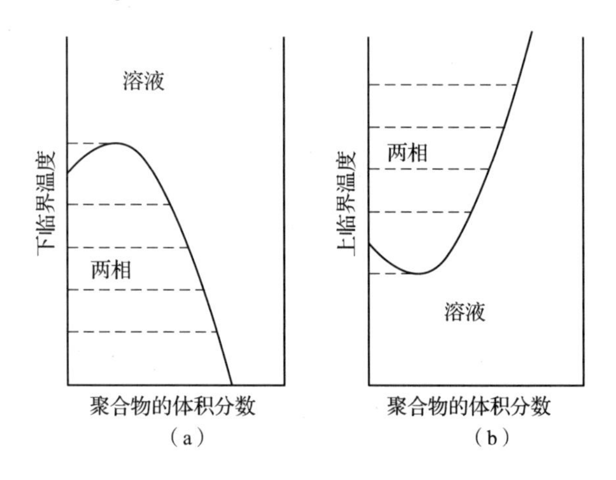

图4-32 (a)溶解度主要取决于混合熵的聚合物/溶剂的相图示意图，(b)强烈的溶剂—聚合物相互作用是占主导重要性的聚合物/溶剂相图，意味着混合熵是放热的

如果聚合物—溶剂相互作用很强，混合熵是负的(放热的)且有利于溶解。当温度上升时，熵的负值变小，且随着温度的上升聚合物溶液可能分离成两相[图4-32(b)]。这是许多聚合物在液体溶液中的代表，例如聚氧化乙烯和疏水改性的纤维素衍生物。发生相分离的最低温度被称为下临界溶解温度，LCT。LCT和UCT都取决于聚合物的相对分子质量。

需要强调指出的是，溶解度是平衡性质。从实际角度来看，低溶解度和润胀不应与由于溶剂浸入到聚合物中形成高黏聚合物混合物导致聚合物溶解变慢的事实混淆。克服这些问题的方法是在溶解前精细分散聚合物或者将它们在合适的溶剂中处理以浓缩溶液。

4.6.3 聚合物溶解度的Flory-Huggins理论

4.6.3.1 常规溶液

聚合物溶解度的定量理论大约在50年前由Flory和Huggins提出[33]。该模型是基于常规溶液的理论。提出的概念在描述聚合物吸附、胶体稳定性和这些体系的实际处理中相当重要，因此将会详细介绍。

研究该过程

$$N_a\text{溶剂分子} + N_b\text{溶剂分子} \rightarrow \text{溶液(摩尔分数}x_a, x_b) \tag{4-62}$$

在常规溶液模型中,溶液被认为是所有晶格点尺寸相同且被溶剂或者溶质分子填充的晶格(图4-33)。接下来的假定是:

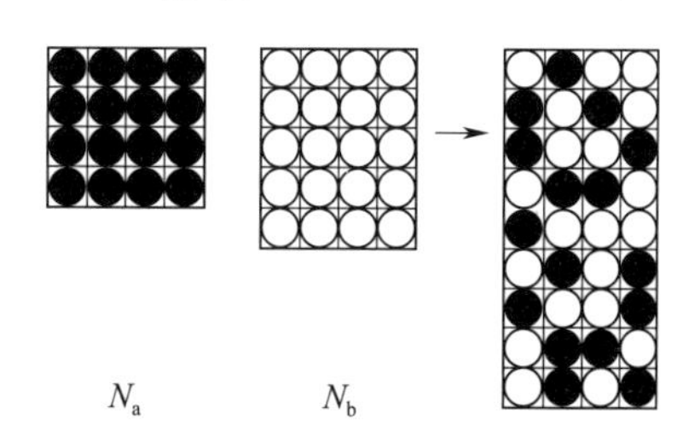

图 4-33 在正规溶液中,溶质和溶剂分子具有相同的尺寸且由于溶液的形成没有体积的变化

① 溶质和溶剂混合物是完全随机的。

② 当溶质和溶剂混合时系统总体积保持恒定,也就是,$V_a + V_b = V_{溶液}$。

③ 溶剂和溶质分子的最近邻数 z 在纯溶质、纯溶剂和溶液中相等。

④ 只有最近邻之间的相互作用需要考虑。

⑤ 任何分子的最近邻数是溶剂分子 zx_a,最近邻数是溶剂分子 zx_b。

具有这些特性的溶液的混合熵是

$$\Delta S = k\left[N_a \ln\frac{V_{溶液}}{V_a} + N_b \ln\frac{V_{溶液}}{V_b}\right] = -k[N_a \ln\phi_a + N_b \ln\phi_b] \tag{4-63}$$

其中 k 是玻尔兹曼常数,ϕ_a 和 ϕ_b 是体积分数:

$$\phi_a = \frac{V_a}{V_a + V_b} = \frac{N_a}{N_a + N_b}, \phi_b = \frac{V_b}{V_a + V_b} = \frac{N_b}{N_a + N_b} \tag{4-64}$$

当 a 和 b 的尺寸相同时,体积分数可以被摩尔分数替代。假定 $N_a + N_b =$ 阿伏加德罗氏数 N_A,则混合摩尔熵是

$$\Delta S_m = -R[x_a \ln x_a + x_b \ln x_b] \tag{4-65}$$

其中 R 是理想气体常数。

一个分子与其周围环境之间的总相互作用能量通过与最近邻相互作用的成对总和计算得到。因此,对于溶液中的一个 a 分子,相互作用能量是 $zx_a\varepsilon_{aa} + zx_b\varepsilon_{ab}$,对于一个 b 分子,相互作用能量是 $zx_b\varepsilon_{bb} + zx_a\varepsilon_{ab}$,其中 ε 代表了两分子之间的成对相互作用。在纯 a 和 b 中,相互作用能量分别是 $z\varepsilon_{aa}$ 和 $z\varepsilon_{bb}$。混合熵通过形成溶液的相互作用能量的改变得到:

$$\Delta H = \frac{1}{2}z[N_a x_a \varepsilon_{aa} + N_b x_a \varepsilon_{ab} + N_b x_b \varepsilon_{bb} + N_a x_b \varepsilon_{ab} - N_a \varepsilon_{aa} - N_b \varepsilon_{bb}] = (N_a + N_b) z x_a x_b \Delta\varepsilon \tag{4-66}$$

其中

$$\Delta\varepsilon = \varepsilon_{ab} - \frac{1}{2}\varepsilon_{aa} - \frac{1}{2}\varepsilon_{bb} \tag{4-67}$$

式(4-67)中因子 1/2 来自于两分子之间的相互作用。混合摩尔熵是($N_a + N_b = N_A$):

$$\Delta H_m = RT x_a x_b \chi_{ab} \tag{4-68}$$

其中定义:

$$\chi_{ab} = \frac{z\Delta\varepsilon}{kT} \tag{4-69}$$

被引进来。这个数量称之为相互作用参数。它通过热能 kT 衡量了单位分子相互作用能量的变化。

混合摩尔吉布斯能量是:

$$\Delta G_m = \Delta H_m - T\Delta S_m = RT(x_a x_b \chi_{ab} + x_a \ln x_a + x_b \ln x_b) \tag{4-70}$$

a 和 b 化学势的变化给出:

$$\Delta\mu_a = \frac{\partial \Delta G_m}{\partial x_a} = RT\ln x_a + x_b^2 \chi_{ab};\Delta\mu_b = \frac{\partial \Delta G_m}{\partial x_b} = RT\ln x_b + x_b^2 \chi_{ab} \tag{4-71}$$

如果 $\Delta G_m < 0$,两种物质可能混合,但是对于在所有浓度下的完全相容性条件是不充分的。图 4-34 显示了一些 χ_{ab} 值的 ΔG_m。当 $\chi_{ab} > 2$ 时,曲线显示了两个最小值和一个最大值。两个最小值之间的总组分的体系将会被分成由最小值给出的组分的两种溶液。

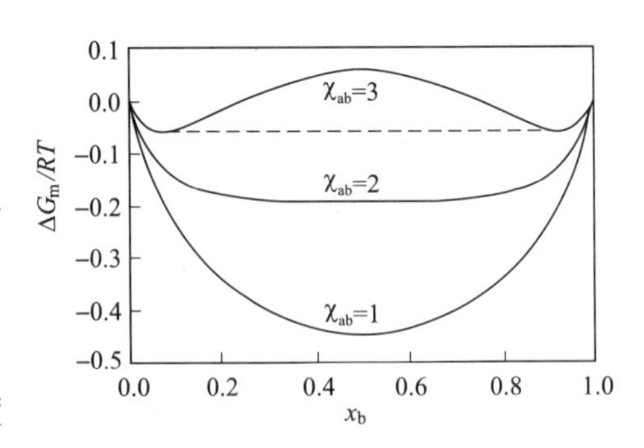

图 4-34 按照常规溶液理论的 ΔG_m

按照式(4-70),当温度降低时,ΔG_m 增加。在常规溶液模型中,相分离(UCT)发生在溶液温度下降直到 χ_{ab} 超过 2。一些真实体系确实按照这种方式定性运行,但是当温度上升时,相分离体系是常见的。这暗示了常规溶液的因素较其他因素更占主导。然而,由于常规溶液模型的理解简单性,式(4-70)通常被作为现象学方程而保留。除了由于理想混合以外的所有因素都包括在温度—依赖相互作用参数,如可以通过测量溶液中组分的蒸汽压来得到。χ_{ab} 的分子解释必须超过常规溶液理论。

在真实体系中,ΔG_m 很少,如果有的话,也是对称的。图 4-35 显示了分离成两相的一般情况。

4.6.3.2 聚合物溶液的 Flory-Huggins 理论

现在研究一种聚合物和一种溶剂的混合物。每个聚合物分子含有被化学键连接的 r 部分(图 4-36)。作为溶剂分子每段都占据了相同的体积,因此被聚合物分子占据的体积 $V_b = rV_a$。在所有其他方面,假定溶液与常规溶液模型相似。式(4-64)给出了混合熵值。体积分数是

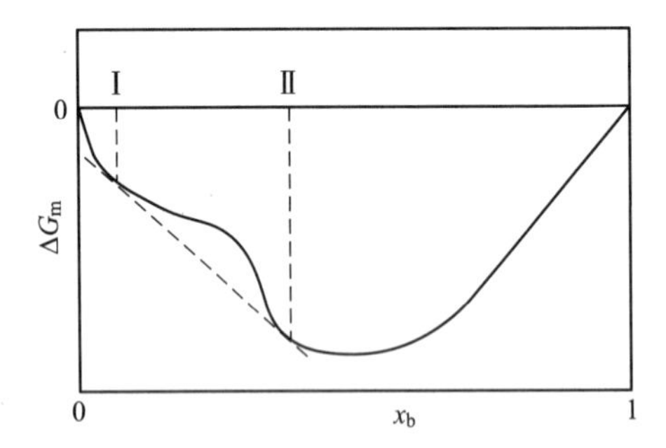

图 4-35 两液相间均衡的一般情况是两相中的溶剂(或溶质)的化学势应该相等

注:对于二元系统,这暗示了 ΔG_m 曲线上应该有一个拐点,因此曲线上的两点(Ⅰ,Ⅱ)有一个公切线。

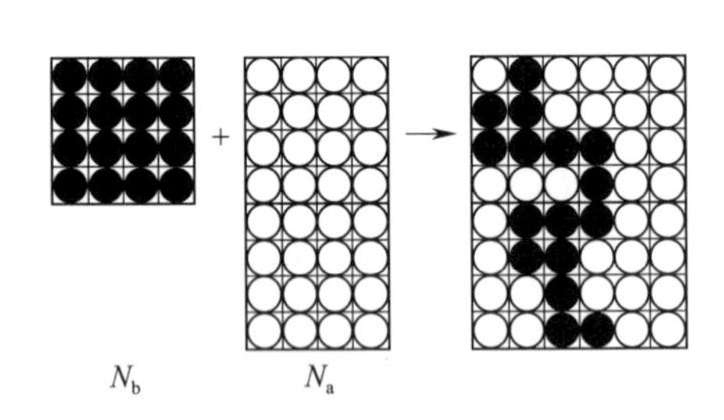

图 4-36 根据 Flory-Huggins 模型形成的聚合物/溶剂混合物

$$\phi_a = \frac{V_a}{V_a + V_b} = \frac{N_a}{N_a + rN_b};\phi_b = \frac{V_b}{V_a + V_b} = \frac{rN_b}{N_a + rN_b} \tag{4-72}$$

摩尔混合熵是:

$$\Delta S_m = -R[x_a\ln\phi_a - x_b\ln\phi_b] \tag{4-73}$$

对于聚合物溶液,即使聚合物的体积分数很大,$x_b \ll x_a$,因此式(4-73)中第二个数很小,也会随着 r 的增加而减小。因此,混合熵主要取决于溶剂的数量,对于已知体积分数的聚合物,聚合物分子量越大,熵值越小。因此,聚合物溶解度会随着分子量的增加而降低,且聚合物溶液相分离发生在比相应单体溶液较低的浓度下。例如这是木素能通过降解从木材中溶解的一个原因,也许是半纤维素在蒸煮中降解而溶解度增加的原因。

混合熵的计算与常规溶液的方法相同。需要注意的是,一种聚合物在 r 段的最近邻数是 zr,摩尔混合熵:

$$\Delta H_m = RT\, x_a \phi_b \chi_{ab} \tag{4-74}$$

其中 χ_{ab} 是溶剂—聚合物段相互作用参数。混合吉布斯能是[比较式(4-70)]:

$$\Delta G_m = \Delta H_m - T\Delta S_m = RT(x_a\phi_b\chi_{ab} + x_a \ln \phi_a + x_b \ln \phi_b) \tag{4-75}$$

对于常规溶液,只要 $\Delta G_m < 0$,聚合物/溶剂混合物就会稳定。但如果存在两种组分使得溶剂(或溶质)的化学势相等就会发生相分离。对式(4-75)关于 ϕ_a 求导得到溶剂的化学势:

$$\Delta\mu_a = \mu_a - \mu_a^0 = RT\left[\chi_{ab}\phi_b^2 + \ln(1-\phi_b) + \left(1-\frac{1}{r}\right)\phi_b\right] \tag{4-76}$$

其中 μ_a^0 是纯溶剂的化学势。图 4-37 显示 $r=1000$ 和 χ_{ab} 一些值的关系。

当 $\chi_{ab} < 0.5372$ 时,溶剂和聚合物完全混合。当 χ_{ab} 超过这个值时,系统分离成一个非常稀的聚合物溶液和被溶剂高度润胀的聚合物相。随着 χ_{ab} 增加,两相之间的混溶性间隔增大。当 r 增加到常数 χ_{ab} 时,混溶性间隔增加且聚合物浓度在更稀相中迅速下降

可以得出的是,对于大的 r 值相分离发生的最小 χ_{ab} 值是

$$\chi_c = \frac{1}{2} + \frac{1}{\sqrt{r}} \approx \frac{1}{2} \tag{4-77}$$

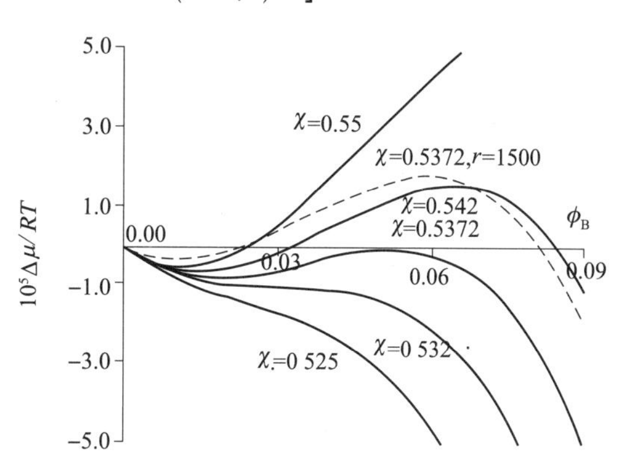

图 4-37 对于 $r=1000$ 和 χ_{ab} 一些值的 Flory-Huggins 理论的溶剂的化学势

对于常规溶液,χ_c 的值是 2。因此,理论预测聚合物溶液相分离要比相应单体溶液更容易。

4.6.3.3 θ 温度

在 Flory Huggins 模型中,当 T 降低时 χ_{ab} 增加。因此,该理论暗示了图 4-32(a)中显示的相图的常规形状。当聚合物—聚合物和聚合物—溶剂相互作用并非不同时,会经常观察到这样的图。然而 Flory-Huggins 理论包含了几个降低其普遍适应性的近似值。

首先,当温度升高时一些聚合物溶液相分离。一个原因是当热运动增加时聚合物扩张要比溶剂少得多。结果是当侵入到聚合物中时,溶剂分子的自由运动少于其在纯溶剂的情况,熵减小会导致相分离。在 Flory-Huggins 理论中,体积的变化假定可以忽略不计。

其次,χ_{ab} 的实验测定显示参数可以与浓度和温度按一个复杂的方式变化。由于溶剂结构和聚合物构象的变化,混合吉布斯能量可能包含其他焓和熵而不是 Flory-Huggins 理论。

然而,该理论体现了影响聚合物/溶剂相均衡的两个非常重要的因素。因此,在更详细的处理中,Flory-Huggins 理论被保留下来且 χ_{ab} 被作为经验参数。

当 ϕ_b 很小时，接下来的级数展开可以用于 $\Delta\mu_a$：

$$\Delta\mu_a = -RT\left[\left(\frac{1}{2}-\chi_{ab}\right)\phi_b^2+\cdots\right] = -RT\left[\frac{1}{2}\left(1-\frac{\theta}{T}\right)\phi_b^2+\cdots\right] \quad (4-78)$$

其中 $\theta=2\chi_{ab}T$ 称为"θ 温度"。θ 是 $\chi_{ab}=1/2$ 时的温度。对于每个聚合物—溶剂组合都是特殊的。对于大的分子量，是低于或高于聚合物溶液相分离的温度。在通常的术语中，如果 T 是 $\theta<1/2$ 那么溶剂是"好的"，如果 T 是 $\theta>1/2$ 那么溶剂是"差的"。

4.6.3.4 相互作用参数和溶解度参数

估计溶解度的一个常用方法是使用溶解度参数 δ，定义为

$$\delta=\sqrt{\frac{\Delta U_m^v}{V_m}} \quad (4-79)$$

其中 ΔU_m^v 是摩尔蒸发能，V_m 是摩尔体积。在常规溶液模型中，ΔU_m^v 通过总结 1 摩尔液体的两两相互作用能计算得到：

$$\Delta U_m^v=\frac{1}{2}N_{av}z\varepsilon_{aa} \quad (4-80)$$

ΔU_m^v 除以 V_m 给出了单位体积的相互作用能，内聚能密度。δ 是这个密度的平方根。

只要溶液中的相互作用能主要是理夫绪兹—凡德瓦尔相互作用，分子 a 和 b 之间的相互作用能可以估计得到

$$\varepsilon_{ab}=\sqrt{\varepsilon_{aa}\varepsilon_{bb}} \quad (4-81)$$

使用式(4-67)、式(4-69)、式(4-80)和式(4-81)，可得到

$$\chi_{ab}=\frac{V_m}{RT}(\delta_a-\delta_b)^2 \quad (4-82)$$

式(4-82)使估计相互作用参数成为可能，以及也能估算，来自溶解度参数的聚合物溶解度或者溶剂和单体的蒸发焓。有关溶剂和聚合物溶解度参数的一些表在标准手册中可以查到[34]。

4.6.4 聚电解质

聚电解质可以按照赋予其电荷的离子基团的特性来分类(表 4-6)。聚电解质一般能很好地溶于水。在溶解的聚电解质周围的自由移动的反离子分布受到聚电解质产生的强电场的影响。因此，靠近聚电解质分子的反离子浓度很高。因此，除非聚合物的电荷密度很低，聚电解质分子的有效电荷要低于根据游离基团数量计算得到的化学计量电荷。

表 4-6 聚电解质分类

类型	解离基团	例子
多元酸	羧酸盐，^-COO— 磺酸盐，$^-OSO_3$—	半纤维素、木素、聚丙烯酸盐 木素、木素磺酸盐， 聚磺苯乙烯
多碱	伯胺 —RNH_3^+ 仲胺 —$R_2NH_2^+$ 季铵 $R(CH_3)_3N^+$ 亚胺 $R=NH_2^+$	聚葡萄糖胺 阳离子淀粉、改性聚丙烯酰胺(高分子絮凝剂) 聚乙烯亚胺
聚两性电解质		蛋白质

在稀溶液中，由于反离子形成的渗透压，聚电解质分子膨胀厉害。当聚合物电荷密度降低、离子强度增加时，聚电解质膨胀下降，如图 4－38 和表 4－7 所示。

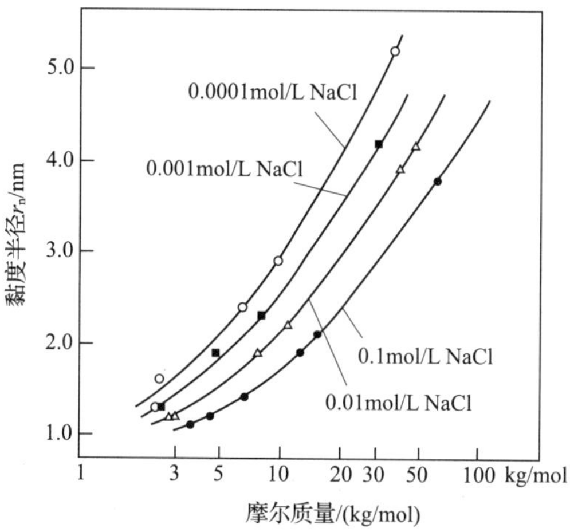

图 4－38 25℃下液体溶液中木素磺酸钠的黏度半径与摩尔质量和离子强度的关系[35]

表 4－7 不同相对分子质量和电荷密度的阳离子聚合物的流体动力学半径[36]

聚合物	相对分子质量/百万	半径/nm
聚乙烯亚胺	0.025	28
	0.6	90
阳离子聚丙烯酰胺		
取代度 20%	0.75	280
	1.4	420
	2.4	560
取代度 59%	0.79	300
	1.9	500
	3.4	700
取代度 80%	0.88	320
	1.85	480
	3.5	720
	4.2	800

由于聚离子的扩张取决于离子强度及其平均半径，因此无论加不加盐类，其特性黏度会随着聚合物浓度的增加而降低（所谓的“聚电解质效应”）。由于圈半径对电荷密度的依赖，线尺寸将会取决于离子基团的离解度，也就是 pH。在高离子强度下，聚电解质或多或少像中性聚合物在好溶剂中的特性相似。

聚合物圈的尺寸在作为絮凝剂或分散剂时是非常重要的。当选择不同用途的合适的聚合物时，对离子基团的电荷密度和离解常数的认识是非常重要的。这些参数可以通过滴定来得到，尤其是用于测定纤维电荷的同样的方法（参见 4.8.7.3）。

4.7 聚合物与固体表面的相互作用

4.7.1 聚合物吸附的典型特点

聚合物在固体表面吸附的典型特点通过一个实际的例子得到最好的解释。对于这个主题的完整处理，参见参考文献[37]。图4－39和图 4－40 显示了两种不同聚合物在不同表面的吸附。聚丙烯酸酯是有低相对分子质量（8000）的高电荷聚合物。而聚乙烯醇是相对分子质量从 8000～87000 范围的中性聚合物，这两种聚合物都是高水溶性的。高岭土是亲水性矿物质颜料，而聚苯乙烯胶乳含有相对疏水性有机粒子。然而，两种聚合物在这完全不同表面的等温线显示了相似的特点：

① 聚合物的溶解度很高，但其吸附强烈且具有突然上升的初始吸附。

② 低相对分子质量的聚合物达到一个明确的最终吸附水平。

③ 当相对分子质量很高且聚合物浓度增加时，吸附增加缓慢但是持续的。

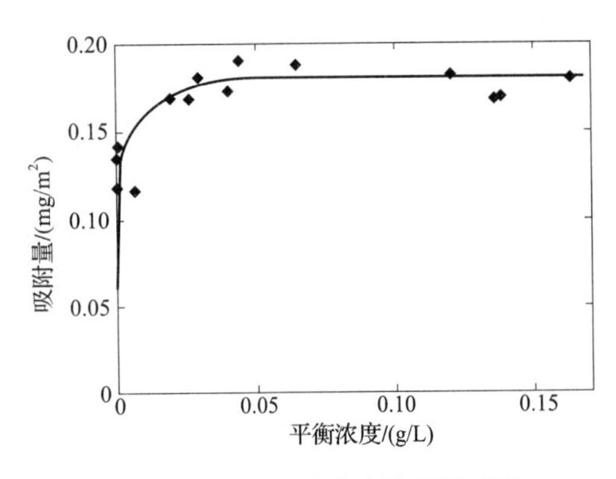

图 4-39　液体溶液中聚丙烯酸酯在高岭土上的吸附[38]

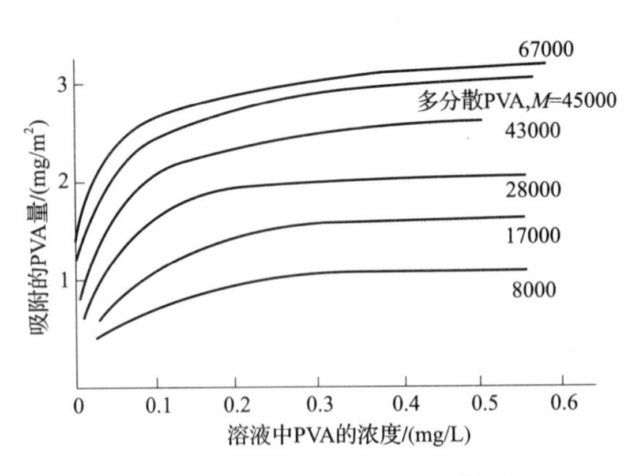

图 4-40　液体溶液中聚乙烯醇在聚苯乙烯上的吸附[39]

④ 最大吸附位于 1～3mg 聚合物/m^2 左右。

因为聚合物的吸附有几个原因,因此会出现这些相同点:

首先,当聚合物被吸附时,溶剂分子从聚合物和表面释放出来。这表明由于聚合物链移动受限导致熵的增加大于熵的损失。这一普通的吸附驱动力随着相对分子质量的增加而增加。

其次,聚合物段与表面之间会发生特定的相互作用,例如正负离子之间的吸引或者强烈的路易斯酸相互作用。即使当每段的相互作用能很低时,由于几个片段同时黏附在表面上,因此聚合物黏附得很牢固。例如,如果一段的吉布斯吸附能量低于 $0.5kT$,黏附 50 段意味着总黏附能量是 $25kT$。

最后,聚合物在溶液中可能接近其溶解度限值。链段—溶剂相互作用可能不如链段—链段和溶剂—溶剂相互作用有利,聚合物在表面的聚集变得积极有利,因此如果聚合物溶解度降低其吸附会得到促进。

4.7.1.1　相对分子质量对吸附的影响

由图 4-40 的例证得到,吸附也会取决于聚合物的相对分子质量(M),这是聚合物不会强烈黏附在表面的特点。通过吸附,一些链段黏附到表面上,但聚合物构象并不会从溶液中的构象变化很多。然后吸附层厚度大约是 R_g,也就是 r^a 或者 M^a,其中 $\boldsymbol{a}$ 在 0.3～0.5 之间[式(4-56)、式(4-58)和式(4-61)]。

然而,如果聚合物链段—表面相互作用非常强,吸附可能会降低且与相对分子质量无关。此时,聚合物或多或少地平铺于表面上,且仅有非常少量聚合物被吸附时会单层覆盖在表面上。特别是高电荷低相对分子质量阳离子聚电解质在阴离子表面以平行的构象所吸附。这用于测定表面电荷和电荷中和来达到颗粒凝聚。

4.7.1.2　多分散性效应

因为 r 同时影响平衡吸附和吸附速率,因此多分散性对吸附行为有很强的影响。

因为大分子比小分子吸附强烈,较高相对分子质量的分子优先地吸附到多分散性样品上。因此表面上的平均相对分子质量大于溶液中的。例如,图 4-40 中从多分散性样品吸附的 $M=45000$的量要高于从单分散样品吸附的 $M=43000$ 的量。这种优先吸附的结果是吸附量取决于溶液体积与吸附材料的表面积的比。如果这个比例很高(小面积),只有吸附大相对分子质量分子测得的吸附量才会高。如果比例很高,小分子也会被吸附且测得的吸附量低。为了更正这一效应,对于多分散性样品绘制吸附等温线的多变的浓度应该是[40]:

$$\Gamma_b = \frac{cV}{A} \tag{4-83}$$

式中 c——聚合物的平衡浓度

V——溶液体积

A——吸附物的面积

图 4-41 阐明了嵌段共聚物多分散性样品在滑石粉表面吸附的效果。

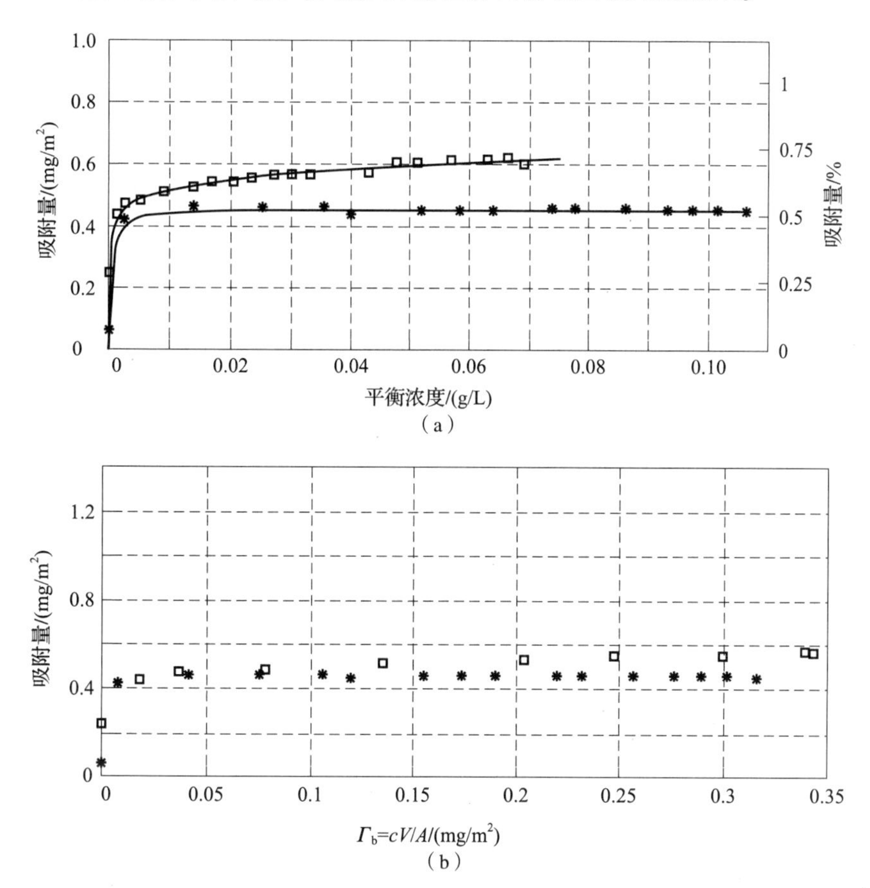

图 4-41 聚乙烯/聚环氧丙烷嵌段共聚物在滑石粉表面的吸附

□:0.6% 滑石粉, * :3% 滑石粉(表面积 $1.26m^2$ 和 $6.26m^2$,溶剂体积 $18cm^3$)。

(a)吸附量与聚合物浓度的关系 (b)聚合物浓度与面积/体积比的更正[41]

由于吸附速度取决于相对分子质量,多分散性也会影响吸附。由于小分子在表面上扩散的更快,初始吸附层可能比平衡层含有较多的小分子组分。当可以达到平衡时,吸附层最终会通过与周围溶液的交换变得富含较大分子。这种交换可以非常慢且持续几小时或几天,因此吸附量随着时间慢慢增加。这一现象在实际中经常看到,尤其是高相对分子质量的样品。

另一动力学效应是大分子很少吸附在初始平衡构象中。通过几个链段吸附到表面上后,它们慢慢地重排成一个平面构象。这是当使用高分子絮凝剂时的一个尤为重要的现象,由于它们可以同时与两个颗粒接触,其扩展的构象则非常理想。

4.7.1.3 湍流中的吸附

聚合物分子在表面扩散的交换和重排无疑与涉及制备和储存的时间有关,例如涂料、印刷油墨和施胶乳化剂。然而,涉及在造纸机械上的造纸时间一般很短暂。因此,在研究阳离子聚丙烯酰胺和聚氧化乙烯导致湍流中纤维素纤维絮凝中,从图4-42发现,当不添加聚合物时没有絮凝,添加聚合物导致的絮凝时间要远远短于通过假设聚合物扩散是聚合物吸附的速度决定的步骤而预计的时间。湍流中纤维的快速移动在聚合物分子和纤维表面之间产生了一个相当高频率的碰撞。

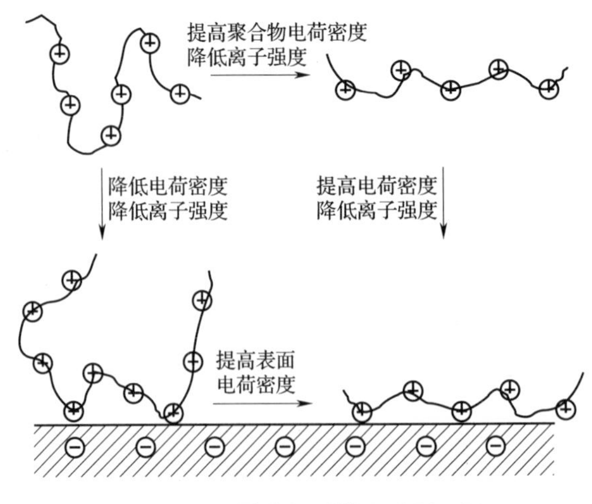

图4-42　聚电解质的吸附原理图

4.7.1.4　聚电解质的吸附

一般而言,聚电解质作为中性聚合物从很好的溶剂吸附到反电荷表面上。然而,吸附受到聚合物电荷密度和离子强度的强烈影响。图4-42举例说明了这一点。

聚合物的电荷密度可以通过改变离解度α(pH)或者更改取代度(*DS*)来改变。在低电荷密度和低离子强度下,聚合物在溶液中倾向于形成一个相当紧凑的线圈,因而被大量吸附。图4-43显示了α很低的聚电解质在蒙脱石上的吸附的稳定水平很高。图4-44显示了100%低取代度的阳离子改性聚电解质在硫酸盐纤维上的吸附。当α或取代度增加时,聚合物线圈扩张且聚合物以一个更加扩展的构象吸附。因此,需要较少的聚合物分子来达到这一稳定水平(图4-43的曲线较低,图4-44是高电荷的聚合物)。

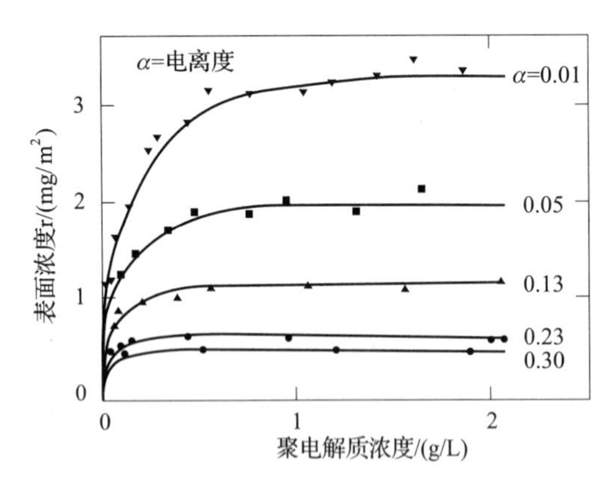

图4-43　阳离子聚合物在负电荷蒙脱土上的吸附[43]

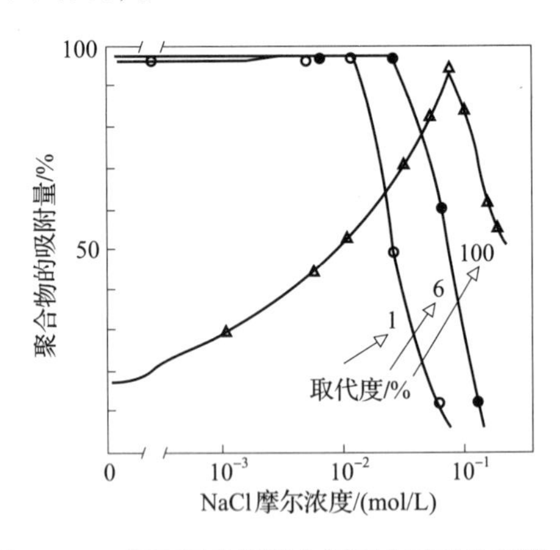

图4-44　阳离子改性聚电解质在硫酸盐纤维上的吸附与聚合物离子强度和电荷密度的关系

注:在每个实验中,纤维与相同体积的含有相同浓度聚合物的溶液达到均衡(绝干纤维的质量分数是0.1%),达到平衡后的聚合物剩余数量被测量[44]。

当电解质浓度增加时,聚合物线圈收缩,更多的聚合物被吸附(例如图4-44中高电荷聚合物上升的曲线)。然而,在足够高的盐浓度下,所有静电聚合物—表面吸引力被屏蔽。除非存在足够强的其他吸引力,聚合物被解除吸附。图4-44举例阐明了这一点,当聚合物电荷增加时需要更多的电解质来屏蔽吸引力。

4.7.1.5 聚合物的解吸

原则上,聚合物是可逆吸附的(也就是说,对于每个吸附链段,存在一个从表面移开的有限概率)。实际上,如果吸附完全,聚合物是不可逆的吸附。为了让聚合物从表面吸附,所有连接的链段必须同时分离。在其他链段分离时,一些游离的链段通常会连接在一起,即过程动力学导致整个分离概率很低。因此,通过稀释来解吸聚合物几乎是不可能的。

这促进了用于表面改性的聚合物的使用。来自造纸的一个例子是使用相对短链阳离子聚合物来中和粒子电荷或者使负表面变正(固着剂)。聚合物吸附到固体表面的负电荷上,由于吸附实际上几乎是不可逆的,通过一些阳离子链段表面变得中性而其他一些在溶液中悬挂着,因此表面电荷是过度的。

唯一一个有效的解吸聚合物的方法是添加一些与聚合物链段竞争吸附点的化合物,或者在聚电解质的情况中,添加盐类来屏蔽静电吸引力。

4.8 疏液性胶体的稳定性

4.8.1 什么是胶体稳定性?

正如介绍中叙述的,稳定的疏液性胶体可以通过任何材料制备得到。稳定性是由于界面上的吸引和排斥形成的平衡。相同的相互作用也稳定薄液膜,例如在泡沫中的薄膜,乳化剂液滴之间的,以及在固体表面上的。在研究这些相互作用机理和它们是如何受到聚合物吸附、表面活性剂、离子强度、溶剂化作用和温度的影响之前,将会对胶体稳定性的一般概念作简单介绍。

由于理夫绪兹-范德华力导致的两表面相互吸引,需要做功来分离它们,单位表面吉布斯能量 $-\Delta G^{vdW}$ 由此增加,分子间的相互作用取决于距离。因此,$-\Delta G^{vdW}$ 取决于颗粒之间的距离 H(图 4-45)。对于能忽略相互作用的足够大的距离,$-\Delta G^{vdW}$ 等于内聚力 w_{aa} [式(4-6)]。因为需要做功来分离表面,聚集态要比分散态稳定得多。

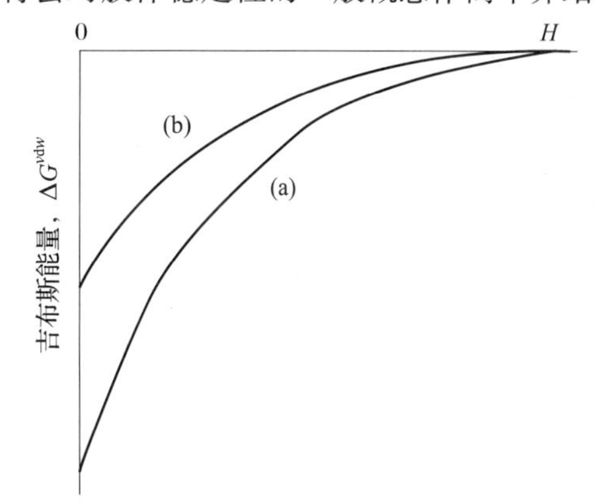

图 4-45 两个表面之间相互作用能与距离的关系

(a)真空中 (b)液体中

注:由于在胶体稳定性理论中,通常能量在无限的分离中被当作零。

如果要在液体中分离表面,这一情况就比较难。如果液体完全打湿了表面,颗粒能或多或少的自发分散。然而,尽管中介液体降低了表面之间的吸引力,这一般不能解释胶体稳定性。稳定胶体可以在很多液体中制备得到,这不会使吸引力降到零。

稳定性有两个原因。一个原因是胶体颗粒很少碰撞,因此可以忽略聚集速度,可以排除掉稀悬浮液的这种选择。另一个原因是能量位垒阻止颗粒传递到热力学更稳定的聚集态。如果存在在短距离上比吸引力弱但是中间距离比吸引力强的相互排斥作用(表示为 ΔG^{rep})就是可行的。

在胶体稳定性理论中,通常假设排斥和吸引的相互作用是附加的。基于相互作用的范围和强度,会发生图 4-46 中所列举的不同的情况。

自由移动的胶体颗粒的平均平动动能与自由移动的气体分子相同,或者每个颗粒 $3kT/2$。

能量依据麦克斯韦分布分布在颗粒上,因此有些颗粒具有很高的动能。然而,如果排斥相互作用界线很高的话,需要很高动能来克服这种非常罕见的碰撞。也就是说,如果能量位垒大于 $10kT$,或者 2.5kJ/mol(室温下)。胶体将会维持稳定很长一段时间[图 4-46(a)]。另一方面,如果不存在排斥位垒,将会在几秒钟内发生凝结。在中间情况下,位垒不足以完全阻止凝结[图 4-46(c)]。这样的系统凝结很慢。正如下面将要说明的,ΔG^{rep} 取决于很多因素,包括温度、表面吸附物的特性、离子强度、溶剂和颗粒电荷。这为通过适当参数选择来控制凝结和稳定性提供了可能性。

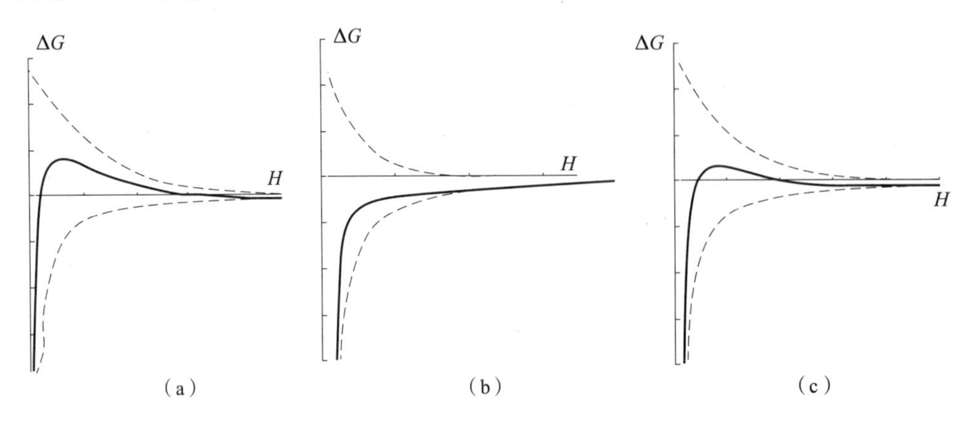

图 4-46　吸引和排斥相互作用之间的平衡决定了胶体分散的稳定性

(a)强烈的排斥导致了相互作用能量中的高能量位垒和一个稳定的分散　(b)当排斥能很低时,胶体凝结

(c)如果能量位垒与颗粒的动能大小相同,会发生缓慢的凝结

凝结气泡(泡沫)或者液滴(乳化剂)经常连接(合并),因此形成较大的泡沫或者液滴且总面积降低,因此导致系统的表面能降低,这也组成了颗粒移动的一个重要的动力,而其中一个表现是奥斯特瓦尔德成熟(参见 4.3.9 节)。

与控制表面间分子接触的黏附力相比,影响胶体稳定性的相互作用是长期的。典型的距离范围从 1~2nm 到大约 0.1μm 之间变化。对相互作用的最好解释是范德华力、带电表面的扩散离子层以及吸附或溶解的聚合物。其他很重要但是理论不那么明确的相互作用是溶剂化和疏液性相互作用的效果。

4.8.2　范德华力相互作用

式(4-5)给出了一对分子之间的物理相互作用。r^{-12} 在距离大于 1nm 时可以被忽略。另一方面,部分范德华力是非常重要的。作为第一近似,可以假定范德华力相互作用是吸引力,因此两个颗粒之间的相互作用可以通过一个颗粒上的每个分子和另一个颗粒上的每个分子之间相互作用的成对的总和计算得到。对于厚度 t 的两个平行颗粒,这样一个计算显示从无限距离移到距离 H 需要的单位面积的功是:

$$\Delta G^{vdw} = -\frac{A_H}{12\pi}\left(\frac{1}{H^2} + \frac{1}{(H+2t)^2} - \frac{1}{(H+t)^2}\right) \tag{4-84}$$

其中 A_H 称为"Hamaker 常数",大致给出

$$A_H = \frac{3}{4}\pi^2 N_v^2 h(v\alpha)^2 \tag{4-85}$$

此时,N_v 是颗粒中分子的数密度,h 是 Planck 常数,α 是极化率,u 是材料的特性振动频

率。因此，A_H只取决于材料的特性，而式(4－84)括号中的表达式只取决于颗粒的几何结构。该结果也就是 ΔG^{vdW}可以被写作只取决于材料和颗粒几何结构的因素的产物。对于两个很厚的颗粒($t \gg H$)，式(4－84)可简化成

$$\Delta G^{vdw} = -\frac{A_H}{12\pi H^2} \tag{4-86}$$

对于半径是 a_1 和 a_2的两个球体，总相互作用能是

$$\Delta G_a^{vdw} = -\frac{A_H a_1 a_2}{6H(a_1 + a_2)} \tag{4-87}$$

为了阐明这些力的强度，研究两个相似平行表面之间的相互作用。A_H大约是 10^{-19}J。然后，对于 $H = 0.2$nm，$\Delta G^{vdW} = 66$mJ/m^2。假定这与材料的内聚力有关，表面张力 $\gamma = 33$mJ/m^2，这与很多单一碳氢化合物测得的表面张力相近。单位表面的相互作用力也就是相互作用压力，$p = d\Delta G^{vdW}/dH \approx 700.0$MPa。当 H 增加到 10nm 时，相互作用压力下降到大约 0.005MPa。因此，范德华力相互作用在短距离上很强且在距离与胶体稳定性的关系上非常显著。

范德华力的一个重要特性是其广泛性。如果把颗粒侵入一种介质中，距离与相互作用的关系不变，但其级数由于介质和颗粒之间的范德华力相互作用而减小。材料 b 和材料 c 颗粒的有效 A_H与 Hamaker 常数 A_{bb}和 A_{cc}，侵入的介质的 Hamaker 常数是 A_{aa}，近似为

$$A_H = (\sqrt{A_{bb}} - \sqrt{A_{aa}})(\sqrt{A_{cc}} - \sqrt{A_{aa}}) \tag{4-88}$$

或者对于相同材料 b 的颗粒

$$A_H = (\sqrt{A_{bb}} - \sqrt{A_{aa}})^2 \tag{4-89}$$

两个相似颗粒之间的相互作用通常被称为吸引力。对于不同的颗粒，可能是相斥的范德华力相互作用。例如，因为颗粒吸附液体比吸附气泡强烈，N_v很小且在溶剂中与固体颗粒的有效相互作用可能是斥力，气泡的 Hamaker 常数很小。在基于固体颗粒与气泡吸附的浮选过程中，这样的吸附通过有选择性的变换颗粒和水(弱疏水化)之间的黏附力，因此气泡和颗粒之间的纯相互作用导致相互吸引。

如果材料的非传导特性和折射率是已知的，那么可以准确计算出相关 Hamaker 常数。表 4－8 给出了一些感兴趣材料的 Hamaker 常数。

表 4－8　　不同材料组合的 Hamaker 常数[45]

物质(M)	物质｜空气｜物质	物质｜水｜空气	物质｜水｜物质
戊烷	3.75	0.153	0.363
己烷	4.07	－0.0037	0.360
十二烷	5.04	－0.344	0.502
晶状石英	8.83	－1.83	1.70
方解石	7.20	－2.26	2.23
聚苯乙烯	6.58	－1.06	0.950
聚四氟乙烯	3.80	0.128	0.333
水	3.70		0.80
非晶纤维素	5.8		

范德华引力是由颗粒中电荷分布的相关性和光速从一个颗粒到另一个颗粒的电磁场传输调节得到。如果由于电荷的运动,相关性降低,那么,颗粒之间来回的辐射中分布变化将明显。在分子距离上,所谓的延迟效应并不重要。然而,在距离大约 10nm 和更大时,本质上的相互作用会减小。非常稀的悬浮液中颗粒之间的平均范德华力可能会由于延迟效应而变得非常弱。

4.8.3 液体中颗粒之间的静电相互作用

4.8.3.1 表面电荷的起源

液体溶液和强极性溶剂接触的大多数表面都带电。相同数量的相反电荷存在于周围溶液中的离子上。根据其电荷的符号,溶液中的离子被称为表面的反离子或者同离子。在表面和溶液中电荷的集合称为双电层。表 4-9 总结了几个可能增加表面电荷的机理。它们在制浆造纸中具有相当多的实际意义。

表 4-9　　材料表面与水溶液接触获得电荷的原理

机理	例子
无机材料中的氧原子与 H^+ 或 OH^- 的反应	表面 $-OH + H_3O^+ \rightleftharpoons$ 表面 $-OH_2^+ + H_2O$ 表面 $-OH + OH^+ \rightleftharpoons$ 表面 $-O^- + H_2O$
有机材料中官能团的分解	表面 $-COOH \rightleftharpoons$ 表面 $-COO^- + H^+$
可溶性盐吸附过量的离子	在 $CaCO_3$ 中 Ca^{2+} 或 CO_3^{2-} 过量
同形置换	在瓷土中用 Si^{IV} 置换 Al^{III} 和 Fe^{II}
表面活性剂吸附	
聚电解质吸附	

羟基和氢离子结合到无机的表面上。氧化金属的表面和大多数工业矿物质含有与 H^+ 或者 OH^- 反应的氧原子或者羟基。例如,硅烷醇基在酸溶液和碱溶液中分别带正电和负电。

$$SiOH + H_3O^+ \longleftrightarrow SiOH_2^+ + H_2O \tag{4-90}$$

$$SiOH + OH^- \longleftrightarrow SiO^- + H_2O \tag{4-91}$$

总表面电荷(单位面积的电荷量,C/m^2)是:

$$\sigma_0 = F(\Gamma_H - \Gamma_{OH}) \tag{4-92}$$

其中 Γ_H 和 Γ_{OH} 是表面浓度,F 是法拉第常数。σ_0 可以通过滴定得到。溶液中均衡的 H^+ 和 OH^- 决定了硅烷醇基的离解度。因此,还有表面电荷和表面势,H^+ 和 OH^- 是电位决定离子。

当 pH 升高时,Γ_H 下降 Γ_{OH} 上升。因此,氧化物在低 pH 下是正的,在高 pH 下是负的。电荷相互补偿时 $\sigma_0 = 0$ 的 pH 称为零电荷点(P_{zc})。对于酸性矿物质,零电荷点很低;对于碱性矿物质,该值很高。零电荷点可以通过滴定或者假定表面上没有其他离子吸附时来测定 Zeta 电位得到(参见 4.8.6.2)。

有机物质的表面:许多位于有机物质表面的官能团是离子化的,最重要的是羧基、硫酸盐、磷酸盐、铵盐、亚胺和氨基盐。到目前为止,碳水化合物颗粒,例如纤维素或者淀粉上最常见的表面基团是羧基,而木素颗粒表面包含磺酸盐和羧基,胶乳表面通常含有源于聚合引发剂的可离子化基团,例如硫酸盐、磺酸盐或者烷基胺。有机表面含有阳离子和阴离子表面基团的是具有界线清楚的零电荷点的两亲性。图4-47显示了一个例子。

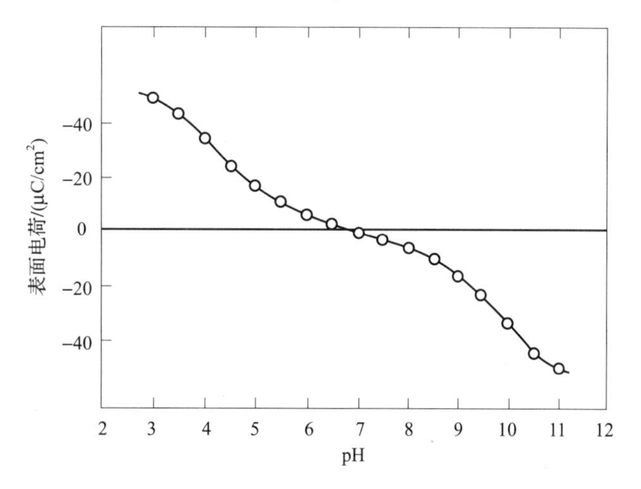

图4-47 通过苯乙烯共聚制备得到胶乳的表面电荷与pH的关系

注:12%乙基丙烯酸甲酯,5%甲基丙烯酸。表面因此含有碱性和酸性基团。没有使用乳化剂。离子强度是5mmol/L(NaCl)。P_{zc}(零电荷点)=6.7±0.1[46]

不溶性盐:许多不溶性无机盐类通过吸附过量的构成盐类的一种离子来获得一个表面电荷。例如,如果碳酸钙颗粒在钙离子过量的情况下沉淀,它们就会带正电,而在碳酸根过量的情况下带负电。因此,钙离子和碳酸根离子是电位决定离子。P_{zc}(零电荷点)可以通过钙浓度定义为:

$$\sigma_0 = F(\Gamma_{Ca^{2+}} - \Gamma_{CO_3^{2-}}) = 0 \quad (4-93)$$

值得注意的是,Ca^{2+}与CO的吸附倾向不同,因此,事实上,在零电荷点处[Ca^{2+}]≠[Ca_3^{2-}]。

同构取代:层状硅酸盐的结构可以通过聚合硅和金属氧化物薄片的缩合得到,来自硅薄片的氧原子取代部分金属氧化物上的氢氧离子(图4-48)。薄片可能会形成像高岭土的成对的1:1结构,单位结构是$Si_2Al_2O_5(OH)_4$[图4-48(a)]。一个硅层可能会黏附到金属氧化物的每个面上形成硅酸镁、滑石粉[图4-48(b)]或者硅酸铝、叶蜡石[图4-48(c),膨润土的基本结构]2:1层状结构。

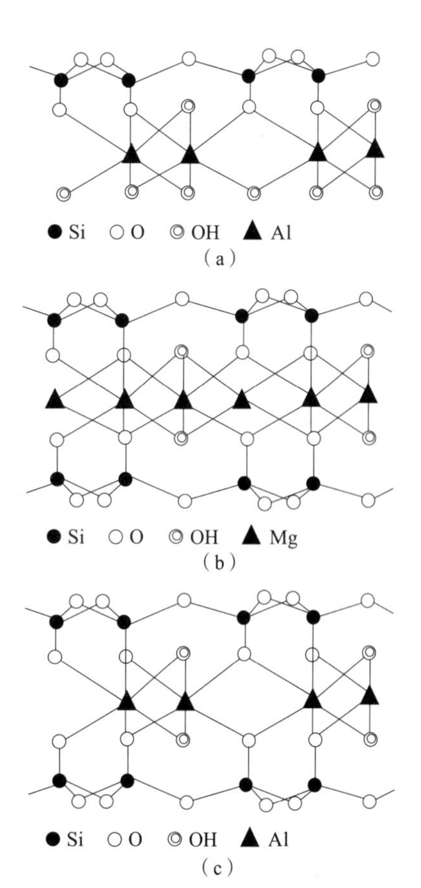

图4-48 同构取代

(a)高岭土 (b)滑石粉 (c)叶蜡石的结构,蒙脱石(膨润土)的通用结构

2:1矿物质本质上有两个不同的表面,含有硅酸盐的底面或者表面,可能含有不同金属氧化物和硅酸盐的边缘,这取决于矿物质的类型。1:1矿物质有三个不同的表面:硅酸盐表面、金属氧化物表面和边缘。

在层状硅酸盐中,不同位置的阳离子可以被其他有相似离子半径但是不同化合价的阳离子取代,且结构上不会引入太多的压力(例如铝对硅、镁或铁对铝或者锂对镁)。如果取代阳离子价位较低,这样的同构取代会导致负电阴离子层电荷的拓展。该电荷可以通过其他高价态的阳离子取代物或者层间多余阳离子的包含体中和。在后面一种情况下,由于分散在水中的阳离子被释放,颗粒表面获得一个负电荷,阳离子可以通过洗涤与其他阳离子交换。描述同构取代程度的一个普通的方法是阳离子交换能力,一般是meq阳离子/100g矿物质的形式。

吸附:表面有效电荷也经常通过从溶液中吸附离子来改性,例如离子型表面活性剂、聚电解质或者金属络合物(主要是铝或铁氢氧化物复合体)。

4.8.3.2 双电层的结构

带电表面和其反荷离子之间的相互作用是静电力，
范德华力或者酸碱相互作用。相互作用倾向于在表面产生离子浓度梯度。梯度被热运动(随机扩散)取消,这倾向于在溶液中均匀地分散离子。静电相互作用是长期的且是非特殊性的,其主要取决于表面电荷密度和离子电荷。范德华力和酸碱相互作用是短期的且仅取决于表面和离子的化学组成。

基于这些考虑,双电层可以被分成 3 个子层(图 4-49)。

① 具有由电势决定离子的分解和关联产生的表面电荷密度 σ_0的表面层。

② 范德华力或酸碱相互作用是最重要的直接在表面层外面的一层。这一层称为腹层。腹层中的电荷(若有的话)称为 σ_s。尽管其滞留时间可能变化很宽,该层的分子运动仍受到限制。

③ 离子自由移动但与表面的静电相互作用是非常重要的腹层外面的一层。该层称为“扩散双电层”或者古依—查普曼双层。该层的电荷称为 σ_d。

总的双电层是中性的,也就是,

$$\sigma_0 + \sigma_s + \sigma_d = 0 \tag{4-94}$$

电场外面带电表面的电荷密度 σ_o是 $\sigma_o/\varepsilon\varepsilon_o$,因此与表面的距离无关。在一个离子溶液中,然而,具有任何离子的电场被离子和表面之间的反荷离子屏蔽,因此电场和静电势在离表面很远的距离上最终降到零(图 4-50)。

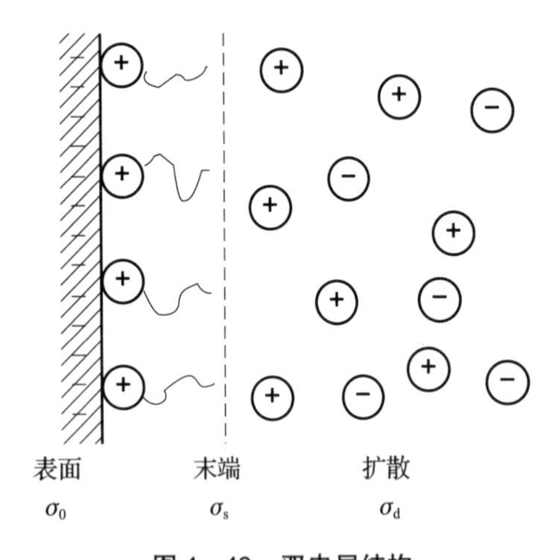

图 4-49 双电层结构

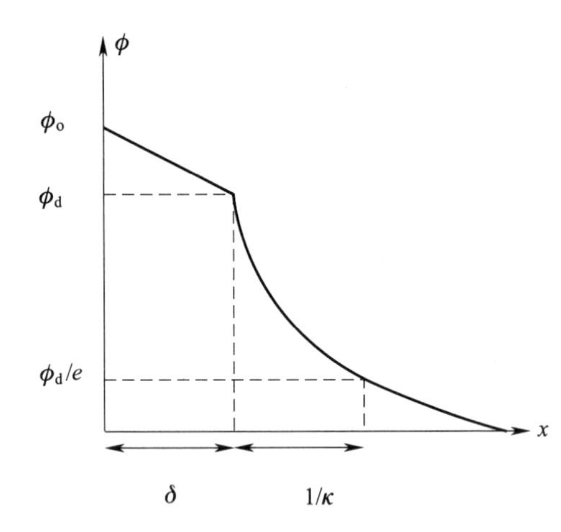

图 4-50 双电层中的电势(原理图)
(δ 是腹层的厚度)

4.8.3.3 腹层上的电荷和电势

携带一个带电荷为 ze_0的离子从带电表面距离 x_1移动到距离 x_2需要做的功是 $ze_0[\phi(x_2)-\phi(x_1)]$,其中 $\phi(x)$是距离 x 的静电势。表面上的电势 $\phi(0)$用 ϕ_0 来表示。假定腹层上的电荷位于与表面距离 δ 的一个平面上,腹层可以建模成电荷为 $\sigma_\delta = \sigma_0 + \sigma_s$的电容器。穿过距离 δ 的势能落差是

$$\phi_0 - \phi_\delta = \frac{\sigma_\delta \delta}{\varepsilon_s \varepsilon_0} \tag{4-95}$$

其中 ε_s是腹层的介电常数,ϕ_δ是 $x=\delta$ 的电势。

当完全分裂时的胶乳、颜料或者纤维的电荷密度是 $1e_0/nm^2$ 的数量级，腹层的厚度大约是一个水合离子的厚度或者 0.5nm。当 ε_s 与水的相等，设定 $\sigma_s=0$，ϕ_δ 大约 110mV，这稍微大于液体溶液中颗粒表面通常测得的电势。

4.8.3.4 扩散层的离子分布

假定溶液是理想的，电荷为 ze_0 且与表面很大距离（“无限”）静电相互作用忽略[$\phi(\infty)=0$]的一个离子的化学势是：

$$\mu_i=\mu_i^0+RT\ln c_{0,i} \tag{4-96}$$

靠近表面，静电相互作用有助于离子能。因为与总溶液存在一个平衡，μ_i 处处相等。越靠近表面，静电通过浓度的变化越得到补偿：

$$\mu_i=u_i^0+RT\ln c_i(x)+zF\phi(x) \tag{4-97}$$

因此，从式(4-96)和式(4-97)得出

$$c_i(x)=c_{0,i}e^{-z_iF\phi(x)/RT} \tag{4-98}$$

反荷离子浓度向着表面增加，而共离子浓度降低（图 4-51）。通过所有离子求和得到的总浓度：

$$c(x)=\sum_i c_i(x)=\sum_i c_{0,i}e^{-z_iF\phi(x)/RT} \tag{4-99}$$

$\phi(x)$ 通过解决 Poisson-Bolzmann 方程得到，这可以通过电荷和电势之间的基础静电关系得到。对于侵入在一个理想电解质溶液中的带有均匀电荷密度的平行表面而言，这个方程可以写作

$$\frac{d^2\phi}{dx^2}=-\frac{F}{\varepsilon\varepsilon_0}\sum_i z_ic_{0,i}e^{-z_iF\phi(x)/RT} \tag{4-100}$$

其中包括了溶液中所有的离子种类。室温下，对于 $z_iF\phi/RT\ll1$，表明 $z_i\phi<25mV$，这个方程可以解决：

$$\phi=\phi_0e^{-kx} \tag{4-101}$$

其中

$$k=\sqrt{\frac{2F^2}{RT\varepsilon\varepsilon_0}I} \tag{4-102}$$

以及

$$I=\frac{1}{2}\sum_i z_i^2c_{0,i} \tag{4-103}$$

是离子强度。如果腹层含有电荷，式(4-101)中应该使用 ϕ_δ 而不是 ϕ_0。k^{-1} 称为德拜参数。它具有的尺寸长度用于扩散层厚度的测量（当 $x=k^{-1}$，$\phi/\phi_0\approx1/e$）。图 4-51 显示了计

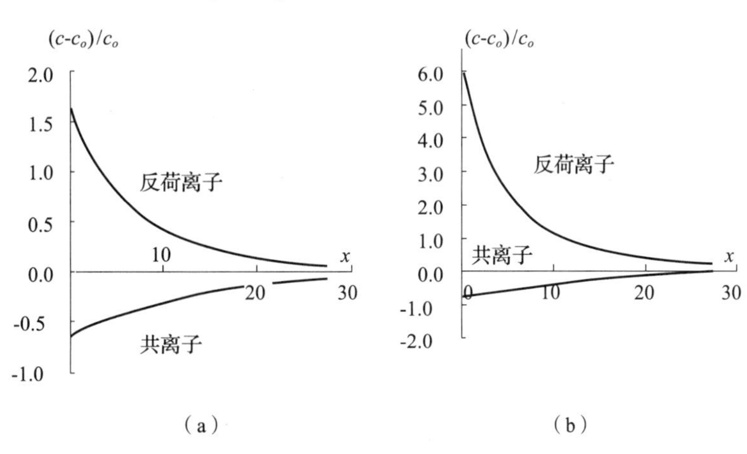

图 4-51 基于扩散双电层的负电表面的单价阴离子和阳离子的过量浓度

(a)表面电势 50mV，$I=0.001$mol/L (b)表面电势 25mV，$I=0.002$mol/L

算得到的相对过量的反荷离子和共离子浓度与距表面距离之间的关系的例子。

输入25℃水的数值，式(4－102)变成

$$\left(\frac{k^{-1}}{\mathrm{nm}}\right)=0.430\left(\frac{I}{\mathrm{mol/dm^3}}\right)^{-1/2} \quad (4-104)$$

表4－10显示了德拜参数的一些相同的数值。值得注意的是，在多价抵消的存在下，扩散层的厚度在非常低浓度下可忽略不计。其原因是这些离子能有效的屏蔽表面电荷。

表4－10　德拜参数<5nm或者<0.5nm下的浓度

z	$c_0(k^{-1}=5\mathrm{nm})$ /(mol/L)	$c_0(k^{-1}=0.5\mathrm{nm})$ /(mol/L)
1	0.00370	0.370
2	0.00092	0.092
3	0.00041	0.041

注：计算是使用公式(4－104)得到的，假定盐类是对称的 $z-z$ 电解质。

从 Poisson－Boltzmann 方程得到，表面上($x=0$)离子总浓度是

$$c_s=c_0+\frac{\sigma_d^2}{2\varepsilon\varepsilon_0 RT} \quad (4-105)$$

其中 c_0 是总溶液中总离子浓度。研究一个侵入到单一电解质 NaCl 浓度 c_0 的溶液的一个表面，$z^+=1$，$z^-=-1$。从式(4－98)和式(4－105)得到，

$$\sigma_d^2=2\varepsilon\varepsilon_0 RT(c_s-c_0)=2\varepsilon\varepsilon_0 \mathrm{RT}(c_0e^{-y_0}+c_0e^{-y_0}-2c_0)=8\varepsilon\varepsilon_0 c_0 RT\sinh^2\frac{y_0}{2} \quad (4-106)$$

其中 $y_0\equiv zF\phi_0/RT$。对 $\sigma_d=1e_0$ 每 $10\mathrm{nm}^2$（这是很多颜料的典型）和 $c_0=0.01\mathrm{mol/L}$ 得到 $\phi_0\approx58\mathrm{mV}$ 和 $c_s\approx3\mathrm{mol/L}$，对 $c_0=0.1\mathrm{mol/L}$ 和相同的电荷密度，$\phi_0\approx48\mathrm{mV}$。0.01mol/L 氯化钙相应计算得到 $\phi_0\approx83\mathrm{mV}$。如果 σ_d 低至 $1e_0$ 每 $20\mathrm{nm}^2$（可能是纤维素纤维的特征），在0.01mol/L 氯化钠中的表面电势大约是33mV，表面上的离子浓度大约是0.75mol/L。这些计算是基于相当极端的近似，但是它们强调了扩散层接下来的特性，在表征纤维或颜料表面电荷性质应该标记的：

① 靠近表面的离子过量浓度主要取决于表面电荷密度且几乎与总电解质浓度无关。因此，靠近表面扩散层离子不能通过稀释而剥离表面。

② 靠近表面的过量浓度足够高来均衡大多数的表面电荷，甚至当表面电荷密度很低的时候（例如纤维素纤维）。图4－51也明显的阐释了这一点。

③ 扩散层的厚度只取决于总电解质浓度。在高电解质浓度下，从简化的方程计算得到的德拜参数变得不切实际的小（表4－10），可以假定的是扩散层相互作用被忽略。

④ 随着离子强度的增加表面电势降低。这一电荷应该与电势决定离子或者腹层的吸附对表面电势造成的效应严格区分开。

4.8.3.5　可交换性离子

在双电层的讨论中，假定当离子介质变化时表面电荷保持常数。然而，实际上，离子经常绑定在表面上（电势决定离子）。作为一个简单的例子，研究氢离子绑定在表面的单价酸基团（—A⁻）上[例如式(4－90)和式(4－91)]。反应的平衡常数：

$$-\mathrm{AH} \rightleftharpoons -\mathrm{A}^- + \mathrm{H}^+ \quad (4-107)$$

给出

$$K_a=\frac{[\mathrm{A}^-][\mathrm{H}^+]s}{[\mathrm{AH}]}=\frac{\alpha}{1-\alpha}[\mathrm{H}^+]s \quad (4-108)$$

其中 α 是酸的离解度，$[\mathrm{H}^+]s$ 是表面上氢离子浓度，也就是，

$$K_a=\frac{[\mathrm{A}^-][\mathrm{H}^+]s}{[\mathrm{AH}]}=\frac{\alpha}{1-\alpha}[\mathrm{H}^+]_0 e^{-F\phi_0/RT}=K_0 e^{-F\phi_0/RT} \quad (4-109)$$

表面电荷密度由 α 决定，因此 ϕ_0 取决于 α。因此，如果用总氢离子浓度来计算 K_a，该值将取决于离解度。K_0 是酸的真实或固有的离解常数。对于其他可交换性离子的绑定将是有效的，这应该用作颜料、纤维表面和聚电解质的滴定分析。

4.8.4　静电稳定胶体

4.8.4.1　双电层之间的相互作用

尽管双电层表面上的总电荷是零，两个带电相近表面通常互相排斥，两个不同电荷会相互吸引。该原因可以通过接下来的讨论来解释。

一个稀溶液的渗透压与相应的纯溶剂的渗透压相近，$\Pi = cRT$，其中 c 是溶解颗粒的浓度。研究两个侵入到一种液体电解质溶液中的带电相同的表面。为简便起见，假定电解质分离成的两种离子价态 $z^+ = -z^- = z$。总溶液中（未受到表面电荷的影响）一个点处的离子总浓度是 $2c_0$，溶液的渗透压是

$$\Pi(\infty) = 2c_0RT \tag{4-110}$$

现在研究表面之间中平面处的渗透压，当它们很接近时扩散层重叠（图 4－52）。公式（4－98）给出了离子浓度；因此，

$$\Pi(H) = RT(c_{o,i}e^{-y} + c_{o,i}e^{y}) = 2c_0RT\cosh y \tag{4-111}$$

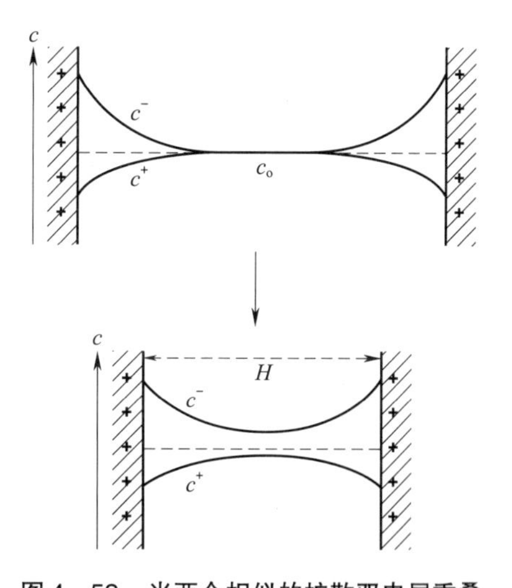

图 4－52　当两个相似的扩散双电层重叠时，表面之间的离子总浓度增加。

注：这在两表面之间产生了一个排斥的渗透压。c^- 是阴离子的浓度，c^+ 是阳离子的浓度。

其中符号 $y = zF\phi/RT$。因为对于 y 所有值除了 0 以外 $\cosh y > 1$，得到的结论是渗透压差 $\Pi(H) - \Pi(\infty) > 0$。换言之，过量离子浓度的存在在两表面之间产生了一个排斥渗透压。压力的大小只取决于 H 和 σ_s。这个斥力通常被称为静电斥力。

单位面积的相互作用能是将表面从无限的距离带到一起所需要做的功，也就是，

$$\Delta G^{el} = \int_{\infty}^{H} \Pi \, dx = 2c_0RT\int_{\infty}^{H}\cosh y dx \tag{4-112}$$

假定两表面对静电势能的作用是附加的，$H \gg k^{-1}$，接下来的方程源自式（4－111）和式（4－112）：

$$\Delta G^{el} = \frac{64c_0kT}{k}\tanh^2\left(\frac{y}{4}\right)e^{-kH} \tag{4-113}$$

需要注意的是，以上给出的讨论仅用于两个完全相同的扩散层的中点，静电势能有对称性的原因，也就是场强度是零。对于其他的距离和不同的表面讨论变得更加复杂。

对于低表面势能（$\phi_0 < 25\text{mV}$）式（4－113）简化为

$$\Delta G^{el} \approx 2\varepsilon\varepsilon_0k^2\phi_0^2e^{-kH} = \frac{2\sigma^2}{\varepsilon\varepsilon_0}e^{-kH} \tag{4-114}$$

其中 ΔG^{el} 是单位面积的能量。对于两个半径 a 的球体而言，总相互作用能是

$$\Delta G_a^{el} = \frac{64c_0kT}{k}\tanh^2\left(\frac{y}{4}\right)e^{-kH} \approx 2\pi\varepsilon\varepsilon_0a\phi_0^2e^{-kH} = \frac{2\pi a\sigma^2}{k^2\varepsilon\varepsilon_0}e^{-kH} \tag{4-115}$$

一个重要的情况，尤其是对含有很多不同颗粒的系统应用而言，当表面势能不同甚至带相反符号的情况。原来是，对于表面势能的低数值，两个表面势能是 $\phi_{0,1}$ 和 $\phi_{0,2}$ 的颗粒之间的相互作用能可以通过使用表面势能的几何平均值而不是式(4－115)中的 ϕ_0 计算得到：

$$\Delta G_a^{el} \approx 2\pi\varepsilon\varepsilon_0 a\phi_{0,1}\phi_{0,2}e^{-kH} \tag{4-116}$$

因此，如果势能不相等，但有相同的符号，相互作用将会是排斥。如果表面带有不同的符号，颗粒之间的长期的相互作用是吸引的。当这些颗粒相互靠近时，它们部分相互中和，反荷离子离开两者之间的间隙。如果两个颗粒的电荷在数量上相等，最终会完全中和且相互作用保持吸引直到颗粒间接触。然而，如果颗粒上的电荷不相等，一些反荷离子必须保持在颗粒之间甚至在非常近的距离上。这些反荷离子的浓度将会很高。因此，它们将会增加排斥相互作用。带相反符号的颗粒会相互吸引，但当颗粒不会进入到分子接触时它们倾向于形成聚集体。

因为 k 会随着电解质浓度的增加而增加，当添加盐类时，相同符号表面之间的斥力相互作用和不同符号表面之间的吸引相互作用都会下降。

上面给出的表达式只对于表面分离大于德拜参数，离子—离子间相互作用是可以忽略的，只有当电解质浓度相对低且表面电荷较为均匀的时候才准确。至于较短距离上的相互作用和高盐浓度下，离子—离子间相互关系和电荷不连续性的理论才得到发展。此时，近似值甚至可能导致定性错误的结果，也就是说，当用简化的理论预测斥力时，相互作用可能会变成吸引力。这里暂不考虑这些相当极端的情况。

4.8.4.2 胶体稳定性的 DLVO 理论

胶体稳定性或者 DLVO 理论假设表面之间的范德华力与电解质浓度和颗粒电荷无关，且静电相互作用只取决于双电层相互作用。因此，半径为 a 的两个球体的总能量通过添加式(4－87)和式(4－115)得到：

$$\Delta G_a^{总} = \Delta G_a^{el} + \Delta G_a^{vdW} \approx 2\pi\varepsilon_0\varepsilon_a\phi_d^2 e^{-kH} - \frac{A_H a}{12H} \tag{4-117}$$

图4－53 显示了排斥和吸引组分及其总和。图4－54 显示了总相互作用能是如何随1:1 浓度而变化的。应该指出几个重要的特征：

① 在非常近的距离上吸引通常强于排斥。因此，如果静电斥力不足以稳定的时候颗粒将总会保持稳定接触(凝结)。在非常近的距离上，分子内电子云之间的相互作用将会产生一个非常强的斥力，因此在非常短的距离的曲线上存在一个很深很尖锐的最小值。

② 如果离子强度、表面电势和 Hamaker 常数是均衡的，相互作用显示了一个最大值。颗粒的平均动能是 $3kT/2 \approx 6.2\times10^{-21}$ J，也就

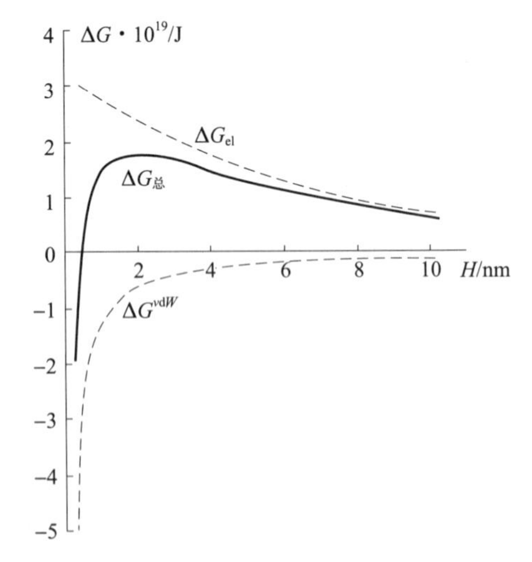

图4－53 根据 DLVO 理论与其静电和范德华力组分的胶体颗粒之间的相互作用能

注：图计算的是半径为 0.5μm 的球体颗粒，$A_h = 3\times10^{-20}$ J，$\phi_0 = -40$mV(表面电荷密度)$\approx 0.9e_o/nm^2$ 浸在 0.002mol/L 的 1:1 电解质溶液中。

是,两个颗粒碰撞的相关的能量大约是 10^{-20}J。图 4－53 中最大能量大约是 2×10^{-19}J,暗示了两个颗粒发生碰撞有足够的能量来克服这个活化能位垒的可能性很小。图 4－53 的状态代表了一个动力稳定性胶体。

③ 图 4－54 显示最大值减小,当电解质浓度足够高时,最终变得可忽略不计。因此,DLVO 理论解释了当离子强度增强时,许多胶体聚集的原因。

④ 当斥力和引力达到某种平衡时,在相对大的距离上有一个总相互作用的最小值(所谓的"次极小")(图 4－54)。与热能相比,这个最小值足够低,因此颗粒可以相互吸附,然后它们形成很容易被再分散的松散的絮凝体。这种类型的聚体被称为"絮凝",且应该与凝结物区分开。

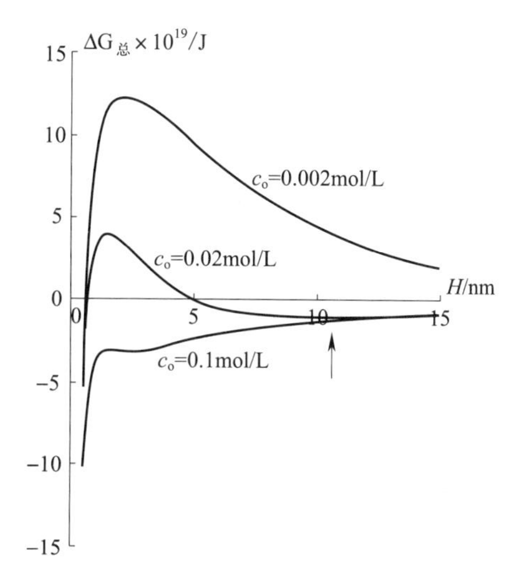

图 4－54　添加电解质对相互作用能的影响

注:计算的曲线与图 4－55 中的条件相同,只是电解质浓度像在图形中那样增加,箭头代表了当 $c_0=0.02$mol/L 时的次极小。

⑤ 已知当反荷离子价态很高时胶体能更有效的凝固(所谓的"Schultze－Hardy 规律")。这个规律也由 DLVO 理论得到。临界凝固浓度 c_c 是在相互作用曲线中降低最大值到零所需要的电解质浓度(图 4－55)。在这个浓度下,胶体能迅速地凝固。

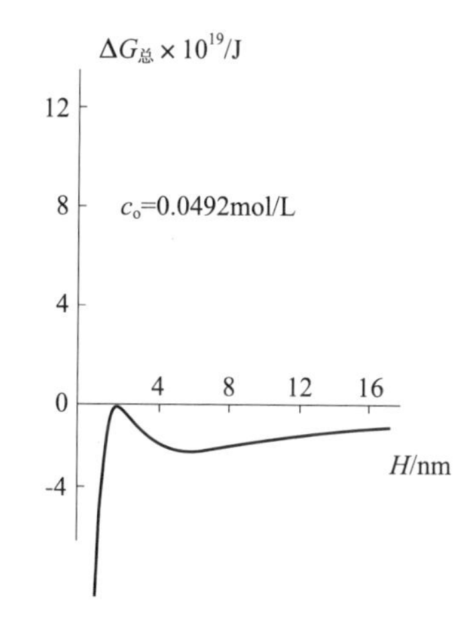

图 4－55　临界凝固浓度是用来降低两个表面之间最大斥力到零的电解质浓度

注:计算的曲线与图 4－53 中的条件相同,其中 $\phi_0=35$mV 且电解质浓度如图中所示。

从式(4－117)可以得到

$$c_c=K_c\frac{\tanh^4\left(\frac{y_0}{4}\right)}{A_H^2z^2}\qquad(4-118)$$

其中 K_c 是一个常数。当 ϕ_0 很大时(假定大于 100mV),$\tanh(y_0/4)\approx1$,且

$$c_c\approx K_c\frac{1}{A_H^2z^2}\qquad(4-119)$$

而在低电势($\phi_0<25$mV)系列,$\tanh(y_0/4)$ 的扩展是

$$c_c=K_c\frac{\phi_0^4}{A_H^2z^2}\qquad(4-120)$$

根据式(4－119),临界凝固浓度范围时 z^{-6}。例如,如果胶体凝固发生在 0.1mol/L 的 1:1 电解质,那么在 2:2 电解质的 0.1/64mol/L 也会发生凝固(或者任何二价反离子,控制扩散双电层多余浓度)3:3 电解质的 0.1/729mol/L(或者三价反荷离子)。

式(4－119)和式(4－120)假定表面电势是常数。然而,当添加电解质和高价态反荷离子吸附在腹层上时,表面电势降低。当表面电势很低时,经常发现胶体行为会遵循式(4－119)。图 4－56 和图 4－57 中给出了一些临界凝固浓度的例子。

表 4－11 总结了基于 DLVO 理论的不同参数对胶体相互作用的效果。

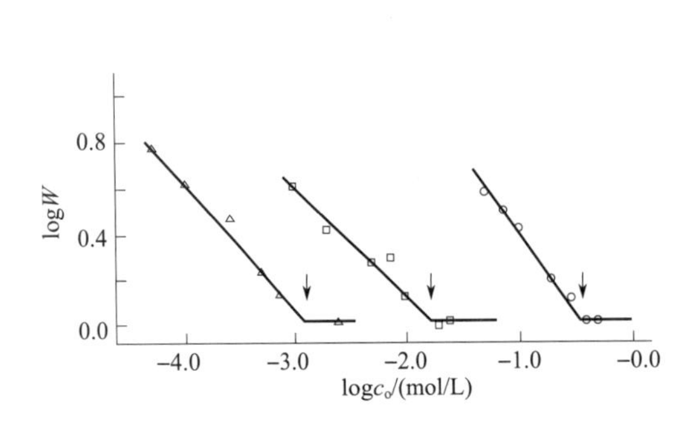

图 4－56　液体聚苯乙烯胶乳分散体在不同电解质溶液中的稳定性

○：NaCl；□：$CaCl_2$；Δ：三氯化镧。表面电荷密度是 8.24 $\mu C/cm^2$（$—SO_4^{2-}$ ＋—COO^-），直径是 669nm，$T=25℃$。临界凝固浓度用箭头标出[48]。

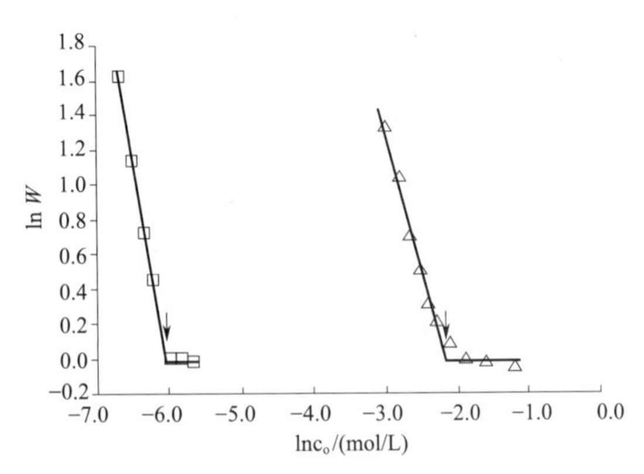

图 4－57　胶体印刷油墨颗粒在不同电解质溶液中的稳定性

Δ：NaCl；□：$CaCl_2$。临界凝固浓度用箭头标出[49]

4.8.5　凝固动力学

4.8.5.1　稀分散体的凝固

无论胶体稳定与否，取决于颗粒间碰撞是否将会导致颗粒相互吸引以及这些碰撞的频率。碰撞频率取决于剪切力（搅拌、对流）和颗粒向彼此扩散的速率。

胶体悬浮液凝固的初始过程涉及颗粒二聚体的形成。然后，假定悬浮液中所有的颗粒是完全相同的，动力学是二阶过程：

$$\frac{dN_v}{dt}=-k_2N_v^2 \qquad (4-121)$$

其中 N_v 是颗粒浓度；K_2 是初始凝固的速率常数。

表 4－11　基于 DLVO 理论的一些影响胶体稳定性的因素

参数	增加参数值对胶体稳定性的影响
表面电荷密度	增加
电解质浓度	降低
反荷离子价态	降低
Hamaker 常数	降低
温度	降低或增加
溶剂的介电常数	增加

作为凝固过程，速率方程由于过程中二聚体、三聚体的参与变得更加复杂。

忽视剪切力，速率常数的一个表达式可以通过研究颗粒向中心颗粒的扩散来得到（图 4－58）。根据 Fick 扩散第一定律，具有扩散系数 A 的颗粒流穿过一个面积为 $4\pi r^2$ 的球壳是

$$JA=-4\pi^2rD\frac{dN_v}{dt} \qquad (4-122)$$

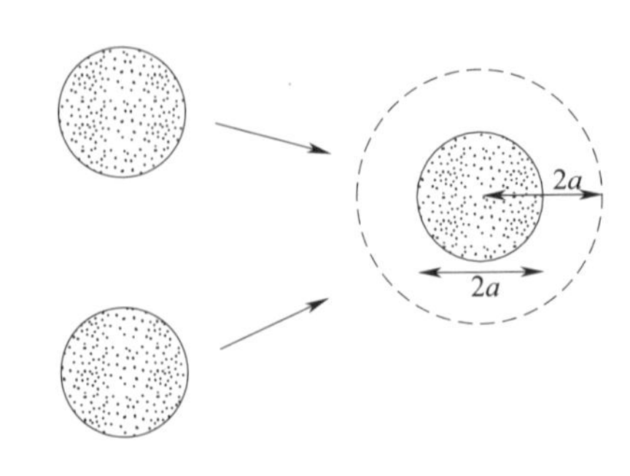

图 4－58　颗粒向中心颗粒的扩散

其中减号表示流体从高浓向低浓发生当颗粒彼此不可逆的接触时，假定颗粒相互作用在任何大于 $2a$ 的颗粒中心之间距离都是零。因此，任何其中心位于半径为 $2a$ 的球体且面积是 $16\pi a^2$ 的颗粒将会黏附到中心的颗粒。假定一个平稳状态的流体和边界条件在 $r=\infty$ 时，$N_v=N_0$，在 $r=2a$ 时，$N_v=0$，式（4－122）的解是

$$JA = -8\pi aDN_v \tag{4-123}$$

这是流体向一个颗粒的情况。为了得到凝固的总速率,对所有颗粒求和除以 2 代表了两个颗粒参与每个膨胀的事实。另外,有必要解释中心颗粒也会扩散这一事实。扩散的效应是如果所有颗粒的扩散与其他颗粒无关,那么 $2D$ 应该取代式(4-123)中的 D。因此,

$$\frac{N_v}{dt} = \frac{1}{2}JAN_v = -8\pi aDN_v^2 \tag{4-124}$$

其中

$$k_2 = 8\pi aD \tag{4-125}$$

可以看出的是,不同球形颗粒的凝固初始速率,

$$k_2 = 4\pi(a_1 + a_2)(D_1 + D_2) \tag{4-126}$$

4.8.5.2 布朗运动

胶体颗粒的扩散可以通过在显微镜下观察其光散射来得到。研究发现,其移动的方向和速度变化迅速且是随机的。颗粒被来自各个方向的溶剂分子不停地撞击,但是在任何一个特定的时刻,在这些碰撞中转移到颗粒上的时刻不会取消,这就是移动的方向和速度波动的原因。这种扩散过程的一个特点是布朗运动,就是从一个特定的起点到颗粒的初始和最终位置之间的均方距离线性依赖于时间:

$$\langle x^2 \rangle \propto t \tag{4-127}$$

对于单分散的、球体、互不影响的颗粒, $<x^2>$ 与 t 之间的关系通过 Stokes-Einstein 方程给出:

$$\langle x^2 \rangle = \frac{2kT}{6\pi\eta a}t = ZD_o t \tag{4-128}$$

其中

$$D_0 = \frac{kT}{6\pi\eta a} = \frac{\langle x^2 \rangle}{2t} \tag{4-129}$$

是 Stokes-Einstein 扩散系数。将式(4-129)代入式(4-125)中得到

$$k_2 = \frac{4kT}{3\eta} \tag{4-130}$$

因此,理想球形颗粒的凝固速率常数(没有长期的相互作用)与颗粒半径无关。原因是当颗粒变小时扩散速度的增加被降低的碰撞频率取消。

实际的系统很少遵循以上所提到的动力学(通常称为"Smoluchowski"凝固),但式(4-130)给出了一个关于胶体分散体中扩散—控制碰撞过程的速度的有效的指示。结合式(4-124)显示颗粒浓度达到其初始值一半(忽略大分子聚集体的形成)所需要的时间是

$$t_{1/2} = \frac{3\eta}{4KTN_o} = 2\times10^{11}\left(\frac{1}{N_o/\mathrm{cm}^3}\right)\mathrm{s}\text{(在 25℃ 水中)} \tag{4-131}$$

一个分散体,例如颗粒半径为 0.5μm 的 1%(体积分数)含有 2×10^{-10} 个颗粒/cm^3,那么 $t_{1/2}\approx10\mathrm{s}$。可以得出结论的是,不存在排斥相互作用的话,胶体悬浮液通常在几秒内凝固。然而,如果颗粒浓度非常低(如在 10^{-6} 范围内),凝固则需要非常长的时间。这会造成一个问题,例如,如果将浓度非常低的颗粒通过凝固从废水或者工艺液体中除去。

4.8.5.3 胶体相互作用存在下的凝固—稳定比

根据 Smoluchowski 模型计算得到的凝固速率通常高于那些实验计算得到的,即使排斥胶体相互作用的存在可以被排除。原因是相互作用动力学:对于两个要碰撞的颗粒,其中间介质(溶剂)必须要从两颗粒之间的缝隙中流走,这花费了一定时间。不存在排斥障碍的凝固非常

快这一结论并没有因为这一事实引起质的改变,除非溶剂的黏度非常高。

颗粒之间的排斥(或者吸引)相互作用的存在可以通过式(4-122)来解释,除了浓度梯度 dN_v/dt,远程依赖相互作用能作为影响颗粒流的一个因素:

$$JA = -4\pi r^2 D\left(\frac{dN_v}{dr} + \frac{N_v}{kT}\frac{d\Delta G^{总}}{dr}\right) \tag{4-132}$$

其中 $\Delta G^{总}$ 是描述颗粒间相互作用吉布斯能的任何表达式。如式(4-117)。这导致了接下来的关于凝固速率常数的方程。

$$k_2^s = 8\pi D\left[\int_{2a}^{\infty}\frac{1}{r^2}\exp\frac{\Delta G^{总}}{kT}dr\right]^{-1} \tag{4-133}$$

其中引入了近似值,两个颗粒的相对扩散系数是一个颗粒的单独扩散系数的两倍[式(4-124)]。量

$$W = \frac{k_2}{k_2^s} = 2a\int_{2a}^{\infty}\frac{1}{r^2}\exp\left(\frac{\Delta G^{总}}{dr}\right)dr \tag{4-134}$$

称为“稳定比”,且用于表征凝固速率时如何受到胶体相互作用的影响的。例如,通过插入式(4-117)中的 $\Delta G^{总}$ 可以得到,当 $H \gg k^{-1}$[47]

$$\log W = k_a + k_b \log c_0 \tag{4-135}$$

其中 c_0 是电解质浓度,k_a 和 k_b 取决于颗粒尺寸和表面电荷密度,Hamaker 常数和反荷离子价态。

图 4-56 显示了胶乳颗粒的稳定性比与电解质浓度的关系,图 4-57 显示了印刷油墨的分散颗粒的相同的图。两个系统都是如 DLVO 理论所假设的静电稳定的。

图 4-57 显示了几个有趣的特点:

① 对于静电稳定性胶体,稳定性比降低直到凝固速率在相对尖锐的浓度上变成常数。这是电解质的临界凝固浓度(*ccc*),高于这个值静电斥力不再影响凝固[比较式(4-119)和式(4-120)]。

② 如式(4-119)预计的那样,两种离子的临界凝固浓度大致会随着反荷离子价态降低;

③ W 可以相对简单的通过监测悬浮液的浊度来得到,这随着凝固过程而增加。浊度变化的初始速率与 dN_v/dt,可以根据不同电解质浓度的初始速率之间的比值直接计算得到 W。

临界凝固浓度可以通过添加不同电解质浓度到一个分散体中且保持几个小时来得到。通常凝固的分散体和保持稳定的分散体之间有明显的差别。

4.8.6 电泳迁移率和 Zeta 电位

4.8.6.1 电泳迁移率和电泳

颗粒电荷或者表面电势对于控制胶体系统的稳定性和凝固是必要的。表面电荷通常通过不同的滴定方法来计算。然而,对于快速和常规控制的颗粒电荷,颗粒的电泳迁移率或 Zeta 电位的测定更加常见。

当含有带电颗粒的胶体分散体置于两个电极之间的电场中时,将会向正极或负极移动,这取决于颗粒是带负电还是带正电,这一现象被称为电泳。颗粒移动的速度取决于电场强度 E,与 E 无关的一个量(第一个近似值)是电泳迁移率,

$$u_E = \frac{v}{E} \quad (4-136)$$

u_E 通常表达成(μm/s)/(V/cm)。测量 u_E 的最常见的方法是直接测量速率。图 4-59 显示了这些测量方法的原理。

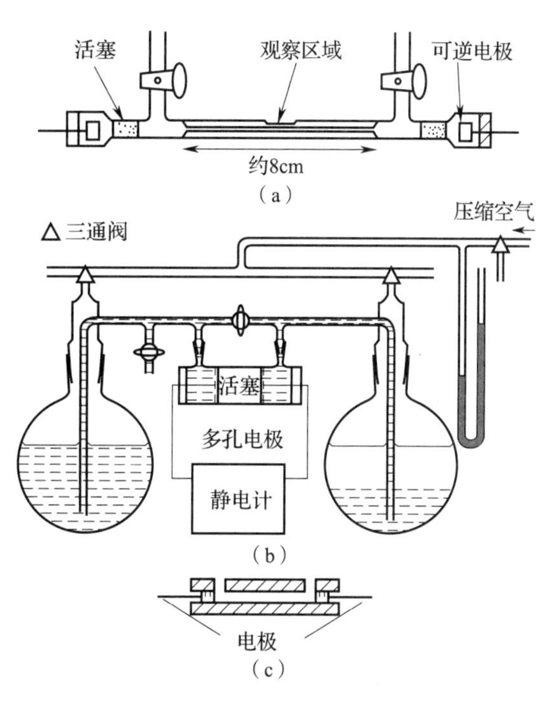

图 4-59 三种测量方法原理

(a)电泳迁移率的计算。颗粒移动的速度可以通过在显微镜下观察或者测量颗粒中光散射频率的多普勒频移 (b)流动电位的测定,多孔塞 (c)用于测定流动电位的电池,平坦坚实的表面

4.8.6.2 Zeta 电位

颗粒的 Zeta(ξ)电位被定义为溶剂和颗粒之间的滑动面中的相对于总溶液的在电场中移动的电势(图 4-60)。Zeta 电位是一个动力学变量。因此,在 ξ 和平衡面或电离电位之间没有直接的理论关系。然而,一些实验表明,对于静电稳定性颗粒,滑动面位于或在电离层外面,因此 Zeta 电位给出了一个颗粒的电离电势的计算方法。在这些情况中,Zeta 电位的测定可以用于计算颗粒电荷,使用式(4-107),把 ξ 代进来。这也是 ξ 作为控制参数的广泛应用基础:当 Stern 电位为零时,不存在扩散双电层,通常假定 Zeta 电位也是零。

4.8.6.3 等电点

尽管与双电层理论没有直接的关系,Zeta 电位确实取决于影响电离层中颗粒电荷和吸附的因素。因此,对于在表面上带有酸碱基团的颗粒,Zeta 电位随 pH 而变化。如果当 pH 变化时颗粒符号由正变负,那么当 Zeta 电位为零时会有一个 pH。这称为材料的等电点(i_{ep})。如果在电离层上没有带电体的吸附(更准确的说是,在滑动面里面的溶剂层),等电点与材料的零电荷点一致。然而,如果发生这样的吸附,等电点和零电荷点将会不同。ξ 的测定实际上是测定从溶剂吸附的离子的一个最灵敏的方法之一。如图 4-61 显示了胶体针叶木树脂在聚乙烯亚胺存在下的电泳迁移率。值得注意的是,聚合物从大约 1mg/kg 稀溶液中的吸附能轻易的遵循这个方法。

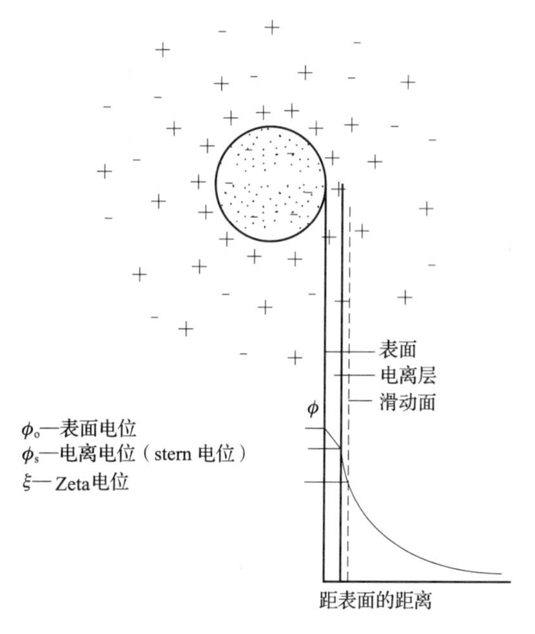

图 4-60 Zeta 电位的定义

注:原图没有标出 ϕ_0,ϕ_s,ξ 位置,也就是体系中存在 3 种电位。

基准量测量的是电泳迁移率 u_E。根据 u_E 的 ξ 的计算并不是简单的且强烈依赖于颗粒尺寸和离子强度。原因是颗粒和溶液之间的摩擦力以及电场中双电层的极化作用取决于扩散双电层的范围。如果颗粒半径与 k^{-1} 相比很大(也就是颗粒半径与双电层厚度的比值 k_a 足够大),这些影响变得可以忽略。然后,对于不传导的颗粒,可以用到下面的被称为 Helmholz – Smoluchowski 方程

$$\xi = \frac{u_E \eta}{\varepsilon_0 \varepsilon_r}(k_a > 100) \qquad (4-137)$$

在对静电相互作用很显著的电解质浓度下,扩散层的厚度通常是 5 ~ 10nm,因此式(4 – 137)可以用于直径大于 1μm 的颗粒。

然而,大部分胶体颗粒的尺寸要小于 1μm。在这些情况下,根据式(4 – 137)计算的 ξ 值应该用取决于离子强度、颗粒尺寸和形状以及 Zeta 电位量级的一个因素来校正。理论校正因素可以用于球形颗粒,但对其他形状的颗粒并不适用。有关详情,读者可以查阅相关文献[51]和[52]。

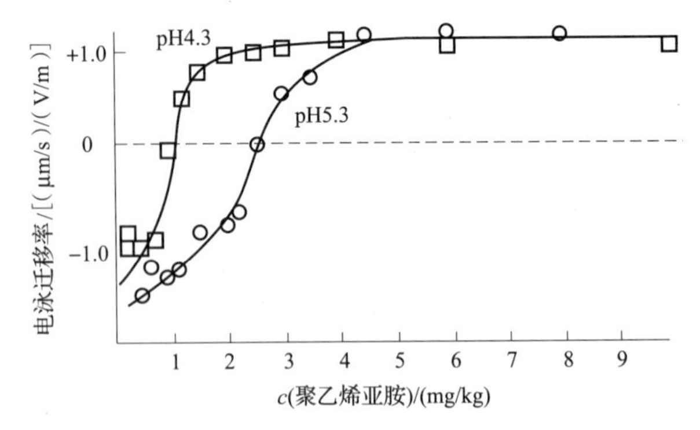

图 4 – 61 在 0.003mol/L Na_2SO_4 溶液中胶体针叶木树脂颗粒的电泳迁移率与聚乙烯亚胺的 pH 和浓度的关系

注:聚电解质被强烈吸附到颗粒表面上。颗粒的表面电荷 σ_0 是由于羧基基团的解离,且随着 pH 的增加而增加。因此,当 pH 增加时,在 $\sigma_0 + \sigma_s = 0$ 和迁移率 = 0(等电点)处的聚电解质浓度增加。树脂颗粒电荷是零(零电荷点)时的 pH 与聚乙烯亚胺的浓度无关[50]。

遗憾的是,在技术文献中,通常忽略这些研究,因此仅报道了一些 Zeta 电位的混淆的或者甚至是完全没有意义的值。下面是一些需要注意的事项。

① 除非颗粒是球体且影响 Zeta 电位的参数是已知的,才能进行一些适当的转换,应该报道迁移率而不是 Zeta 电位。而现代仪器频繁地使用初始数据根据式(4 – 137)来直接计算 ξ,然后这些数值显示在电脑屏幕上再被打印输出。这些电势与颗粒的实际 Zeta 电位中在本质上不符,因此给出的颗粒电荷是错误的(且经常是不现实的)估计。

② 在含有很多不同颗粒的悬浮液中,每种类型的颗粒都有其自身的 Zeta 电位。因此,含有过多不同颗粒的循环水的 Zeta 电位(或者电泳迁移率)的单一数值的测量给出的只是颗粒特性模糊的一个平均值。在测量迁移率分布时仪器是可用的,另一方面这些信息也是非常实用的。

③ 在很多情况下,例如当希望控制絮凝化学品的用量来凝固一个悬浮液时,只需记录悬浮液中颗粒的"全部的"迁移率就足够了。毕竟,当"全部的"颗粒迁移率接近零时,静电稳定性悬浮液经常凝固。

4.8.6.4 流动电位

电泳迁移率的测量需要颗粒是足够稳定的,因此可以在观察区保持足够长时间且足够小与可测得的速率保持同步。纤维和大颗粒的 Zeta 电位可以通过记录流动电位来得到[图 4 – 59(b)]。样品置于两个电极之间,液体被迫通过样品。这提升了两个电极之间的可测电势。Zeta 电位可以通过以下计算

$$\xi = \frac{\eta \phi_{st} K_s}{\varepsilon_0 \varepsilon_r \Delta p} \qquad (4-138)$$

式中 ϕ_{st}——电极之间的电势(流动电势)

K_s——溶液的电导率

Δp——使液体通过样品的压降

式(4－138)假定式(4－137)是有效的。宏观表面的 Zeta 电位可以用相同的原理来测量,然后液体通过两个材料薄片之间的小缝隙,测量置于缝隙两端的两个电极之间的电势[图 4－59(c)]。测量需要的材料是非导体,商业设备对两种类型的流动电势测量都是可行的。

4.8.7　用滴定测量表面电荷

滴定可用于表面电荷的精确测定。普遍使用以下 3 种方法:电导滴定、电位滴定和聚电解质吸附。这些方法将会以纤维素纤维的滴定作为例子来描述。

4.8.7.1　电导滴定

表面电荷的电导滴定与可溶性酸的滴定相似。一个溶液的总电导率 k 通过总和得到

$$k = \sum_i [X_i] \Lambda_i \tag{4-139}$$

其中$[X_i]$具有摩尔电导率Λ_i的离子类型 i 的浓度。由于氢离子和氢氧根离子导电性要远远高于其他离子,电导率将会主要取决于这些离子的浓度。

在悬浮液或聚电解质溶液中,酸(或碱)基团限制于颗粒表面或者束缚于大聚电解质分子上。另一方面,系统中低分子量离子(氢离子、氢氧根离子和本底电解质离子)是自由移动的且倾向于分布在整个悬浮液中。结果是酸在高电离度情况下变弱[对比式(4－109)]。

含有几种不同酸基团的表面的总电离度 Z 定义为

$$Z = \frac{\sum_i [B_i]}{c_B} = \frac{\sum_i K_i [HB_i]\{H\}}{c_B} \tag{4-140}$$

其中 c_B是在表面上所有酸的总浓度之和。K_i是酸 HB_i 的表观解离常数[式(4－109)]。

当本底电解质的浓度很低时,表面电势很高且氢氧根离子会通过静电相互作用紧紧地吸附于表面层上。相应地,外部溶液的电导率会很低,很难识别电导滴定曲线中的转折点。当添加本底电解质时,ϕ_0下降且释放的氢离子对电导率的影响变得更加明显。如图 4－62 示出了不同浓度氯化钠溶液中亚硫酸盐浆的电导滴定。

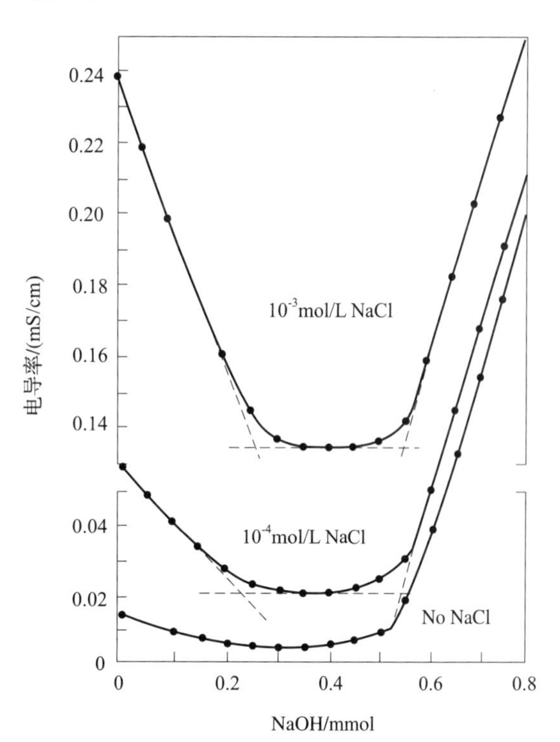

图 4－62　水中和氯化钠溶液中亚硫酸盐浆的电导滴定(3.47g)

注:第一个终点代表了磺酸基的滴定终点,第二个代表了羧基的滴定终点[53]。

如果表面电荷的影响用这种方式来处理,电导滴定方法对于测定纤维和颗粒中强酸和弱酸的浓度将变得非常准确。然而,当酸性基团很弱时,氢离子浓度对于总电导率的影响变得非常小,以至于不可能获得精确的滴定数据。

4.8.7.2　电位滴定

像电导滴定一样,电位滴定可用于直接

测定纤维中不同酸基的数量。由于静电相互作用,具有低本底聚电解质的悬浮液中纤维的滴定得到的滴定曲线的斜率在整个 pH 范围内变化缓慢。因此,很难辨别不同电离常数的酸中和处的转折点。添加本底电解质,与电导滴定相同,也会减小静电影响。

电位滴定的一个全面分析可以给出关于纤维上强、弱、非常弱酸的数量和电离常数以及表面电势等详细信息。如果需要离子结合与 pH 和离子强度的关系的定量预测则是非常重要的。如可根据具体情况,测定洗涤和脱水过程中的电位变化。

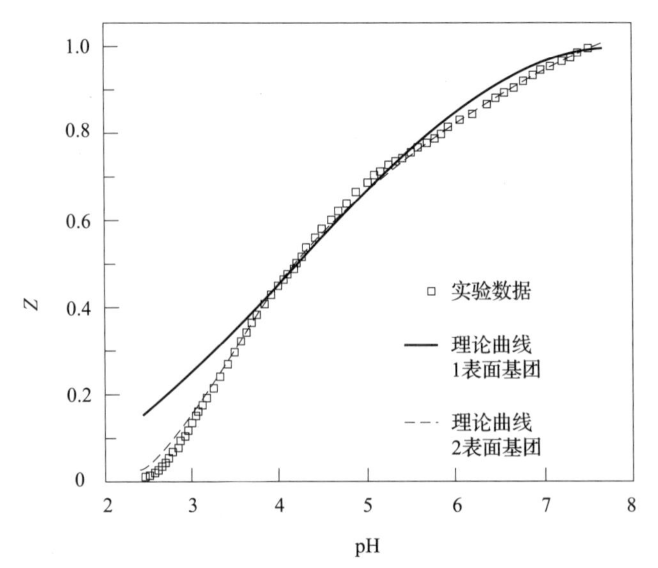

图 4-63　0.1mol/L 氯化钠溶液中的未漂针叶木硫酸盐浆(卡伯值 19)的电位滴定

注:□是实验数据;——假定纤维中 pK 值是 3.4 和 5.5 的两种酸的“最可能”的理论模型,做了静电相互作用的校正;--是相同的,只是没有静电校正[55]。

在大多数情况下,纤维的电位滴定用于解释常见的聚电解质理论,假定纤维只含有一种(羧基)酸。依据多重均衡的评估,滴定实验方法在很多年前就发明了,只是直到最近才应用于纤维上。从实质上来讲,过程如下:

如果质子的总浓度(游离和绑定到酸上的)c_H,酸的总浓度 c_B 以及游离氢离子的浓度(pH)是已知的,那么式(4-140)中 Z 的实验数值可以计算为

$$Z_{exp} = \frac{c_H - \{H\} + K_w/\{H\}}{c_H} \tag{4-141}$$

其中 K_W 是水的离子产物。c_H 和 c_B 的准确值可以通过滴定得到。一旦 Z_{exp} 是已知的,可以通过标准程序使其适合于由式(4-140)描述的纤维中酸组分的不同模型,使用电离常数和纤维上总电荷(决定其表面电势)作为可调节的参数。

图 4-63 展示了一种未漂硫酸盐浆电位滴定的例子。人们发现纤维在 pH2.5~8 内电离的两种类型的酸:一种的 pK 是 3.4,另一种的 pK 是 5.5。对于一些不同的纤维,后一种相对弱酸的数量与纤维中木素含量直接相关。

4.8.7.3　聚电解质吸附

纤维上的总电荷可以通过高电荷阳离子聚电解质的吸附来测定[56]。假定聚电解质电荷与纤维上的电荷定量发生化学反应。如果纤维和聚合物是高电荷的,且纤维润胀足够来允许聚电解质扩散到纤维壁内部,那么情况就是这样的。假定这些条件都满足,通过聚电解质吸附得到的电荷与通过电位或电导滴定测得的电荷相关性很好。

纤维首先用聚阳离子溶液达到平衡,溶液中剩余的聚合物通过标准阴离子聚电解质溶液滴定测得。使用足够数量的不同初始聚阳离子浓度,因此可以绘制出吸附等温线。一个初始迅速上升之后,等温线一般趋于平缓上升,这个缓慢的上升归因于均衡聚合物结构发生变化所导致的电荷的过度补偿。与聚合物的化学计量相等的值则通过缓慢上升水平外推到零浓度而

得到。

与电位滴定或电导滴定相比,在测定总电荷上,聚合物吸附是一个相当难处理的方法。这个方法的一个基本优点是电荷的数量及其可及性都是可以确定的。因此,使用不同相对分子质量的聚电解质可以到达多孔纤维不同的部位。

4.9 聚合物对胶体稳定性的影响

4.9.1 综述

许多带电胶体颗粒的分散体非常稳定,即使电解质的浓度很高以至于扩散双电层之间的斥力可以被忽略。在低介电常数的有机溶剂中制备稳定胶体也是可行的,即使静电斥力不足以强到稳定胶体。现实的例子包括机械浆制备中的树脂液滴的形成、涂布颜料、印刷油墨以及施胶乳化剂。这些稳定性最通常的原因是溶剂中很好溶解度的聚合物层在颗粒表面上吸附。这些层之间的相互作用是排斥的。的确这种被称为空间稳定性的效应已经被应用了几百年,例如,使用明胶和阿拉伯胶来稳定油墨和绘画颜料。

另一方面,水溶性聚合物尤其是聚电解质也广泛用作絮凝剂。聚合物首先以一个非常疏松的结构吸附在颗粒上。聚合物的环和疏松末端与其他颗粒绑定形成絮凝。使用阴离子和阳离子聚合物的组合(复杂絮凝体)可以加强这种所谓的架桥絮凝的效应。当添加少量的作为絮凝剂的相同的聚合物时,如果给予足够的时间在单一颗粒上形成更致密层,也会提高有效的空间稳定性。架桥和复杂絮凝剂的重要用途是使用聚合物来改善纸机湿部的留着以及作为水处理车间的絮凝剂。

最后,把一种不吸附的聚合物溶剂添加到一个浓缩的分散体中可能会导致颗粒聚集,该聚集由一种排斥絮凝的机理来解释。由于水从分子间区域渗透转移到聚合物溶液中。接下来将会详细介绍这 3 个机理。

4.9.2 空间稳定性

4.9.2.1 空间稳定胶体的特性

如上所述,空间稳定性是由于被吸附聚合物层之间的斥力,下面是空间稳定分散体的特征:

① 当发生絮凝时,形成大量絮凝的分散体可以被轻易地再分散。这是因为与吸附层厚度相关距离上的颗粒间的范德华吸引力很弱,只要稳定聚合物不发生解吸,那么颗粒间的结合就会很松散(见图 4 - 64)。

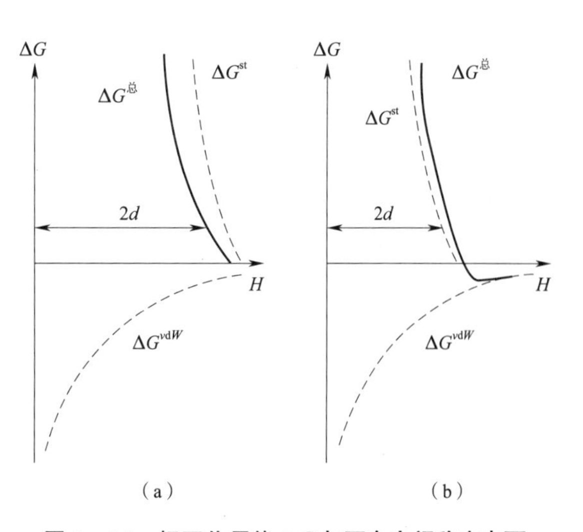

图 4 - 64 相互作用能 ΔG 与两个空间稳定表面之间距离的关系(原理图)

注:d 是吸附层的厚度。当互相渗透时(分子间距离 $H<2d$)聚合物层相互排斥强烈

(a)当吸附层很厚时,斥力在吸引范德华力相互作用很弱处增加,分散体完全稳定

(b)当吸附层很薄时,产生了相互作用能的一个显著的最小值且颗粒发生微弱的絮凝

② 空间稳定性分散体在盐浓度远远

高于 DLVO 理论预计的浓度下也会保持稳定,且可以在静电相互作用很弱的溶剂中制备。

③ 改变溶剂的温度或特性,聚合物的溶解度和被吸附聚合物层的厚度降低会使空间稳定性分散体絮凝。因此,确定分散体絮凝时的临界絮凝温度(*CFT*)也是可行的。

用于空间稳定剂的聚合物与表面强烈吸附,即使当受到颗粒碰撞的剪切力时也不会发生解吸。同时,它们应该形成足够厚的层。实际上,有三个可行性用于达到这一点:聚合物链接枝到颗粒表面上,用"梳齿"结构吸附聚合物和吸附嵌段共聚物。"梳齿"结构包含一个倾向于黏到表面上的骨架和伸向溶液中的侧链。在液体溶液中的大范围应用中,使用接枝或梳齿共聚物价格昂贵,因此选择的聚合物通常是两亲性的嵌段共聚物。目前应用最普遍的化合物是聚环氧丙烷(PPO)/聚环氧乙烯(PEO)共聚物,一个 PEO 段嵌到一个 PPO 段的一端或两端。吸附强度和吸附层厚度可以通过改变疏水性 PPO 段和亲水性 PEO 段的相对尺寸来控制。其他使用广泛的空间稳定剂是疏水改性的多糖类。然而,这些聚合物也经常用作不会强烈吸附到颗粒上的分散增稠剂。

4.9.2.2 空间稳定性和聚合物溶解度

空间稳定性对温度和聚合物溶解度的依赖性表明,其余被吸附聚合物的溶解度密切相关。为了强调这一点,表 4-12 显示了 *CFT*:通过将可溶性聚合物接枝到表面达到稳定的不同胶乳。该表说明 *CFT* 和稳定聚合物的 θ 温度事实上是完全相同的,且 *CFT* 几乎不依赖颗粒的类型、尺寸或者稳定聚合物的相对分子质量。因此,只要满足稳定聚合物的可溶性部分的溶解度的热力学条件,那么空间稳定性就是有效的。

表 4-12　一些空间稳定性胶乳分散体的临界絮凝温度(*CFT*)和稳定聚合物的 θ 温度(θ)。

胶乳	溶剂	稳定聚合物	相对分子质量	*CFT*/K	θ/K	文献
PVAc	0.39mol/L $MgSO_4$	PEO	10 000	3182 ± 2^a	315 ± 3	72
PMMA	0.39mol/L $MgSO_4$	PEO	10 000	320 ± 2^a	315	72
PS,30nm	0.39mol/L $MgSO_4$	PEO	10 000	323^a	315	72
PS,2.3nm	0.39mol/L $MgSO_4$	PEO	10 000	323^a	315	72
PS	0.39mol/L $MgSO_4$	PEO	1400	317 ± 2^a	330 ± 10	73
PS	0.39mol/L $MgSO_4$	PEO	106	317^a	315 ± 3	73
PS	0.2mol/L HCl	PAA	9800	286 ± 2^b	287 ± 5^b	74
PS	2-甲基-丁烷	PIB	23000	325 ± 1^b	325 ± 2^b	75

注:a. 加热的絮凝(或沉淀);b. 冷却的絮凝(或沉淀)。PVAc = 聚醋酸乙烯酯,PMMA = 聚甲基丙烯酸甲酯,PS = 聚苯乙烯,PEO = 聚氧化乙烯,PAA = 聚丙烯酸,PIB = 聚异丁烯。液体体系中的高电解质浓度表明扩散双电层相互作用可以被忽略。

假定两个厚度为 d 的相似吸附聚合物层混合(图 4-65)。每层都可以当作是吸附聚合物溶液相。当颗粒间距离很远时,溶液的混合摩尔吉布斯能表示为 ΔG_∞^M。当两个颗粒碰撞时,聚合物层相互渗透且表面间形成比自由层浓度高的聚合物层。层中浓度将会取决于颗粒表面间的距离 H。混合层的吉布斯能表示为 ΔG_H^M。因此,当两层混合时的吉布斯能变化是

$$\Delta G^{st} = \Delta G_H^M - 2\Delta G_\infty^M \tag{4-142}$$

如果 $\Delta G^{st}>0$,混合层的形成是积极有利的,也就是说,各层之间相互排斥。如果这个斥力足够大且各层很厚以至于当相互渗透时颗粒间范德华力很弱,颗粒会变得空间稳定的[图 4 - 64(a)]。如果各层很薄,范德华吸引会产生弱絮凝[图 4 - 64(b)]。

如果 $\Delta G^{st}<0$,很容易混合且胶体发生凝固。

混合吉布斯能是熵和焓的总和;即 ΔG^{st} 可以写作

$$\Delta G^{st}=\Delta H^{st}-T\Delta S^{st} \tag{4-143}$$

空间稳定性的条件可以通过一个纵坐标是熵、横坐标是焓的图来解释说明(图 4 - 66)。如果 ΔH^{st} 很小,当聚合物浓度增加时,理想的混合负焓占主导地位,且 ΔG^{st} 将是正的。这称为熵稳定性且常存在于非极性有机溶剂中,其中聚合物/聚合物、聚合物/溶剂、溶剂/溶剂的接触能差别不大[对比式(4 - 67)]。因为当 T 减小时 $T\Delta S^{st}$ 减小,当温度降低时熵稳定性胶体会发生絮凝。

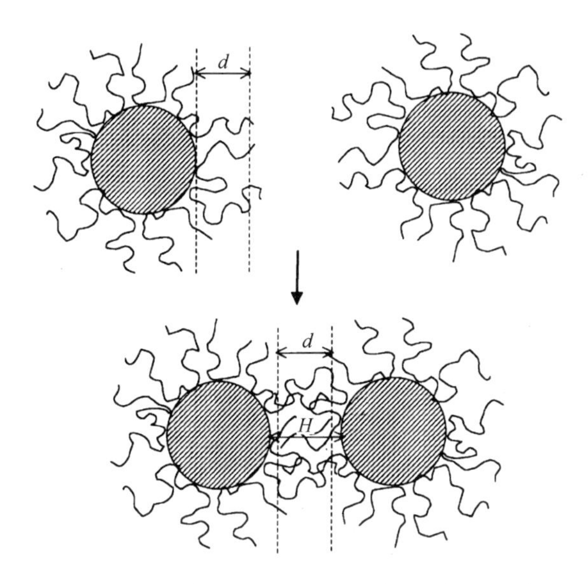

图 4 - 65 两个颗粒被厚度为 d 的聚合物层覆盖。当颗粒发生碰撞时,各层相互渗透因此颗粒表面之间的距离 $H<2d$

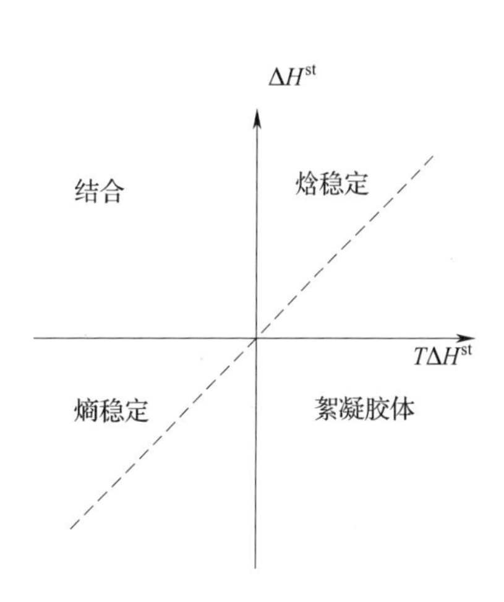

图 4 - 66 焓、熵及其结合的空间稳定性的热力学条件

另一方面,提高浓度是一个吸热的过程,ΔH^{st} 是正的。此时,胶体可能会保持稳定,即使存在对 ΔS^{st} 负的贡献,例如由于从聚合物段的溶剂的释放。这种类型的稳定称为焓稳定性。因为一个吸热过程的焓随着温度的升高而降低,当温度升高时,焓稳定性系统经常会发生絮凝。许多液体体系,例如聚环氧乙烯(表 4 - 12)和一些疏水改性多糖(例如羟乙基纤维素乙基醚,EHEC)以这种方式表现。焓和熵稳定性的结合也是可能的。

当制定胶体分散体时,将温度对空间稳定性的影响加以考虑是非常重要的。一方面,聚合物在靠近临界絮凝温度时经常吸附强烈。因此,非离子型聚氧化乙烯基表面活性剂和 PEO/PPO/PEO 类型嵌段共聚物在低于其浊点时通常表现最为有效,此时聚氧化乙烯链仍溶于水,但是吸附很强聚合物不会轻易因为强剪切力而解吸。这些物质广泛用作涂布颜料和印刷油墨的稳定剂。

4.9.2.3 空间稳定性的距离相关性

在空间稳定性理论中,两个被吸附聚合物层碰撞和相互渗透的过程按图分为 3 个步骤:

(1)当 $H \gg 2d$ 时,聚合物层不接触且 $\Delta G^{st}=0$。吸附层的混合吉布斯能可以使用 Flory - Huggins 理论来估计。

(2)当 $2d>H>d$ 时,聚合物层相互渗透,但混合层中的聚合物浓度仍很低。混合仍是足够理想的,因此 Flory - Huggins 理论可以用于计算混合吉布斯能。

(3)当 $H<d$ 时,必须考虑由于第二表面的存在导致的移动约束和每层中聚合物的弹性变形。很多情况下,这些约束可能引起非常强的斥力,但却很难估计其大小。

式(4 - 142)描述了从步骤Ⅰ到步骤Ⅱ的过渡转变。从 Flory - Huggins 理论开始,Hesselink 等[57]导出了 ΔG^{st}的接下来的表达式:

$$\Delta G^{st}=4RTV_b\left(\frac{1}{2}-\chi_{ab}\right)v_b^2r^2\left(\frac{1}{d}-\frac{H}{2d^2}\right) \tag{4-144}$$

其中 r 是聚合物的聚合度,v_b是表面间层中单位表面的被吸附聚合物链数,V_b是一个聚合物段的摩尔体积。当相互作用参数 χ_{ab}超过 1/2 时,ΔG^{st}变负,也就是说,当聚合物变得不溶[式(4 - 78)]时,但只要 $\chi_{ab}<1/2$,那么 $\Delta G^{st}>0$。该方程也说明了当聚合物浓度增加时空间斥力会是这样一个事实,即高效空间稳定性的条件是吸附层中聚合物的浓度很高。该方程还说明,在给定的温度和溶剂下,在不了解颗粒的任何信息情况下,判断一种聚合物是否可以作为一个空间稳定剂也是可行的。所有需要了解的是相互作用参数或溶解度参数[式(4 - 82)]。

空间稳定剂广泛应用于涂布颜料。尽管涂层溃裂,空间稳定剂也会出现在纸机的湿部。太大数量的阳离子留着聚合物用量会导致损纸中颗粒空间稳定层的吸附。这时,颗粒借助阳电荷形成的扩散层和空间稳定性(所谓的静电稳定性)达到稳定。木材聚合物也会作为空间稳定剂,例如对机械浆中树脂颗粒的吸附[58,59]。

4.9.3 聚合物作为絮凝剂

通常,在造纸、水处理、溶气浮选等需要从悬浮液中快速除去尽可能多的胶体颗粒的过程中,通过聚合物的吸附来使胶体颗粒絮凝是一个非常重要的现象。絮凝可以通过几个不同的机理来完成,包括电荷中和、架桥和复杂絮凝(图 4 - 67)。实际上,使用聚合物作为絮凝剂需要非常仔细地选择聚合物添加方式、添加量、混合过程以及停留时间。主要的原因有:

① 过量聚合物的添加可能会导致稳定而不是絮凝;

② 电荷中和;

③ 絮聚可能会被混合再分散,导致不同尺寸和强度的絮聚体的不稳定以及/或者再絮聚;

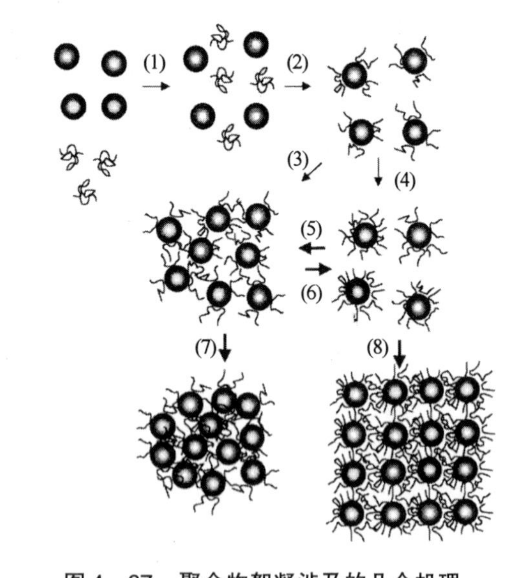

图 4 - 67 聚合物絮凝涉及的几个机理

注:在这个图中以图给出解释:(1)聚合物混合到分散体中;(2)吸附动力学受到混合过程的强烈影响;(3)两个或几个颗粒之间的同步相互作用导致架桥;(4)完全覆盖层中的吸附导致空间稳定性;(5)强剪切力会导致絮聚体破坏—当混合停止或者变弱时发生再絮凝;(6)再絮凝;(7)强颗粒—颗粒相互作用形成强的多孔絮凝体;(8)弱的相互作用形成弱的且容易再分散的絮凝体

④ 絮聚体的强度和多孔性强烈依赖于其形成方式。

这里仅考虑一些基本的方面。对于在造纸中应用的讨论，读者可以参照该系列丛书的造纸化学部分[60]。

4.9.3.1　电荷中和

如第 4.4 节所描述的，添加能特别吸附到颗粒表面上使其得到中和的离子型物质可以有效地絮凝静电稳定的胶体。这些物质可以是简单的无机离子或者低分子量高电荷的聚电解质（在造纸术语中通常被称为“固着剂”）。后一种物质可以是非常高效的中和剂，但是其高效性取决于影响其与反电荷表面相互作用的强度及其构象的电解质浓度（参见 4.7.1.4）。

如果添加的聚合物超过了中和颗粒电荷所需要的量，会再次稳定。这可能是由于空间稳定性或电荷反转亦或两者都有。通过电荷中和形成的絮凝体通常比较弱且容易被再次分散。因为相互作用是短程的不能克服排斥的流体动力学相互作用见 4.9.3.2 和 4.9.3.3 关于絮凝的论述，如果剪切力（混合时）非常强可能不会形成絮凝。在高电解质浓度下，聚合物吸附非常弱且由于扩散双电层变薄导致颗粒絮凝。这会导致絮聚体结构与电荷中和形成的絮聚体结构完全不同。

4.9.3.2　通过架桥的絮凝

与表面吸附疏松形成摇摆的末端和环的聚合物可能会通过架桥来促进絮凝。这包括聚合物摇摆的末端与其他颗粒之间的相互作用，因此形成了疏松的絮凝体。在造纸系统中，颗粒大部分是带负电的。因此，最常用的絮凝剂是高相对分子质量低电荷的阳离子聚合物，例如阳离子改性多糖或改性聚乙烯亚胺。

通过架桥的絮凝通常发生在远远不是吸附均衡的系统中。使用了絮凝动力学的非常简单的模型，这不过是把握了这一过程的几个重要的特征。

当两个颗粒碰撞时发生架桥。假定如果已经黏附到一个颗粒上的一个聚合物再黏附到另一个颗粒的裸露面上时发生架桥。颗粒表面被聚合物的覆盖率是 θ，因此当颗粒浓度是 N_v 时的总颗粒覆盖面积与 θN_v 成比例。相应地，裸露面与 $(1-\theta)N_v$ 成比例。因此，絮凝速率是[比较式(4-121)]：

$$\frac{\mathrm{d}N\mathrm{v}}{\mathrm{d}t}=2k_2\theta(1-\theta)N_v^2=k_2EN_v^2 \qquad (4-145)$$

式(4-145)中因为两个颗粒参与了每次碰撞因此出现了 2。$E=k_2\theta(1-\theta)$ 可以被称为絮凝的效率因子[61,62]。根据这个方程，当 $\theta=1/2$ 时，絮凝速率是最高的，这是非常明显的（图 4-68）。实际上，聚合物的吸附和絮凝是同时发生的，因此最大絮凝速率的到达强烈取决于混合的过程。

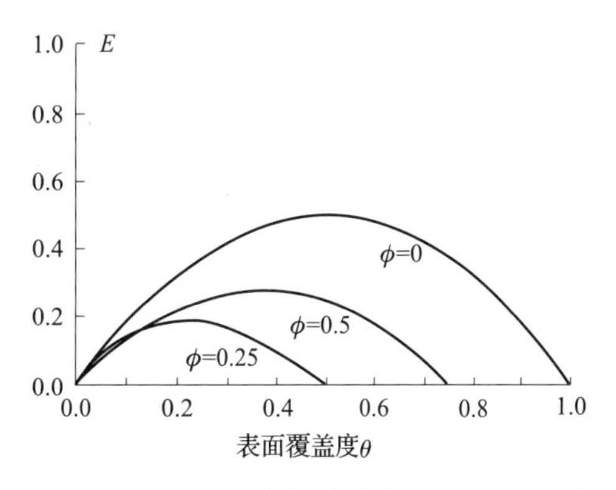

图 4-68　架桥絮凝的效率因数与絮凝聚合物（θ）和阻断剂（ϕ）的覆盖度的关系

如果覆盖度增加，效率因子则迅速下降。如果絮凝被破坏再絮凝，因此这种被吸附的聚合物可以在表面上重排是常有的事（见图 4-42）。为了阻止这种情况发生，可以使用二元聚合物系统，一个迅速吸附的物质（通常是一个低相对分子质量高电荷的聚合物）阻止了高相对分子质量聚合物附着于表面上。同时，因为絮凝聚合物可以黏附到其他颗粒上的面积减小，因此阻断剂降低了

絮凝效率(图 4-68)。效率因子是:

$$E = 2\theta(1-\theta-\phi) \quad (4-146)$$

其中 ϕ 是阻断剂的覆盖度。然而,效率的降低通常会被接受,因为絮凝的破坏和再絮聚的系统敏感性同时也会降低。

在造纸过程中,絮凝效率通过使用包括一种阳离子絮凝聚合物(阳离子淀粉、改性多糖)和小颗粒("微粒",如阴离子二氧化硅或膨润土)的二元系统得到本质上的提升。尽管还没有完全理解这一体系的作用机理,但是 Swerin[63] 提出了一个简单的模型来阐释这一体系的特点。

图 4-69 图解说明了这个模型。假定小颗粒只与被吸附聚合物黏附。这些聚合物与小颗粒的覆盖度是 τ。没有被小颗粒覆盖的聚合物可能吸引不含有聚合物的表面。这个絮凝机理的效率因子是

$$E_{架桥絮凝} = 2\theta(1-\tau)(1-\theta) \quad (4-147)$$

因为聚合物没有被小颗粒黏附的覆盖度是 $\theta(1-\tau)$。黏附到聚合物上的小颗粒在其他表面上吸附聚合物的效率是

$$E_{微小颗粒} = 2\theta^2\tau(1-\tau) \quad (4-148)$$

因为聚合物被小分子黏附的覆盖率是 $\theta\tau$。图 4-70 显示了根据式(4-146)和式(4-147)计算得到的效率因子的例子。添加适量的小颗粒产生了一个非常有效的絮凝。

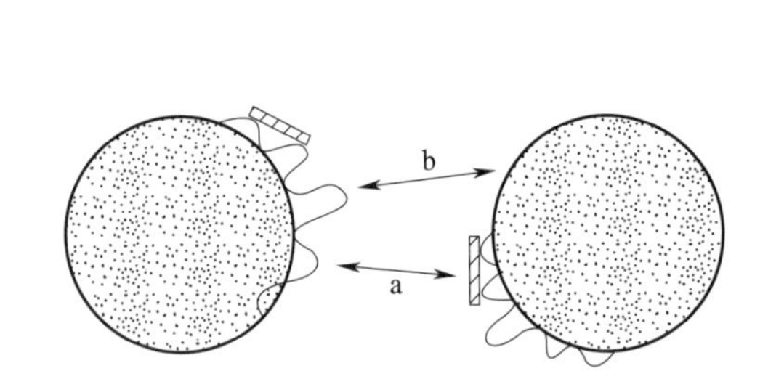

图 4-69 描述吸附了高相对分子质量低电荷的阳离子聚合物和小的阴离子颗粒吸附到延伸的聚合物段上的两颗粒之间的架桥絮凝模型

两种类型的相互作用可以减少絮凝:a—聚合物片段被吸附到阴离子颗粒上 b—聚合物片段被吸附到不含聚合物的表面上

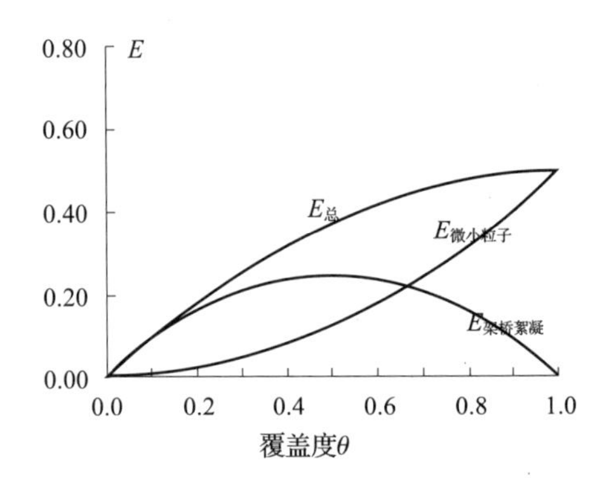

图 4-70 当聚合物被小颗粒 τ=0.5 覆盖时,效率因子 $E_{架桥絮凝}$ 和 $E_{微小粒子}$ 与聚合物表面覆盖度间的关系

通过这个机理形成的絮凝非常多且很容易被剪切力打破。为了避免再絮凝之前的重排,可能要添加一种阻断剂,这降低了高覆盖度下的效率,但是微粒系统仍非常有效。

絮聚体的强度也取决于这些二元(和三元)絮聚体系组分的相对数量[63]。

图 4-71 显示这一简单模型与针叶木纤维和一种阳离子聚丙烯酰胺/蒙脱土絮凝的实验研究定性相一致。该实验结果也在纸机实验中[63]得到初步了验证。

4.9.3.3 补丁絮凝

在此引入"补丁絮凝"[64—66]这一概念,以用来解释一些不能完全通过电荷中和或架桥的机理。在很多情况下,添加低相对分子质量的聚电解质导致在浓度范围低于相应电荷中和的

量时产生有效的絮凝。这些絮凝很容易被打破,但可以实现更为有效的絮凝。

根据 Gregory 与其同事[65,66]的研究结果,这种类型的絮凝是由于聚合物吸附形成的阳离子补丁和其他表面上裸露的阴离子表面之间的静电吸引(不均匀絮凝)所产生的。显而易见,区分补丁和架桥机理并不总是很容易的。当覆盖度是 0.5 时,两者都会给出一个絮凝速率的最大值。

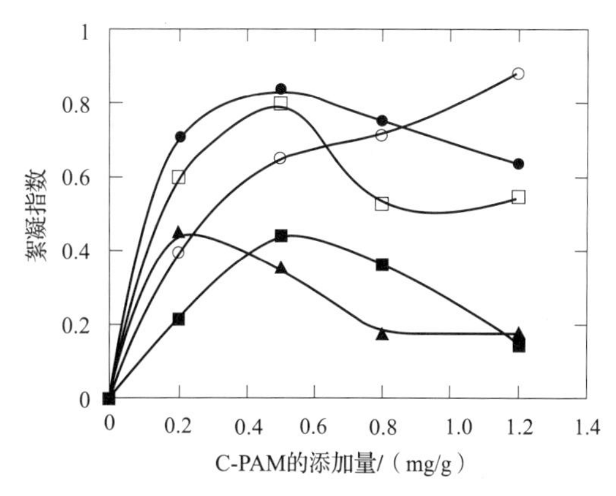

图 4-71 2mg/g 浆的小阴离子颗粒存在下,添加一种低相对分子质量高电荷聚合物(聚二烯丙基二甲基氯化铵)作为阻断剂。针叶木浆纤维悬浮液的絮凝与添加阳离子改性聚丙烯酰胺(C-PAM)的量的关系

注:聚二烯丙基二甲基氯化铵的浓度(需要完全覆盖颗粒的数量百分比):○:0%;●:33%;□:58%;■:83%;▲:100%[63]。

4.9.3.4 聚电解质复合体

当聚合物上的电荷被其他电荷中和时,小离子的熵释放会导致阳离子和阴离子聚合物在液体溶液中倾向于结合。这一效应与引起相反带电颗粒之间的复合凝聚效应相同。众所周知,在实际造纸中,助留剂通常消耗于溶解阴离子聚合物("阴离子垃圾")。同样,这种相互作用也广泛用于聚电解质滴定。

如果聚合物的电荷密度很低且聚合物大体上以电荷——均衡数量存在时,结合很弱且可能导致聚合物的定量沉淀,从而形成一个黏的且含有 50% ~90% 水的胶体(称为"凝聚层")。当受到剪切时,如果复合体不是完全中性的,那么凝聚层就会分散成胶体颗粒。在任一种聚合物的过量存在下,均能形成可溶复合体。

如果聚合物的电荷密度很高,它们就形成不溶的复合体,这些复合体由沉淀的胶体颗粒或者肉眼可见的絮凝物所组成。

添加电解质会导致结合被削弱或甚至被完全抑制。因此,可溶性阴离子物质对阳离子絮凝剂的不利影响强烈取决于聚合物的电荷密度和电解质的浓度。如图 4-72 示出了阳离子聚丙烯酰胺和可溶性木材木聚糖之间复合体的形成。

这些聚合物复合体实质上是影响絮凝、留着和脱水[67]的二元絮凝系统。

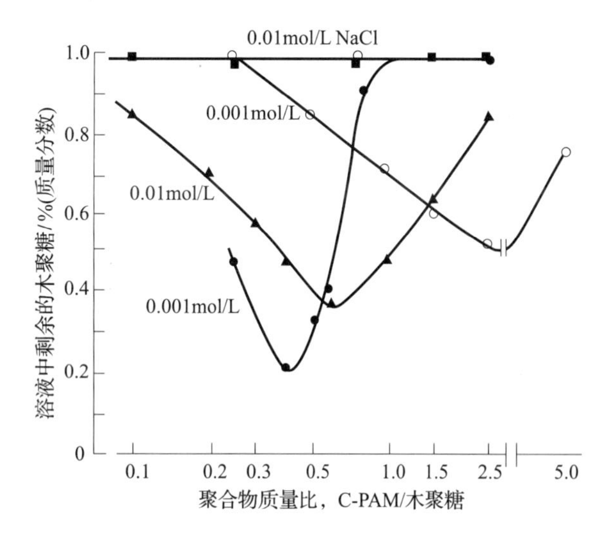

图 4-72 阳离子聚丙烯酰胺(C-PAM,相对分子质量为 6×10^6)和木材木聚糖(相对分子质量为 3×10^4)之间复合体的形成

注:图中显示的是 C-PAM 溶剂中剩余量与 C-PAM 和木聚糖质量比的关系。当电解质浓度增加时,聚合物之间的相互作用被削弱且最终完全被抑制。当出现 C-PAM 或木聚糖大量过剩时,当电解质浓度很低时形成可溶复合体。实心符号:C-PAM 中有 28% 阳离子单体,空心符号:8%。pH=5,t=20℃[68]。

4.9.4 流体动力学相互作用

胶体分散体中的颗粒在一个黏性溶剂中移动，它们以不同的方式影响碰撞频率。在简单的 Smoluchowski 模型中，黏度只作为颗粒和溶剂阻碍颗粒的运动的参数。然而，只有两颗粒之间的液体流走时，两颗粒才会碰撞，也就是说，它们的相互作用是流体动力学的。无论悬浮液是否受到剪切，这种作用也是如此。对于单纯的扩散，如果颗粒有相似的尺寸且大概是球体，液体溶液的凝固速率将减到不考虑流体动力学效应的速率的一半。随着溶剂黏度的增加，这一效应会变得更加突出。

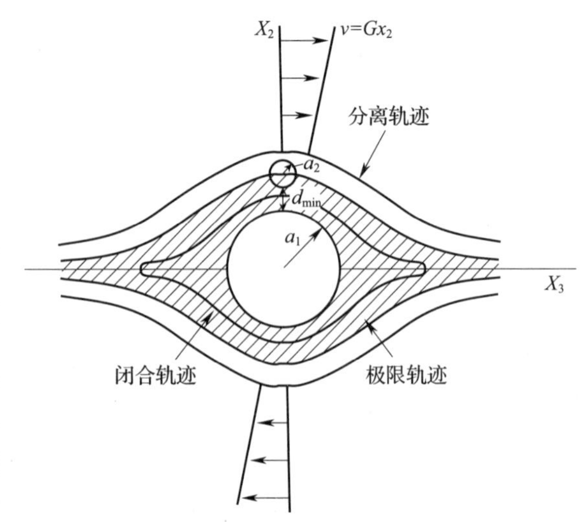

图 4-73 简单剪切流中两球体之间的相互作用

注：较大的球体置于坐标系中的初始位置(x,y)。剪切速率向右是正 y 方向向左是负 y 方向。曲线是较小球体的可能轨道。有两种类型的轨道，张开的和封闭的，被一个有限的轨道分开。靠近较大球体的球体在没有表面力或布朗运动的情况下不会进入到近轨道区域。它们不会靠近到近于 d_{min}[71]。

然而，通常剪切和对流对絮凝速率的影响更加重要。胶体流体动力学是一个广泛的课题，感兴趣的读者可以参考相关文献[69,70]。Van de Ven 和 Mason[71]已经讨论了造纸中流体动力学和胶体作用力的重要性。开始的点可以取自简单剪切流中半径分别是 a_1 和 a_2 的两个球形颗粒（图 4-73）。纸机中的流体可能非常湍急或者可被拉伸，但通常假设长度范围与悬浮颗粒的尺寸差不多，且颗粒受到的是简单的剪切。

Van deVen 和 Mason 表示较小颗粒球体向较大球体移动的无量纲速度 u 可以写作两个术语的总和[71]：

$$u = f_1 + f_2 \frac{F_c}{\eta G a_1^2} \tag{4-149}$$

其中 f_1 和 f_2 是已知的流体动力学函数，取决于分离距离、相对方向和球体的尺寸；G 是剪切速率；η 是溶剂（水）的黏度；a_1 是较大球体的半径。F_c 是球体之间由于胶体相互作用的总力（静电、范德华力等）。从这个公式可以看出，描述胶体与流体动力学力的比值的参数是

$$\alpha = \frac{f_2 F_c}{f_1^{max} \eta G a_1^2} \tag{4-150}$$

其中 f_1^{max} 是球体间一定距离下的 f_1 具有最大值的方向上的值。如果 $\alpha \ll 1$，颗粒轨道上的胶体作用力影响很小。如果 G 非常大的话就是如此，即对于足够高的剪切力，胶体作用力对颗粒轨道的影响可以忽略不计。对于现代纸机的流浆箱，剪切速率高达 $10^4 \sim 10^5 s^{-1}$。用式(4-149)可以估算出，对于 $G = 10^4 s^{-1}$，短距离上（小于 10～20nm）的胶体作用力与流体动力学作用力同样重要。当 $G > 10^5 s^{-1}$，所有距离上 $\alpha \ll 1$。在纸机的湍流中，局部剪切速率波动非常大，因此胶体相互作用可能暂时变得重要，尽管平均剪切速率很高。

不存在胶体作用力或者扩散（布朗运动）时，也就是说，当 $F_c = 0$ 时，两个颗粒不会靠近到最小的距离 d_{min}，颗粒通常位于近轨道区域的外面，区域外碰撞过程中的球体在相遇之后总会分离。如果它们位于极限轨迹的内部，将会围绕彼此无限运行。

距离 d_{min} 取决于颗粒的相对尺寸。当 a_2/a_1 降低时，距离快速增大，也就是说，两颗粒之间的距离越大，d_{min} 越大。例如，如果 $d_{min}=0.4nm$，$a_1=a_2=10\mu m$，如果 $a_2/a_1=0.1$，也就是 $a_2=1\mu m$，那么 d_{min} 增加到 1400nm。一般来说，$a_2/a_1<0.1$ 的颗粒不会靠近到小于几百 nm。d_{min} 将会取决于颗粒的形状，这一普遍的理论是有效的。例如，即使一个颗粒是半径为 a_1 的长圆柱体（一个纤维）。只有施加其他作用力（胶体相互作用、布朗运动等）时颗粒才可以通过近的轨道区域。

因此，只有当剪切速率非常低或者存在大于几百 nm 范围的吸引胶体作用力时，小颗粒才会黏附到较大颗粒上。对于这样的距离，胶体间有效的相互作用可通过架桥产生絮凝。

对于尺寸相等的颗粒，如果剪切速率不是很大，d_{min} 很小且胶体作用力会非常有效。因此，在纤维和小颗粒的混合物中，颗粒可能发生选择性絮凝。这将会产生较大的絮凝，然后随着 a_2/a_1 的增加，会比单一小颗粒更容易黏附到纤维上。

参考文献

关于胶体和界面科学的通常教材

[1] Everett, D. J. , Basic Principles of Colloid Science, Royal Society of Chemistry, London, 1988. Agood elementary introduction.

[2] Shaw, D. J. , An introduction to the principles of Colloid and Interface Science, Butterworths, London, 3rd. ,. Another good, elementary introduction.

[3] Hunter, R. Introduction to Modern Colloid Science, Oxford University Press, Oxford, 1933. A slightly more advanced introduction than the two previous ones.

[4] Adamson, A. and Gast, A. P. Physical Chemistry of Surfaces, 6th ed. , John Wiley § Sons, New York, 1997. A textbook of long standing, emphasis on surfaces.

[5] Hiemenz, P. C. and Rajagopalan, R. , Colloid and Interface Science, Academic Press, New York, 3rd ed. , 1997. A much used textbook with emphasis on colloids.

[6] Jösson, B. , Lindman, B. , Holmberg, K. , Kronberg, B. Surfactants and Polymers in Aqueous Solution, John Wiley & Sons, New York, 1998, 448 p. An excellent introduction to relevant physical chemistry of surfactants and polymers.

[7] Evans, D. F. and Wennerström, H. , The Colloidal Domain, Wiley – VCH, New York, 2nd ed. , 1999. A relatively advanced text with emphasis on colloidal interactions.

[8] Israelachvili, J. Intermolecular and Surface Forces, Academic Press, New York, 2nd ed. , 1991. A very good treatise on surface forces.

[9] Hunter, R. Foundations of Colloid Science, parts I – II Oxford University Press, Oxford, 1987. An in – depth treatise on the properties of colloidal systems.

[10] Lyklema, H. , Fundamentals of Interface and Colloid Science. Vol I – II, Academic Press, 1991 95. A detailed treatise.

特殊文献

[11] Zisman, W. "Contact angle, wettability and adhesion", Adv. Chem. Series 43, American Chemical Society, Washington, D. C. , 1964.

[12] Kinloch, A. J. Adhesion and Adhesives, Chapman and Hall, London, 1987, Chap. 7.
[13] Mittal, K. L. and Anderson, H. R., Eds., Acid – Base Interactions: Relevance to Adhesion Science and Technology, VSP, Utrecht, 1991.
[14] Kaelble, D. H., Physical Chemistry of Adhesion, John Wiley & Sons, New York, 1971.
[15] Wu, S., Polymer Interfaces and Adhesion, Marcel Dekker, New York, 1982.
[16] van Oss, C. J. Interfacial Forces in Aqueous Media, Marcel Dekker, New York,. 1994.
[17] Della Volpe, C. and Siboni, S. J. Coll. Interface Sci. 195(1): 121 (1997).
[18] Lee, L – H. Langmuir 12(6): 1681 (1996).
[19] Laine, J., Hynynen R. and Stenius, P. "The effect of surface chemical composition and charge on the fibre and paper properties of unbleached and bleached kraft pulps", in The fundamentals of papermaking, (Baker, C. F., Ed.), Pira International, Leatherhead, U. K., 1997, p. 859.
[20] Hommelen, J. Thesis, Université Libre de Bruxelles, Brussels, 1957.
[21] Giles, C. H. and Macintosh, A., Text. res. J. 43: 489 (1973).
[22] Brunauer, S., The Adsorption of Gases and Vapors, Princeton University Press, Princeton, New Jersey, Vol. 1, 1945.
[23] Morrison, J. L. and Dzieciuch, M. A., Can. J. Chem. 37: 1379 (1959).
[24] Collins, G., J. Textile Inst. 21: 311 (1930).
[25] Brunauer, S., Emmett, P. H., Teller, E., J. Am. Chem. Soc. 60: 309 (1938).
[26] Stenius, P., Palonen H., Ström, G. "Micelle Formation and Phase Equilibria of Surface Active Components in Wood", in "Surfactants in Solution", (K. L. Mittal and B. Lindman, eds.), Plenum Press, New York 1984, vol 1, p 153.
[27] Balmbra, R. R., Clunie, J. S., Goodman, J. F., Nature, 222: 1159 (1969).
[28] Kekicheff, P., Grabielle – Madelmont, C, Ollivion, M. J. Colloid Interf. Sci. 131(1): 112 (1989).
[29] Clunie, J. S., Goodman, J. F., Symons, P. C., Trans. Farad. Soc. 65: 287 (1969).
[30] Stenius, P., Lindström, M., Ström, G., Ödberg, L. Nordic Pulp and Paper Research J. 3(3): 100(1988).
[31] Tiberg, F., Lindman, B., Landgren, M. Thin Solid Films 234: 478 (1993).
[32] Kronberg, B., Stenius, P., Igeborn, G. J. Colloid Interface Sci. 102(2): 418 (1984).
[33] Flory, P. J. Principles of Polymer Chemistry, Cornell University Press, Ithaca, New York, 1953.
[34] See, for example, Polymer Handbook (Brandrup, J. and Immergut, E. H., Eds.), Wiley – Interscience, New York, 3rd Ed., 1989, Vol 7, p. 526.
[35] Gupta, P. R. and McCarthy, J. L. Macromolecules 3: 236 (1968).
[36] Mabire, F., Audebert, R., Quivoron, C. Polymer 25: 1317 (1984).
[37] Fleer, J. G., Cohen Stuart, M. A., Scheutjens, J. M. H. M., Cosgrove, T., Vincent, B., Polymers at Interfaces, Chapman and Hall, London, 1993.
[38] Järnström, L. and Stenius, P., Colloids Surfaces 50(1): 47 (1990).
[39] Chibowski, S., J. Coll. Int. Sci. 143(1): 174 (1990).
[40] Koopal, L. K. J. Coll. Int. Sci. 83(1): 116 (1981).
[41] Laurila, M., "The Adsorption of Nonionic Surfactants and Polyacrylic Acid on Talc", Lic. Techn. Thesis, Department of Forest Products Technology, Helsinki University of Technology, Espoo, Fin-

land,1996.

[42]Wågberg,L. and Lindström,T. ,Colloids Surfaces 3(1):29 (1987).

[43]Jönsson,B. ,Lindman,B. ,Holmberg,K. ,Kronberg,B. ,Surfactants and Polymers in Aqueous Solution,John Wiley & Sons,New York,1998,p.303.

[44]Tanaka,H. ,Tachiki,K. ,Sumimoto,M. ,Tappi J.62(1):41 (1979).

[45]Evans,D. F. and Wennerström,H. ,The Colloidal Domain,2nd edn. ,Wiley - VCH,New York, 1999,p.253.

[46]Homola,A. and James,J. J. Coll. Int. Sci.59(1):123 (1977).

[47]Reerink,H. and Overbeek,J. ,Th. G. Disc. Farad. Soc.18:74 (1954).

[48]Kurtén,B. "Polymerisation of styrene in methanol/water solutions. Kinetics and stability". M. Sc. Thesis (in Swedish),Department of Physical Chemistry,Åbo Akademi University,1980.

[49]Thylin,M. "Use of calcium ions as additive in flotation deinking of newsprint",M. Sc. Thesis (in Swedish),Department of Physical Chemistry,Åbo Akademi University,1977.

[50]Stenius,P. and Palonen,H. ,Kemia - Kemi 5(4):13 (1978).

[51]Hunter,R. J. ,Zeta Potential in Colloid Science,Academic Press,New York,1981.

[52]O'Brien,R. W. and White,L. R. ,J. Chem. Soc. Farad. Trans. II 74:1697 (1978).

[53]Katz,S,,Beatson,R. P. ,Scallan,A. M. ,Svensk Papperstidn.87(6):R48 (1984).

[54]Forsling,W. ,Hietanen,S. ,Sillén,L. G. ,Acta Chem. Scand.8:901 (1952).

[55]Laine,J. ,Lövgren,L. ,Stenius,P. ,Sjöberg,S. ,Colloids Surfaces A 88(3):277 (1994).

[56]Wågberg,L,Winter L. ,Lindström,T. ,"Determination of ion - exchange capacity of carboxymethylated cellulose fibers using colloid and conductometric titrations" In:Papermaking Raw Materials (V. Punton Ed.),Mechanical Engineering Ltd,London,1985,Vol 2,p.917.

[57]Hesselink,F. T. ,Vrij,A. ,Overbeek,J. T. G. ,J. Phys. Chem.75:2094 (1971).

[58]Lindström,M. ,Ödberg,L. ,Stenius,P. ,Nordic Pulp Paper Res. J.3(3):100 (1988).

[59]Sundberg,A. ,Ekman,R. ,Sundberg,K. ,Thornton,J. ,Nordic Pulp Paper Res. J.5:226(1993).

[60]Norell,M. ,Johansson,K. ,Persson,M. ,in Vol 4:Papermaking Chemistry (L. Neimo,Ed.)Papermaking Science and Technology Series (J. Gullichsen and H. Paulapuro, Eds.), Fapet Oy, Jyväskylä 1999,Chap.3.

[61]La Mer,V. K. and Healy,T. W. ,Rev. Pure Appl. Chem.13(2):112 (1963).

[62]Moudgil,B. M. ,Shah,B. D. ,Soto H. S. ,J. Coll. Int. Sci.119(2):466 (1987).

[63]Swerin,A. ,Sjödin,U. ,Ödberg,L. ,Nordic Pulp Paper Res. J.11(1):22 (1996).

[64]Kasper,D. R. ,"Theoretical and experimental investigations of the flocculation of charged particles in aqueous solutions by polyelectrolytes of opposite charge". PhD Thesis,California Institute of Technology,Pasadena,1971.

[65]Gregory,J. ,J. Coll. Int. Sci.42(2):448 (1973).

[66]Gregory,J. ,J. Coll. Int. Sci.55(1):35 (1976).

[67]Ström,G. ,Barla,P. ,Stenius,P. ,Svensk Papperst.85:R100 (1982).

[68]Ström,G. ,Barla,P. ,Stenius,P. ,Colloids Surfaces 13(2):193 (1985).

[69]Van de Ven,T. G. M. ,Colloidal Hydrodynamics,Academic Press,New York,1989.

[70]Russell,W. B. ,Saville,D. A. ,Schowalter,W. R. ,Colloidal Dispersions,Cambridge University

Press, Cambridge, 1989.
[71] van de Ven, T. G. M. and Mason, S. G. , Tappi 64(9) :171 (1981).
[72] Napper, D. H. , Trans Farad. Soc. 64: (1968) 231.
[73] Napper, D. H. , J. Colloid Interface Sci. 32: (1970) 106.
[74] Buscall, R. J. , Chem. Soc. Farad. Trans. I 77: (1981) 909.
[75] Evans, R. and Napper, D. H. , J. Colloid Interface Sci. 52: (1975) 260.

第 5 章 返　　黄

5.1 前言

光诱导变黄或返黄是许多纸浆产品、纸产品以及木材本身的严重缺点。克服返黄意味着木材资源可更好地用于制浆和造纸,可以更大比例地使用廉价的机械浆(富含木素的高得率浆)或化学机械浆代替高质量纸产品中的化学浆。包装纸和纸板领域也喜欢使用具有更高亮度稳定性的纸浆。

由于光和热的作用纸制品会变色。采用有机溶剂法和用无氯或少氯漂白制得的纸浆会产生意想不到的返黄效果。完全无废液排放(TEF)是化学浆生产过程的新目标,而水封闭循环系统将导致各种可溶性化合物的浓度增加,这些可溶物会重新吸附到纤维上而影响纸浆的光学性能和返黄特性。获得良好和稳定亮度的机械浆和化学浆产品是林产业所迫切需要的。

本章着重讨论了较宽光谱范围内纸浆的返黄和变黄问题。人们关注这一领域已有 50 多年,并且采用当时的技术就一直对变色原因进行研究。因此,有关机械浆和化学浆返黄的基本现象早已探讨过,但随着新光谱技术的发展出现了新的表征纸浆和纸的方法,过去十年中人们对返黄过程已经有了更深的理解,并且研发了各种抑制返黄的方法,近期许多文献对返黄进行了总结[1-9]。有关亮度和亮度稳定性的探讨已成为研究热点,过去十年中实施了一些大型国际性返黄研究的项目(EU - MA2B - CT91 - 0018,EU - FAIR - CT95 - 0312,1994 - 1998 和 1998 年至今的 Canadian network)。有关高得率浆的返黄已在本系列出版物的其他章节做了介绍[10]。

5.2 返黄/变黄/变色的概念

5.2.1 发色基团的形成

发色基团是能够吸收可见光或紫外光区域光的分子或分子的一部分。对于外部观察者而言,吸收可见光是材料显现颜色的前提。有时光的吸收会导致材料中的一些化合物的能量增加而发生化学变化,或引发新的有色化合物或破坏材料中的原有的发色基团。在光解反应中,分子可裂解成碎片,因此光照后的材料不是变色就是被漂白。木材原料和木素的典型发色基团如图 5 - 1 所示。

因此,木材或纸浆中的发色结构也可以是返黄的光敏剂。激发态的光敏剂可将能量转移到多种受体,其直接或间接地产生有色化合物。因为受激发的光敏剂要回到基态,所以在光敏反应期间光敏剂的浓度并不降低。然而,多数情况下会有副反应发生而消耗一部分光敏剂。典型的能量受体是处于正常的基态氧,即三线态氧($^3O_2$),其被激发而形成具有反应活性的短暂存在的单线态氧($^1O_2$)。

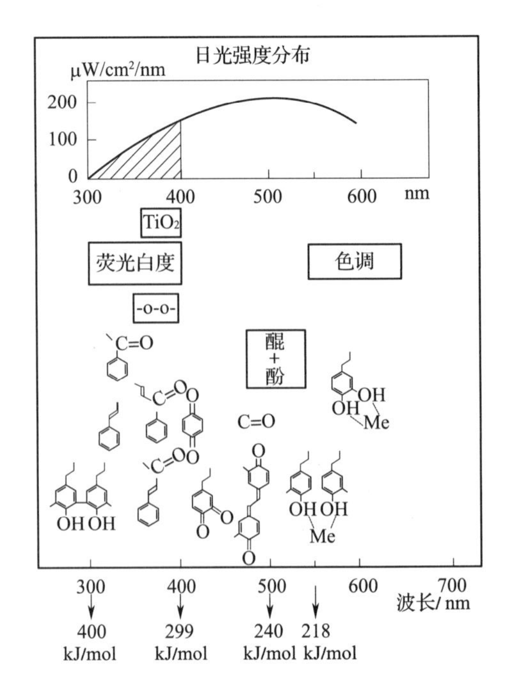

图 5-1　木材原料和木素中发色基团的最大吸收值(基于 Gratzl 的数据自行绘制[4])

光敏剂和染料大多通过三线态转移能量而产生单线态氧,但通过激发光敏剂到单线态发生能量转移也是可能的。单线态氧可以与木素中的各种结构或纸浆中的其他反应活性组分发生反应。基态氧不直接吸收紫外光,因此这类反应需要光敏剂的存在。其他能作为单线态氧受体的是木材中的脂类化合物。脂类中不饱和脂肪酸的氧化和老化可形成氢过氧化物中间体。光敏剂也可以直接与底物进行自由基反应,从而引发各种自由基链反应。纸浆和纸张中的典型光敏剂通常是含有芳香族结构、共轭羰基、双键结构以及天然染料和合成染料(例如用于颜色调节以及浆纸添加剂的亚甲基蓝)。

有很多方式可以把能量引入分子而使其发生反应,例如光活化、热活化、活化剂的化学活化,或通过研磨产生的机械化学活化。对发色团的形成和破坏过程的研究,特别是在返黄机理的研究中十分重要,对纸浆漂白过程中发色基团破坏的研究也同等重要。

返黄或者更具体地称之为"亮度下降"通常是指那些经化学漂白已经达到亮度的纸浆和纸浆产品发生变色导致其亮度降低的过程,其中化学变化和物理变化都可能会发生。对于未漂白的纸浆或纸则采用术语"变黄"或"变色",这些一般是指在可见光区内可观察到的现象。通常认为机械浆的变色是由木素中的发色基团,或在生产过程中或储存期间木素产生的结构变化所引起的。重金属离子、抽出物、其他木材组分和化学添加剂在有些条件下会参与诱导返黄。外部因素,如光、热、水分和化学品(以及污染气体)或它们的组合对返黄过程的引发和扩展至关重要。

5.2.2　亮度,*Y* 值和不透明度的确定

除了与返黄测定有关系的内容之外,在此将不涉及有关亮度的测定问题。亮度最初是用来监测化学浆漂白过程的,是指蓝光(在 400~510nm 之间,有效波长为 457nm)反射的相对量的量度。亮度对于未漂和半漂浆来说是不适用的,但使用者却有很多。由于 ISO、TAPPI 和 SCAN 标准在样品的尺寸大小、制备方法、光源、几何形状和测量仪器的校准等方面彼此不同,因此它们的亮度也是不可比的。

通常在中性有色材料上采用光度计进行亮度测定,用散射光,并具有确定的照明尺寸和观察尺寸。标准白色使用由氧化镁、硫酸钡或合成聚合物组成,并且将反射率指定为 100%。有

时也使用 557nm 处 Y 值（较早的亮度值），因为人眼睛对此波长更为敏感，但纸浆在该波长的热变化或光化学变化比在 457nm 小很多。

不透明度或不透明性是印刷纸张的另一个重要性质。它是不透明度的量度，基本上与透明度相反。比值 R_0/R_w 被称为“TAPPI 不透明度”，其中 R_0 是当纸张用黑色材料背衬时的光的漫反射率，R_w 是用白色材料背衬时的漫反射率。ISO 不透明度定义为 R_0/R_∞ 的比值，其中 R_0 与 TAPPI 不透明度测定方法相同，R_∞ 是足够多的相同纸张的纸（防止透光）的光漫反射率（反射率）。纸的光诱导或热诱导返黄通常也会导致不透明度的变化。

通常在纸浆或纸的加速老化处理之后测量亮度值。然而，一些样品在老化处理后可能发生所谓的“暗化”（热反应）。这通常被视为老化之后的部分返黄。试样会发生各种不可逆过程。因此，当测量老化样品的亮度时，需要注意老化处理的时间和存放条件。不利的存放条件可能导致在进行测定之前就已经发生亮度改变。通常在开始时这种变化较大，之后随时间延长逐渐趋缓。返黄过程也是会出现同样的现象，因此，可以在存放一定时间之后（例如一天）再测量亮度，以确保大多数变化已经发生，并且能更准确地进行样品间的比较。样品在亮度测量时会受到照射，所以光敏感样品（例如染色样品）的重复测量误差通常会比较大。

5.2.3 光吸收和光散射

当用紫外光或可见光照射纸张时，一部分入射光被吸收而另一部分被散射出去。“无限”厚的堆叠纸页的光吸收系数（k）、光散射系数（s）和漫反射率 R（反射率）之间的关系由 Kubelka－Munk 方程[11—13]确定：

$$\frac{k}{s} = \frac{(1 - R_\infty)^2}{2R_\infty} \tag{5-1}$$

k 和 s 的值取决于 R_∞。为计算 s 和 k，使用了纸张定量（W）和两个测量值：黑色衬底反射率（R_0）和无限厚度反射率 R_∞

$$s = \frac{1}{W} \cdot \frac{R_\infty}{(1 - R_\infty^2)} \ln \frac{(1 - R_0 R_\infty)}{R_\infty - R_0} \tag{5-2}$$

R_∞ 值与材料中发色基团数量有关，但并非线性相关。k 值（如果它不是太大）与光吸收基团或发色基团的浓度具有直接的定量关系。光散射系数 s 通常被认为是纸张的物理性质的量度，例如结合区域或者更多的是参与光散射的光学自由表面积。

Kubelka－Munk 理论基于几个非常简单的假设，例如用单色光源照射测试样品，并且发色基团在样品中分布均匀。Kubelka－Munk 理论所基于的假设在本系列丛书的其他部分做了更为详细的介绍[14]。

5.2.4 返黄值计算方法

5.2.4.1 亮度变化

亮度和返黄值有多种计算方法。通常通过亮度的降低，即 ΔR_∞，来评估返黄的情况。然而，如果考虑发色基团的数量，则高亮度水平下的亮度下降幅度与在低亮度水平下亮度下降相同幅度是不同的。低亮度水平纸浆必须形成更多的有色基团，才能达到与高亮度纸浆相同的亮度降低程度。然而，当样本初始亮度相似时，ΔR_∞ 值是一个既方便又不错的选择。通常采用 $\Delta R_\infty/R_\infty$ 或 $100 \times \Delta R_\infty/R_\infty$ 来计算。

5.2.4.2 返黄值

基于亮度值,PC 值可用 Giertz 的公式[15]来计算:

$$PC = 100\left[\left(\frac{k}{s}\right)_2 - \left(\frac{k}{s}\right)_1\right] \tag{5-3}$$

式中下标 1 指的是在返黄测试(老化实验)之前的光吸收和光散射系数之间的比率,下标 2 指的是老化实验后的相应数据的比率。PC 值可以直接用来比较不同初始亮度值的纸浆和纸的亮度变化。

PC 值也被用于评价稳定剂的效果和它们在热或光化学老化实验中的化学作用[16,17]:

$$PC_1 = 100\left[\left(\frac{k}{s}\right)_1 - \left(\frac{k}{s}\right)_0\right] \tag{5-4}$$

$$PC_2 = 100\left[\left(\frac{k}{s}\right)_2 - \left(\frac{k}{s}\right)_1\right] \tag{5-5}$$

式中下标 0 指初始(未化学处理过)的样品,下标 1 是指经过化学处理后的样品,2 是指经过化学处理的并且经过光老化或热老化的样品。因此,PC_1 描述了由化学处理引起的变化,PC_2 描述了由老化处理引起的变化。区分这两种效应通常非常重要,因为它们可以是相似的(相同的变化)也可以是相互矛盾的(相反的变化)。总 PC 值是化学处理和老化的效果的总和,它描述了总的变化:

$$PC = PC_1 + PC_2 \tag{5-6}$$

当评价漂白顺序对纸浆的稳定性的影响时,可以使用 PC_1 和 PC_2 的概念。这样 PC_1 指漂白处理,PC_2 指老化处理。同样,可以通过计算每种处理方式的 PC 值变化来评价一系列处理顺序(如漂白、化学处理和老化)的优劣。通过对不同处理顺序的 PC 值的加和来获得对总效果的评价。

5.2.5 评价光学性能变化的方法

5.2.5.1 颜色的测定

当所研究的对象有颜色时,仅有亮度值无法给出足够的信息。因此需要不同的测量系统。经常使用的是白度,它考虑到了整个可见光谱、明暗和色调。白度与人眼的感知相关。CIE 白度的确定是根据颜色的坐标,即所谓的"三刺激值"来进行的。CIE $L^* a^* b^*$ 坐标大多用于有颜色样品的评价。在本系列丛书第二十二卷《印刷介质—原理过程与质量》中将对此进行详细讨论。有许多计算"白度"值的方程可用。目前,许多工作集中在标准的开发上,以确定紫外光强度对包括色调角和色调值的评价作用。基于滤光器的亮度、白度和颜色的测定仪正在逐渐减少使用,颜色的测定采用的是光谱仪,采用光谱反射率来确定。返黄通常由 CIE $L^* a^* b^*$ 坐标的变化计算(这已被纺织品和色彩工业广泛使用),或者使用 Hunter *Lab* 和其他系统。CIE L^* 轴表示的是亮度,但区别于纸张白度。"变黄"的特征在于 CIE b^* 值的变化(Δb^*)。CIE 白度与视觉评估的纸张白度有很好相关性[19]。最近还引入了染料去除指数(DRI)和颜色剥离指数(CSI),其可以从 3 个颜色坐标 L^*、a^* 和 b^* 进行计算。这些指数表示除去的颜色量,但不能得到关于在颜色除去期间发生的颜色偏移的方向和量值等相关信息[19]。

5.2.5.2 紫外可见光谱:反射率 R、光吸收系数 k 和光散射系数 s 谱图

在返黄现象研究过程中,采用 UV－VIS 反射光谱可得到很多明确的信息。大多数配备了漫反射测量积分球的分光光度计的波长范围为 400～750nm。而 UVA(320～380nm)和 UVB (280～

320nm)区域的 250 ~ 400nm 的紫外光才真正对漂白和老化研究有用。一些光谱仪的波长范围甚至进一步延伸到了近红外(NIR)区域。尽管变黄现象是在可见光区域中观察到的,但是通过在 UV 区域中进行测量可获得关于发色团的特性和变化的许多信息。反射光谱作为波长的函数(R_∞ 和差值,ΔR_∞ = [R_∞(照射前) - R_∞(照射后)])提供了表观"最大返黄值"信息,可作为返黄特性的最好表达(图 5 - 2)。在紫外光区域观察到反射率的降低,表明某些具有反应活性的发色基团被消耗。ΔR_∞ 与发色基团含量不呈线性关系,但是可以通过它做出粗略估计,是一种直接从纸页或纸张获得信息的方式,而不会被诸如抄片等任何其他过程因素干扰。

通常老化处理不会导致可见光的散射系数显著变化,但化学处理或纸页的成形过程可以显著改变光散射系数。反射率 R 与光吸收系数与光散射系数比值[k/s,式(5 - 1)]是相关的。因此,如果纸页的散射行为没有明显改变,则在某些情况下人工老化纸张的 R 光谱的变化就与老化处理之前和之后纸样的发色基团含量变化有关。因此对纸页均匀性应该有非常严格的要求。但通常不是这样,特别是对于光化学变黄的样品。

一个更好的方法是采用 Kubelka - Munk 理论直接评估 k 和 s[20],但这种方法比较繁琐。吸收系数作为波长的函数,其差值(Δk)曲线可以揭示处理过程是影响了发色基团还是仅引起了光散射的变化。图 5 - 3 显示了阔叶木 TCF 漂白硫酸盐浆在 4 个温度下热返黄处理 1h 后的 Δk 光谱[21]。当纸浆被加热到较高温度时,光吸收系数在较短波长处急剧增加。

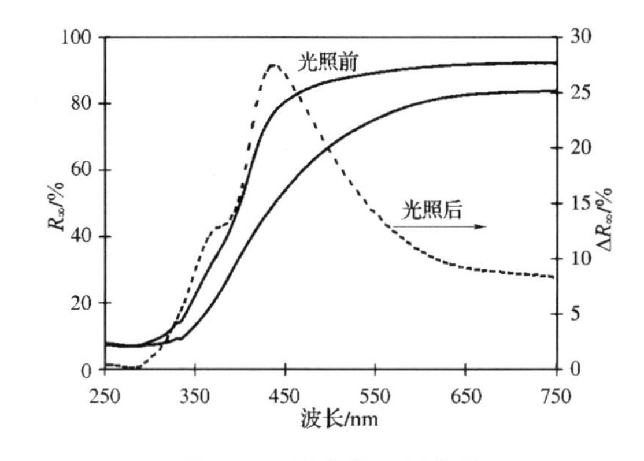

图 5 - 2 纸浆漫反射光谱

注:过氧化氢漂白化学机械浆(CMPB)在氙灯照射之前和照射 20h 之后的 R_∞ 以及对应差示反射光谱(未照射 - 照射)。

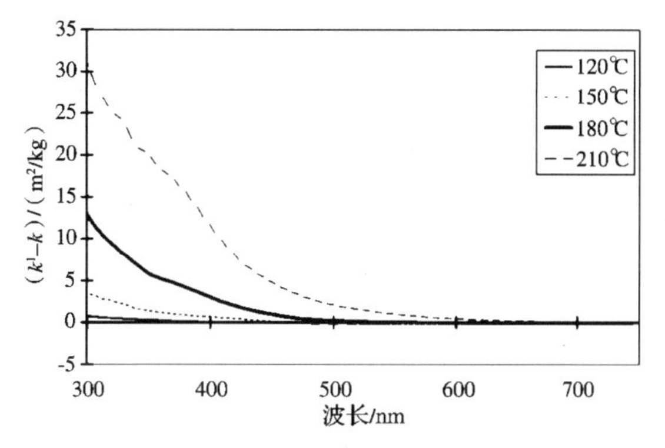

图 5 - 3 不同温度条件下加热 1h 的阔叶木 TCF 漂白硫酸盐浆的差示吸收系数(Δk)光谱[21]

然而,Δk 和对应的 ΔS(译者注:原文是 DS,疑为印刷错误)光谱只能从均匀的非常薄的纸页测得。此外,所需纸页的厚度要根据纸页中发色基团的多少来确定。机械浆含有许多发色基团,这意味着为了在低波长的 UV 区获得光谱,纸页必须非常薄($10 \sim 15 g/m^2$ 或有时 $20 g/m^2$)。一种解决这个问题的方法是其与高亮度化学浆混合来稀释机械浆。然而缺点是这种纸页的物理结构,例如相互结合方式不同,这将影响到测试结果。

另一个问题是,这也是一个长期争论的问题,与 Kubelka - Munk 方程[式(5 - 2)]的异常有关。在实际工作中,已经观察到光散射系数与光吸收系数是有关的,而且在 k 快速变化的区域内 s 值是改变的。由于亮度值是 k/s 的函数,因此也将受到影响。光散射系数的这种异常行为将导致表观值下降。而且在强吸收的区域内,不论波长是多少,都非常显著[22]。发现当表观值超过 $7 \sim 8 m^2/kg$[22] 或当染料浓度超过 4mg/g 时[19],s 的变化非常显著。对于含有很多发色基团的样品,在吸收带附近的 k 值过高。因此,s 值须在不受吸收影响的波长下测量。还应当注意进一步区分差异的产生是由纤维结合产生的变化还是由 s 和 k[23] 的相互影响产生的。人们认为纤维壁内部的反射对 Kubelka - Munk 异常有影响。这进一步说明 k 不受纸页定量变化的影响。现在迫切需要更多的研究来阐明和评估 Kubelka - Munk 异常的大小以及和 Kubelka - Munk 理论的误差程度。

二次纤维回用中残余油墨量的变化可以在光谱的近红外区域(800 ~ 1300nm)进行测量,在这个波长区域内,纸浆组分对测定结果的影响将大大降低[24]。波长在 650nm 以下,吸收光谱会受到木素类发色基团、抽出物和染料的影响。

5.2.5.3 荧光

荧光和磷光(发射或发光)光谱是一种灵敏技术,可进一步获得不同材料的热和光诱导效应所引起的变化的相关信息。荧光通常为吸收 UV 光并在长波长区域,如可见光发射出的光。荧光发生在微秒的时间内,而磷光则可以持续较长时间,例如可达几秒钟。被称为“荧光基团”的发色基团原则上可以通过使用不同波长的辐射激发而分别进行研究,尽管不太容易在如纸浆或纸张这样的复杂材料上实现。从纸浆观察到的发射光是来自纤维素、半纤维素和木素中的不同发色基团贡献的总和[9,25—27]。发射带可以彼此重叠,因此它们被认为是宽的和不明确的谱带(参见图 5 - 4)。然而,它们的特征带可能相当尖锐,如在纸张中用作添加剂的许多荧光增白剂的特征带(参见图 5 - 5)。

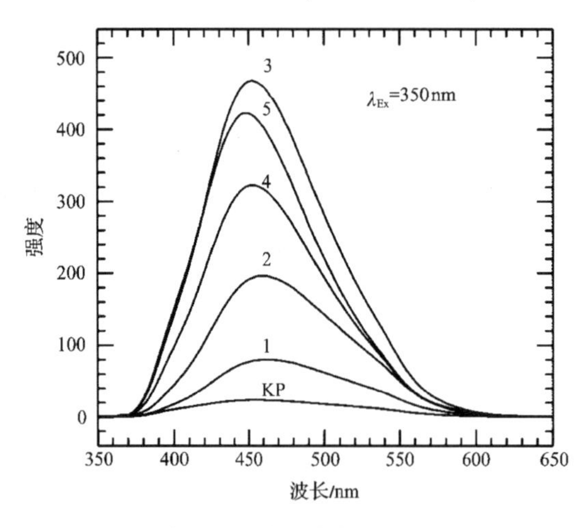

图 5 - 4　未漂松木硫酸盐浆(KP)和该纸浆用不同 TCF 序列漂白后的荧光光谱

1—O　2—OZ　3—OZP　4—OZPZ　5—OZPZP

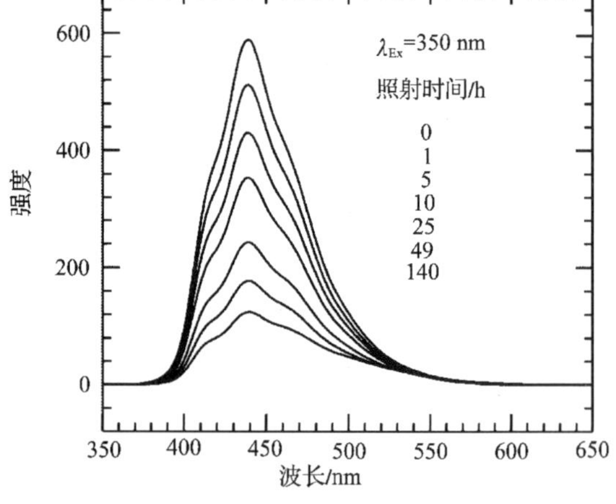

图 5 - 5　用 350nm 单色光照射的含有荧光增白剂的纸的荧光动力学

注:荧光分析的激发波长为 350nm。

抽出物和金属络合物的贡献以及纤维表面特性通常对荧光强度有很大影响。来自松木(*Pinus silvestris* L.)抽出物的荧光强度比来自例如桦树、云杉和白杨抽出物的荧光强度[28—30]高很多。然而应当强调的是,荧光发射光谱技术通常仅检测来自于特殊活性的发色基团的荧光或磷光,并且仅限于纸浆或纸张中的一些具有发射荧光特性的发色基团。另一个问题是如何解释样品发射强度的变化,例如,荧光发射强度降低的原因。这些变化可能由发色基团由于受到某种处理(例如辐照)直接产生,也可能由材料样品中荧光猝灭化合物的消耗所引起。目前有关纸浆漂白和返黄问题的研究大都是将荧光变化与纸浆和纸张的化学变化相关联。已经发现,用一些含氧漂白剂进行 TCF 漂白明显增加了纸浆的荧光强度(图 5 - 4),同时,纸浆更容易返黄[31]。研究表明,来自纸浆样品的荧光光谱数据与从相同纸页中分离的木素的官能团有关[32]。许多情况下,灵敏的发光光谱技术确实可提供更多的不能用其他研究方法获得的有关返黄过程信息。

5.2.5.4 其他方法

显然,现有的表面分析方法,包括表面官能团分析,都可用于检测纸张表面在照射或加热时的化学变化。光电子光谱(ESCA)给出了的碳原子与其他原子的结合信息(见第3章)。各种红外(IR)[43,47]和拉曼[81]技术给出了官能团分布的变化的信息,例如芳香族、羰基、羧基和双键的含量。所有这些方法在返黄研究中都很有价值。固态核磁共振(NMR)和[31]P NMR[32]技术可以提供更多关于官能团结构和含量变化的信息。显微镜通常仅用于形态变化分析,只有经过强烈热处理试样有了明显变化后ESEM才能观察到[33]。照射后的纸中的自由基中间体可以使用ESR(EPR)光谱学检测[34]。用于检测中间体结构和样品的老化产物的化学发光方法可能会有助于解释氧化和变色现象。

5.3 评价返黄/变黄的标准方法

有关加速老化的标准方法的讨论已有几十年,这些方法应能满足模拟短期和长期储存过程中的光热老化过程中的化学与物理变化的要求。老化后材料的光学性质以及强度性质都很重要,然而强度性能为第一重要指标,因为如果它们是不合格的,则产品是不能使用的。有些纸是高白度的,但很脆,以至于它们一碰就碎成了粉末。产品性能涉及完全不同的应用领域,例如自然老化(环境条件下)、对光稳定性要求高的产品(艺术品)、绝热性能(对热的稳定性)、高温干燥、潮湿老化以及污染环境下的老化(城市图书馆)等。

1964年,Neimo[35]对大约60个热老化实验和漂白硫酸盐浆(以及由其制成的纸)的亮度稳定性的分析方法进行了调研。他发现老化实验方法各种各样。在加热温度、老化测试时间、相对湿度、老化测试期间的氧气或其他气体的存在、老化系统的开放或封闭以及其他规格和条件方面彼此不同。事实上,Neimo的调查涵盖了自那时以来使用的大多数老化测试方法。在这些测试中,老化试验箱的温度在37℃到140℃之间变化,相对湿度在0到100%之间,处理时间最长达到2889h。老化测试方法应用于各种纸张,范围从100%化学浆到100%高得率浆,这使得对结果的分析比较非常困难。这些问题以及老化测试结果与自然老化的相关性也成为不断辩论的主题。在芬兰,温度100℃,相对湿度100% RH和持续时间为1h的测试方法已被广泛使用,特别是对于化学浆的老化测试[36]。

早期开发了许多用于纸和纸板的国际标准方法。然而许多特定的方法仍在单个实验室中使用。表5-1概括了用于测定纸和纸板亮度的一些不同老化实验标准。

表5-1 纸和纸板老化实验标准方法

标准	温度/℃	相对湿度/%	时间/h	相关标准
Tappi T260om-91	100	100	1	KCL no 204:81
ISO5630-1	105	干燥	大于2	BS6388:P1 DIN 5630 Teil 1
NEQ 5630-2	90	25	大于2	NF Q 03-026
5630-3	80	65	大于2	BS6388:P3 DIN 5630 Teil 3
5630-4	120或150	干燥	大于2	BS6388:P2

是单纸页老化还是堆叠老化对测试结果有很大影响。除了需要考虑协同加强作用或对抗减弱作用的可能性之外,还必须考虑光诱导返黄的影响。对模拟自然环境条件进行的加速老化,最有效的温度一般在 80 ~ 105℃之间。模拟耐久性能和自然老化测试的目标是否也应该考虑光的作用仍然是一个悬而未决的问题。显然,在中等温度下加热的加速老化和/或返黄模拟实验中水分也是至关重要的,而且水分含量的标准化也应该在测定方法给予考虑。

缺乏可靠的纸张耐久性和老化实验方法是非常严重的问题。同样,不考虑光的影响的测试方法也是有问题的。然而,全世界针对这一问题的大型研究课题和广泛的标准化工作正在进行。在 1995 年开始的 ASTM/ISR 项目[37]对印刷和书写纸老化的物理、化学和光学方面可靠性进行了研究,以研发快速测试方法用来确定纸的预期寿命,旨在将从确定化学组成为目标的测试标准转向基于最终用户的性能要求的测试标准。有关确定光化学测试条件的 ISO 标准的工作(ISO/TC6/SC2/WG12,项目号 ISO 14358)正在进行,其中涵盖了氙灯和荧光紫外光源,但没有包括热效应。新标准很可能还包括诸如荧光化合物的效果。

5.4 木材—制浆—造纸流程中的核心问题

5.4.1 返黄问题的复杂性

基于纸浆产品的生产过程,我们可以将影响最终产品的光学性能和返黄的因素分为 3 个重要方面:原材料、制造过程和产品的储存(图 5 -6)。

为了获得亮度稳定的纸浆,应从高质量的原材料开始。没有昆虫和微生物造成的损害很重要,原材料被正确储存和加工处理很重要,选择原材料的加工工艺技术也很重要。使用的所有制浆和造纸化学品,包括所需的水(其通常来自天然来源)需要达到要求,使得它们单独使用或加入纸浆时不会引起返黄。要检查高温和极端 pH 等工艺过程参数,使之不会在后续阶段立即降低纸浆的亮度或变黄。为了避免变黄或返黄,需认真选择最终产品的储存条件(干燥、低温、避光、无污染物)。

5.4.2 终端产品

制成纸浆和纸制品的原料是可再生的。每种产品,无论是由原生纤维还是回用纤维制成,都有寿命曲线,单根纤维也是如此。然而,不同产品的使用条件和最终使用寿命有很大差别。显然,家居墙上的一件艺术品必须比书架中的书中的页面更好地承受光的照射。一些终端产品会暴露于光和热之中,或甚至暴露于一些化学环境中。对于一些特殊的纸产品,例如隔离纸,热稳定性的要求有时是非常严格的。光照、温度和湿度等天气条件也因不同地域而

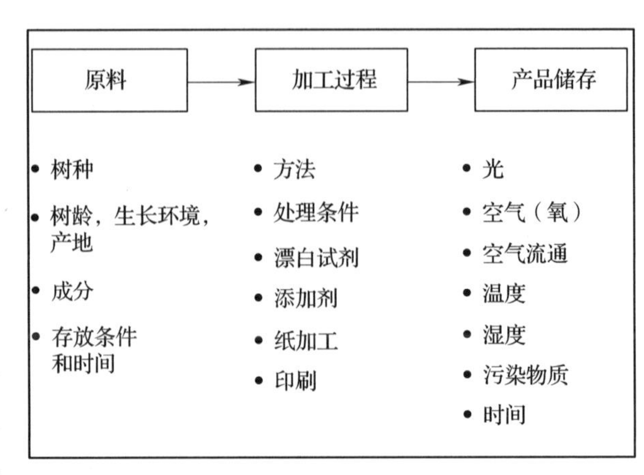

图 5 -6 影响纸浆产品或纸张返黄的因素

异。因此,在一个地区遇到的问题可能不会发生在另一个地区。某些具有高亮度的包装材料仅用于短期使用的产品,例如某些食品或化妆品的包装。问题的关键是:需要产品把亮度维持多长时间? 储存和使用过程中的情况又该如何? 此外,这种特殊产品能够接受多大程度的返黄? 基于这些指标才能确定稳定化处理的方法和处理程度。将三个月的预期使用寿命的产品通过稳定化处理用来承受 100 年的储存时间将是非常昂贵的,但是如果能让家里的肖像画放置一个世纪以上的时间将是人们所期待的。除了需要采用特殊方法稳定亮度之外,还可能存在其他要求,例如溶解性、可迁移性、挥发性和气味等问题。

5.4.3 返黄问题的对策

显然,返黄是个大而复杂的问题,对制浆和造纸技术要求很高(参见图 5 -6)。它要求从业者对原料、制浆和漂白工艺、化学品使用专有技术以及最终产品的物流和储存条件等整个制浆造纸领域有广泛的了解。如果木材/制浆/造纸过程中的一个单元或基本过程出错,就可能直接影响产品的返黄行为。因此,为了节省时间和成本,对于特定的返黄问题我们仅考虑最可能的一些影响因素,但是在确定这些因素之前须对产品制造的细节进行长篇大论的讨论。先从图 5 -6 所列内容开始,有两个问题马上出来了:在木材/制浆/造纸过程中是否有任何可以改进的变量或因素? 使用阻止返黄的措施稳定产品是否更具投入/产出效益而且不影响生产过程? 无法给出通用的回答,因为它们取决于产品的种类、消费者想要的特定产品的性质、产品的最终用途以及对于制造商重要的地域和经济问题。无论制造商如何选择,都应该考虑更加环境友好的方式。

5.5 返黄行为与纸浆种类

5.5.1 机械浆

普遍认为光化学反应性主要与机械浆中高木素含量相关。然而,纤维素和半纤维素也参与了光照射期间的反应。热不稳定性和变色也是由于木素的存在,但是人们发现该过程也受到其他因素的影响,例如半纤维素的水解、交联反应、角质化以及水分和过渡金属离子的存在等。机械浆的光诱导反应是一种快速的过程,且光的影响通常比热的影响更大。新的机械法制浆工艺采用了较高磨浆温度和新型干燥工艺,这使得亮度的热稳定性降低(图 5 -7)。

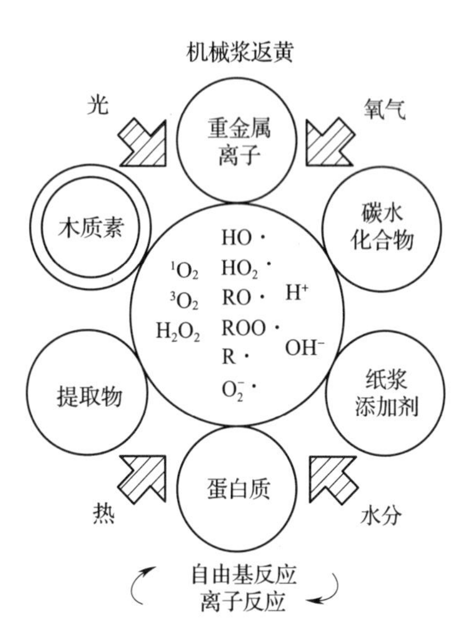

图 5 -7 影响机械浆返黄的因素

5.5.2 化学机械浆

化学机械浆(CMP)处于机械浆和化学浆之间,它仍含有许多木素。纸浆漂白时木素与碳水化合物一起参与反应而获得高亮度纸浆。然而,磺化和漂白都不利于纸浆亮度的稳定,如在化学热磨机械浆(CTMP)生产过程中制浆化学品和工艺的选择将在很大程度上决定纸浆的光学性能和机械性能。这类纸浆的磺化和漂白实验结果表明,需要在获得强度和亮度的最佳制浆条件和获得亮度和亮度稳定性的最佳漂白条件之间进行折衷选择。

5.5.3 化学浆

尽管化学浆会进行与机械浆相同的反应,但化学浆中仅含有少量的残余木素,降低了木素反应的影响。例如硫酸盐浆在老化期间的总体颜色变化比机械浆小得多。然而,在纸浆蒸煮和漂白过程中,特别是当使用新的全无氯漂白(TCF)或无元素氯(基本无氯,ECF)漂白工艺时,纸浆中会生成新的反应活性结构,会通过另外的氧化反应途径进行返黄。因此,在化学浆漂白时,要考虑的影响因素是纤维素主链或半纤维素组分的改性、生成新的端基、已有的和新产生的双键、酮、醛和羧基(例如糖醛酸),及其与残留的重金属的相互作用[38,39]。较剧烈的处理条件会导致水解、解聚和重排,特别是在高温处理期间,呋喃化合物的生成十分明显[40]。

5.6 光化学与热返黄

5.6.1 光源

光化学变化的程度通常主要取决于光源的特性。自然光的强弱取决于纬度、季节、天气和空气中的杂质。来自于人造光源的辐射取决于灯的结构、灯龄和灯的状况(例如尘埃)。氙灯等人造光源通常用于模拟自然光或陆地日光。根据国际 CIE 标准(表 5-2),在 300nm 至 2450nm 的波长范围内的全谱太阳辐射强度为 1090W/m^2。

表 5-2 国际 CIE 标准全谱太阳辐射强度[41]

波长/nm	分布/%	辐射强度/(1090W/m^2)
300~320	0.4	4
320~400	6.4	70
400~800	55.4	604
8000~2450	37.8	412
300~2450	100	1090

氙光源(例如在美国 Atlas 公司的 Suntest、Xenotest 和 Weatherometer 系列氙灯老化测试仪装置中)通常用于模拟日光。然而,来自氙灯的直接辐射包含大量的在自然光中不存在的短波长紫外辐射。因此,使用适当的滤波器可消除短波长影响。红外滤光片广泛用于排除红外辐射。这种类型的光被称为通过窗玻璃的自然光。照射的结果主要取决于玻璃的厚度和玻璃的种类以及过滤器特性。作为室内光模拟装置,广泛使用的氙灯不如荧光或钨类型的模拟器。因此,所用光源的光谱分布对于样品的加速老化降解的实验效果是非常关键的。确定实验室光源和荧光灯的新标准的工作正在进行之中。新标准将根据紫外线辐射能量定义照射时间,并且采用宽带或窄带技术测定样品表面的辐照度和照射情况。常用的照射波长为 300~400nm 或 300~800nm 范围。辐照方式需要一个非常详细的规程。

5.6.2 表面和整体特性

颜色的改变发生在全部纸浆纤维(热老化)各个区域或仅在表面区域(光诱导反应)中。光可引起光致变黄(光致变色)和光化学漂白。研究纸浆和纸的光诱导返黄的难点是变色仅在非常薄的层面中发生,而纸浆的其他区域大部分不受影响。这大大限制了研究方法的数量,只有那些仅能穿透100mm 深度的表面技术(主要是非破坏性光谱技术)是有用的。图 5-8 示出了光诱导变色的深度,其仅发生在最外面10~50mm 中的表面层。在这个实例中,使用 FTIR 光谱对纸中芳香带($1510cm^{-1}$)和羰基带($1730cm^{-1}$)[42]进行了深度分析。

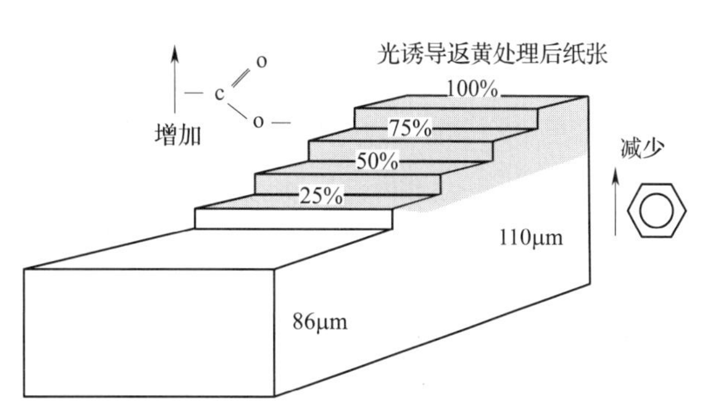

图 5-8 由机械浆制成的纸的表面光诱导变色现象

100mm 厚的纸经光照处理后,使用 UV-VIS 漫反射和荧光光谱法测定的变色深度结果示于图 5-9。在测量前,严重光化学返黄的纸层被研磨至不同的厚度[43]。

结果表明,50% 的返黄发生在纸中 z 向上约 25μm 的深处。纸张紧度对返黄深度有很大影响。

照射后纸中 z 向上的有色物质浓度递减(深度分布)的现象也带来了理论和实际难题[44]。特别是使用反射光谱法进行分析时尤其如此,其中许多方法依赖于 Kubelka-Munk 理论。这与在自然老化或加速热老化过程中整个材料内外均匀地发生变化的情况明显不同。这意味着对纸浆和纸性质也可以通过标准的化学和物理方法来考察和研究热诱导返黄。

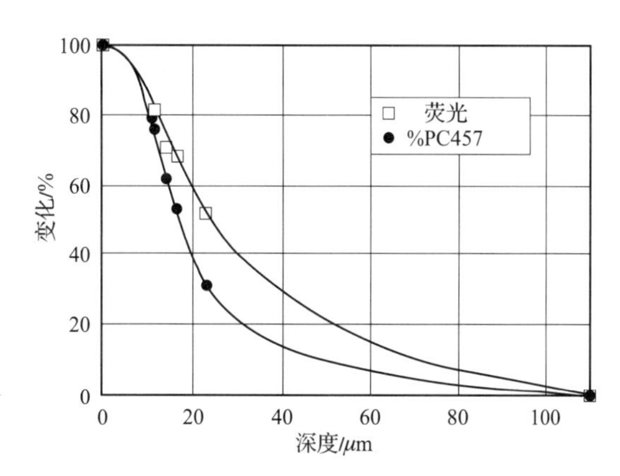

图 5-9 机械浆制成的纸(厚度 110μm,58g/m²)的光诱导返黄深度分布(UV-VIS 反射率 *PC* 值在 457nm)和荧光强度[43]

在热老化测试中,有时需要模拟表面温度与内部温度不同情况下的纸张的变黄过程。因此,在许多干燥过程中,由于纸样对辐射吸收与反射、纸样内部导热以及在空气—纸张—加持装置中的导热情况不同,纸样中温度的纵向分布则变化很大。因此,z 向上的亮度也有所不同。因此,通常需要温度传感器,或者在更简单的情况下需要有一个参考样品。

5.6.3 光和热的共同影响

有关高得率浆返黄问题,同时进行光诱导和热诱导的组合处理的研究几乎还没有进行。但对单独的热处理和光处理以及在顺序组合处理(光+加热,首先光照,随后进行热处理,或热+光,首先加热,随后进行光照处理)之后的发色基团变化已有研究报道。四种未漂白和过氧化物漂白的纸浆(GW,GWB,CMP 和 CMPB)已用 UV-VIS 反射和 DRIFT 光谱进行了研究,发现"加热之前光照"比"光照之前加热"可见光区的光学性质更差(图 5-10)[45—48]。

此外,光照处理产生的吸光化合物与热处理不同。光照导致纸浆芳环含量的降低(FTIR 在 $1508cm^{-1}$的吸收带),羧基含量增加[47,48],这一点与热处理不同。返黄不会或者至少不直接与 $1740cm^{-1}$处的红外吸收强度相关,它仅代表总体光化学过程的一小部分。

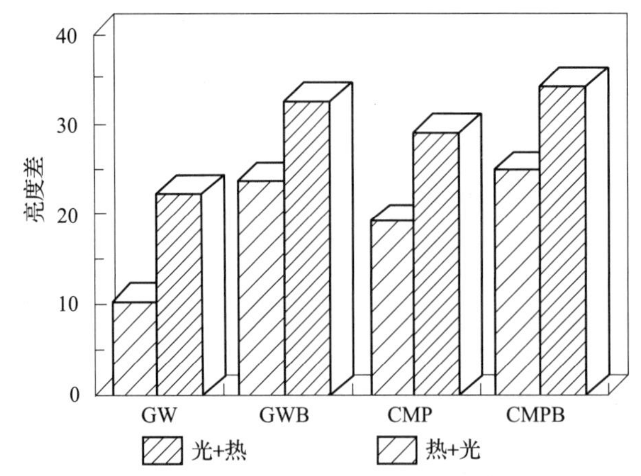

图 5-10 在光照(日光灯 2h)之后进行加热(80℃,65% RH,100h)
比在光照之前加热处理的机械浆的亮度更差

5.7 氧气和湿度的影响

浆板返黄的程度取决于温度和湿度。在比较复杂的光老化设备中可以控制这些条件。在温度恒定时,较高湿度下的返黄通常较严重。有些光老化设备不控制相对湿度,这种情况下,特别是当样品用冷却板冷却时所产生的冷凝水可强烈影响结果。光照室的温度应尽量低,不应超过 45℃(黑板温度)。“人工老化”一词涉及加湿元件,仅用于户外光照和下雨条件的模拟,有时会被误以为是“光照老化”。

返黄是一个复杂的过程。某些热老化反应需要氧(氧化和氧气处理),某些则不需要。许多烘箱可以调节测试过程氧的含量。但要比较返黄效果,需在氧气含量相同的条件下进行测试。要控制老化箱通风系统以减少氧气分压变化的影响。另外要注意湿度箱中的氧气分压与湿度密切相关,随着相对湿度的增加而减小。90℃时水蒸气压为 69. 83kPa,干空气的近似组成为 21% 氧气,78% 氮气和 1% 其他气体。因此在高相对湿度的气氛中氧气的分压可能只是其在干燥空气中分压的 1/3。因此,在不同温度下进行老化实验,例如自然老化与加热老化,需要调节气体中氧的含量[50]。

此外,在封闭条件下氧可能几乎完全被消耗,这种返黄过程与室外空气中的返黄过程不同,而且纸页在开放状态下的返黄明显不同于堆积状态或纸卷状态下的返黄。尽管如此,返黄过程本身主要还是取决于纸张本身的特性。此外,挥发性的中间产物或最终产物会从纸卷中向外迁移,其迁移速率也许会有重要影响。很显然,随着空气循环加强,迁移速率更快。

5.8 返黄的影响因素:与成分相关的因素

5.8.1 原料

制浆所用的木材原料的颜色差异很大,这直接影响纸浆的光学性能。木材的颜色分布是不均匀的,这可以通过年轮内的季节性颜色变化直接观察到。可以发现,不同形态部位所得到的纸浆在照射前后有不同的光学性质。在对杨木化学机械浆的研究过程中,Capretti 和 Janson[51]把纸浆按不同木材纤维形态部位进行分割后发现,纤维是明亮的并且对光敏感,胞间层碎片是暗的并且对光不太敏感,射线细胞亮度居中并且对光敏感。这种现象与纤维细胞壁、胞间层和射线细胞的化学组成有关。来自同一树干的不同高度的木片也表现出不同的色调。相应地,从树的不同高度获取的木材制成的机械浆可以在亮度上有 5 个以上亮度单位的差异[52]。未处理木材中的有色化合物或发色基团主要存在于木材中的木素成分中,然而一些树种由于抽出物的存在而颜色很深。人们喜欢将这种木材用于家具和装饰。对于有些国家这种深色木材也是重要的潜在制浆原料,通过洗涤和漂白等过程去除抽出物会使颜色问题至少部分地得到解决。

5.8.2 工艺用水

森林工业中使用的水通常来自天然水资源,但许多造纸厂也使用城市供水。这两种情况水的质量差异可能很大。最常见的问题是腐殖酸的含量及其所导致原水的深颜色,还有就是过渡金属和其他金属的含量高。除了引起与造纸过程有关的问题之外,它们还会影响产品的光学性能以及纸张和漂白化学品的消耗。腐殖酸结构与木素类似,都含有酚类结构。金属离子对亮度以及亮度稳定性是有害的,例如,众所周知在酚类物质存在下,Fe^{3+}离子会导致变色,对于邻苯二酚结构(1,2 - 二羟基芳族化合物)的颜色反应更强,而对于邻苯三酚结构(1,2,3 - 三羟基芳族化合物)的颜色反应最为强烈(黑色)。腐殖酸和金属离子也易于吸附在洁净的纸浆纤维上而影响光学性能。吸附行为受许多因素影响,例如其他无害的金属离子的浓度、金属离子电荷、酸性基团的含量、pH 和纸浆的氧化还原性质。在一些情况下,添加简单的金属离子可将金属离子的平衡向有利的方向改变。需要检测原水质量且应采取措施,如通过过滤、螯合等方式去除有害物质,达到无害浓度水平。来自于湖泊、河流和水库中的原水的可溶性化合物、微生物(如细菌和藻类)的含量随季节变化的可能性非常大,应适当引起注意。

当造纸厂采用封闭水系统时,工艺用水中的可溶和不溶性化合物的浓度增加也将导致热老化和光化学返黄等光学性能问题。计划但尚未实现零排放的纸浆生产线也需要有效的水净化系统来克服返黄问题。

5.8.3 金属离子

过渡金属离子参与很多化学和生物化学氧化反应。即使浓度很低,某些金属离子也能够引发和催化氧化还原反应,这对纸浆漂白和发色过程十分重要[53]。通过采用不同金属离子浸渍机械浆研究[16],发现按照金属离子对颜色和颜色稳定性的影响可以分为两组:无害金属(Al^{3+}、Mn^{2+}、Ni^{2+}、Zn^{2+}、Ba^{2+}和 Pb^{2+})和有害金属(Fe^{2+}、Fe^{3+}以及危害较小的 Cu^{2+})。这并不意味着第一组金属离子在漂白过程中,如过氧化氢漂白,没有其他危害。研究已经表明,锰离子会在过氧化氢漂白过程中导致过氧化氢的加速分解,这对漂白是不利的。Fe^{2+}对光诱导变色的影响比 Fe^{3+}还强,Fe^{2+}离子也更容易吸附在纸浆上。木素含量高的纸浆用 Fe^{3+}离子处理后,则会自动含有 Fe^{2+}和 Fe^{3+}离子,再用光照射时会发生光还原反应,导致 Fe^{2+}的含量进一步增加[17]。Fe^{2+}离子也容易被空气中的氧自动氧化成 Fe^{3+}离子。pH 对这些氧化还原反应的平衡有很大影响。提高 pH 会导致产生氢氧化铁(Fe Ⅲ)沉淀,降低 Fe^{3+}离子的影响。

铁离子对 PGW 的光诱导返黄的影响(辐照效应用返黄值 PC_2 表示)如图5-11所示。可以看出,较高含量的铁(>20~30mg/kg)对机械浆颜色的稳定性有不利影响。

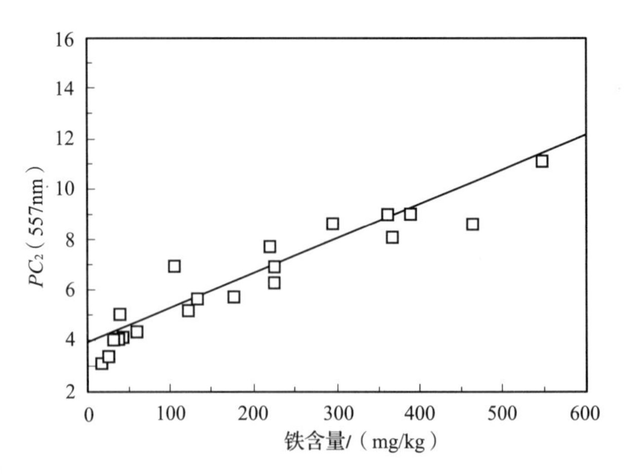

图5-11 不同铁含量的云杉压力磨石磨木浆(PGW)的光诱导变色含量在50mg/kg以上时为用 Fe^{3+} 离子处理过的纸浆[17]。

显然,Fe^{2+}/Fe^{3+} 离子对通过直接电子转移或间接通过活性氧物质(例如可通过 Fenton 反应产生)能够直接参与木素氧化还原反应和返黄反应。以醌型结构作为媒介,如在生物化学过程中,在电子转移反应中具有很高活性。此外,铁离子能直接与酚、儿茶酚以及多羟基芳族化合物形成深颜色的络合物。除了对纸浆的颜色不利之外,铁络合物还能成为光敏剂。

据此,Janson 和 Forssk[16,17]采用 EDTA、DTPA 或其他螯合剂的进行螯合处理(屏蔽)去除了铁离子,这大大减少了光诱导返黄的影响。但彻底洗涤纸浆来除去螯合物很重要,否则纸浆在照射时会产生严重的变色。对漂白浆的研究结果却表明,洗涤步骤是多余的[54],这表明变色结果取决于纸浆的种类,并且螯合剂的存在能够降低纸浆中金属的有害作用。减少纸浆中过渡金属含量和使用螯合剂是减少由金属离子引起返黄的有效方法。

5.8.4 pH

pH 对机械和化学浆的热返黄的影响都是至关重要的。低 pH 引起碳水化合物(纸浆中的主要成分)的酸催化水解。酸性条件还导致缩合、重排和交叉偶联反应。同样,强碱性条件也是有害的,能引起碱性水解、键断裂和解聚。此外,木素类的酚类化合物在碱中比在酸中的颜色要深得多。因此,纸浆的 pH 将影响热老化反应特性以及老化实验的初始亮度水平。这对于老化试样的制备很重要。待测样品的 pH 必须调整到与参考样品的 pH 相同。由于老化过程中会产生羧基,因此 pH 将逐渐降低。为了抵消氧化过程导致的酸化作用,人们在需要长时间存放的纸张中添加多余的碱。世界各地的图书馆为了保护和拯救那些酸性的纸和书籍做了大量工作,开发了中和技术。

在碱性条件下氧的存在也会使木素酚发生改变。通过 ESR 光谱学研究发现,当醌单体、醌二聚体和氢醌溶解在氢氧化钠水溶液(pH>10)中时,能通过单电子过程自发地产生自由基[55,56]。根据碱的浓度不同,还可进一步发生如脱甲基化、羟基化、二聚和低聚化等反应。过渡金属离子对自由基形成的有显著影响。ESR 研究清楚地表明,因光诱导产生的自由基引起的变黄与在碱中纸浆变黄之间有关,通常又称之为“机械浆的碱性变黑”。产生多酚结构极有可能是木素开环和形成己二烯二酸结构的前提,这种结构在很多木素类物质的氧化和光照过程中可以发现。

pH 对纸的光化学返黄的影响远不如其对热返黄的影响显著。一些研究认为降低 pH 甚至是有益的。早期的研究认为,最大亮度是在 pH3.0~4.5 获得的[57],也有研究表明 pH 在 6

左右最好[58]。看来最佳 pH 似乎在 5 ~ 7,这与机械浆对抗热诱导返黄的最佳 pH 范围(5 ~6)相同[59]。当纸必须耐受光和热时,显然最好选择中性 pH。在较低 pH,许多造纸添加剂,如荧光增白剂,也可能在老化处理过程中发生人们不期望的反应。例如涂布纸在老化处理后可以观察到暗绿色或暗灰色。

5.8.5 抽出物

5.8.5.1 抽出物的氧化作用

化学制浆和漂白将化学浆中的抽出物含量降低到了非常低的水平。但相对于化学浆,机械浆的抽出物含量要高很多。木材抽出物由许多亲脂性化合物如甘油三酯、游离脂肪酸、树脂酸和中性组分(例如碱、脂肪醇、甾醇以及其他萜类化合物)组成。脂肪酸和树脂酸等抽出物的去向以及在机械浆生产过程中对制浆和漂白的影响已有了深入的阐述[60—63]。抽出物可能导致树脂障碍或纸机运行性问题。然而,抽出物对亮度稳定性的光学性质的影响却是另一个问题。

针叶木中所含脂肪酸总量约 70% 是油酸、亚油酸和亚麻酸。不饱和脂肪酸对光和热不稳定,容易发生自氧化,如图 5 – 12 所示。

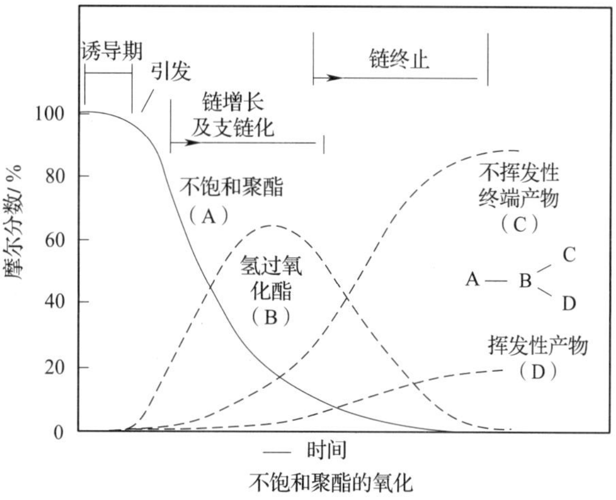

图 5 – 12 聚不饱和脂质的自氧化
(根据文献[64]重新绘制)

可以观察到诱导期,且产生了不稳定的脂质氢过氧化物。氢过氧化物中间体可能产生反应活性羟基自由基,其以非选择性的方式反应。不饱和脂肪酸被氧化成各种降解产物,有一些是挥发性的,也有非挥发性的。

5.8.5.2 非挥发性和挥发性产物

机械浆的自然长期老化会产生大量挥发性化合物,采用顶空 GC 分析已经鉴定出数百种化合物[65,66]。大部分挥发性氧化产物来自于脂肪酸。其中许多是含有一个或多个双键的醛或酮。如果醛在纸浆中残留,将被进一步氧化成非挥发性羧酸,结果将导致 pH 降低,并进一步影响纸张的稳定性,无论强度性能还是光学稳定性。如果挥发物被释放,例如在缓慢氧化的老化过程中,纸浆会产生气味。采用室内通风或在老化室中进行强烈的空气循环(高风扇转速)可促使挥发性中间体及其最终产物从纸浆中释放。对于食品和医疗包装材料,优异气味和“味觉”特性是需要的。降低纸浆中游离和结合的脂肪酸的含量,例如采用漂白和洗涤,纸浆会有较少的挥发性氧化产物和更好的气味特性。

光照射机械浆时,甚至小台灯的弱光,都会加速纸浆中脂肪酸的氧化,导致挥发性产物释放量大幅度增加[67],与此同时纸浆会变黄。人们发现在云杉机械浆中既有非挥发性也有挥发性产物的形成。存在于云杉中的脂肪酸主要是亚油酸,其构成纸浆中所有脂肪酸的约 80% 。在纸浆的上部空间中发现的已醛是主要的气味和挥发性成分,其含量在照射后比在黑暗中储存高很多(图 5 – 13)。这一结果对于纸浆和由其制成的包装材料的气味特性有重要意义。

光照射过程中在纸浆的上部空间中发现有很多挥发性化合物,例如戊醛、庚醛、1－辛烯－3－醇、2－戊基呋喃、辛醛、2－辛烯醛、壬醛、癸二烯醛。继发现己醛之后,发现最多的醛是戊醛和庚醛。在光化学过程开始时,纸浆中的脂肪酸的氧化存在滞后期,这符合脂肪酸的一般氧化行为。此外,挥发物的光化学形成和纸浆的变色的动力学并不同步(图5－14)。因此,挥发物的形成与纸浆的变色不直接相关[67]。

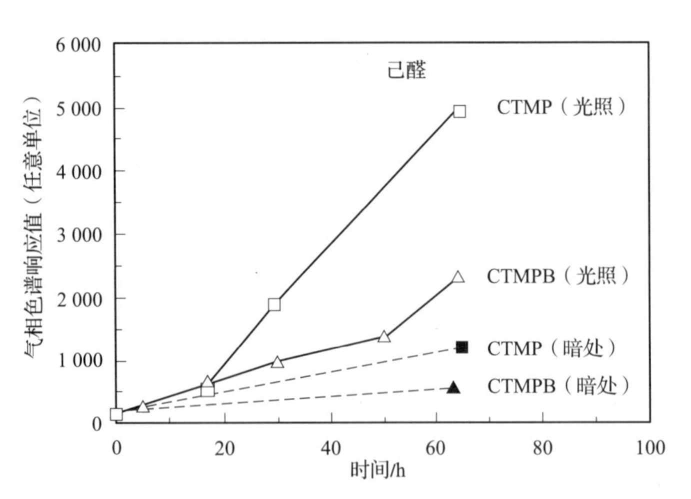

图5－13　光照未漂化机浆(CTMP)、过氧化氢漂白化机浆(CTMPB)以及在暗处储存时相应纸浆的顶空GC分析(用普通台灯照射[67])

5.8.5.3　高色度抽出物

深色树种,例如短叶松(*Picea banksiana*),含有深颜色抽出物,从而影响纸浆亮度和返黄。短叶松二氯甲烷抽出物的含量为4.8%[68],而挪威云杉(*Picea abies* L. *Karst*)中这一数值为0.5%～1.0%。通过碱性过氧化氢的段间处理和洗涤,短叶松TMP和云杉TMP的亮度可以增加超过10个单位。不过,即使抽出物的总量降低了95%,返黄仅有略微降低,表明这种纸浆的返黄主要是由除抽出物之外的木材组分所引起。Hrutfiord等人[69]发现,用于生产TMP的西部铁杉木片的储存过程产生的亮度损失与d－儿茶素含量的下降相关。d－儿茶素的氧化聚合可产生不溶性聚合物并导致亮度下降。多酚聚合物和复合酯在变色橡木中的含量也很高[70]。

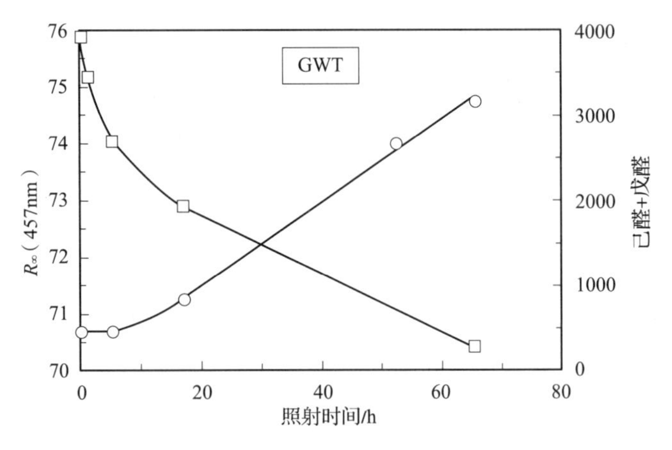

图5－14　挥发物的光化学形成动力学与变色过程动力学不一致

注:挥发物采用顶空GC分析测定,右侧纵坐标为相对GC响应单位。用普通台灯照射[67]。

5.8.5.4　树脂酸

松香酸是在木材和纸浆中发现的树脂酸之一,其对热敏感,在热反应中可转化为新枞酸。此外,松香酸可受热发生歧化反应,产生脱氢松香酸和四氢松香酸,所以新枞酸对热不稳定。此外,左旋海松酸和长叶松酸也对热敏感,并且易于转化为脱氢松香酸。同时,这些树脂酸的荧光强度大幅度增加[28]。但并不是所有的树脂酸都对热敏感,例如,海松酸和异海松酸在120℃下还相当稳定。加热时树脂酸有少量变色,但是与其他纸浆组分相比,树脂酸对返黄的贡献似乎很小。

5.8.6　木素与残余木素

对木素的基础光化学研究表明，木素中的一些结构对光不稳定。羟基联苯、苯基香豆素、儿茶酚、氢醌和醌作为发色基团所引起木素变色的作用已经通过各种还原、光谱测定以及模型化合物研究[26,71—78]得到证实。此外，已经发现在照射时，氢醌型化合物吸附在纤维素基体上，导致纤维变黄和有色光化学产物与纤维素本体的联结。这验证了早期的甲基化和乙酰化研究中所提出[79,80]的酚类基团在光化学变色中的作用。

Agarwal 等人[81]使用拉曼技术研究表明，松柏基化合物，包括松柏醛和松柏醇，参与了机械浆的光和热诱导变黄过程。此外，采用 370nm 的紫外光谱研究表明，磺化、漂白和老化过程的变化在一定程度上与松柏基化合物含量的变化有关[82,83]。

木素的氧化还原特性以及抗氧化作用已经在许多不同的系统中被证实，其结构非常类似于具有许多空间位阻的合成抗氧化剂，如二叔丁基羟基甲苯(BHT)及其衍生物，它可保护纸浆碳水化合物使其免于氧化。酚基可充当电子给体。木素的返黄也可被视为是延迟纤维素氧化降解的典型抗氧化反应。浆中的木素酚与不同性质和来源的基团(羟基自由基、氢过氧自由基及其他含氧自由基)可快速发生反应，产生氧化产物，其中一些产物是有颜色的。木素的抗氧化性以及木素在不同细胞分子的分布已经通过荧光显微技术阐明[84,85]。

在化学浆 TCF 漂白的臭氧漂白段，残余木素的抗氧化作用已经非常明显。羟基自由基与木素的反应比与纸浆碳水化合物反应更快[86]。当通过漂白除去残余木素时，木素的保护作用增加了纤维素的降解。

5.8.7　半纤维素

半纤维素对高亮度 TCF 和 ECF 浆的光诱导变色的影响似乎很小。传统化学浆和低木素含量的高亮度 TCF 浆中的半纤维素似乎不会对老化期间的光化学反应造成障碍。

但发现半纤维素对化学浆热老化的影响较大。大约 20 年前，Theander 等人(文献[40]及其他参考文献)研究了在热诱导老化过程中碳水化合物的分解过程，并且将亮度下降归因于其中的半纤维素、果胶和糖醛酸。木聚糖分解产生还原酸、芳香族化合物、酮和呋喃化合物，它们都是生色反应的中间体。葡萄糖醛酸对湿、热非常不稳定[87]。Theander 得出结论，聚木糖比聚葡萄糖甘露糖更容易促进有色化合物形成，纤维素在加热时也会产生一些颜色。此外，引入酮基或醛基也会促进老化期间颜色的形成。加热时，醛纤维素产生 4,5 - 不饱和糖苷中间体[88,89]。4 - *O* - 甲基 - D - 葡萄糖醛酸残基脱除 4 - 氧甲基后也会生成相似的不稳定的 4,5 - 双键结构[90]，它们是产生有色物质的反应前驱物。

对半纤维素的近期研究证实了这些早期的优秀研究成果。Buchert 等人[91]已经证明，漂白硫酸盐浆在去除聚葡萄糖甘露糖后不会减少热诱导变色。用可见光测量时也没有发现木聚糖对光化学变色的影响[92]，但木聚糖有热诱导返黄效应[91,93]。去除聚木糖也会除去一些羧基，这导致金属的结合位点较少，因此纸浆中金属离子含量较低。聚木糖在全漂纸浆中的作用还不是很清楚，并且还取决于制浆过程中木聚糖链的变化。与残余木素、结合的过渡金属和氧化的纤维素碎片等其他纸浆组分对热诱导返黄的影响相比，木聚糖的影响还有待澄清。

5.8.8 纤维素

在中等温度和光照条件下,纤维素是最稳定的纸浆组分。然而,与其他天然碳水化合物高分子一样,纤维素对碱、酸和氧化条件件敏感,因此纸浆纤维经加热和长期老化会降低其强度性能、容易解聚(参见第2章)。纤维素通过末端葡萄糖基脱除或分子链解聚的方式水解产生葡萄糖。氧化作用会形成更多的羧基,并进一步降低pH。棉纤维素加热后其联结方式主要是醚键[94]。

酸性[95]条件下在中等温度加热葡萄糖(以及木糖和纤维素),以及在碱性条件下加热葡萄糖[96,97]可促进呋喃、烯酮和酚类物质的形成,这些物质将导致颜色变黄或变深。但只有一小部分有色物质是来自于纤维素的最终降解产物,大多数产物是无色的,例如各种酸(如小分子羧酸和糖精酸)。许多降解产物是挥发性的,例如H_2,CO,CO_2,烃和2-糠醛[40]。然而,在较高温度下,纸浆中所有的碳水化合物成分,如纤维素和半纤维素,会由于碳水化合物形成大量转化产物参与返黄过程。

理论上讲,不含发色基团的纯纤维素不会吸收315~380nm的紫外光(UVA)和可见光,应当是光化学稳定的。然而,纸浆不是完全纯的纤维素,即使少量杂质也可能引发自由基的链式氧化反应[75]。漂白剂会使纤维素改性使其变得对光不稳定。通过氧化形成的自由基,如羟基自由基,选择性很差。虽然它们会优先进攻木素[86],但纤维素也是自由基的进攻对象。此外,还常常存在表面基质效应,使光化学惰性杂质的吸收光谱红移。因此,任何纸浆都不能避开有害的光诱导反应。实际上照射期间也会发生有益的光诱导反应,特别是对化学浆,在开始时亮度会增加。发色基团、杂质、有色中间体和染料会被漂白,就像在阳光下衣物会褪色一样。通常在400nm和500nm之间的波长的照射具有漂白作用,然而这种作用过一段时间后就会消失,继而产生解聚和变色。

5.8.9 造纸添加剂(助留剂、湿强剂等)

许多添加剂含有发色基团。添加剂可以与纸浆组分的反应直接或间接产生光化学活性或热活性物质。添加阳离子淀粉使光诱导返黄略有增加。人们认为季铵结构,一般是氨基,有助于返黄。因此,应检测新的助留剂、湿强剂和生物防腐剂是否会引起返黄。此外,未知杂质,包括二次纤维中的残余油墨,可能会引起纸产品的亮度和亮度稳定性方面的问题。

5.8.10 染料

染料有颜色是因为它们能吸收可见光。在造纸工业中用于遮蔽和染色的许多染料是光化学活性的。常用的蓝色染料亚甲基蓝是一种非常好的光敏剂,特别是用于单线态氧的形成。单线态氧$^1O_2$、常态活化氧$^3O_2$能与芳香族化合物和双键化合物,如纸浆抽出物亚油酸和亚麻酸,快速反应。单线态氧对高得率浆[98]有弱漂白效应,但是发生漂白还是返黄反应取决于其浓度。但单线态氧寿命非常短,因此可能仅与具有反应性的底物反应。与许多其他染料一样,染料亚甲基蓝易于被可见光漂白,导致其可见光区域的光学性能发生很大变化。加入到纸浆中的染料最有可能介入纸的光化学反应。

5.8.11 荧光增白剂(二次纤维、回收纸)

荧光增白剂(FBAs)[也称为“荧光漂白剂”(FWAs),“光学增白剂”(OPA)或仅“增白剂”]的存在返黄研究中引发了很多问题。FBA 吸收紫外光(300 ~400nm)并发射可见光(荧光),使材料的反射率增加,让使纸浆看起来更亮。因此,纸中加入 FBA 能显著增强纸的荧光,表观亮度或白度可以增加几个单位。FBA 通常添加到纸浆、表面施胶剂和涂布颜料中。二次纤维通常含有不同量的残余 FBA。在不同的灯(例如白炽灯或卤素灯)下观察时,含有 FBA 的纸会看起来不同,所以亮度测量应该有光源和测量条件的规范要求。实践中是采用明确定义的光源以及使用和不使用紫外滤光器来进行亮度测定。

有关 FBA 的一个主要问题是它们既不具有光化学稳定性也不具有热稳定性。大多数 FBA 是芪衍生物(4,4 - 二氨基芪 -2,2 - 磺酸衍生物),有顺 - 反异构体。其中的顺式异构体不发射荧光。在照射时,部分 FBA 反式异构体转化为相应的顺式异构体,此外还会发生光降解。一些光解产物可引起变色,其自身也可能是光敏化合物。因此,照射后 FBA 的浓度会降低,可以观察到颜色的变化和荧光的减少,纸浆纤维也同时变黄。另外,FBA 通过吸收有害光线而部分地起到滤光作用,而使得纸不像没有这些添加剂一样发黄。因此,FBA 的光化学损耗也将导致纸张复杂的泛黄或返黄行为。由于 FBAs 的热不稳定特性,加热时会发生类似但不相同的变化[99]。

还有一个影响 FBA 浓度和分析的因素需要考虑,就是 FBA 从涂层迁移到下层纸浆纤维之中。加热和加湿通常会加速迁移。顺式和反式异构体也多少不等地附着于不同的纸浆组分。除了荧光增白剂的光化学和热反应之外,它们的迁移行为使得测定含有这种化合物的纸的亮度更加麻烦。老化后的性能也更难预测。普通荧光增白剂对 557nm(Y 值测定)的反射率测量的影响通常远小于对 457nm(亮度测定)的影响。然而,荧光光谱对所有发射荧光的 FBA 化合物十分敏感,与 UV - VIS 反射光谱相比更加具有特异性,是用于分析 FBA 更好的方法。图 5 -5 为该技术的一个应用实例,并且表明含 FBA 的纸在光照后荧光显著减弱。

5.8.12 涂料成分

涂布纸易于变黄是因为涂料中的一些组分例如胶乳(胶黏剂,通常是苯乙烯、丁二烯和丙烯酸三元共聚物)的变色。或者来自于涂料组分在加热(干燥)时和老化时会释放气体,如 NO_2 和 NH_3,在空气中本来也含有这些气体,光和这些气体会导致变色。胶乳中使用的抗氧化剂和荧光剂的氧化也通常会引起返黄。像其他合成聚合物一样,胶乳可以被光化学氧化或化学氧化。紫外线起返黄作用,但可见光有漂白效果[100]。已知酚类抗氧化剂产生黄色衍生物,例如硝基苯酚、二苯醌和芪醌。许多芪醌的衍生物在纯态下为强烈的红色,但低浓度下它们显黄色。

5.9 返黄的影响因素:与工艺过程有关的因素

5.9.1 制浆方法

5.9.1.1 磨石磨木浆和盘磨机械浆

机械浆的亮度对整个制浆过程的工艺条件是敏感的。此外亮度稳定性也高度依赖于制浆条件。温度与原料在磨木机或磨浆机中的停留时间的相互配合至关重要,因为温度越高,纸浆颜色越深。一般来说,较低温度条件下,GW 纸浆比 PGW 和 SPGW 纸浆亮度高。

在磨浆过程中,热和机械能都作用于纸浆中。在高温下,通过弱键的均裂作用形成自由基。随后的自由基反应会导致变色、形成光敏发色基团,并降低亮度稳定性。离子反应也会发生,特别是在较低温度下。形成机械自由基也是可能的,最大可能是来自于木素衍生的苯氧基自由基。虽然使用 ESR 光谱测定的研究结果有时相互矛盾,但使用自由基清除剂和抗氧化剂还是发现了机械自由基[105]。

无论返黄的机理是什么,通过添加合适的化学药品可以减少在磨浆过程中导致颜色形成的反应。某些添加剂,例如自由基淬灭剂[106]、DTPA 和柠檬酸[107,108],在磨浆过程中已经加入到磨盘之间,并且提高了纸浆亮度和亮度稳定性。

5.9.1.2 硫酸盐浆和亚硫酸盐浆

与酸性亚硫酸盐法蒸煮相比,碱性的硫酸盐法蒸煮会在纸浆中形成更多的发色团。亚硫酸盐纸浆通常比硫酸盐纸浆亮度高,并且更容易漂白。在制浆阶段,很少注意亮度稳定性,因为漂白步骤会彻底改变发色基团的含量和性质。人们关注的是能生产优质纸浆,可以经济地漂白至高亮度,具有环境安全性、无污染化学品消耗和无排放。

5.9.1.3 有机溶剂法纸浆

在有机溶剂法制浆工艺中,用有机溶剂系统脱除木素[109,110]。该方法可以是酸性的也可以是碱性的,可以使用催化剂,如用蒽醌来强化,也可以用亚硫酸盐和硫化物。溶剂的范围从各种醇,如甲醇和乙醇,到酚类溶剂以及有机酸和过氧酸。许多这样的制浆系统在本质上是具有氧化性的。显然,由不同方法生产的纸浆其化学性质和反应性有显著差异。因此,很难得出关于其返黄行为的结论。通常,碱性方法产生具有接近硫酸盐浆的性质的纸浆,并且这些纸浆中的残余木素在许多方面类似于硫酸盐浆残余木素。但在大多数情况下,老化时的返黄特性是否也类似于硫酸盐浆仍然是一个公知问题。

在许多酸性方法中,为除去纸浆中的己烯糖醛酸,pH 需要足够低,这意味着部分有害金属也被除去。这将对亮度和亮度稳定性有正面影响。过氧酸等氧化剂可将木素和木聚糖中的己烯糖醛酸氧化。过氧酸法纸浆中木素的含量非常低,因此来自于木素的返黄的影响应该很小,此外过氧酸浆的己烯糖醛酸含量可以忽略不计。因此,桦木 MILOX 纸浆,即用过甲酸方法[111]生产并用过氧化氢漂白的纸浆,对光和热处理显示出良好的稳定性[165]。

5.9.2 酶处理

将生物化学方法[112]用于制浆和造纸过程有多方面原因。木片可以用脂肪酶处理以降低抽出物含量。木聚糖酶和甘露聚糖酶可用于漂白中以减少漂白化学品的消耗或改变纤维的表面性质。许多情况下,当采用生物化学方法时也同时降低亮度,但通过酶解去除木聚糖实现了亮度稳定性的少量提高[91]。亮度的下降可能与蛋白质和氨基酸的存在相关,特别是与氨基的存在相关,同时生物化学试剂难以洗净导致纸浆会进一步转化为其他产物。人们已经知道氨基容易与木素缩合形成有色物质。

5.9.3 磺化

木片或纸浆的磺化有利于纸浆的许多强度性能。磺化时纸浆的亮度也会提高,但亮度稳定性受损。相对于未磺化的纸浆,许多磺化纸浆在光照中返黄程度更大。木材原料包含发色基团,例如松柏醛基团,其吸收 360nm 的光,通过用亚硫酸盐处理可以至少部分地去除。亚硫酸盐还可以与发色基团进行反应,例如在磨浆过程中形成的醌,这可能是纸浆增白的原因之一[82,113]。磨浆过程中也能产生降低磺化纸浆光稳定性的发色基团。

在弱酸性 pH(如 5.5)条件下进行磺化比在较强酸性或碱性 pH[16,114]下进行磺化所生产的化学机械浆的亮度更高。然而,为了优化纸浆的强度性能,大多数工业方法使用 9 ~ 10 的磺化 pH,以便磺化药剂进行更好的浸渍。如果亮度和亮度稳定性更重要,则在弱酸性 pH 下的磺化应该是更好的。在光照条件下,磺化化学机械浆,无论未漂白还是漂白,基本上都会返黄[16,77,82,114]。因此,为了用这些纸浆生产高质量的纸张,纸浆或纸张应以某种方式进行稳定化处理。针对这一目标全世界都在开展研究工作。

5.9.4 漂白

机械浆:采用不同漂白剂(过氧化物,连二亚硫酸盐和硼氢化物)漂白的机械浆在光照处理过程中有不同的亮度稳定性[16,17,114]。最初,漂白剂的对纸浆的漂白效果不同。碱性过氧化氢在整个光谱(300 ~ 750nm)内都能实现有效漂白,硼氢化物在紫外区域有效,而连二亚硫酸盐仅在可见光区域有一定的效果。漂白浆通常比未漂白浆对光更敏感。因此,过氧化物漂白的纸浆经过照射其亮度会大幅度降低,并且在暴露于强光之后,漂白浆甚至会比相同曝光之后的未漂浆更暗。虽然连二亚硫酸盐漂白后的纸浆最终亮度通常较低,但是其亮度稳定性有时比过氧化物漂白浆的亮度稳定性好。连二亚硫酸盐将醌类还原为相应的氢醌,但可惜这是一个可逆过程。在氧化条件(氧、氧化剂)下,无色基团(氢醌、儿茶酚)很容易逆转成相应的有色醌。

然而,考虑到机械浆的强度性能,必须在获得强度和亮度的最佳制浆条件与获得亮度和亮度稳定性的最佳漂白条件之间折衷考虑[115]。

化学浆:当化学浆,特别是硬木浆,用例如二氧化氯等含氯化学品漂白时,会生成可引起返黄问题的氯化抽出物。在加热时,氯化抽出物会被发生结构改变并放出氯,导致进一步的氧化和发色问题。

常规化学浆中的木素含量非常低,因此木素对返黄的影响很小,特别是对于高亮度纸浆。化学浆在正常光化学条件下很稳定。纤维素被漂白剂氧化时会形成羰基和羧基,这些基团很可能参与发色反应。在过去几年中,化学浆的 TCF 漂白发展非常迅速,许多漂白剂(氧、臭氧、过氧化物、过氧酸、过氧单硫酸、酶等)以及漂白流程已经得到深入的研究。在 TCF 初期,高亮度纸浆产生了一些返黄问题。尽管对各个漂白段中的化学过程还缺乏了解,但是问题已经基本解决。

氧气和臭氧引起碳水化合物的氧化。臭氧或酸处理段破坏了木聚糖中的己烯糖醛酸。臭氧也会形成更多的羧基并且返黄增加[8,116]。最近已经证明,纤维素中 C_1 和/或 C_6 处的羧基比 C_2 和 C_3 处的羧基[117]更容易导致亮度的热稳定性变差。过氧化氢漂白会在纸浆中产生新的荧光发色基团。就 TCF 浆的热诱导返黄而言,臭氧漂白后的过氧化物处理似乎有助于减少返黄。通过洗涤除去漂白和氧化产物可改善亮度稳定性。

对 ECF 和 TCF 漂白硫酸盐浆的各漂白步骤后的松厚度和电荷性质研究已经阐明了纤维的电化学性质[118]。研究表明,在 pH 2 ~ 8 范围内,纤维电荷是来自于两种类型的酸性基团的电离——一个是 pK≈3.3 的木聚糖中的糖醛酸,另一个是 pK≈5.5 的微量的木素中的羧基。不同的漂白剂去除含有酸基团的方式不同,这很可能对亮度稳定性有影响。羧基的体积浓度与其在纤维表面的浓度不同。

亚硫酸盐浆的 TCF 漂白的新方法即将投入使用,完全无废液排放(TEF)是其中的一个目标。金属离子的去除会减少返黄程度。由于采用酸法蒸煮,过渡金属离子已经除去,所以在过氧化物漂白之前的 Q(螯合)阶段通常不是必需的[119]。虽然亚硫酸盐浆的最终亮度值高(88% ~90%),但卡伯值却仍然较高(在 4 ~4.5 之间)。这可能是由非木素化合物,如己烯糖醛酸或其他碳水化合物的转化产物,在卡伯值测定($KMnO_4$ 氧化)[120-123]时的干扰所致。虽然卡伯值高,但返黄值却低于用含氯化学品漂白的纸浆。

5.9.5 碱处理和洗涤

在漂白序列中增加碱处理段通常有利于减少纸浆的返黄和老化,但不能采用太强的碱处理。碱处理阶段可除去纸浆中可溶性的光化学和热化学有害物质,有效的洗涤更会增强这种效果。然而,封闭水循环可能导致亮度和亮度稳定性的问题。如果过渡金属离子和有机物在水中的浓度太高则会在纤维上再吸附,对纸浆的光学性能会产生难以预测的结果。为了不超越过高的浓度水平,应研发有效的水净化系统。

5.9.6 微生物污染

微生物(真菌、藻类等)的很多种代谢产物对造纸过程是有害的。在纸机或纸板机的生产条件下,水中的微生物通常能很好地生存,但减少微生物的存在有很多措施。微生物有时会产生返黄问题,经常会导致亮度值和亮度稳定性降低。微生物难以从纸浆中洗出,通常认为这会导致气味问题。但许多微生物合成有色化合物的能力很强。有色化合物(微生物染料)化学结构复杂,通常具有醌类化合物特征,从而降低亮度和亮度稳定性,至少它们会消耗漂白剂。

5.9.7 干燥

目前纸的干燥方法正在发生迅速改变,这主要是出于能量考虑。造纸机的干燥部分缩短,并且使用了更高的温度,烘缸温度可能会达到 160 ~180℃,新建的装置温度甚至可能会高达300℃。在较高的温度下,纸浆更容易变黄,并且温度越高变黄越严重。尽管纸张内部的温度可能不会上升到这么高,但是与加热部位接触的纸张表面会立即产生热诱导变色。接触表面的温度决定于车速、含水率和纸中水的迁移情况。加热过程也会在纸浆中留下干燥过程的"记忆",从而导致纸浆的后期老化行为[93]。这种"记忆"可以解释为发生了重排反应和产生了不稳定中间体,如自由基、烷基过氧化物和氢过氧化物基团等。

5.9.8 储存和运输

木质纤维素产品制造完成后必须经过充分存放。温度、湿度、大气和光照等条件要有利于成纸亮度的维持。对于运输过程也是如此。在木材—纸浆—纸张中的每个单元过程中都应当不引起返黄问题。本质上,这意味着在储存和运输期间维持尽可能低的温度,没有废气存在以及良好的避光。产品表面不允许有任何光照。

5.10 发色团形成的表征:动力学和机理

5.10.1 发色基团的形成动力学

返黄速度在开始时很快,后期趋缓。其化学机理复杂,没有任何一个反应途径或关键结构可以作为光照返黄过程唯一或主要的影响因素[8,124]。在用多色光(模拟阳光)照射磨木浆时,可以清楚地看到两个不同的动力学阶段:起始阶段和终了阶段(图 5-15)。

初始阶段相对较快,这是最重要的阶段,之后便是较慢的阶段。初始阶段对应于大约 1~2 个月的日晒时间[124]。有些情况下,初始阶段也可能发生纸浆漂白,一段时间过后才进入变色阶段。对化学浆这种现象偶尔会被发现,这对应着光敏发色基团的去除过程。

图 5-16 给出了一个用返黄值(*PC* 值)来表示的光诱导返黄动力学示例。在用270~370nm 之间的波长的光照射时,在开始阶段化学机械浆的返黄很快,但是在用 450nm 波长光照射时,返黄是微乎其微的。

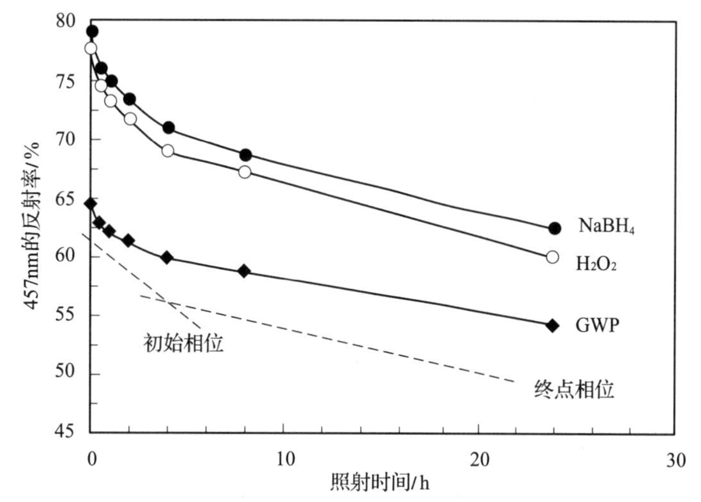

图 5-15 未漂白、过氧化氢漂白和硼氢化物漂白磨木浆在光照过程中的亮度下降[124]

图 5-17 给出了用荧光光谱评价的光诱导返黄动力学的另一个实例。化学机械浆采用 350nm 单色光进行照射,并在选定间隔记录发射光谱。图 5-17 显示,随照射时间延长荧光强度逐渐下降,最后形成了能发射更长波长的荧光的新发色基团。显然,那是一些相似的具有光活性的发色团。

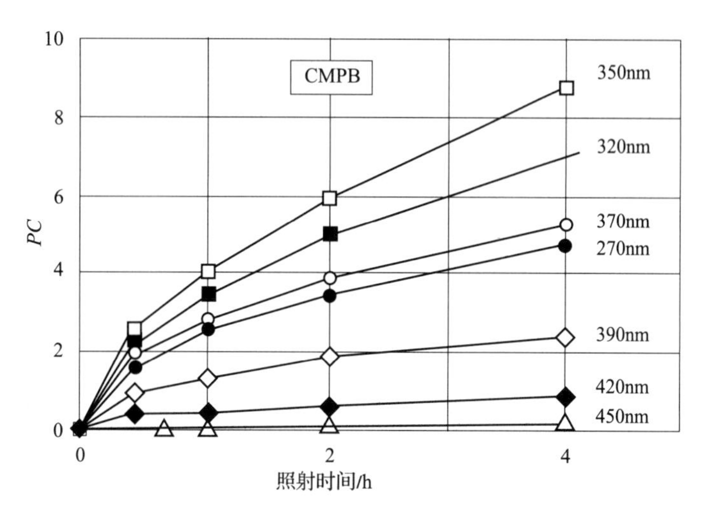

图 5-16 不同波长单色光照射过程中过氧化氢漂白化学机械浆的返黄动力学[用 *PC*(返黄值)评价]

热诱导返黄动力学与光化学返黄动力学过程非常相似,也是在开始阶段快而最终阶段较慢。然而,有时一开始也可以观测到一些漂白现象,这取决于温度。显然这是由于角质化以及光散射特性的变化。机械浆在 100℃下的热变化比较小,但在高于 130~140℃的温度下变得很明显。图 5-18 示出了不同纸浆的热敏感性，是在烘箱中暴露于各种温度1h后测定的纸浆反射率值。图5-19显示了150~230℃之间不同温度下TMP的返黄动力学。

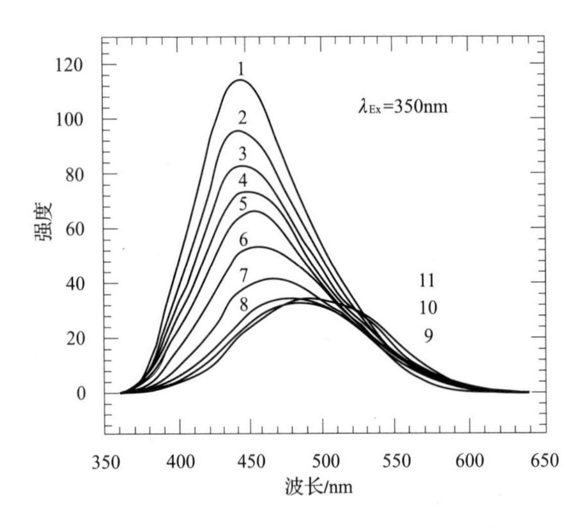

图5-17　350nm单色光照射不同时间的过氧化氢漂白云杉化学机械浆荧光光谱

注：曲线1~11：0min，5min，15min，30min，1h，3h，9h，24h，50h，100h，145h[26]。

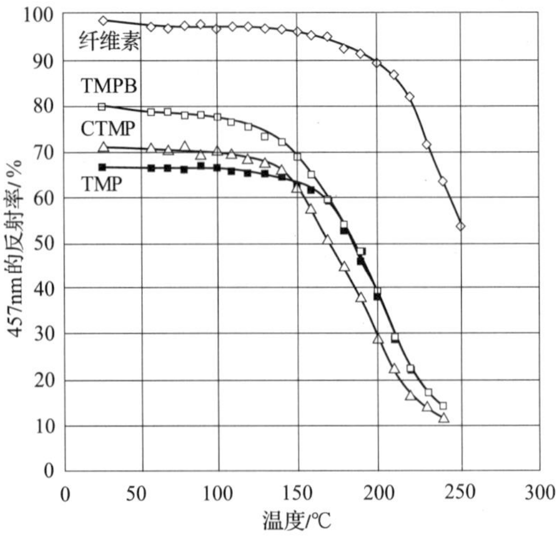

图5-18　60~250℃温度下不同纸浆在烘箱中热老化1h

纸张的干燥在较高温度下进行。为了模拟这一过程，芬兰KCL建造了一个装置（KCL-HOTSHOT），样品可以在高温下进行短时间测试[125]。图5-20为在第一个小时内云杉TMP的返黄动力学。图5-21为相应的漫反射光谱。在整个可见光区域明显出现返黄。

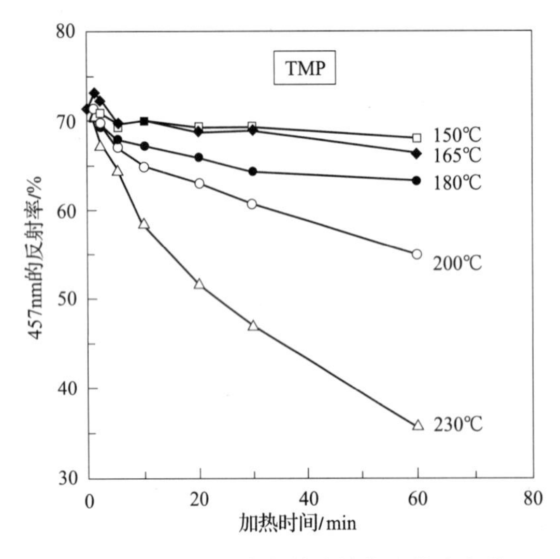

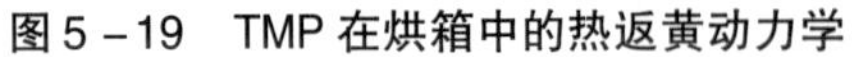

图5-19　TMP在烘箱中的热返黄动力学

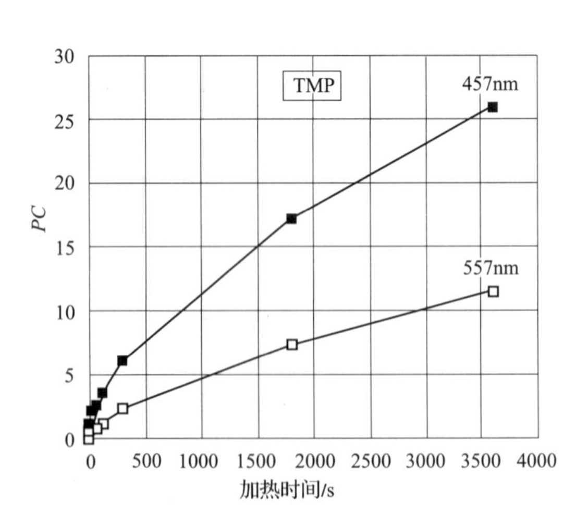

图5-20　云杉TMP用457nm和557nm的*PC*值评价的热返黄动力学

注：温度165℃的HOTSHOT装置中，时间0~3600s[164]。

5.10.2 光诱导返黄机理

近年来,人们已经把几个影响因子和结构元素作为或者考虑作为引发变黄或返黄的主要原因。

有关高得率浆返黄机理人们已经提出多种假说,涉及如下物质,如基态氧、α-羰基结构、木素双键结构、单线态氧、各种自由基、过氧化物质、酚型基团(例如儿茶酚)、邻醌类、对醌类(如甲氧基对苯醌)、木素 β-O-4 结构、氢醌类和由苯基香豆素形成的 1,2-二苯乙烯等。已经表明,过氧化氢漂白后的高得率浆中有二苯乙烯存在,它受到光照射时容易生成多种醌类有色物质[126]。

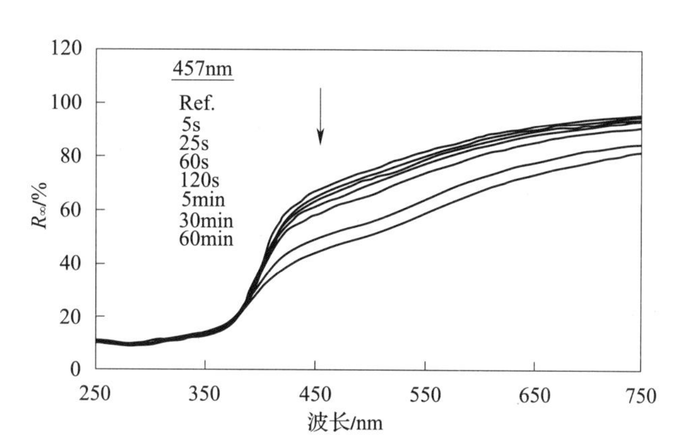

图 5-21 云杉 TMP 的热返黄动力学:不同加热时间后的 UV-VIS 漫反射光谱[164]

注:温度 165℃下的 HOTSHOT 装置中。

人们认为有色化合物与纤维素之间是化学结合的,因为它们仅部分可萃取。活性氧化合物,如羟基自由基($HO^{\cdot}$)、氢过氧自由基($HO_2^{\cdot}$)、烷氧基自由基($RO^{\cdot}$)、烷基过氧化物自由基($RO_2^{\cdot}$)、超氧化物阴离子自由基($O_2^{-\cdot}$)、基态氧($^3O_2$)、单线态氧($^1O_2$)、氧原子[$O^{\cdot}$,来自臭氧(O_3)]和过氧化氢(H_2O_2)是可能参与氧化过程的物质。尽管有关它们的影响有不同意见,但通常认为氢过氧阴离子($HO_2^{-\cdot}$)是过氧化氢漂白过程中的反应活性物质。

同样,提出了化学浆漂白与末端醛基、酮、醇、末端羧基以及过渡金属的作用有关。

涉及光诱导返黄机理的主要化学反应如下:

① 光化学能量转移(α-羰基结构,三重态和单重态,分子氧);

② C—O 键裂解(β-O-4-醚);

③ C—C 键的断裂(通过氢过氧化、羟基化、破坏芳香族结构);

④ H 脱除反应(激发态、自由基、苯氧基自由基);

⑤ 光氧化和氧化还原反应(木素中酚类结构、双键、醌类);

⑥ 二聚和低聚反应;

⑦ 交联反应;

⑧ 基质相互作用(发色团的吸收光谱的红移,导致能够吸收日光);

⑨ 电荷转移反应。

所有这些反应都已经证实是发生过的,但是很大的问题以及未来的挑战是如何评价在不同条件下这些反应对纸浆和纸张的总返黄或返黄的速率及相对影响程度。用于鉴别导致返黄问题的大分子化合物的技术和规程还需要进一步开发。

认为只有一个因素或只有一个反应造成变色的观点已经逐渐减少,更多的认为这是一种复杂现象。在光化学过程中既生成有色物质也生成无色产物。前述引起返黄诸多因素都不能满意地解释返黄过程。不论纸浆的种类是什么,探讨返黄机理才是有价值的,因为这个复杂过程包含大量可能的反应过程,但仅有一部分可导致返黄。每个路径的反应结果取决于反应条件、纸浆中存在的反应物的量(即浓度)以及该反应速率常数的大小。在诸如纸浆和纸的固体基质上,分子运动和柔性受到限制——这对于特定反应物种的相遇和发生反应的可能性非常重要。此外,结合水的存在使得固相表面更像液体,改变了重要的反应活性物种和中间体,如分子氧的扩散特性。因此,我们正在处理竞争性反应和连续多步反应的途径问题。但这种方法的必然推论是:即使可以完全阻断一个主要的返黄反应路径,但是另一个次要反应路径,在主要的返黄反应未被抑制时仅有很小的作用,现在会在很大量地参与返黄反应过程。换句话说,纸浆仍然会通过另一个途径变黄。遵循该反应路径的典型氧化方法是活性氧或含氧物质参与的自由基反应。计算机模拟[127,128]清楚地说明了同时发生的反应的重要性和反应的相互依赖性。模拟结果发现存在一种能使羰基恢复光学活性的路径,这在早期就已经提出过[129]。

5.10.3 高得率浆的单波长照射

Nolan 及其合作者[130]的早期研究表明,在机械浆的光致返黄过程中起作用的是稍大于300nm 波长的光,这一结论在大约 20 年后获得了更多支持[131]。后来,发现了光变色和光漂白[132]。使用单色照射,化学机械浆在 310 ~ 320nm 的返黄最强,同时表面 pH 降低,这表明产生了羧基[45]。漂白纸浆的光诱发变色程度更为严重。紫外 - 可见差示反射率的相似性说明在未漂浆和过氧化氢漂白化学机械浆中有类似的发色体系。图 5 - 22 为差示反射光谱,显示了 8 个不同波长下漂白化学机械浆的光致返黄和光漂白结果。

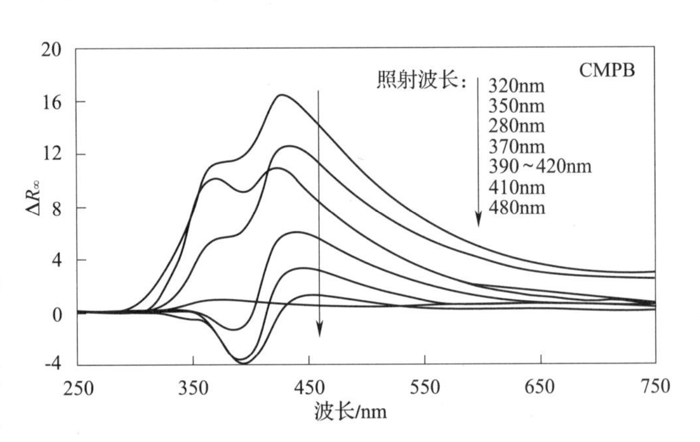

图 5 - 22 不同波长光照后过氧化氢漂白化学机械浆(CMPB)的 UV - VIS 差示反射光谱(未照射 - 照射)[46]

光照射所引起的光谱变化强烈依赖于所用的波长,差示反射光谱中出现了最大值(在 330 ~ 340nm、370 ~ 390nm 和 425 ~ 445nm)和最小值(在 380 ~ 400nm)。用波长 420 ~ 430nm 的光照射使已经光致返黄的纸浆发生了光漂白。但漂白效果远小于之前的变色效果。

5.10.4 纸浆和纸张的作用光谱

大多数光化学和光生物过程遵循倒易定律,其定义为一定的曝光剂量会产生相应恒定的光化学或生物响应。因此,在给定波长下吸收的每个光子会产生恒定量的光化学反应产物,并且这些产物产生恒定的光化学或光生物学变化。该方法的首次应用是用来构建人类皮肤的红斑作用光谱[133]。用于木浆的作用光谱的构建方法类似于用于人类皮肤的方法。为了评价纸浆的光化学变色的作用光谱,必须测量样品位置处的光谱辐照度并分析曝光的响应,例如在 457nm 的反射率。作用光谱考虑了曝光剂量和在纸浆中光活性的发色基团的特性。原则上,仔细构建的作用光谱可以用于鉴定发色基团。然而,当涉及大量发色基团时,解析会变得困难。纸浆或纸张返黄作用光谱可通过将达到某一预定的黄色色度所需要的曝光剂量的倒数对波长绘图来获得[77]。

考虑曝光剂量和机械浆中的光活性发色基团特征，构建了单色作用光谱，如图 5－23 所示[46,77]。

所得作用光谱表明，醌和半醌自由基大量参与了光致返黄过程。通过模型物照射后的荧光光谱与高木素含量的纸浆照射后[26]荧光光谱相比较，结合模型物的电子自旋共振(ESR)研究，证实了醌和半醌化合物在返黄反应中的中间体作用。作用光谱还表明，310～320nm 波长的光将使机械浆的变色最严重。通过对含有火炬松 TMP 的新闻纸进行光诱导变色，研究结果支持了其活跃波长比 300nm 略长[134]。

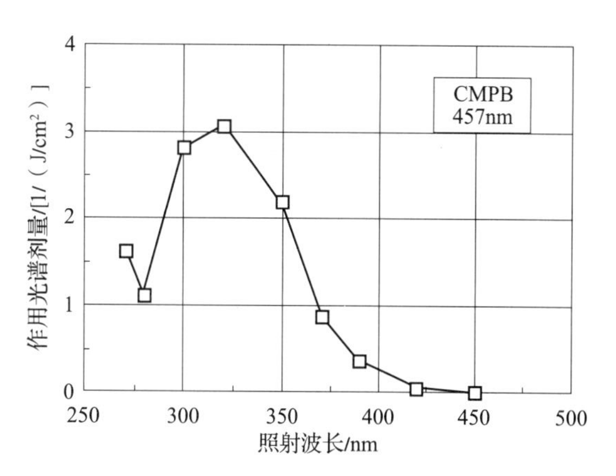

图 5－23 过氧化氢漂白化学机械纸浆(CMPB)的光致返黄的作用光谱

注：不同波长照射后过氧化氢漂白化学机械浆在 457nm 产生一个 *PC* 单元的返黄[77]（纵坐标为所需剂量的倒数，译者注）。

5.10.5 木质纤维浆的光致变色循环

在本文中，光致变色可以被定义为具有不同吸收光谱的两种状态之间的化学物种的变化。不同波长的电磁辐射引起不同的变化方向。已经观测到纤维素和高得率浆依次用紫外光和蓝光照射的光致变色循环行为[135]。

通过对经过不同波长照射后的化学机械浆的紫外－可见 UV－VIS 差示反射光谱研究，发现了主要发色基团在两个主带之间的循环[46]。用一个波带(例如在 373nm)的光能进行照射后，反射率减小，而用另一波带(例如在 420～430nm)照射后，反射率增加，反之亦然。对 TMP 和 TMPB 的进一步研究发现了发色基团的形成(光致变黄)与破坏(光漂白)[76,136]。尽管当光环次数增加时，在可见光区域中纸浆的反射率逐渐降低，但是光带强度的变化大部分是可逆的(见图 5－24)。

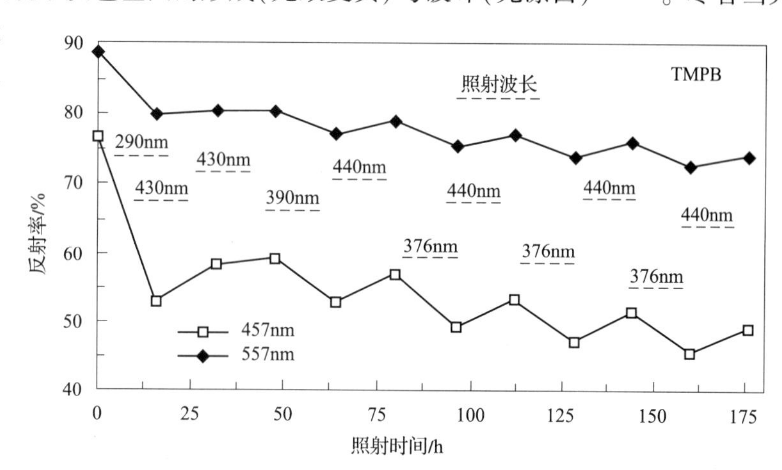

图 5－24 先后使用两个不同辐射波长进行过氧化氢漂白热磨机械浆(TMPB)的光诱导变色循环

注：一个引起光泛黄，另一个引起光漂白(照射 16h)[76]。

对于 TMP，颠倒光照顺序表明，与首先进行光变黄相比，选择首先进行光漂白时不利于最终亮度。使 TMPB 在两个循环之间无亮度差异所需的光照循环的次数为 6～12，这还取决于循环照射的时间长短。这可以被视为是一种形式的光致变色，显然这直接或间接地涉及结合在木素中的醌/氢醌、芪或一些其他发色结构的氧化/还原对。

5.10.6 纤维素纸浆的光致变色

光致变色可以被定义为具有不同吸收光谱的两种状态之间的化学物种的变化。至少一个方向的变化由电磁辐射的作用诱发，而另一相反方向的变化通常是热诱发的，并且自发地进行。

用波长大于290nm的光照射预热后纤维素产生的光致变色行为已有研究[137]。早在1968年就已经报道过放置在黑暗中的光漂白高得率亚硫酸氢盐挂面浆的变色[138]。后来发现纤维素在350nm下进行选择性照射后放在黑暗中恢复了荧光[75]。最近，Tylli等人对纤维素以及臭氧处理后的纤维素的光致变色行为进行了研究[139]（图5-25和图5-26）。发现光照射期间荧光发射强度降低相当快，但在黑暗中室温条件下又慢慢的恢复。

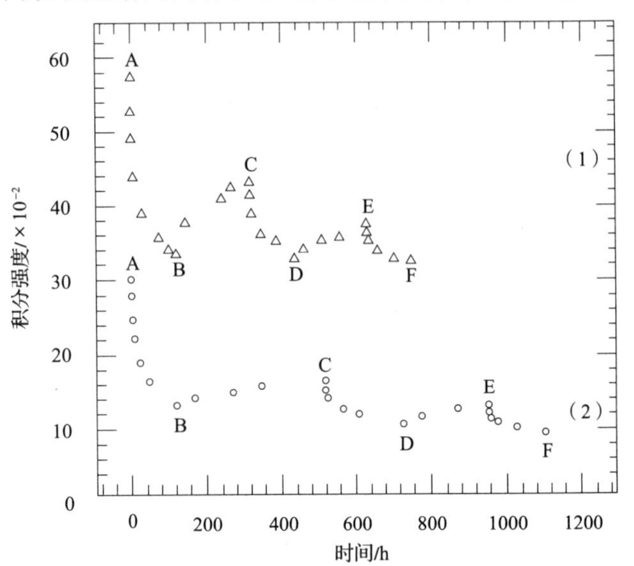

图5-25 间断进行黑暗处理的微晶纤维素 Avicel PH-101(1)和未处理的 Munktell OOM 滤纸(2)的光致变色

注：A-B，C-D和E-F为350nm选择性照射；B-C和D-E为25℃黑暗处理期间的荧光反射恢复[139]。

光照射时发生光化学还原反应可能引发部分光致变色，但在黑暗中纤维又会缓慢氧化而恢复，期间可能发生了构象变化。

在高得率浆中，木素和碳水化合物都会参与光致变色。已经证实暴露于光线之下的木素中既有可逆反应，如光诱导变色，也有不可逆反应[135,140]。木素的氧化还原性质取决于构成木素的主体结构。通过光化学反应形成的自由基可被接枝到纤维素上[71]，并且已经发现木素片段在光照期间和光照之后在纸页内的迁移。很显然，对纸页结构中的苯氧自由

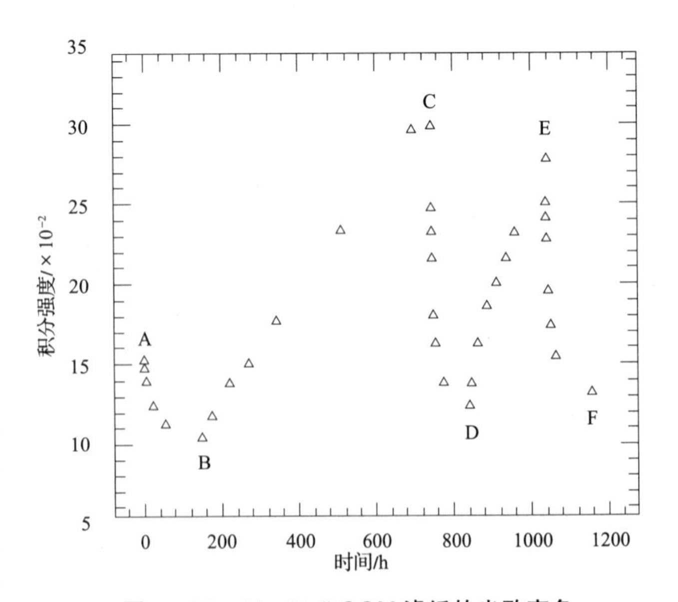

图5-26 Munktell OOM 滤纸的光致变色

注：臭氧处理24h并用350nm光照射(A-B，C-D和E-F)，在25℃间断进行黑暗处理(B-C和D-E)[139]。

基的反应性能需要进一步研究才能全面理解返黄过程。

5.10.7 热诱导返黄机理

纸浆和纸张在室温环境下自然变色很慢，随着温度升高变色加速。如前所述，湿度的影响非常重要。在热诱导返黄中会发生自由基反应和离子反应，并且以下反应会严重影响光学性质：

① 水解反应（通常为自催化水解）；
② 降解反应；
③ 重排反应；
④ 转化为低分子产物；
⑤ 角质化和大分子重组导致的散射变化。

虽然引发反应与光化学反应不同，但对于热诱导反应而言，光化学返黄所提出的许多反应也都是可能的。过氧键或其他弱键通过的热均裂可形成自由基。此外，双键的氧化反应中也可形成自由基，其中有氧气和含氧自由基的参与，氢过氧化物通常是中间产物。最终，自由基反应导致有色产物的生成。

纤维素的酸催化降解或称糖化会导致糖苷键的随机断裂而大量产生 D－葡萄糖。纤维素的降解速率主要依赖于 pH，虽然比低分子糖苷键的断裂速率慢，但在低于 100℃ 时就已经开始了，该反应开始于聚合物的无定形区。半纤维素受热脱除乙酰基和水解生成单糖。单糖可以进一步发生反应，例如木糖可生成 2－糠醛、D－葡萄糖生成 5－羟甲基－2－糠醛（HMF）。这些醛非常容易发生缩合反应，并且一定会形成有颜色的中间体。将 HMF、D－葡萄糖醛酸和还原酸渗透在滤纸上会使得纸对老化非常敏感[40]。此外，HMF 会增加机械浆和化学浆的光化学返黄和热返黄，与不添加 HMF[30] 进行正常老化的纸浆漫反射 UV－VIS 光谱特征相同。

5.11 返黄抑制

5.11.1 整体或表面处理

为减少纸浆返黄采取了与工艺和化学成分相关的措施之后，还有一些提高纸浆或纸张稳定性的方法来用以防止光诱导和热诱导变色。克服变色现象可以为制造过程乃至新产品开发带来新的机会。

富含木素，特别是在暴露于光照时，纸浆和纸张会变色，这是发生在表面的现象，而许多化学浆在老化时会发生热返黄，这种变化贯穿整个材料内部。因此，一个大的挑战是如何针对特定产品精确定制一种方法来经济地改善最终产品（纸张）的质量，特别是亮度的稳定性。这些要求可以直接部分地确定产品是需要表面处理还是总体处理。因为光致返黄仅发生在纸浆或纸的表面上，所以稳定剂的最经济的分布方式是将其放在需要它们的表面上。表面处理的好处是化学稳定剂的用量较少，因为只处理了一部分纸浆。另一个优点是可利用已有的表面处理技术，如纸张涂布和施胶技术。

纸张涂布可以被视为一种稳定纸张的方法,可增加亮度,并减少整体老化返黄。是选择颜料涂布还是不含颜料而仅含有稳定体系的涂布方式通常取决于纸厂的配置和经济上的考虑。另外,涂布颜料的光和热稳定性也许并不总是足够高,也许胶黏剂也需要返黄抑制剂。为了增强效果,可以将两种方法组合,在涂布颜料中加入返黄抑制剂以防止组分变色。有些情况下,特别是当涂层较薄时,可以将纸浆处理和表面稳定处理相结合,从而防止在老化时光线透过薄涂层导致基体材料变色。

碳酸钙等填料的使用至少有 4 个目的:a. 使纸张亮度更高,因为它们比纸浆亮度高;b. 遮蔽纸浆,使其免受有害光照从而减少返黄;c. 增加纸浆的光散射率;d. 一些填料还可以稳定纸浆的 pH。

5.11.2 稳定方法

5.11.2.1 功能基改性

通过对酚基、羰基、羧基以及双键进行衍生化来减少返黄已经是陈旧的思路,经常用于稳定化研究。在 20 世纪 60 年代人们就已经开始进行酚基的乙酰化来减少光诱导反应[141,142],最近人们对乙酰化反应的细节又进行了进一步的研究[143,144]。例如用重氮甲烷进行甲基化后显示在光诱导反应的开始是有稳定化效果,但是在长时间的光照反应中稳定化效果逐渐丧失,这是缘于保护基团的光化学裂解[80,129]。用其他烷基化方法例如乙基化和苯甲酰化也得到了相同的结果。最近发现阳离子相转移试剂也是很有效的[145]。所有这些研究结果都说明酚基参与了返黄化学反应。烷基化所存在的一个是可及度问题,即烷基化试剂需要达到纸浆中存在的所有酚基。另外醚键在光照时会遭到光化学破坏。烷基化的缺点是会降低纤维-纤维结合力。

木素和碳水化合物中的羰基可以用许多试剂进行还原,例如硼氢化物、二硼烷和连二亚硫酸盐[79,129,146]。在有氧条件(空气)下,木素中醌/酚的氧化还原对会发生可逆反转。因此,深色的醌类化合物的还原仅能短暂地抑制返黄过程。大部分情况下将羰基还原为羟基仅对浆料有轻微的返黄抑制作用。

羰基可以通过普通方法氧化为稳定且无色的羧基,但同时会降低纸浆的 pH,这对纸浆老化行为和碳水化合物的解聚具有长远影响。因此,反应过程中应包括中和步骤。如果羰基位于碳水化合物中,则氧化可会导致键断裂而降低纸浆黏度。

双键很难进行选择性处理。对双键已经进行过催化加氢试验[80,146],但是虽然降低了返黄趋势,但实验结果的前景不大。保持纸浆的亮度水平仍然是一个问题。

官能团的改性需要昂贵的设备和化学试剂,同时还存在纸浆和废水的清洁问题。此外,稳定效果的持续时间通常比较短。把官能团的极性变小,纸浆的强度也常常受到影响,虽然有时也可以对此进行补偿[143]。

5.11.2.2 抗氧化剂和紫外线吸收剂

抗氧化剂和紫外吸收剂已经在木材、纸浆和纸的内部或表面得到应用。次磷酸钠、硫醚和硫醇等还原剂的作用已经讨论过[147—149]。但许多硫代化合物具有挥发性和/或有气味。采用较高分子量的化合物也进行过实验研究,虽然也许它们没有商业价值,但可用来阐明返黄机理。用于防止光诱导返黄的抑制剂的一些实例示于图 5-27。

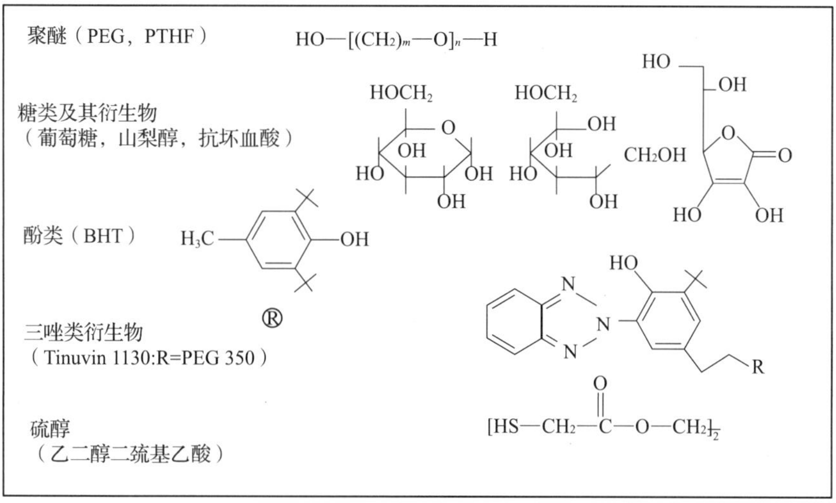

聚醚（PEG，PTHF） HO—[(CH₂)ₘ—O]ₙ—H

糖类及其衍生物
（葡萄糖，山梨醇，抗坏血酸）

酚类（BHT）

三唑类衍生物
（Tinuvin 1130:R=PEG 350）

硫醇
（乙二醇二巯基乙酸） [HS—CH₂—C(=O)—O—CH₂]₂

图 5－27 光诱导返黄抑制剂的应用实例[150]

许多酚型紫外光吸收剂在化妆品或聚合物工业中用作添加剂，现已被用作纸浆和纸的稳定剂[59,79]。采用紫外光吸收剂的设想是吸收紫外区域中的有害辐射，并将能量以热的形式进行无害转移，同时吸收剂再生。2,4－二羟基二苯甲酮和2′－羟基苯基苯并三唑就属于这种类型的化合物，已经发现其具有防止木材和纸张变色的作用[149,151]。紫外吸收剂的作用机制也归因于酚类的抗氧化能力。在一些紫外屏蔽剂和抗氧化剂中可引入阴离子和阳离子基团，后一种方法使性能得到了进一步改进[9]。因此，为了增加效果，紫外屏蔽剂还必须作为抗氧化剂。商业紫外屏蔽剂 Tinuvin 1130 及其衍生物，特别是其与长链且无味的二巯基烷烃组合使用，不论在实验室还是在中试装置中都显示其有良好的应用前景。

5.11.2.3 聚合物稳定剂

引入聚合物添加剂已经在稳定化研究中取得了巨大进展。然而只有某些聚合物是有效的，并且其作用机制还存在争论。聚乙二醇是一种有效的返黄抑制剂，而且廉价、无害，分子中仅含有碳、氧和氢原子。研究表明，聚乙二醇（PEG）是一种有效的抵抗机械浆和化学机械浆光诱导变色的稳定剂[16,48,152,153]。相对分子质量范围为 1000 至 2000 的 PEG 比高分子量效果更好。PEG 可以与其他添加剂的混合物使用，从而进一步增加稳定效果。具有硫醇基团的聚合物的三元混合物也有应用[154]。采用 PEG 醚化来封闭木素中酚羟基的模型化合物研究表明，其光诱导返黄得到显著抑制[155]。

另一种聚合物稳定剂为聚乙烯吡咯烷酮（polyvinylpyrrolidone，PVP）[156]，其在生物化学研究中被大量用作苯酚吸收剂。PVP 对机械浆具有稳定作用，但效果不如 PEG。聚四氢呋喃（PTHF）[150]也是非常有应用前景的聚合物，因为它抑制效率高，而且中试结果表明它可以应用于造纸机中并嵌入纸浆纤维中。PEG 1000 可溶于水，而 PTHF 1000 却不溶于水，因此，可以将 PEG 和 PTHF 进行组合应用。在用 PTHF 进行纸浆纤维处理之后添加 PEG 进行表面处理。（译者注：此处可能是原文有错误："PEG 1000 可溶于水，而 PTHF 1000 却不溶于水"，说明应该先用 PEG 处理，后用 PTHF 进行表面处理）。

掺有聚合物链分子（如 PEG）的抗氧化剂已经在高分子工业得到应用。用于保护纸浆的聚合物抑制剂（抗氧化剂，UV 吸收剂等）也采用掺入 PEG 链性方法进行了特别设计合成。然而，抗氧化剂产品的抗氧化的活性和聚合活性常常会降低，这可能是其流动性和可及性的问题。任何情况下多功能返黄抑制剂都是非常受欢迎的,为实现这一目标,研发工作正在世界范围内全面展开。

5.11.3 机械浆

虽然机械纸浆变色问题已经进行了广泛研究,但是经济上可行的解决方案却很少。各种稳定化方法也都尝试过,包括纸浆本身的改性和添加抑制剂和自由基清除剂(抗氧化剂)等。Heitner 在一篇综述中评估了 1993[6] 年之前所取得的进展。即使使用浓度很低,那些特别合成的添加剂似乎都太昂贵了,例如光稳定合成高分子抗氧化剂和紫外线吸收剂[157,188],他们不适合用于相对便宜的材料例如纸浆的返黄抑制。不过近年来已经使用了许多有希望的措施。

使用螯合剂(EDTA 和 DTPA)将终段纸浆,特别是金属含量高的纸浆,的过渡金属去除(尽管在前面制浆过程中采取过措施),可以增加亮度和亮度稳定性[16,54]。关于是否应将螯合剂从纸浆中洗出或者是否可以留在纸浆中存在争议。这可能是与浆材原料种类或纸浆是否被漂白有关的问题。

PEG 是云杉和白杨机械浆和化学机械浆的有效光诱导返黄稳定剂。与抗坏血酸和其他添加剂组合[16],所用 PEG 的量可以大大降低。但抗坏血酸在热学上非常不稳定,并且通常会有增强老化的作用[44]。一般来说,未漂浆比漂白浆更适于单独使用 PEG,因为用 PEG 进行稳定化处理时,光照还是会损失一部分漂白效果。在纸浆进行漂白的同时用 PEG 对纸浆进行稳定处理,因此似乎是有问题的。

PEG 和 PVP 使用后都能增加纸浆的初始亮度,并作为光照稳定剂。然而,PVP 的性能不如 PEG,因为只需要非常低的 PEG 浓度就可以达到与 PVP 相同的稳定效果。PEG 有稳定作用至少有一部分是因为其发生自由基清除反应,同时 PEG 也阻碍了自由基反应的可及性以及自由基中间体流动性,对自由基化学反应这是十分重要的。PVP 似乎充当的是酚羟基和醇羟基的吸附剂[156]。添加聚合物的压力磨石磨木浆的整体光稳定性见图 5-28。

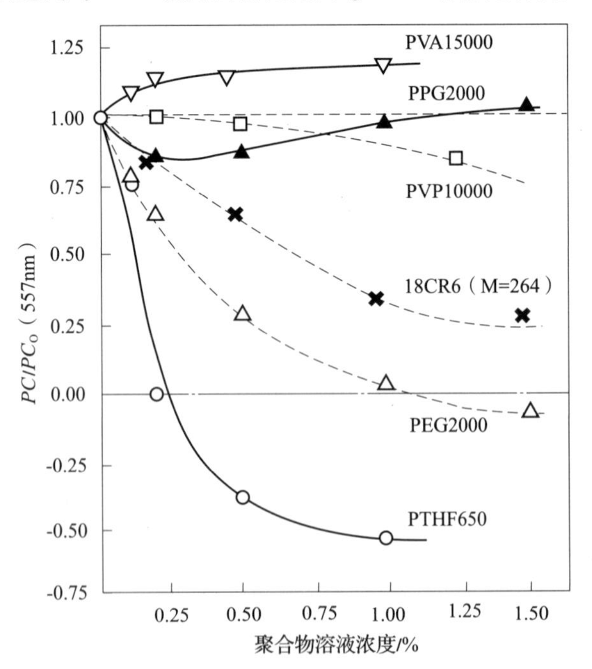

图 5-28 添加各种聚合物后压力磨石磨木浆(PGW)的光稳定性

注:以相对返黄值(PC)值表示。PVA 和 PVP 溶于水中,其他溶于乙醇。光照(氙灯)5h[150]。

对多种 α-羟基烷基次膦酸盐制备和稳定作用的研究工作[159]表明,其对高得率浆的光诱导返黄有中等稳定作用,与磷原子联结的碳上的氢的存在对稳定作用有利。

5.11.4 化学浆

由于化学浆中残余木素的量远小于机械浆中木素的含量,对芳环和酚型木素的稳定效果的要求大大降低。此外,本文前面已经指出,当化学浆,如 TCF 或 ECF 纸浆出现返黄问题时,应首先考虑是否漂白方法和漂白化学品发生了变化。为达到长期稳定,必需对纸浆和纸的最终 pH 进行调节和缓冲。这可能已足以达到对长期光学性稳定性的要求。然而,原则上,用于生产机械纸浆的许多稳定技术对于稳定化学浆也具有参考价值。在表面处理过程中尤其如此。而且,大多数纸张本来就是不同比例的机械浆和化学浆的混合物。

5.11.5 表面处理

在施胶压榨[150,160-163]中采用添加如 PEG 等助剂进行表面处理是防止纸张光诱导返黄的最有希望的方法。然而,稳定性实验的结果进一步证明热作用和光作用之间的差异。对于热诱导和光诱导返黄需要不同的稳定剂。抗坏血酸(一种抗光致变色的高效稳定剂)的使用在加热期间是有害的。因此,为生产短期老化或长期老化(在热或光下)条件下的不返黄的纸浆,需要使用无相反作用的混合抑制剂。这方面的工作正在进行之中。

参考文献

[1] Hon, D. N. -S. and Glasser, W., Polym. -Plast. Tech. Eng. 12(2):159(1979).

[2] Hon, D. N. -S., in Development in Polymer Degradation (N. Grassie, Ed.), Applied Science Publishers, London, 1981, Vol. 3, pp. 229-281.

[3] Hon, D. N. -S., in Wood and Cellulosic Chemistry (D. N. -S. Hon and Shiraishi, N., Eds.), Marcel Dekker, New York, 1991, pp. 525-555.

[4] Gratzl, J. S., Das Papier 39(10A):V14(1985).

[5] Heitner, C. and Schmidt, J. A., "Light-Induced Yellowing of Wood-Containing Papers-A Review of Fifty Years of Research". 1991, 6th International Wood and Pulping Chemistry Symposium Notes, Appita, Melbourne, Australia, Vol. 1, p. 131.

[6] Heitner, C., in "Photochemistry of Lignocellulosic Materials," ACS Symp. Series No. 531, (C. Heitner and J. C. Scaiano, Eds.), American Chemical Society, Washington, 1993, pp. 2-25.

[7] Hon, D. N. -S. and Minemura, N., in "Wood and Cellulosic Chemistry" (D. N. -S. Hon and N. Shiraishi, Eds.), Marcel Dekker, New York, 1991, pp. 395-454.

[8] Forsskörl, I., "Towards an Understanding of the Photoyellowing of Pulps and Papers" in Trends in Photochemistry & Photobiology: Monograph 3, Reasearch Trends, Trivandrum, India, 1994, pp. 503-520.

[9] Castellan, A., La Photochimie 94, L'Actualit? Chimique, Supplément au numéro 7, Club Photochimie d'EDF, Chatou Cedex, France, 1994, pp. 148-155.

[10] Lindholm, C., in Vol. 5: Mechanical Pulping (J. Sundholm, Ed.), Papermaking Science and Technology Series (J. Gullichsen and H. Paulapuro, Series Eds.), Finnish Paper Engineers'Association and TAPPI, Fapet Oy, Gummerus Oy, Jyväskylä 1999, Chap. 11.

[11] Kubelka, P. and Munk, F., Z. Techn. Physik 12:593 (1931).

[12] Kubelka, P., J. Opt. Soc. Am. 38(5):488 (1948).

[13] Kubelka, P., J. Opt. Soc. Am. 44(4):330 (1954).

[14]Leskelä M. ,in Vol. 16: Paper Physics (K. Niskanen,Ed.),Papermaking Science and Technology Series (J. Gullichsen and H. Paulapuro,Series Eds.),Finnish Paper Engineers'Association and TAPPI,Fapet Oy,Gummerus Oy,Jyväskylä 1999,Chap. 4.
[15]Giertz,H. W. ,Svensk Papperstidn. 48(13):317 (1945).
[16]Janson,J. and Forsskåhl,I. ,Nordic Pulp Paper Res. J. 4(3):197 (1989).
[17]Janson,J. and Forsskåhl,I. ,"Influence of Metal Ions and Complexing Agents on the Colour - Stability of Lignin - Rich Pulps,"1989,TAPPI International Wood and Pulping Chemistry Symposium Notes,TAPPI PRESS,Atlanta,p. 603.
[18]Oittinen,P. and Saarelma,H. ,in Vol. 13: Printing (P. Oittinen and H. Saarelma,Eds.),Papermaking Science and Technology Series (J. Gullichsen and H. Paulapuro, Series Eds.), Finnish Paper Engineers'Association and TAPPI,Fapet Oy,Gummerus Oy,Jyväskylä Finland 1998,Chap. 3.
[19]Popson,S. J. ,Malthouse,D. D. ,Robertson,P. C. ,TAPPI J. 80(9):137 (1997).
[20]Schmidt,J. A. and Heitner,C. ,Tappi J. 76(2):117 (1993).
[21]Suppanen,U. ,"Development of Thermal Brightness Stability of Chemical Pulps Bleached with Chlorine - Free Reagents",M. Sc. Thesis,Helsinki University of Technology,Espoo,Finland, 1997.
[22]Rundlöf,M. and Bristow,J. A. ,J. Pulp Paper Sci. 23(5):J220 (1997).
[23]Koukoulas,A. A. and Jordan,B. D. ,J. Pulp Paper Sci. 23(5):J224 (1997).
[24]Lëvesque,M. ,Dessureault,S. ,Barbe,M. C. ,J. Pulp Paper Sci. 23(6):J254 (1997).
[25]Tylli,H. ,Forsskähl,I. ,Olkkonen,C. ,J. Photochem. Photobiol. A: Chem. 67:117 (1992).
[26] Tylli, H. , Forsskähl, I. , Olkkonen, C. , J. Photochem. Photobiol. A: Chem. 87 (2): 181 (1995).
[27]Olmstaed,J. A. and Grey,D. G. ,J. Pulp Paper Sci. 23(12):J571 (1997).
[28] Forsskähl, I. , Olkkonen, C. , Tylli, H. , KCL/PSC Communications 104 (in Finnish), The Finnish Pulp and Paper Research Institute,Espoo,1997,pp. 1 - 42.
[29] Forsskähl, I. , Olkkonen, C. , Tylli, H. , KCL/PSC Communications 105 (in Finnish), The Finnish Pulp and Paper Research Institute,Espoo,1997,pp. 1 - 63.
[30]Forsskähl,I. ,Olkkonen,C. ,Tylli,H. ,"Participation of Carbohydrate - Derived Chromophores in the Yellowing of High - Yield and TCF Pulps,"1997,9th International Wood and Pulping Chemistry Symposium Notes,CPPA,Montreal,Canada,p. K4 - 1.
[31]Forsskähl,I. ,Tylli,H. ,Olkkonen,C. ,Nordic Pulp Paper Res. J. 9(3):196 (1994).
[32]Billa,E. ,Argyropoulos,D. S. ,Koukios,E. G. ,"Correlating 31P NMR and Fluorescence Data of Residual Kraft Lignins by Multivariate Chemometric Analysis,"1998,Fifth European Lignocelluloses and Pulp Workshop,Notes,University of Aveiro,Aveiro,Portugal,p. 183.
[33]Eklund,H. and Forsskähl,I. ,"Heat - Induced Changes in TMP Studied by ESEM Microscopy," 1997 ISWPC: Advances in Microscopy and NMR Spectroscopy of Lignocellulosic Materials Presymposium Workshop Notes,McGill,Paprican,COMB,Québec,Canada,Poster No. 5,p. 1.
[34]Grönroos,A. J. ,Pitkänen,M. ,Vuolle,M. ,J. Pulp Paper Sci. 24(9):286 (1998).
[35]Neimo,L. ,Paperi Puu 46(1):7 (1964).

[36] Gullichsen, J. , Paperi Puu 47(4a):215 (1965).
[37] Arnold, B. , Alkaline Paper Advocate 9(2):24 (1996).
[38] Theander, O. , "Non - Enzymic Conversion of Carbohydrates to Phenols and Enones", 1987, 4th International Wood and Pulping Chemistry Symposium Notes, Vol. 2, EUCEPA, Paris, France, p. 287.
[39] Lewin, O. , "Bleaching, Aging and Alkaline Yellowing of Cellulose", 1987, 4th International Wood and Pulping Chemistry Symposium Notes, Vol. 1, EUCEPA, Paris, France, p. 345.
[40] Theander, O. and Nelson, D. A. , in Advances in Carbohydrate Chemistry and Biochemistry 46 (R. S. Tipson and D. Horton, Eds.), Academic Press, New York, 1988, pp. 273 - 326.
[41] CIE Publication No. 85: Solar Spectral Irradiance, Commission Internationale de l'Eclairage, Vienna, 1989.
[42] Forsskåhl, I. , Olkkonen, C. , Tylli, H. , Appl. Spectrosc. 49(1):92 (1995).
[43] Forsskåhl, I. , KenttäE. , Kyyrönen, P. , Sundström, O. , Appl. Spectrosc. 49(2):163 (1995).
[44] Schmidt, J. A. and Heitner, C. , J. Pulp Paper Sci. 23(11):J532 (1997).
[45] Forsskåhl, I. and Janson, J. , Nordic Pulp Paper Res. J. 6(3):118 (1991).
[46] Forsskåhl, I. and Janson, J. , "Irradiation of Mechanical Pulps with Monochromatic Light at Selective Wavelengths," 1991, 6th International Wood and Pulping Chemistry Symposium Notes, Appita, Melbourne, Australia, p. 255.
[47] Forsskåhl, I. and Janson, J. , Nordic Pulp Paper Res. J. 7(3):48 (1992).
[48] Forsskåhl, I. and Janson, J. , Paperi Puu 74(7):553 (1992).
[49] Fischer, K. , Beyer, M. , Koch, H. , Holzforschung 49(3):203 (1995).
[50] Wilson, W. K. , Alkaline Paper Advocate 10(2):16 (1997).
[51] Capretti, G. and Janson, J. , "Light - Induced Yellowing of Different Morphological Parts Isolated from Lignified Pulps," 1992, Second European Lignocelluloses and Pulp Workshop Notes, CTP, Grenoble, France, Extended Abstracts, p. 181.
[52] Abadie - Maumert, F. A. , Revue A. T. I. P. 42(5):217 (1988).
[53] Gupta, V. N. , Pulp Paper Mag. Can. 71(18):69 (1970).
[54] Ni, Y. , Ghosh, A. , Li, Z. , Heitner, C. , McGarry, P. , J. Pulp Paper Sci. 24(8):259 (1998).
[55] Forsskåhl, I. , Gustafsson, J. , Nybergh, A. , Acta Chem. Scand. B35(6):389 (1981).
[56] Tylli, H. , Forsskåhl, I. , Olkkonen, C. , "Reactions of Model Compounds Related to Lignin Yellowing: Electron Spin Resonance Measurements on Free Radicals Generated from Monomer and Dimer Quinones and Hydroquinones", 1989 International Wood and Pulping Chemistry Symposium Notes, Posters, TAPPI PRESS, Atlanta, USA, p. 361.
[57] Lewis, H. F. , Reineck, E. A. , Fronmuller, D. , Paper Trade J. 121(8):44 (1945).
[58] Gellerstedt, G. and Pettersson, E. - L. , Svensk Papperstidn. 80(1):15 (1977).
[59] Gellerstedt, G. , Pettersson, I. , Sundin, S. , Svensk Papperstidn. 86(15):R157 (1983).
[60] Ekman, R. and Holmbom B. , Nordic Pulp Paper Res. J. 4(3):188 (1989).
[61] Ekman, B. , Eckerman, C. , Holmbom, B. , Nordic Pulp Paper Res. J. 5(2):96 (1990).
[62] Holmbom, B. , Ekman, R. , Eckerman, C. , Thornton, J. , Das Papier 45(10A):V16 (1991).
[63] Örsä F. , Holmbom, B. , Haara, M. , Paperi Puu 78(10):605 (1996).

[64] Gardner, H. W. , in Autoxidation of Unsaturated Lipids (H. W. – S. Chan, Ed.), Academic Press, London, 1987, Chap. 3.

[65] Donetzhuber, A. , Das Papier 34(10):59 (1980).

[66] Donetzhuber, A. , "Characterization of Pulp and Paper with Respect to Odor", 1981 International Wood and Pulping Chemistry Symposium Notes "The Ekman – Days 1981", SPCI, EUCEPA, Stockholm, Sweden, Vol. 4, p. 136.

[67] Forsskähl, I. , "Light – Induced Oxidation of Extractives and Colour Changes in Mechanical Pulps," 1992, Second European Lignocellulosics and Pulp Workshop Notes, CTP, Grenoble, France, p. 47.

[68] Tyrväinen, J. , Law, K. – N. , Valade, J. L. , Pulp Paper Can. 97(8):26 (T223) (1997).

[69] Hrutfiord, B. F. , Luthi, R. , Hanover, K. F. , J. Wood Chem. Tech. 5(4):451 (1985).

[70] Haluk, J. P. , Schloegel, F. , Metche, M. , Holzforschung 45(6):437 (1991).

[71] Castellan, A. , Nourmamode, A. , Jaeger, C. , Forsskähl, I. , Nordic Pulp Paper Res. J. 8(2):239 (1993).

[72] Tylli, H. , Forsskähl, I. , Olkkonen, C. , "The Photochemistry of Cellulose and Lignocellulosic Materials Studied by Fluorescence. 1993, Seventh International Wood and Pulping Chemistry Symposium Notes, CTAPI, Beijing, China, Vol. 3, p. 458.

[73] Forsskähl, I. , Tylli, H. , Olkkonen, C. , "Influence of Quinoid and Aromatic Chromophores on the Light – Induced Yellowing of High – Yield Pulps," 1993, Seventh International Wood and Pulping Chemistry Symposium Notes, Vol. 2, CTAPI, Beijing, China, p. 750.

[74] Castellan, A. , Nourmamode, A. , Jaeger, C. , Forsskähl, I. , "Photochemistry of Lignocellulosic Materials", ACS Symp. Series No. 531 (C. Heitner and J. C. Scaiano, Eds.), American Chemical Society, Washington, 1993, pp. 60 – 76.

[75] Tylli, H. , Forsskähl, I. , Olkkonen, C. , J. Photochem. Photobiol. A: Chem. 76:143 (1993).

[76] Forsskähl, I. and Maunier, C. , "Photochemistry of Lignocellulosic Materials," ACS Symp. Series No. 531 (C. Heitner and J. C. Scaiano, Eds.), American Chemical Society, Washington, 1993, pp. 156 – 166.

[77] Forsskähl, I. and Tylli, H. , "Photochemistry of Lignocellulosic Materials," ACS Symp. Series No. 531 (C. Heitner and J. C. Scaiano, Eds.), American Chemical Society, Washington, 1993, pp. 45 – 59.

[78] Forsskähl, I. , Tylli, H. , Olkkonen, C. , Janson, J. , 1991, "Photochemistry of Quinones and Hydroquinones on Solid Matrices", Sixth International Wood and Pulping Chemistry Symposium Notes, Vol. 2. , Appita, Melbourne, Australia, pp. 325 – 331.

[79] Kringstad, K. and Lin, S. Y. Tappi 53(12):2296 (1970).

[80] Tschirner, U. and Dence, C. W. , Paperi Puu 70(4):338 (1988).

[81] Agarwal, U. P. , Atalla, R. H. , Forsskähl, I. , Holzforschung 49(4):300 (1995).

[82] Heitner, C. and Min, T. , Cellulose Chem. Tech. 21(3):289 (1987).

[83] Suckling, I. D. , "Comparison of the Optical Properties of Radiata Pine CTMP and TMP Pulps and the Starting Wood", 1993, Seventh International Wood and Pulping Chemistry Symposium Notes, CTAPI, Beijing, China, 1993, Vol. 2. , p. 767.

[84] Castellan, A., Choudhury, H., Davidson, R. S., Grelier, S., J. Photochem. Photobiol. A: Chem. 81:123 (1994).

[85] Davidson, R. S., Choudhury, H., Origgi, S., Castellan, A., J. Photochem. Photobiol. A: Chem. 91(1):87 (1995).

[86] Ek, M., Gierer, J., Jansbo, K., Reitberger, T., Holzforschung 43(6):391 (1989).

[87] Carlsson, B., Samuelson, O., Popoff, T., Theander, O., Acta Chem. Scand. 23(1):261 (1969).

[88] Beving, H. F. G. and Theander, O., Acta Chem. Scand. B29(5):577 (1975).

[89] Beving, H. F. G. and Theander, O., Acta Chem. Scand. B29(6):641 (1975).

[90] Simkovic, I., Alföldi, J., Matulova, M., Carbohyd. Res. 152:137 (1986).

[91] Buchert, J., Bergnor, E., Lindblad, G., Viikari, L., Ek, M., TAPPI J. 80(6):165 (1997).

[92] Forsskähl, I., Tylli, H., Hortling, B., Olkkonen, C., "Heat - and Light - Induced Chromophore Changes in Xylan Fractions From Birch," 1998 International Pulp Bleaching Conference Proceedings, KCL, Gummerus Oy, Jyväskylä Finland, Vol. 2, p. 569.

[93] Forsskähl, I. and Suppanen, U., "Effects of High Temperatures of Short Duration on TCF - Bleached Chemical Pulps," 1998, Fifth European Lignocelluloses and Pulp Workshop Notes, University of Aveiro, Aveiro, Portugal, p. 175.

[94] Chamberlain, D. C. and Priest, D. J., Cellul. Chem. Tech. 30(3-4):329 (1996).

[95] Popoff, T. and Theander, O., Acta Chem. Scand. Ser. B, 30(5):397 (1976).

[96] Enkvist, T., Fin. Kem. Medd. 71(4):104 (1962).

[97] Forsskähl, I., Popoff, T., Theander, O., Carbohydr. Res. 48(1):13 (1976).

[98] Forsskähl, I., Tylli, H., Olkkonen, C., J. Photochem. Photobiol. A: Chem. 43:337 (1988).

[99] Nordström, J. - P. P., Nordlund, J. P., Grön, J. P. L., Paperi Puu 80(6):449 (1998).

[100] Mailly, U., LeNest, J. F., Serra Tosio, J. M., Silvy, J., TAPPI J. 80(5):176 (1997).

[101] Hon, D. N. - S., J. Appl. Polym. Sci. Symp. 37:461 (1983).

[102] Lee, D. - Y. and Sumimoto, M., Holzforschung 45(Suppl.):15 (1991).

[103] Wu, Z. - H., Sumimoto, M., Tanaka, H., Holzforschung 48(5):395 (1994).

[104] Wu, Z. - H., Sumimoto, M., Tanaka, H. J., Wood Chem. Tech. 15(1):27 (1995).

[105] Zhu, J. H., Archer, C., MacNab, F., Andrews, M. P., Kubes, G., Grey, D. G., J. Pulp Paper Sci. 23(7):J305 (1997).

[106] Wu, Z. - H., Sumimoto, M., Tanaka, H., Holzforschung 48(5):400 (1994).

[107] Forsskähl, I. and Särkilahti, A., KCL/PSC Communications 94 (in Finnish), The Finnish Pulp and Paper Research Institute, Espoo, 1996, pp. 1-30.

[108] Forsskähl, I., Nurminen, I., Ranua, M., Korhonen, T., KCL/PSC Communications 120 (in Finnish), The Finnish Pulp and Paper Research Institute, Espoo, 1999, pp. 1-67.

[109] Hergert, H. L. and Pye, E. K., "Recent History of Organosolv Pulping," 1992 TAPPI Solvent Pulping Symposium Notes, TAPPI PRESS, Atlanta, p. 9.

[110] Hergert, H. L., in Environmentally Friendly Technologies for the Pulp and Paper Industry (R. A. Young and M. Akhtar, Eds.), John Wiley, New York, 1998, Chap. 1.

[111] Sundquist, J. and Poppius - Levlin, K., in Environmentally Friendly Technologies for the Pulp

and Paper Industry (R. A. Young and M. Akhtar, Eds.), John Wiley, New York, 1998, Chap. 5.

[112] Jeffries, T. W. and Viikari, L. (Eds.), Enzymes for Pulp and Paper Processing, ACS Symp. Series 655, American Chemical Society, 1996, Washington, DC, pp. 1 – 326.

[113] Gellerstedt, G. and Pettersson, B., Svensk Papperstidn. 83(11):314 (1980).

[114] Janson, J. and Forsskähl, I., "Influence of Sulphonation and Bleaching on Colour and Colour Reversion of Mechanical Pulps", 1991, 6th International Wood and Pulping Chemistry Symposium Notes, APPITA, Melbourne, Australia, Vol. 1, p. 627.

[115] Forsskähl, I., "Improvement of High – Yield Pulping Processes and Prevention of Light – Induced Colour Reversion of Lignin – Rich Pulps and Papers," 1996 European Pulp and Paper Research Conference Proceedings, NUTEK, Stockholm, Sweden, p. 31. (Published later in Proceedings of the European Conference on Pulp and Paper Research, European Commission, European Communities, 1997, Luxemburg, pp. 74 – 82).

[116] Chirat, C. and de la Chapelle, V., "Heat and Light Induced Brightness Reversion of Bleached Chemical Pulps", 1997, 9th International Wood and Pulping Chemistry Symposium, Notes, CPPA, Montreal, Canada, p. S1 – 1.

[117] Chirat, C., de La Chapelle, V., Lachenal, D., "Heat and Light Induced Brightness Reversion of Bleached Chemical Pulps. Effect of Oxidized Groups", 1998, Fifth European Lignocelluloses and Pulp Workshop Notes, University of Aveiro, Aveiro, Portugal, p. 551.

[118] Laine, J., Paperi Puu 79(8):551 (1997).

[119] Kappel, J., Grengg, M., Kittel, F. P., Pulp Paper Can. 48(7):48 (1997).

[120] Vuorinen, T., Buchert, J., Teleman, A., Tenkanen, M., Fagerström, P., "Selective Hydrolysis of Hexeneuronic Acid Groups and its Application in ECF and TCF Bleaching of Kraft Pulps", 1996 TAPPI International Pulp Bleaching Conference Proceedings, TAPPI PRESS, Atlanta, p. 43.

[121] Li, J. and Gellerstedt, G., Carbohyd. Res. 302(3 – 4):213 (1997).

[122] Li, J. and Gellerstedt, G., Nordic Pulp Paper Res. J. 13(2):153 (1998).

[123] Bergnor – Gidnert, E., Tomani, P. E., Dahlman, O., Nordic Pulp Paper Res. J. 13(4):310 (1998).

[124] Ek, M., "Some Aspects on the Mechanisms during Photoyellowing of High – Yield Pulps". Ph. D. Thesis, Royal Institute of Technology, Department of Wood Chemistry, Stockholm, Sweden, 1992, pp. 1 – 142.

[125] Koskinen, J., Salerma, M., Forsskähl, I., "HOT – SHOT: Rapid Heat – Aging of Mechanical Pulps," 1997, 20th International Mechanical Pulping Conference Proceedings, SPCI, Stockholm, Sweden, p. 377.

[126] Zhang, L. and Gellerstedt, G., "The Role of Stilbene Structures in Photoyellowing and the Mechanism of Photostabilization of High Yield Pulps" 1993, Seventh International Wood and Pulping Chemistry Symposium Notes, CTAPI, Beijing, China, Vol. 2, p. 759.

[127] Forsskähl, I. and Tylli, H., J. Photochem. 27:85 (1984).

[128] Forsskähl, I., Tylli, H., Olkkonen, C., J. Photochem. Photobiol. A: Chem. 50:407 (1990).

[129] Gierer, J. and Lin, S. Y., Svensk Papperstidn. 75(7): 233 (1972).
[130] Nolan, P., Van den Akker, J. A., Wink, W. A., Paper Trade J. 121(11): 33 (1945).
[131] Leary, G. I., Tappi 50(1): 17 (1967).
[132] Antbacka, A., Holmbom, B., Gratzl, J. S., "Factors Influencing Light - Induced Yellowing and Bleaching of Spruce Groundwood", 1989 International Wood and Pulping Chemistry Symposium Notes, TAPPI PRESS, Atlanta, Poster Sessions p. 347.
[133] Parish, J. A., Anderson, R. R., Urbach, F., Pitts, D., UV - A Biological Effects of Ultraviolet Radiation with Emphasis on Human Responses to Longwave Ultraviolet, Plenum Press, New York, 1978, pp. 107 - 139.
[134] Andrady, A. L., Song, Y., Parthasarathy, V. R., Fueki, K., Torikai, A., Tappi J. 74(8): 162 (1991).
[135] Choudhury, H., Collins, S., Davidson, R. S., J. Photochem. Photobiol. A: Chem. 69: 109 (1992).
[136] Forsskähl, I. and Maunier, C., "Photocycling of Chromophore Structures during Irradiation of High - Yield Pulps", 1992, 203rd ACS National Meeting Notes, ACS, Washington DC, Vol. I: CELL 62.
[137] LeNest, J. F., Silvy, J., Gandini, A., J. Photochem. 31: 369 (1985).
[138] Claesson, S., Olson, E., Wennerblom, A., Svensk. Papperstidn. 71(8): 335 (1968).
[139] Tylli, H., Forsskähl, I., Olkkonen, C., Cellulose 3(4): 203 (1996).
[140] Ek, M., Lennholm, H., Lindblad, G., Iversen, T., Grey, D. G., in "Photochemistry of Lignocellulosic Materials," ACS Symp. Series No. 531 (C. Heitner and J. C. Scaiano, Eds.), American Chemical Society, Washington, 1993, pp. 147 - 155.
[141] Kringstad, K., Tappi 52(6): 1070 (1969).
[142] Leary, G. I., Tappi 51(6): 257 (1968).
[143] Paulsson, M., "Light - Induced Yellowing of High - Yield Pulps: Effect of Acetylation," Ph. D. Thesis, Chalmers University of Technology, Göteborg, Sweden, 1996.
[144] Paulsson, M., Simonson, R., Westermark, U., Nordic Pulp Paper Res. J. 11(4): 234 (1996).
[145] Castellan, A., Noutary, C., Lachenal, D., Nourmamode, A., Cell. Chem. Tech. 26(4): 451 (1992).
[146] Spittler, T. D. and Dence, C. W., Svensk Papperstidn. 80(9): 275 (1977).
[147] Cole, B. J. W. and Sarkanen, K. V., Tappi J. 70(11): 117 (1987).
[148] Cole, B. J. W., Zhou, C., Fort, R. C. Jr., J. Wood Chem. Tech. 16(4): 381 (1996).
[149] Fornier de Violet, P., Nourmamode, A., Colombo, N., Castellan, A., Cell. Chem. Tech. 23 (5): 535 (1989).
[150] Janson, J. and Forsskähl, I., Nordic Pulp Paper Res. J. 11(1): 10 (1996).
[151] Davidson, R. S., Dunn, L., Castellan, A., Colombo, N., Nourmamode, A., Zhu, J. H., J. Wood Chem. Tech. 11(4): 419 (1991).
[152] Minemura, N. and Umehara, N., Kobunkazai no Kagaku 31: 55 (1986).
[153] Janson, J. and Forsskähl, I., "Studies on Factors Affecting the Yellowing of Lignin - Rich

Pulps", 1987, 4th International Wood and Pulping Chemistry Symposium Notes, EUCEPA, Paris, France, Vol. 1, p. 313.

[154] Petit – Conil, M., Grelier, S., Davidson, R. S., de Choudens, C., Castellan, A., J. Pulp Paper Sci. 24(6):167 (1998).

[155] Cole, B. J. W., Htuh, S. P., Runnels, P. S., J. Wood Chem. Tech. 13(1):59 (1993).

[156] Hortling, B., Rättö M., Forsskåhl, I., Viikari, L., Holzforschung 47(2):155 (1993).

[157] Chirinos Padron, A. J., J. Photochem. Photobiol. A: Chem. 49(1 – 2):1 (1989).

[158] Forsskåhl, I., Paperi Puu 72(2):144 (1990).

[159] Guo, J. X., Lin, Y. C., Gray, D., J. Pulp Paper Sci. 23(7):J311 (1997).

[160] Forsskåhl, I. and Janson, J., KCL/PSC Communications 13 (in Finnish), The Finnish Pulp and Paper Research Institute, Espoo, Finland (1990), pp. 1 – 24.

[161] Janson, J. and Forsskåhl, I., Finnish Pat. No 91548 (July 11, 1994).

[162] Janson, J., Forsskåhl, I., Korhonen, T., U. S. Pat. No 5658431, (Aug. 19, 1997).

[163] Forsskåhl, I. and Janson, J., KCL/PSC Communications 70, The Finnish Pulp and Paper Research Institute, Espoo, Finland, 1998, pp. 1 – 34.

[164] Forsskåhl, I. and Korhonen, T., KCL/PSC Communications 112 (in Finnish), The Finnish Pulp and Paper Research Institute, Espoo, Finland, 1998, pp. 1 – 57.

[165] Forsskåhl, I., Poppius – Levlin, K., Liukko, S., "Light – and Heat – Aging of Birch Peroxyformic Acid Pulps", 1996, Fourth European Lignocelluloses and Pulp Workshop Notes, Stazione Sperimentale per la Cellulosa, Carta e Fibre Tessili, Stresa, Italy, p. 141.